21世纪应用型本科院校规划教材

高等数学 下

主 编 陈 静 陈 凌

副主编 徐海燕 王丙均 吴凤干

秦仁杰 王奋平

南京大学出版社

图书在版编目(CIP)数据

高等数学. 下 / 陈静，陈凌主编. — 南京：南京大学出版社，2017.12(2021.12 重印)

21 世纪应用型本科院校规划教材

ISBN 978-7-305-19689-8

Ⅰ. ①高… Ⅱ. ①陈… ②陈… Ⅲ. ①高等数学—高等学校—教材 Ⅳ. ①O13

中国版本图书馆 CIP 数据核字(2017)第 303625 号

出版发行 南京大学出版社
社　　址 南京市汉口路 22 号　　邮　编 210093
出 版 人 金鑫荣

丛 书 名 21 世纪应用型本科院校规划教材
书　　名 高等数学(下)
主　　编 陈 静 陈 凌
责任编辑 戴 松 王南雁　　编辑热线 025-83593947

照　　排 南京开卷文化传媒有限公司
印　　刷 广东虎彩云印刷有限公司
开　　本 787×1092 1/16 印张 16.75 字数 364 千
版　　次 2017 年 12 月第 1 版 2021 年 12 月第 5 次印刷
ISBN 978-7-305-19689-8
定　　价 42.00 元

网　　址：http://www.njupco.com
官方微博：http://weibo.com/njupco
官方微信号：njupress
销售咨询热线：(025)83594756

---

* 版权所有，侵权必究
* 凡购买南大版图书，如有印装质量问题，请与所购图书销售部门联系调换

目　　录

微信扫一扫

√参考答案

√学习资料

第八章　空间解析几何与向量代数

在中学里，我们曾学过平面解析几何，通过建立一个平面直角坐标系，将平面上的点与一个二元有序数组对应起来，使平面上的一条直线或曲线，与某个代数方程相对应，这样就可以用代数方法来研究几何问题.空间解析几何是平面解析几何的推广，它是在三维空间里进行这类问题的研究.

空间解析几何的研究要比平面解析几何复杂，由于向量是研究空间问题的一个有力工具，我们将在中学学过的平面向量基础上将其扩展到三维空间中.

本章将介绍向量的概念、向量的运算并建立空间直角坐标系，讨论向量的坐标表示.在空间解析几何中，介绍一些重要的曲面和空间曲线及它们的方程，并以向量为工具讨论空间的平面与直线.

第一节　向量　空间直角坐标系

一、向量的概念

我们首先来作一简单的回顾.

在物理学中，有许多量不仅有大小而且有方向的特征，例如位移、速度等.我们称既有大小又有方向的量为**向量**(或**矢量**)(如图 8 - 1 所示).

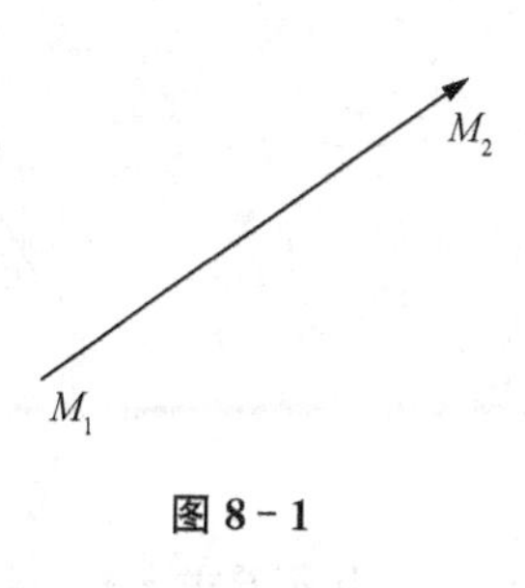

图 8 - 1

在数学中，往往用有向线段来表示向量.有向线段的长度表示该向量的大小，有向线段的方向表示该向量的方向.以 M_1 为起点，M_2 为终点的有向线段表示的向量，记为$\overrightarrow{M_1M_2}$.有时用一个粗体字母或者上面带有箭头的字母来表示，比如用 $\boldsymbol{a},\boldsymbol{j},\boldsymbol{k},\boldsymbol{v}$ 或者$\vec{a}$，$\vec{i}$，$\vec{j}$，$\vec{k}$来表示.

我们有以下几点说明：

(1) **自由向量**：由于一切向量的共性是既有大小又有方向，所以在数学上我们只讨论与向量起点无关的向量，并称之为**自由向量**(下简称**向量**).

(2) **向量相等**：自由向量 $\boldsymbol{a}$ 和 $\boldsymbol{b}$，如果 $\boldsymbol{a}$ 和 $\boldsymbol{b}$ 的大小相等且方向相同，那么说向量 $\boldsymbol{a}$ 和 $\boldsymbol{b}$ 相等，记 $\boldsymbol{a}=\boldsymbol{b}$.即经过平移后完全重合的向量是**相等**的.

(3) **向量的模**:向量的大小叫作**向量的模**,即有向线段的长度称为其模. 向量$\overrightarrow{M_1M_2}$,$\vec{a}$,$\boldsymbol{a}$的模依次记作$|\overrightarrow{M_1M_2}|$,$|\vec{a}|$,$|\boldsymbol{a}|$.

(4) **单位向量和零向量**:模为1的向量叫作**单位向量**;模等于零的向量叫作**零向量**,记作$\vec{0}$或$\boldsymbol{0}$,零向量的方向可以是任意的,但规定一切零向量都相等.

(5) **负向量和平行向量**:两个非零向量$\boldsymbol{a}$和$\boldsymbol{b}$,若长度相等,方向相反,则称它们互为**负向量**,用$\boldsymbol{a}=-\boldsymbol{b}$或者$\boldsymbol{b}=-\boldsymbol{a}$表示;若$\boldsymbol{a}$和$\boldsymbol{b}$方向相同或者相反,则称$\boldsymbol{a}$,$\boldsymbol{b}$为**平行向量**,记为$\boldsymbol{a}//\boldsymbol{b}$.

(6) **向量共线**:当两个平行向量的起点放在同一点时,它们的终点和公共起点在一条直线上. 因此,两向量平行也称两**向量共线**.

(7) **向量共面**:设有$n(n\geqslant 3)$个向量,当把它们的起点放在同一点时,这n个向量终点和公共起点在一个平面内,则称这n个**向量共面**.

二、向量的线性运算

在研究物体受力时,作用于一个质点的两个力可以看作两个向量. 而它的合力就是以这两个力作为边的平行四边形的对角线上的向量. 我们现在讨论向量的加法就是对合力这个概念在数学上的抽象和概括.

1. 平行四边形法则

已知向量$\boldsymbol{a}$,$\boldsymbol{b}$,以任意点O为始点,分别以A,B为终点,作$\overrightarrow{OA}=\boldsymbol{a}$,$\overrightarrow{OB}=\boldsymbol{b}$,再以$OA$,$OB$为边作平行四边形$OACB$,对角线的向量$\overrightarrow{OC}=\boldsymbol{c}$,称为$\boldsymbol{a}$,$\boldsymbol{b}$之和,记作$\boldsymbol{c}=\boldsymbol{a}+\boldsymbol{b}$(如图8-2($a$)所示).

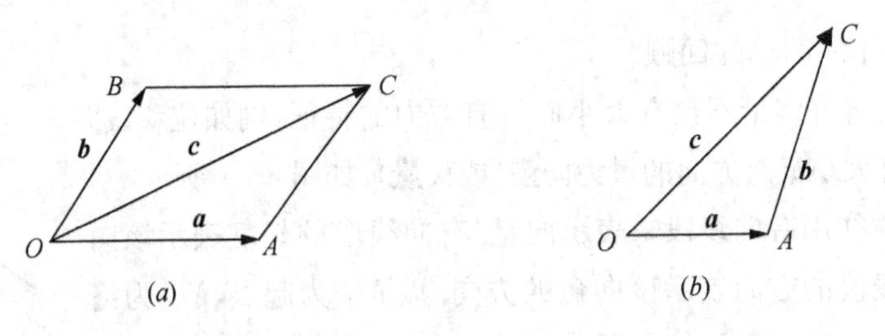

图8-2

由$\boldsymbol{a}$,$\boldsymbol{b}$求$\boldsymbol{a}+\boldsymbol{b}$的过程叫作向量的加法,这种用平行四边形的对角线上的向量来规定两向量之和的方法叫作向量加法的**平行四边形法则**. 若两个向量$\boldsymbol{a}$,$\boldsymbol{b}$在同一直线上(或者平行),则两向量的和规定为:

(1) 若$\boldsymbol{a}$,$\boldsymbol{b}$同向,其和向量的方向就是$\boldsymbol{a}$,$\boldsymbol{b}$的共同方向,其模为$\boldsymbol{a}$的模和$\boldsymbol{b}$的模之和.

(2) 若$\boldsymbol{a}$,$\boldsymbol{b}$反向,其和向量的方向为$\boldsymbol{a}$,$\boldsymbol{b}$中较长的向量的方向,其模为$\boldsymbol{a}$,$\boldsymbol{b}$中较大的模与较小的模之差.

2. 三角形法则

已知向量 $\boldsymbol{a},\boldsymbol{b}$,现在以任意点 O 为始点,作$\overrightarrow{OA}=\boldsymbol{a}$,再以 $\boldsymbol{a}$ 的终点 A 为始点,作$\overrightarrow{AC}=\boldsymbol{b}$,即将两向量首尾相连.连接 OC,且令$\overrightarrow{OC}=\boldsymbol{c}$,即得 $\boldsymbol{c}=\boldsymbol{a}+\boldsymbol{b}$.这种方法称为向量加法的三角形法则(如图 8-2(b)所示).

向量加法的三角形法则的实质是:

将两个向量的首尾相连,则一向量的首指向另一向量的尾的有向线段就是两个向量的和向量.

对于任意向量 $\boldsymbol{a}$,我们有:

$$\boldsymbol{a}+(-\boldsymbol{a})=\boldsymbol{0};$$

$$\boldsymbol{a}+\boldsymbol{0}=\boldsymbol{0}+\boldsymbol{a}=\boldsymbol{a}.$$

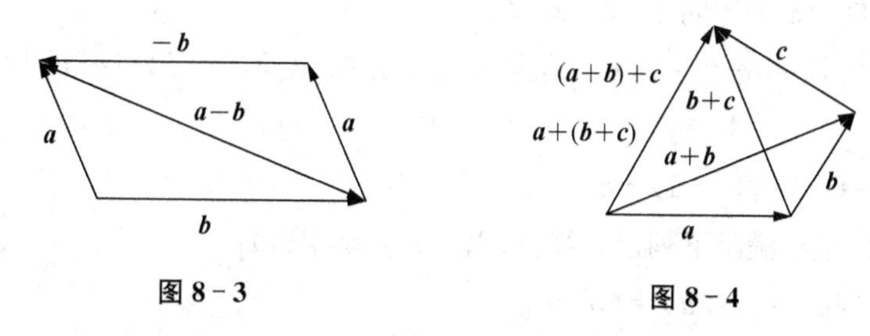

图 8-3　　图 8-4

由三角形法则可得向量的减法:我们规定 $\boldsymbol{a}-\boldsymbol{b}=\boldsymbol{a}+(-\boldsymbol{b})$.只要把与 $\boldsymbol{b}$ 长度相同而方向相反的向量 $-\boldsymbol{b}$ 加到向量 $\boldsymbol{a}$ 上.由图 8-3 可见,$\boldsymbol{a}-\boldsymbol{b}$ 是平行四边形另一对角线上的向量.

向量的加法满足下列运算规律:

(1) 交换律:$\boldsymbol{a}+\boldsymbol{b}=\boldsymbol{b}+\boldsymbol{a}$;

(2) 结合律:$(\boldsymbol{a}+\boldsymbol{b})+\boldsymbol{c}=\boldsymbol{a}+(\boldsymbol{b}+\boldsymbol{c})$.

(2)的验证可由图 8-4 得到.

由于向量的加法满足交换律、结合律,三个向量 $\boldsymbol{a},\boldsymbol{b},\boldsymbol{c}$ 之和就可以简单地记为 $\boldsymbol{a}+\boldsymbol{b}+\boldsymbol{c}$,其次序可以任意交换.

一般地,对于 n 个向量 $\boldsymbol{a}_1, \boldsymbol{a}_2,\cdots, \boldsymbol{a}_n$,它们的和可记作 $\boldsymbol{a}_1+\boldsymbol{a}_2+\cdots+\boldsymbol{a}_n$.它们之间不需加括号,各向量相加次序可以任意交换.

按向量相加的三角形法则,可得 n 个向量相加的法则如下:使前一向量的终点作为下一向量的起点,相继作向量 $\boldsymbol{a}_1,\boldsymbol{a}_2,\cdots,\boldsymbol{a}_n$,再以第一向量的起点为起点,最后一个向量的终点为终点作一向量,这个向量即为所求的这 n 个向量的和.

例 1　证明:三角形两边的中点的连线平行于第三边,且长等于第三边的一半.

证明　记$\triangle ABC$ 的三边分别为 $\overrightarrow{AB},\overrightarrow{BC},\overrightarrow{CA}$,$E,F$ 分别为 AB,AC 的中点,

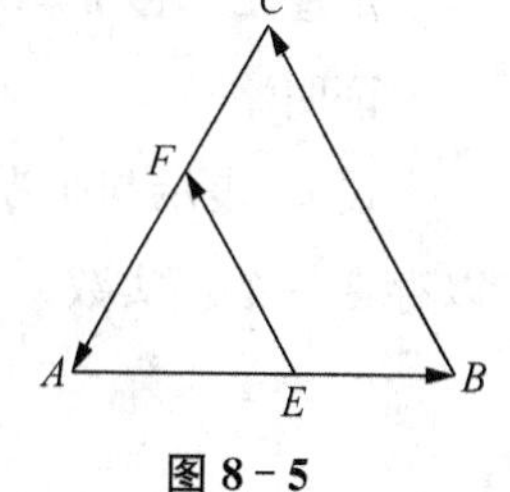

图 8-5

如图 8-5 所示,知:

$$\overrightarrow{AE}=\frac{1}{2}\overrightarrow{AB},\ \overrightarrow{AF}=\frac{1}{2}\overrightarrow{AC}.$$

所以

$$\overrightarrow{EF}=\overrightarrow{AF}-\overrightarrow{AE}=\frac{1}{2}(\overrightarrow{AC}-\overrightarrow{AB})=\frac{1}{2}\overrightarrow{BC}.$$

故
$$EF=\frac{1}{2}BC.$$

3. 向量与数量的乘法

设λ是一个实数,向量$\boldsymbol{a}$与λ的乘积$\lambda\boldsymbol{a}$规定为

(1) 当$\lambda>0$时,$\lambda\boldsymbol{a}$表示一向量,其方向与$\boldsymbol{a}$方向相同,其模为$|\boldsymbol{a}|$的λ倍,即$|\lambda\boldsymbol{a}|=\lambda|\boldsymbol{a}|$;

(2) 当$\lambda=0$时,$\lambda\boldsymbol{a}$为零向量,即$\lambda\boldsymbol{a}=\boldsymbol{0}$;

(3) 当$\lambda<0$时,$\lambda\boldsymbol{a}$表示一向量,其方向与$\boldsymbol{a}$方向相反,其模为$|\boldsymbol{a}|$的$|\lambda|$倍,即$|\lambda\boldsymbol{a}|=|\lambda||\boldsymbol{a}|$.

特别地:当$\lambda=-1$时,$(-1)\cdot\boldsymbol{a}=-\boldsymbol{a}$.

数量和向量的乘积满足下列运算规律(以下λ,μ是实数):

(1) 结合律:$\lambda(\mu\boldsymbol{a})=\mu(\lambda\boldsymbol{a})=(\mu\lambda)\boldsymbol{a}$. (1.1)

因为由向量和数的乘积可知:向量$\lambda(\mu\boldsymbol{a})$,$\mu(\lambda\boldsymbol{a})$,$(\mu\lambda)\boldsymbol{a}$是平行的三个向量,并且它们的方向也是相同的,它们的大小如下:

$$|\lambda(\mu\boldsymbol{a})|=|\mu(\lambda\boldsymbol{a})|=|(\mu\lambda)\boldsymbol{a}|=|\lambda||\mu||\boldsymbol{a}|,$$

所以可得:
$$\lambda(\mu\boldsymbol{a})=\mu(\lambda\boldsymbol{a})=(\mu\lambda)\boldsymbol{a}.$$

(2) 分配律:
$$(\lambda+\mu)\boldsymbol{a}=\lambda\boldsymbol{a}+\mu\boldsymbol{a},\tag{1.2}$$

$$\lambda(\boldsymbol{a}+\boldsymbol{b})=\lambda\boldsymbol{a}+\lambda\boldsymbol{b}.\tag{1.3}$$

证明略.

由于向量$\lambda\boldsymbol{a}$与向量$\boldsymbol{a}$平行,因此我们常用向量与数的乘积来表达两个向量的平行关系,有如下定理:

定理一　向量$\boldsymbol{a}$与向量$\boldsymbol{b}$平行的充要条件是:存在不全为0的实数λ_1,λ_2,使$\lambda_1\boldsymbol{a}+\lambda_2\boldsymbol{b}=\boldsymbol{0}$.

定理一也可以改写为

定理二　设$\boldsymbol{b}\neq\boldsymbol{0}$,向量$\boldsymbol{a}$与向量$\boldsymbol{b}$平行的充要条件是:存在唯一的实数$\lambda$,使$\boldsymbol{a}=\lambda\boldsymbol{b}$.

证明略.

设$\boldsymbol{a}^0$表示与非零向量$\boldsymbol{a}$同向的单位向量.显然,$|\boldsymbol{a}^0|=1$,由于$\boldsymbol{a}^0$与$\boldsymbol{a}$同向,且$\boldsymbol{a}^0\neq\boldsymbol{0}$,所以存在一个正实数$\lambda$,使得$\boldsymbol{a}=\lambda\boldsymbol{a}^0$.

现在我们来确定这个λ，在$\boldsymbol{a}=\lambda\boldsymbol{a}^0$的两边同时取模，

$$|\boldsymbol{a}|=|\lambda\boldsymbol{a}^0|=\lambda|\boldsymbol{a}^0|=\lambda\cdot 1=\lambda,$$

所以$\lambda=|\boldsymbol{a}|$，即得：

$$|\boldsymbol{a}|\boldsymbol{a}^0=\boldsymbol{a}.$$

现在规定，当$\lambda\neq 0$时，$\dfrac{\boldsymbol{a}}{\lambda}=\dfrac{1}{\lambda}\boldsymbol{a}$.

由此可得：$\boldsymbol{a}^0=\dfrac{\boldsymbol{a}}{|\boldsymbol{a}|}$，即一非零向量除以自己的模便得到一个与其同向的单位向量.

例 2 已知平行四边形两邻边向量$\overrightarrow{OA}=\boldsymbol{a}$，$\overrightarrow{OB}=\boldsymbol{b}$，其对角线交点为$M$，求$\overrightarrow{OM}$，$\overrightarrow{MA}$，$\overrightarrow{MB}$.

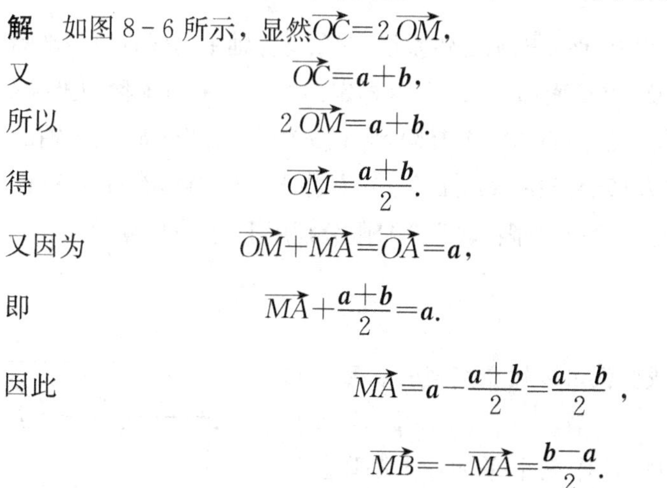

解 如图 8 - 6 所示，显然$\overrightarrow{OC}=2\overrightarrow{OM}$，

又 $$\overrightarrow{OC}=\boldsymbol{a}+\boldsymbol{b},$$

所以 $$2\overrightarrow{OM}=\boldsymbol{a}+\boldsymbol{b}.$$

得 $$\overrightarrow{OM}=\frac{\boldsymbol{a}+\boldsymbol{b}}{2}.$$

又因为 $$\overrightarrow{OM}+\overrightarrow{MA}=\overrightarrow{OA}=\boldsymbol{a},$$

即 $$\overrightarrow{MA}+\frac{\boldsymbol{a}+\boldsymbol{b}}{2}=\boldsymbol{a}.$$

因此 $$\overrightarrow{MA}=\boldsymbol{a}-\frac{\boldsymbol{a}+\boldsymbol{b}}{2}=\frac{\boldsymbol{a}-\boldsymbol{b}}{2},$$

$$\overrightarrow{MB}=-\overrightarrow{MA}=\frac{\boldsymbol{b}-\boldsymbol{a}}{2}.$$

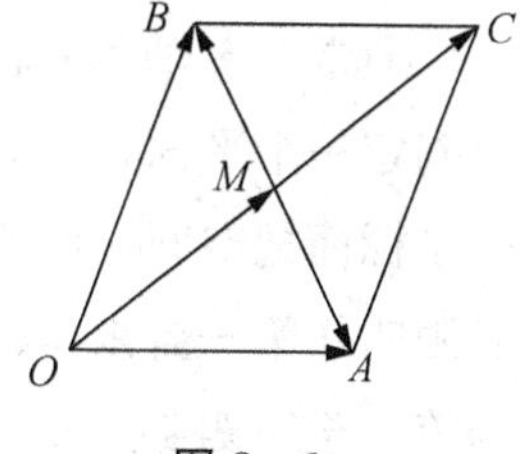

图 8 - 6

三、空间直角坐标系与空间点的直角坐标

1. 空间直角坐标系

在研究空间解析几何的开始，我们首先建立一个空间直角坐标系.

过空间一个定点O，和三个两两垂直的单位向量$\boldsymbol{i}$，$\boldsymbol{j}$，$\boldsymbol{k}$，就确定了三条都以O为原点的两两垂直的数轴，它们都以O为原点且一般来说都具有相同的单位长度，这三条轴分别叫作x**轴**(**横轴**)、y**轴**(**纵轴**)、z**轴**(**竖轴**)，统称为**坐标轴**. 它们的正方向要符合右手法则，即以右手握住z轴，当右手的四个手指从x轴正向以$\dfrac{\pi}{2}$角度转向y轴正向时，大拇指的指向就是z轴的正向(如图 8 - 7 所示)，这样的三条坐标轴就组成了一个**空间直角坐标系**，点O叫作**坐标原点**(或**原点**).

在某些书中，这种坐标轴又称为空间直角右手坐标系. 因为相应的还有一个左手坐标系，但不常用. 本书中，使用右手坐标系.

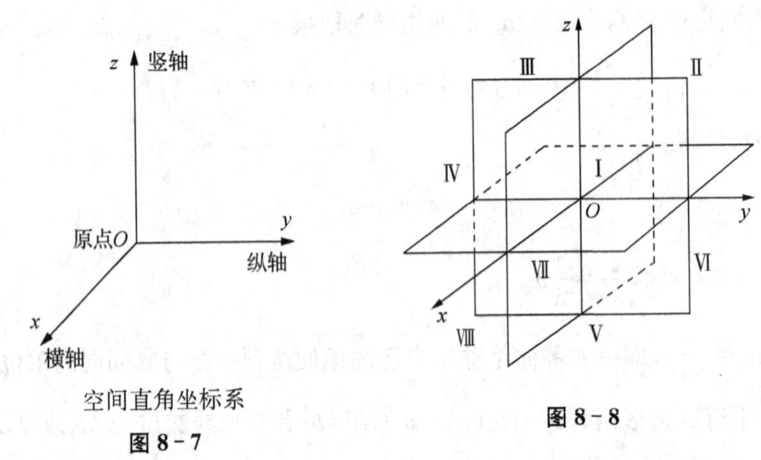

空间直角坐标系

图 8-7

图 8-8

通常把 x 轴和 y 轴置于水平面上,而 z 轴则是铅垂线,三条坐标轴中的任意两条坐标轴可以确定一个平面,分别叫作 xOy **面**、yOz **面**和 zOx **面**,这样定出的三个平面统称为**坐标面**,三个坐标面把空间分成八个部分,每一部分叫作一个**卦限**,含有 x 轴、y 轴及 z 轴正半轴的那个卦限叫作**第一卦限**,其他**第二、三及四卦限**在 xOy 面上方,按逆时针方向确定,在 xOy 面下方与第一至第四卦限相对应的是第五至第八卦限. 这八个卦限分别用Ⅰ、Ⅱ、Ⅲ、Ⅳ、Ⅴ、Ⅵ、Ⅶ、Ⅷ表示(如图 8-8 所示).

2. 空间点的直角坐标

空间直角坐标系建立以后,我们就可以建立空间的点与三元有序数组之间的对应关系.

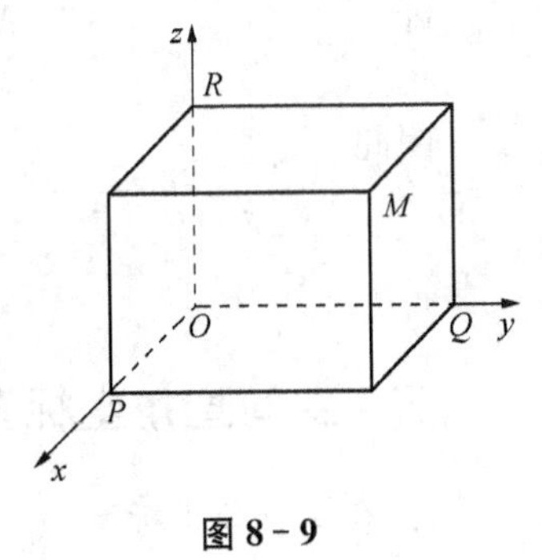

图 8-9

对于空间中任意一点 M,过 M 作三个平面,分别垂直于 x 轴、y 轴和 z 轴,且交点分别为 P,Q,R(如图 8-9 所示). 这三个点分别在 x 轴、y 轴和 z 轴上的坐标依次为 x,y,z. 这样点 M 就唯一地确定了一个有序数组 (x,y,z).

反之,对任意一个三元有序数组 (x,y,z),在空间中总可以确定唯一的点 M. 事实上,在 x 轴上,取坐标为 x 的点 P,在 y 轴上,取坐标为 y 的点 Q,在 z 轴上,取坐标为 z 的点 R. 经过 P,Q,R 分别作平行于坐标面 yOz,zOx,xOy 的平面,这三个平面相互垂直,且交于一点 M. 显然,点 M 是由三元有序组 (x,y,z) 唯一确定的.

从上面两个方面我们可以知道,在建立空间直角坐标系后,空间的点 M 和三元有序数组 (x,y,z) 之间建立了一个一一对应的关系. 这组数 (x,y,z) 就称为点 M 的**坐标**,并依次称 x,y 和 z 为点 M 的**横坐标**、**纵坐标**和**竖坐标**,通常记为 $M(x,y,z)$. 根据坐标画点时,可按图 8-9 的形式进行.

坐标面和坐标轴上的点,其坐标各有一些特征,这里就不详细描述了. 而各卦限内的点(除去坐标面上的点外)的坐标符号如下:

$$\text{Ⅰ}(+,+,+),\text{Ⅱ}(-,+,+),\text{Ⅲ}(-,-,+),\text{Ⅳ}(+,-,+),$$

Ⅴ(+,+,−),Ⅵ(−,+,−),Ⅶ(−,−,−),Ⅷ(+,−,−).

3. 空间中两点间的距离

在数轴上,$M_1(x_1)$,$M_2(x_2)$两点之间的距离为

$$d=|M_1M_2|=|x_1-x_2|=\sqrt{(x_1-x_2)^2}.$$

在平面上,$M_1(x_1,y_1)$,$M_2(x_2,y_2)$两点之间的距离为

$$d=|M_1M_2|=\sqrt{(x_1-x_2)^2+(y_1-y_2)^2}.$$

那么,在空间中任意两点$M_1(x_1,y_1,z_1)$,$M_2(x_2,y_2,z_2)$之间的距离可以用下式表示:

$$d=|M_1M_2|=\sqrt{(x_1-x_2)^2+(y_1-y_2)^2+(z_1-z_2)^2}.$$

事实上,过M_1,M_2各作分别垂直于三条坐标轴的平面,这六个平面围成一个以M_1M_2为体对角线的长方体,如图8-10所示.

所以

$$\begin{aligned}d^2&=|M_1M_2|^2=|M_1N|^2+|NM_2|^2\\&=|M_1P|^2+|PN|^2+|NM_2|^2\\&=|P_1P_2|^2+|Q_1Q_2|^2+|R_1R_2|^2\\&=(x_1-x_2)^2+(y_1-y_2)^2+(z_1-z_2)^2,\end{aligned}$$

可得　$d=\sqrt{(x_1-x_2)^2+(y_1-y_2)^2+(z_1-z_2)^2}$,

这就是空间两点的距离公式.

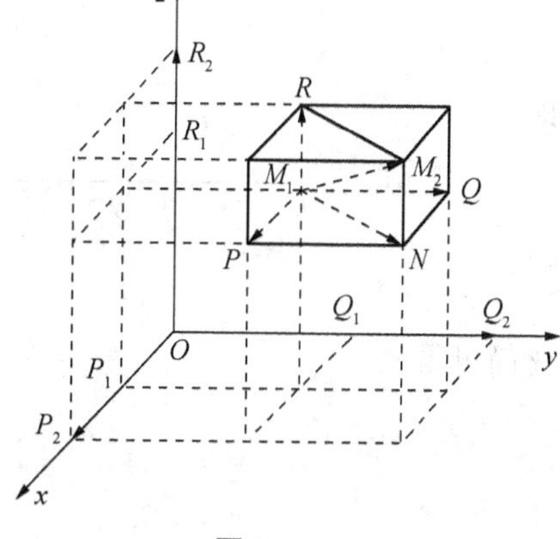

图8-10

注意:(1)坐标原点$O(0,0,0)$与点$M(x,y,z)$的距离为

$$d=\sqrt{x^2+y^2+z^2}.$$

(2) $M_1(x_1,y_1,z_1)$,$M_2(x_2,y_2,z_2)$两点之间的距离等于0⇔M_1与M_2两点重合,也即$x_1=x_2$,$y_1=y_2$,$z_1=z_2$.

(3) $|M_1M_2|=|M_2M_1|$.

例3　已知三角形的顶点为$A(1,2,3)$,$B(7,10,3)$和$C(-1,3,1)$.证明:角A为钝角.

证　$|AB|^2=(7-1)^2+(10-2)^2+(3-3)^2=100$;

$|AC|^2=(-1-1)^2+(3-2)^2+(1-3)^2=9$;

$|BC|^2=(-1-7)^2+(3-10)^2+(1-3)^2=117$.

可见,$|BC|^2>|AC|^2+|AB|^2$,由余弦定理,可知角A为钝角.

例4　在z轴上,求与$A(-4,1,7)$和$B(3,5,-2)$两点等距离的点.

解　设M为所求的点,因为M在z轴上,故可设M的坐标为$(0,0,z)$.

根据题意,$|MA|=|MB|$,即

$$\sqrt{[0-(-4)]^2+(0-1)^2+(z-7)^2}=\sqrt{(0-3)^2+(0-5)^2+[z-(-2)]^2},$$

等式两边平方,整理得:

$$z=\frac{14}{9},$$

所以

$$M\left(0,0,\frac{14}{9}\right).$$

例 5 试在 xOy 平面上求一点 M,使它到 $A(1,-1,5)$,$B(3,4,4)$ 和 $C(4,6,1)$ 各点的距离相等.

解 点 M 在 xOy 平面上,设 M 的坐标为 $(x,y,0)$,又由题意知:

$$|MA| = |MB| = |MC|,$$

即

$$\begin{aligned}\sqrt{(x-1)^2+(y+1)^2+(0-5)^2}&=\sqrt{(x-3)^2+(y-4)^2+(0-4)^2}\\&=\sqrt{(x-4)^2+(y-6)^2+(0-1)^2},\end{aligned}$$

化简可得

$$\begin{cases}4x+10y=14,\\2x+4y=12,\end{cases}$$

即

$$\begin{cases}x=16,\\y=-5,\end{cases}$$

所以,所求的点为 $M(16,-5,0)$.

习题 8 - 1

1. 指出下列点在空间中的位置:

$A(-4,-2,1)$, $B(1,-5,-3)$, $C(-1,0,0)$,

$D(1,0,2)$, $E(0,0,3)$, $F(4,5,-1)$.

2. 点 $P(3,2,-1)$ 关于 xOy 坐标面的对称点是________,关于 yOz 坐标面的对称点是________,关于 zOx 坐标面的对称点是________,关于 x 轴的对称点是________,关于 y 轴的对称点是________,关于 z 轴的对称点是________,关于原点的对称点是________.

3. xOy,yOz,zOx 坐标面上的点的坐标有什么特点?

4. x,y,z 轴上的点的坐标各有什么特点?

5. 求下列两点之间的距离：

(1) $(0,0,0)$，$(2,3,4)$；　　(2) $(1,2,3)$，$(2,-3,-4)$.

6. 求在 x 轴上与两点 $A(-4,2,5)$ 和 $B(1,5,-1)$ 等距离的点.

7. 试证明：三点 $A(4,1,9)$，$B(10,-1,6)$，$C(2,4,3)$ 为顶点的三角形是等腰直角三角形.

8. 设点 P 在 x 轴上，它到 $P_1(0,\sqrt{2},3)$ 的距离为到点 $P_2(0,1,-1)$ 的距离的两倍，求点 P 的坐标.

9. 已知空间直角坐标系下，立方体的 4 个顶点为 $A(-a,-a,-a)$，$B(a,-a,-a)$，$C(-a,a,-a)$ 和 $D(a,a,a)$，则其余顶点分别为________，________，________，________.

10. 已知梯形 $OABC$，$\overrightarrow{CB}/\!/\overrightarrow{OA}$，且 $|\overrightarrow{CB}|=\frac{1}{2}|\overrightarrow{OA}|$，若 $\overrightarrow{OA}=\boldsymbol{a}$，$\overrightarrow{OC}=\boldsymbol{b}$，用 $\boldsymbol{a}$，$\boldsymbol{b}$ 表示 $\overrightarrow{AB}$.

11. 设有非零向量 $\boldsymbol{a}$，$\boldsymbol{b}$，若 $\boldsymbol{a}\perp\boldsymbol{b}$，则必有　　(　　)

A. $|\boldsymbol{a}+\boldsymbol{b}|=|\boldsymbol{a}|+|\boldsymbol{b}|$　　B. $|\boldsymbol{a}+\boldsymbol{b}|=|\boldsymbol{a}-\boldsymbol{b}|$

C. $|\boldsymbol{a}+\boldsymbol{b}|<|\boldsymbol{a}-\boldsymbol{b}|$　　D. $|\boldsymbol{a}+\boldsymbol{b}|>|\boldsymbol{a}-\boldsymbol{b}|$

12. 已知△ABC 中，点 P，Q 分别是边 AB，AC 上的点，且 $\overrightarrow{AP}=\frac{1}{3}\overrightarrow{AB}$，$\overrightarrow{AQ}=\frac{1}{3}\overrightarrow{AC}$，试证明：$\overrightarrow{PQ}=\frac{1}{3}\overrightarrow{BC}$.

13. 试用向量方法证明：空间四边形相邻各边中点的连线构成平行四边形.

第二节　向量的坐标

这一节，我们主要讨论向量在空间直角坐标系中如何用坐标表示. 对空间上的点，我们可以用有序数组来表示，对我们讨论的自由向量是否也可以用有序数组来表示呢？如果可以，又怎样来表示呢？

一、向量的坐标表示

1. 数轴上向量的坐标表示

设数轴 u 由点 O 及单位向量 $\boldsymbol{e}$ 确定，M 为数轴上一点，坐标为 u（如图 8-11 所示）. 点 M 对应数轴上的向量 $\overrightarrow{OM}$，$\overrightarrow{OM}/\!/\boldsymbol{e}$，由第一节定理二知，必存在唯一实数 λ，使 $\overrightarrow{OM}=\lambda\boldsymbol{e}$.

注意到 $|\overrightarrow{OM}|=|u|$，$|\boldsymbol{e}|=1$，

故 $|u|=|\lambda|$.

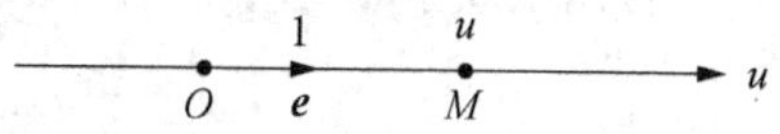

图 8-11

当点 M 位于原点 O 的右边时，$u>0$，同时，$\overrightarrow{OM}$ 与 $\boldsymbol{e}$ 同向，$\lambda>0$，有 $u=\lambda$；

当点 M 位于原点 O 的左边时，$u<0$，同时，$\overrightarrow{OM}$ 与 $\boldsymbol{e}$ 反向，$\lambda<0$，也有 $u=\lambda$；

当点 M 与原点 O 重合时，有 $u=\lambda=0$.

这样恒有 $\overrightarrow{OM}=ue$.

这表明，数轴上以原点为起点的向量可由它的坐标与该数轴单位向量乘积表示.

2. 空间中向量的坐标表示

在空间直角坐标系中，任给向量 $\boldsymbol{r}$ 的起点是原点 O，终点是 $M(x,y,z)$，则 $\boldsymbol{r}=\overrightarrow{OM}$. 过点 M 作垂直于三个坐标面的垂面，得到一个长方体 $OPNQ-RHMK$（如图 8-12 所示），由向量的三角形法则，有

$$\boldsymbol{r}=\overrightarrow{OM}=\overrightarrow{OP}+\overrightarrow{PN}+\overrightarrow{NM}=\overrightarrow{OP}+\overrightarrow{OQ}+\overrightarrow{OR}.$$

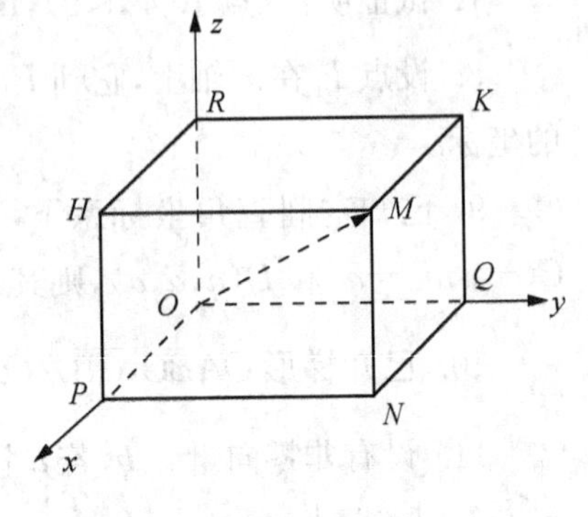

图 8-12

用 $\boldsymbol{i},\boldsymbol{j},\boldsymbol{k}$ 分别表示 x 轴、y 轴、z 轴方向上的单位向量，由上知：

$$\overrightarrow{OP}=x\boldsymbol{i},\overrightarrow{OQ}=y\boldsymbol{j},\overrightarrow{OR}=z\boldsymbol{k}.$$

则

$$\boldsymbol{r}=\overrightarrow{OM}=x\boldsymbol{i}+y\boldsymbol{j}+z\boldsymbol{k}.$$

上式称为向量 $\boldsymbol{r}$ 的**坐标分解式**，$x\boldsymbol{i},y\boldsymbol{j},z\boldsymbol{k}$ 称为向量 $\boldsymbol{r}$ 沿三个坐标轴方向的**分向量**.

由于向量 $\boldsymbol{r}$ 中的三个有序数 x,y,z，即为点 M 的三个坐标，而点 M 与其坐标 (x,y,z) 一一对应，故

$$\boldsymbol{r}=\overrightarrow{OM}=x\boldsymbol{i}+y\boldsymbol{j}+z\boldsymbol{k}\leftrightarrow \text{点 } M\leftrightarrow \text{实数组}(x,y,z).$$

因此在空间直角坐标系 $Oxyz$ 中，定义有序实数组 (x,y,z) 为向量 $\boldsymbol{r}$ 的坐标，记作

$$\boldsymbol{r}=(x,y,z) \text{ 或 } \boldsymbol{r}=\{x,y,z\};$$

向量 $\boldsymbol{r}=\overrightarrow{OM}$ 称为点 M 关于原点 O 的向径.

上述定义表明，一个点与该点的向径有相同的坐标，记号 (x,y,z) 既可以表示点 M，又可以表示向量 $\overrightarrow{OM}$. 在运用中，应结合上下文来分清其含义.

二、向量的线性运算的坐标表示

利用向量的坐标，可得向量的加法、减法以及向量与实数的乘法运算如下：

设两个向量 $\boldsymbol{a}=a_x\boldsymbol{i}+a_y\boldsymbol{j}+a_z\boldsymbol{k}$，$\boldsymbol{b}=b_x\boldsymbol{i}+b_y\boldsymbol{j}+b_z\boldsymbol{k}$，及实数 λ，即

$$\boldsymbol{a}=(a_x,a_y,a_z),\quad \boldsymbol{b}=(b_x,b_y,b_z).$$

由向量加法的交换律与结合律，以及向量与数的乘法的结合律与分配律，可得如下公式：

$$\boldsymbol{a}\pm\boldsymbol{b}=(a_x\pm b_x,a_y\pm b_y,a_z\pm b_z),$$

$$\lambda\boldsymbol{a}=(\lambda a_x,\lambda a_y,\lambda a_z).$$

由上可知，对向量进行加、减、数量乘法，只需对向量各分量坐标分别进行运算即可.

由第一节定理二知，空间两个向量 $\boldsymbol{a}=a_x\boldsymbol{i}+a_y\boldsymbol{j}+a_z\boldsymbol{k}$，$\boldsymbol{b}=b_x\boldsymbol{i}+b_y\boldsymbol{j}+b_z\boldsymbol{k}$ $(\boldsymbol{b}\neq\boldsymbol{0})$平行的充要条件是：

存在唯一实数 λ，使 $\boldsymbol{a}=\lambda\boldsymbol{b}$，即：$(a_x,a_y,a_z)=\lambda(b_x,b_y,b_z)$，

$$\frac{a_x}{b_x}=\frac{a_y}{b_y}=\frac{a_z}{b_z}=\lambda. \tag{2.1}$$

即 $\boldsymbol{a}$ 与 $\boldsymbol{b}$ 的对应坐标成比例.

这是向量平行的对称式条件，当分母有为零的元素时，应依如下规则来理解它的意义：

(1) 当 b_x,b_y,b_z 中仅有一个为零时，如 $b_z=0$，则(2.1)式理解为

$$\begin{cases}a_z=0,\\ a_xb_y-a_yb_x=0,\end{cases}\text{即}\begin{cases}a_z=0,\\ \dfrac{a_x}{b_x}-\dfrac{a_y}{b_y}=0.\end{cases}$$

(2) 当 b_x,b_y,b_z 中仅有两个为零时，如 $b_y=b_z=0$，则(2.1)式理解为：

$$\begin{cases}a_y=0,\\ a_z=0.\end{cases}$$

对空间中的两个点 $M_1(x_1,y_1,z_1)$，$M_2(x_2,y_2,z_2)$(如图 8 - 13 所示)，则由$\overrightarrow{M_1M_2}=\overrightarrow{M_1O}+\overrightarrow{OM_2}=-\overrightarrow{OM_1}+\overrightarrow{OM_2}$.

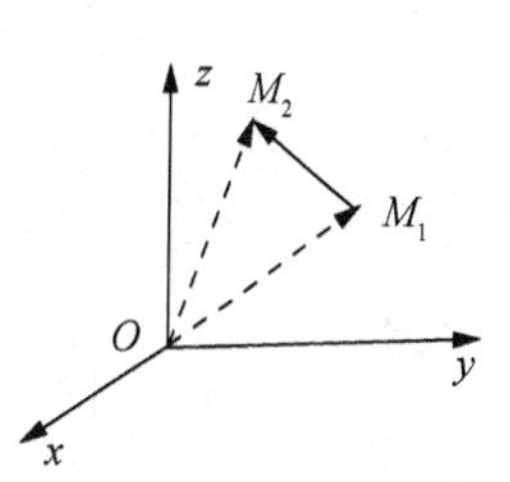

图 8 - 13

易知向量$\overrightarrow{M_1M_2}$的坐标表示为：

$$\overrightarrow{M_1M_2}=(x_2-x_1,y_2-y_1,z_2-z_1).$$

例 1　已知 $A(x_1,y_1,z_1)$和 $B(x_2,y_2,z_2)$两点，而在 AB 直线上的点 M 分有向线段 AB 为两部分 AM，MB，使它们的值的比等于数 λ $(\lambda\neq-1)$，即$\dfrac{AM}{MB}=\lambda$，求分点 M 的坐标.

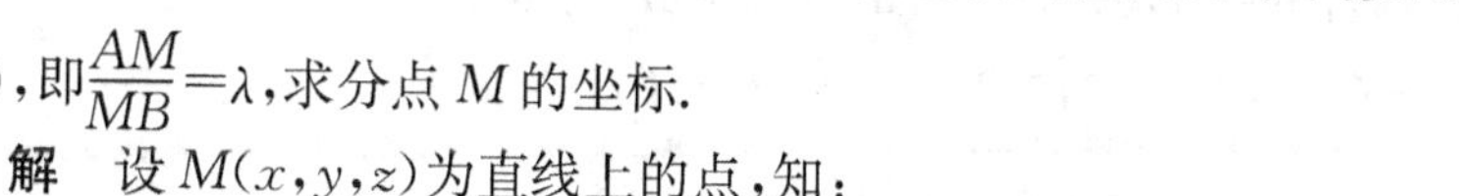

解　设 $M(x,y,z)$为直线上的点，知：

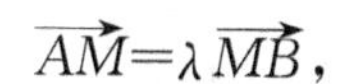

$$\overrightarrow{AM}=\lambda\overrightarrow{MB},$$

而

$$\overrightarrow{AM}=(x-x_1,y-y_1,z-z_1),$$
$$\overrightarrow{MB}=(x_2-x,y_2-y,z_2-z).$$

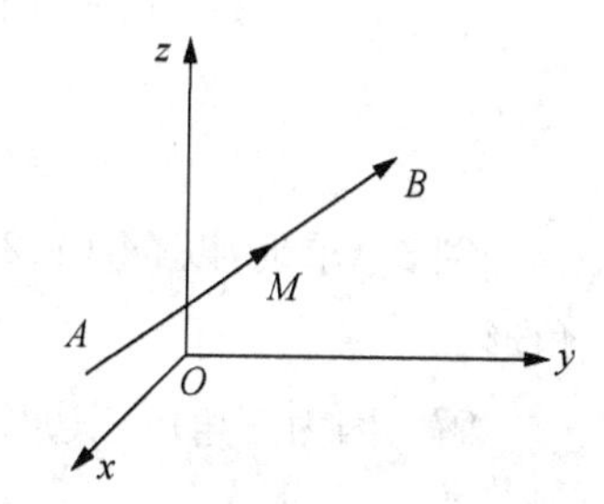

图 8 - 14

由公式(2.1)知

$$\frac{x-x_1}{x_2-x}=\lambda,\frac{y-y_1}{y_2-y}=\lambda,\frac{z-z_1}{z_2-z}=\lambda,$$

解得

$$x=\frac{x_1+\lambda x_2}{1+\lambda},y=\frac{y_1+\lambda y_2}{1+\lambda},z=\frac{z_1+\lambda z_2}{1+\lambda},$$

M 为有向线段 $\overrightarrow{AB}$ 的定比分点.

当 M 为有向线段 $\overrightarrow{AB}$ 的中点时,有:

$$x=\frac{x_1+x_2}{2},y=\frac{y_1+y_2}{2},z=\frac{z_1+z_2}{2}.$$

三、向量的模与方向余弦

1. 向量的模

向量 $\boldsymbol{a}=a_x\boldsymbol{i}+a_y\boldsymbol{j}+a_z\boldsymbol{k}$ 的模就是其起点与终点的距离,作 $\overrightarrow{OM}=\boldsymbol{a}$,则点 $O(0,0,0)$,点 $M(a_x,a_y,a_z)$,因此

$$|\boldsymbol{a}|=|\overrightarrow{OM}|=\sqrt{a_x^2+a_y^2+a_z^2}.$$

在空间中任意两点 $M_1(x_1,y_1,z_1)$,$M_2(x_2,y_2,z_2)$,则向量 $\overrightarrow{M_1M_2}$ 的模就是点 M_1 与点 M_2 的距离 $|M_1M_2|$. 由于

$$\begin{aligned}\overrightarrow{M_1M_2}&=\overrightarrow{M_1O}+\overrightarrow{OM_2}=\overrightarrow{OM_2}-\overrightarrow{OM_1}\\&=(x_2,y_2,z_2)-(x_1,y_1,z_1)\\&=(x_2-x_1,y_2-y_1,z_2-z_1),\end{aligned}$$

$$|\overrightarrow{M_1M_2}|=|M_1M_2|=\sqrt{(x_2-x_1)^2+(y_2-y_1)^2+(z_2-z_1)^2}.$$

例 2 设向量 $\boldsymbol{a}=(4,3,0)$, $\boldsymbol{b}=(1,3,2)$, 求 $2\boldsymbol{a}+\boldsymbol{b},\boldsymbol{a}-4\boldsymbol{b}$ 及 $|\boldsymbol{a}|$.

解 $2\boldsymbol{a}+\boldsymbol{b}=2(4,3,0)+(1,3,2)=(9,9,2)=9\boldsymbol{i}+9\boldsymbol{j}+2\boldsymbol{k}$,

$$\boldsymbol{a}-4\boldsymbol{b}=(4,3,0)-(4,12,8)=(0,-9,-8)=-9\boldsymbol{j}-8\boldsymbol{k},$$

$$|\boldsymbol{a}|=\sqrt{4^2+3^2+0^2}=5.$$

例 3 求证:以 $M_1(1,2,-1)$,$M_2(3,4,2)$,$M_3(4,0,1)$ 三点为顶点的三角形是一个等腰三角形.

解 因为三角形三边长度的平方为

$$|M_1M_2|^2=(3-1)^2+(4-2)^2+[2-(-1)]^2=17,$$

$$|M_1M_3|^2=(4-1)^2+(0-2)^2+[1-(-1)]^2=17,$$
$$|M_2M_3|^2=(4-3)^2+(0-4)^2+(1-2)^2=18.$$

所以
$$|M_1M_2|=|M_1M_3|.$$
即
$$\triangle M_1M_2M_3 \text{ 为等腰三角形.}$$

2. 向量的夹角

在讲方向余弦之前,我们先引入向量夹角的概念.设有两个非零向量 $\boldsymbol{a}$ 与 $\boldsymbol{b}$,将它们的起点置于同一点,规定二者在 0 与 π 之间的那个夹角为两向量的夹角(设 θ 为其夹角,即取 $0\leqslant\theta\leqslant\pi$,如图 8 - 15 所示),记为

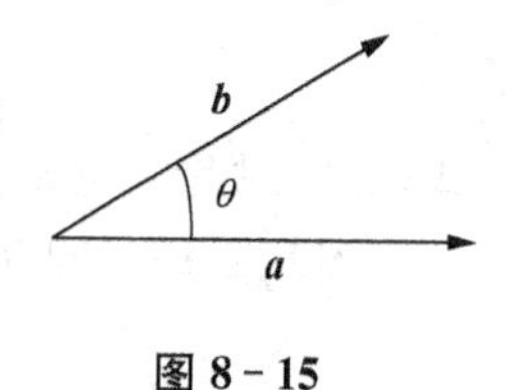

图 8 - 15

$$(\widehat{\boldsymbol{a},\boldsymbol{b}}) \text{ 或 } (\widehat{\boldsymbol{b},\boldsymbol{a}}),$$

显然
$$(\widehat{\boldsymbol{a},\boldsymbol{b}})=(\widehat{\boldsymbol{b},\boldsymbol{a}}),$$
即
$$\theta=(\widehat{\boldsymbol{a},\boldsymbol{b}}).$$

当 $\boldsymbol{a}$ 与 $\boldsymbol{b}$ 平行,且指向相同时,取 $\theta=0$,当指向相反时,取 $\theta=\pi$.

当 $\boldsymbol{a}$ 与 $\boldsymbol{b}$ 的夹角为 $\frac{\pi}{2}$ 时,称 $\boldsymbol{a}$ 与 $\boldsymbol{b}$ **垂直**,记为 $\boldsymbol{a}\perp\boldsymbol{b}$.

如 $\boldsymbol{a}$ 与 $\boldsymbol{b}$ 中有一个为零向量,规定它们的夹角可取 0 到 π 范围内的任一值.

3. 向量的方向角与方向余弦

设向量 $\boldsymbol{r}=(x,y,z)$ 与 x 轴、y 轴和 z 轴正向的夹角分别是 α, β 和 γ(如图 8 - 16 所示),其中 $0\leqslant\alpha,\beta,\gamma\leqslant\pi$,称 α,β,γ 为向量 $\boldsymbol{r}$ 的**方向角**.

方向角的余弦称为向量 $\boldsymbol{r}$ 的**方向余弦**.

给出了一个向量的方向角或方向余弦,向量的方向也就完全确定了.

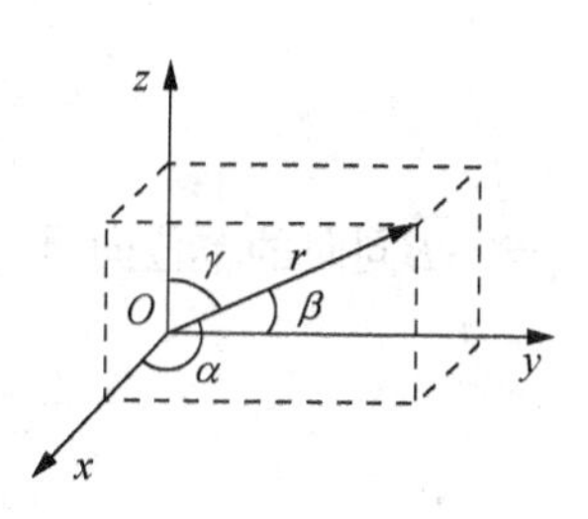

图 8 - 16

从图 8 - 16 中容易看出,无论 α 是锐角还是钝角,均有
$$|\boldsymbol{r}|\cos\alpha=x,$$
及
$$|\boldsymbol{r}|\cos\beta=y,\ |\boldsymbol{r}|\cos\gamma=z.$$

从而有

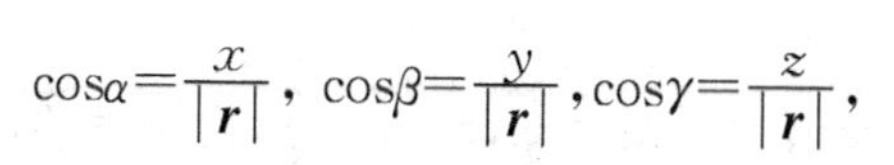

$$\cos\alpha=\frac{x}{|\boldsymbol{r}|},\ \cos\beta=\frac{y}{|\boldsymbol{r}|},\ \cos\gamma=\frac{z}{|\boldsymbol{r}|},$$

其中
$$|\boldsymbol{r}|=\sqrt{x^2+y^2+z^2}.$$
由此又可得到重要关系式
$$\cos^2\alpha+\cos^2\beta+\cos^2\gamma=1. \tag{2.2}$$

对于向量 $\boldsymbol{a}=a_x\boldsymbol{i}+a_y\boldsymbol{j}+a_z\boldsymbol{k}$, α,β,γ 是 $\boldsymbol{a}$ 的方向角,可将其平移使起点移至原点,由于向量平移时并不改变大小和方向,所以也有

$$|\boldsymbol{a}|\cos\alpha=a_x,\ |\boldsymbol{a}|\cos\beta=a_y,\ |\boldsymbol{a}|\cos\gamma=a_z,$$

因此有

$$\cos\alpha=\frac{a_x}{|\boldsymbol{a}|},\ \cos\beta=\frac{a_y}{|\boldsymbol{a}|},\ \cos\gamma=\frac{a_z}{|\boldsymbol{a}|},$$

$$|\boldsymbol{a}|=\sqrt{a_x^2+a_y^2+a_z^2}.$$

式(2.2)对此向量 $\boldsymbol{a}$ 仍然成立.

对与向量 $\boldsymbol{a}$ 同向的单位向量 $\boldsymbol{a}^0$ 来说,它的坐标可用其方向余弦来表示，即

$$\boldsymbol{a}^0=\frac{1}{|\boldsymbol{a}|}(a_x,a_y,a_z)=(\cos\alpha,\cos\beta,\cos\gamma).$$

特别地,一个向量的坐标中若有一个是零,则该向量与某一个坐标面平行;若有两个是零,则该向量与某一个坐标轴平行.例如向量$(a_x,a_y,0)$,因为 $\cos\gamma=0$,有 $\gamma=\frac{\pi}{2}$,即该向量垂直于 z 轴,即平行于 xOy 面.而向量$(a_x,0,0)$同时垂直于 y 轴和 z 轴,故其平行于 x 轴.

例 4 设已知两点 $A(1,2,0)$和 $B(3,1,-\sqrt{2})$,求向量 $\overrightarrow{AB}$的模、方向余弦及与 $\overrightarrow{AB}$同向的单位向量.

解 $\overrightarrow{AB}=(3-1,1-2,-\sqrt{2}-0)=(2,-1,-\sqrt{2})$,

$$|\overrightarrow{AB}|=\sqrt{2^2+(-1)^2+(-\sqrt{2})^2}=\sqrt{7},$$

有

$$\cos\alpha=\frac{2}{\sqrt{7}},\cos\beta=-\frac{1}{\sqrt{7}},\cos\gamma=-\frac{\sqrt{2}}{\sqrt{7}},$$

与 $\overrightarrow{AB}$同向的单位向量为

$$\boldsymbol{e}^0=\frac{1}{|\overrightarrow{AB}|}\overrightarrow{AB}=\left(\frac{2}{\sqrt{7}},-\frac{1}{\sqrt{7}},-\frac{\sqrt{2}}{\sqrt{7}}\right).$$

例 5 设向量 $\boldsymbol{a}$ 与 x 轴、y 轴的夹角余弦为 $\cos\alpha=\frac{1}{3}$,$\cos\beta=\frac{2}{3}$,且$|\boldsymbol{a}|=3$,求向量 $\boldsymbol{a}$.

解 由(2.2)知,

$$\cos\gamma=\pm\sqrt{1-\cos^2\alpha-\cos^2\beta}=\pm\frac{2}{3},$$

有

$$a_x=|\boldsymbol{a}|\cos\alpha=3\times\frac{1}{3}=1,\ a_y=|\boldsymbol{a}|\cos\beta=2,\ a_z=|\boldsymbol{a}|\cos\gamma=\pm2.$$

所求的向量有两个，分别是(1,2,2),(1,2,-2).

四、向量的投影

1. 点及向量在坐标轴上的投影

设M为空间中一点,数轴u由点O及单位向量$\boldsymbol{e}$所确定.过点M作与u轴垂直的平面,平面与u轴的交点M'称为点M在u轴上的投影.

而向量$\overrightarrow{OM'}$为向量$\overrightarrow{OM}$在u轴上的分向量,令$\overrightarrow{OM'}=\lambda\boldsymbol{e}$,则称$\lambda$为**向量$\overrightarrow{OM}$在$u$轴上的投影**,记为$\mathrm{Prj}_u\overrightarrow{OM}$(如图8-17所示).

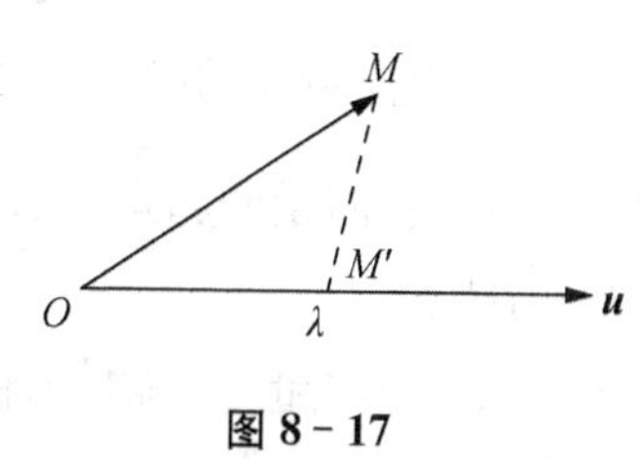

图8-17

如上定义,当向量$\boldsymbol{r}=\overrightarrow{OM}=(a_x,a_y,a_z)$时,其坐标$a_x,a_y,a_z$就是向量$\boldsymbol{r}$在三条坐标轴上的投影,即$a_x=\mathrm{Prj}_x\boldsymbol{r},a_y=\mathrm{Prj}_y\boldsymbol{r},a_z=\mathrm{Prj}_z\boldsymbol{r}$.

易得如下性质：

2. 性质

性质1　$\mathrm{Prj}_{\boldsymbol{a}}\boldsymbol{b}=|\boldsymbol{b}|\cos(\widehat{\boldsymbol{a},\boldsymbol{b}})$.

性质2　$\mathrm{Prj}_{\boldsymbol{a}}(\boldsymbol{b}+\boldsymbol{c})=\mathrm{Prj}_{\boldsymbol{a}}\boldsymbol{b}+\mathrm{Prj}_{\boldsymbol{a}}\boldsymbol{c}$.

性质3　$\mathrm{Prj}_{\boldsymbol{a}}(\lambda\boldsymbol{b})=\lambda\mathrm{Prj}_{\boldsymbol{a}}\boldsymbol{b}$($\lambda$是实数).

例6　一向量的终点在$B(3,-2,7)$,且此向量在x轴、y轴和z轴上的投影依次为2,4和3,求这向量起点A的坐标.

解　设点A的坐标为(x, y, z),则

$$\overrightarrow{AB}=(3-x,-2-y,7-z).$$

又由已知条件知向量$\overrightarrow{AB}=(2,4,3)$,所以有

$$(3-x,-2-y,7-z)=(2,4,3).$$

因此得

$$x=1,\ y=-6,\ z=4,$$

即所求点的坐标为(1,-6,4).

习题8-2

1. 已知向量$\boldsymbol{a}=(4,-4,7)$的终点坐标为(2,-1,7),则$\boldsymbol{a}$的始点坐标为________.

2. 设三角形的三个顶点$A(2,-1,4),B(3,2,-6),C(-5,0,2)$,则边$AB$的中点坐标为________,$\triangle ABC$的重心坐标为________.

3. 设有向量$\overrightarrow{P_1P_2}$,且$|P_1P_2|=4$,它与Ox轴、Oy轴的夹角分别为$\frac{\pi}{3},\frac{\pi}{4}$,如果$P_1$的坐标为(2,0,5),求$P_2$的坐标.

4. 已知两向量 $\boldsymbol{a}=(1,-4,5)$，$\boldsymbol{b}=(-2,3,7)$，求 $\boldsymbol{a}+3\boldsymbol{b}$，$3\boldsymbol{a}-2\boldsymbol{b}$，并求与 $\boldsymbol{a}$ 平行的单位向量.

5. 设已知两点 $M_1(3,\sqrt{2},5)$ 和 $M_2(2,0,6)$，计算向量 $\overrightarrow{M_1M_2}$ 的模、方向余弦和方向角.

6. 从点 $A(2,-1,7)$ 沿向量 $\boldsymbol{a}=8\boldsymbol{i}+\boldsymbol{j}-4\boldsymbol{k}$ 的方向取 $|\overrightarrow{AB}|=12$，求点 B 的坐标.

7. 已知点 $A(0,3,-2)$，$B(2,0,-1)$，$C(-1,3,0)$，求与 $\overrightarrow{AB}+2\overrightarrow{AC}$ 方向相反的单位向量.

8. 已知点 $A(1,2,3)$，$B(5,4,-2)$，$C(x,2,-1)$，$D(0,y,2)$，且 $\overrightarrow{AB}/\!/\overrightarrow{CD}$，求 x,y 的值.

9. 设向量 $\boldsymbol{a}$ 的模是 5，它与轴 b 的夹角是 $\frac{\pi}{3}$，求向量 $\boldsymbol{a}$ 在轴 b 上的投影.

10. 一向量的起点为 $A(1,3,-2)$，终点为 $B(-2,5,0)$，求在 x 轴、y 轴、z 轴上的投影，并求 $|\overrightarrow{AB}|$.

11. 一向量与 x 轴、y 轴的夹角相等，而与 z 轴的夹角是与 y 轴夹角的两倍，求该向量的方向角.

第三节　数量积　向量积

在中学时，我们学过有关向量的数量积的知识.下面我们把中学时的数量积推广到一般的向量，再学习一种新的向量的运算：向量积.

一、两向量的数量积

1. 向量的数量积的定义

设一物体在常力 $\boldsymbol{F}$ 作用下沿直线运动，移动的位移为 $\boldsymbol{s}$，力 $\boldsymbol{F}$ 与位移 $\boldsymbol{s}$ 的夹角为 θ，那么力 $\boldsymbol{F}$ 所做的功为 $W=|\boldsymbol{F}||\boldsymbol{s}|\cos\theta$.

这表明，有时我们会对向量 $\boldsymbol{a}$ 和 $\boldsymbol{b}$ 作这样的运算，即作 $|\boldsymbol{a}|$，$|\boldsymbol{b}|$ 及它们的夹角 $\theta(0\leqslant\theta\leqslant\pi)$ 的余弦的乘积，其结果是一个数，我们把它称为向量 $\boldsymbol{a},\boldsymbol{b}$ 的数量积.

定义一　设两个向量 $\boldsymbol{a}$ 和 $\boldsymbol{b}$ 且它们的夹角为 $\theta(0\leqslant\theta\leqslant\pi)$，称 $|\boldsymbol{a}||\boldsymbol{b}|\cos\theta$ 为向量 $\boldsymbol{a}$ 与 $\boldsymbol{b}$ 的数量积(内积)，记作 $\boldsymbol{a}\cdot\boldsymbol{b}$，

即
$$\boldsymbol{a}\cdot\boldsymbol{b}=|\boldsymbol{a}||\boldsymbol{b}|\cos\theta.$$

根据定义一，上述问题中力所做的功是力 $\boldsymbol{F}$ 与位移 $\boldsymbol{s}$ 的数量积，即
$$W=\boldsymbol{F}\cdot\boldsymbol{s}=|\boldsymbol{F}||\boldsymbol{s}|\cos\theta.$$

当 $\boldsymbol{a}\neq\boldsymbol{0}$ 时，$|\boldsymbol{b}|\cos\theta=|\boldsymbol{b}|\cos(\widehat{\boldsymbol{a},\boldsymbol{b}})$ 是向量 $\boldsymbol{b}$ 在向量 $\boldsymbol{a}$ 上的投影，所以有：数量积 $\boldsymbol{a}\cdot\boldsymbol{b}$ 等于向量 $\boldsymbol{a}$ 的长度 $|\boldsymbol{a}|$ 与向量 $\boldsymbol{b}$ 在向量 $\boldsymbol{a}$ 上的投影 $|\boldsymbol{b}|\cos\theta$ 的乘积.

即
$$\boldsymbol{a}\cdot\boldsymbol{b}=|\boldsymbol{a}|\mathrm{Prj}_{\boldsymbol{a}}\boldsymbol{b}.$$

同样，当 $\boldsymbol{b}\neq\boldsymbol{0}$时，有 $\boldsymbol{a}\cdot\boldsymbol{b}=|\boldsymbol{b}|\mathrm{Prj}_{\boldsymbol{b}}\boldsymbol{a}$.

即两个向量的数量积等于其中一个向量的模和另一个向量在此向量方向上的投影的乘积.

2. 数量积的性质

由向量的数量积的定义可推得：

(1) $\boldsymbol{a}\cdot\boldsymbol{a}=|\boldsymbol{a}|^2$.

证明 因为向量 $\boldsymbol{a}$ 与向量 $\boldsymbol{a}$ 的夹角 $\theta=0$，所以

$$\boldsymbol{a}\cdot\boldsymbol{a}=|\boldsymbol{a}|^2\cos 0=|\boldsymbol{a}|^2.$$

(2) 对于两个非零向量 $\boldsymbol{a},\boldsymbol{b}$，如果 $\boldsymbol{a}\cdot\boldsymbol{b}=0$，那么 $\boldsymbol{a}\perp\boldsymbol{b}$；反之如果 $\boldsymbol{a}\perp\boldsymbol{b}$，那么 $\boldsymbol{a}\cdot\boldsymbol{b}=0$.

证明 因为 $\boldsymbol{a}\cdot\boldsymbol{b}=0$，所以$|\boldsymbol{a}||\boldsymbol{b}|\cos\theta=0$.

而
$$|\boldsymbol{a}|\neq 0,|\boldsymbol{b}|\neq 0,$$
所以
$$\cos\theta=0,\text{从而}\quad \theta=\frac{\pi}{2},$$
即
$$\boldsymbol{a}\perp\boldsymbol{b};$$
反之，如果 $\boldsymbol{a}\perp\boldsymbol{b}$，那么

$$\theta=\frac{\pi}{2},\cos\theta=0,$$
所以
$$\boldsymbol{a}\cdot\boldsymbol{b}=0.$$

由于零向量的方向可以看作是任意的，故可认为零向量与任何向量都垂直，因此上述结论可叙述为：

向量 $\boldsymbol{a}\perp\boldsymbol{b}$ 的充要条件为 $\boldsymbol{a}\cdot\boldsymbol{b}=0$.

向量的数量积满足下列运算规律：

(1) **交换律** $\boldsymbol{a}\cdot\boldsymbol{b}=\boldsymbol{b}\cdot\boldsymbol{a}$.

证明 根据定义，有

$$\boldsymbol{a}\cdot\boldsymbol{b}=|\boldsymbol{a}||\boldsymbol{b}|\cos(\widehat{\boldsymbol{a},\boldsymbol{b}}),\boldsymbol{b}\cdot\boldsymbol{a}=|\boldsymbol{b}||\boldsymbol{a}|\cos(\widehat{\boldsymbol{b},\boldsymbol{a}}),$$

易知：

$$|\boldsymbol{a}||\boldsymbol{b}|=|\boldsymbol{b}||\boldsymbol{a}|,\cos(\widehat{\boldsymbol{b},\boldsymbol{a}})=\cos(\widehat{\boldsymbol{a},\boldsymbol{b}}),$$
所以
$$\boldsymbol{a}\cdot\boldsymbol{b}=\boldsymbol{b}\cdot\boldsymbol{a}.$$

(2) **分配律** $\boldsymbol{a}\cdot(\boldsymbol{b}+\boldsymbol{c})=\boldsymbol{a}\cdot\boldsymbol{b}+\boldsymbol{a}\cdot\boldsymbol{c}$.

证明 分两种情况进行讨论：

(i) $\boldsymbol{a}=\boldsymbol{0}$，显然成立；

(ii) $\boldsymbol{a}\neq\boldsymbol{0}$时，

$$\boldsymbol{a}\cdot(\boldsymbol{b}+\boldsymbol{c})=|\boldsymbol{a}|\mathrm{Prj}_{\boldsymbol{a}}(\boldsymbol{b}+\boldsymbol{c})=|\boldsymbol{a}|(\mathrm{Prj}_{\boldsymbol{a}}\boldsymbol{b}+\mathrm{Prj}_{\boldsymbol{a}}\boldsymbol{c})$$
$$=|\boldsymbol{a}|\mathrm{Prj}_{\boldsymbol{a}}\boldsymbol{b}+|\boldsymbol{a}|\mathrm{Prj}_{\boldsymbol{a}}\boldsymbol{c}=\boldsymbol{a}\cdot\boldsymbol{b}+\boldsymbol{a}\cdot\boldsymbol{c}.$$

(3) **向量与数量的结合律**　$(\lambda\boldsymbol{a})\cdot\boldsymbol{b}=\boldsymbol{a}\cdot(\lambda\boldsymbol{b})=\lambda(\boldsymbol{a}\cdot\boldsymbol{b})$(其中 λ 是实数).

证明　设向量 $\boldsymbol{a}$ 与 $\boldsymbol{b}$ 之间的夹角为 θ.

若 $\lambda>0$,$\lambda\boldsymbol{a}$ 与 $\boldsymbol{a}$ 同方向,故 $\lambda\boldsymbol{a}$ 与 $\boldsymbol{b}$ 之间的夹角仍为 θ,于是

$$(\lambda\boldsymbol{a})\cdot\boldsymbol{b}=|\lambda\boldsymbol{a}||\boldsymbol{b}|\cos\theta=\lambda(|\boldsymbol{a}||\boldsymbol{b}|\cos\theta)=\lambda(\boldsymbol{a}\cdot\boldsymbol{b});$$

若 $\lambda<0$,$\lambda\boldsymbol{a}$ 与 $\boldsymbol{a}$ 方向相反,故 $\lambda\boldsymbol{a}$ 与 $\boldsymbol{b}$ 之间的夹角为 $\pi-\theta$,于是

$$(\lambda\boldsymbol{a})\cdot\boldsymbol{b}=|\lambda\boldsymbol{a}||\boldsymbol{b}|\cos(\pi-\theta)=\lambda(|\boldsymbol{a}||\boldsymbol{b}|\cos\theta)=\lambda(\boldsymbol{a}\cdot\boldsymbol{b});$$

若 $\lambda=0$,显然成立.

综上所述:有 $(\lambda\boldsymbol{a})\cdot\boldsymbol{b}=\lambda(\boldsymbol{a}\cdot\boldsymbol{b})$ 成立.

类似可证:$\boldsymbol{a}\cdot(\lambda\boldsymbol{b})=\lambda(\boldsymbol{a}\cdot\boldsymbol{b})$.

例 1　设向量 $\boldsymbol{a}$ 与 $\boldsymbol{b}$ 的夹角为 $\frac{\pi}{3}$,$|\boldsymbol{a}|=2$,$|\boldsymbol{b}|=3$,求 $\boldsymbol{a}\cdot\boldsymbol{b}$.

解　$\boldsymbol{a}\cdot\boldsymbol{b}=2\times3\times\cos\frac{\pi}{3}=3$.

例 2　试用向量证明三角形的余弦定理.

证明　设在 $\triangle ABC$ 中,$\angle BCA=\theta$,$|BC|=a$,$|CA|=b$,$|AB|=c$(如图 8-18 所示),即要证:

$$c^2=a^2+b^2-2ab\cos\theta.$$

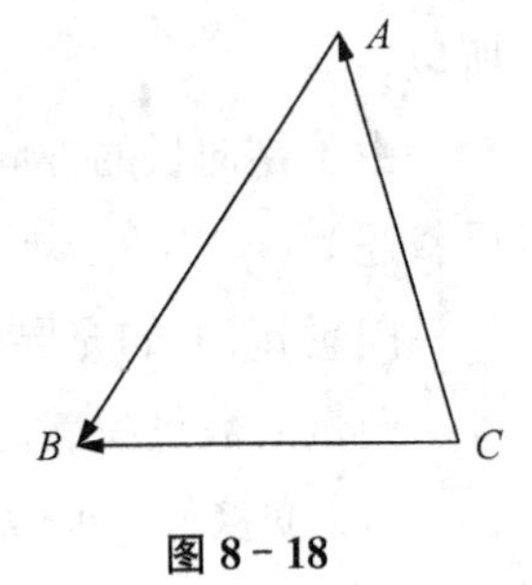

图 8-18

记 $\overrightarrow{CB}=\boldsymbol{a}$,$\overrightarrow{CA}=\boldsymbol{b}$,$\overrightarrow{AB}=\boldsymbol{c}$,则有 $\boldsymbol{c}=\boldsymbol{a}-\boldsymbol{b}$,

从而
$$|\boldsymbol{c}|^2=\boldsymbol{c}\cdot\boldsymbol{c}=(\boldsymbol{a}-\boldsymbol{b})\cdot(\boldsymbol{a}-\boldsymbol{b})$$
$$=\boldsymbol{a}\cdot\boldsymbol{a}+\boldsymbol{b}\cdot\boldsymbol{b}-2\boldsymbol{a}\cdot\boldsymbol{b}$$
$$=|\boldsymbol{a}|^2+|\boldsymbol{b}|^2-2|\boldsymbol{a}||\boldsymbol{b}|\cos(\widehat{\boldsymbol{a},\boldsymbol{b}}).$$

由
$$|\boldsymbol{a}|=a,|\boldsymbol{b}|=b,|\boldsymbol{c}|=c \text{ 及 } (\widehat{\boldsymbol{a},\boldsymbol{b}})=\theta,$$

即得
$$c^2=a^2+b^2-2ab\cos\theta.$$

例 3　设向量 $\boldsymbol{a}+\boldsymbol{b}+\boldsymbol{c}=\boldsymbol{0}$,$|\boldsymbol{a}|=1$,$|\boldsymbol{b}|=2$,$|\boldsymbol{c}|=3$,求 $\boldsymbol{a}\cdot\boldsymbol{b}+\boldsymbol{b}\cdot\boldsymbol{c}+\boldsymbol{c}\cdot\boldsymbol{a}$.

解　由 $\boldsymbol{a}+\boldsymbol{b}+\boldsymbol{c}=\boldsymbol{0}$,得

$$\boldsymbol{a}\cdot(\boldsymbol{a}+\boldsymbol{b}+\boldsymbol{c})=\boldsymbol{a}^2+\boldsymbol{a}\cdot\boldsymbol{b}+\boldsymbol{a}\cdot\boldsymbol{c}=0,$$
$$\boldsymbol{b}\cdot(\boldsymbol{a}+\boldsymbol{b}+\boldsymbol{c})=\boldsymbol{a}\cdot\boldsymbol{b}+\boldsymbol{b}^2+\boldsymbol{b}\cdot\boldsymbol{c}=0,$$
$$\boldsymbol{c}\cdot(\boldsymbol{a}+\boldsymbol{b}+\boldsymbol{c})=\boldsymbol{c}\cdot\boldsymbol{a}+\boldsymbol{c}\cdot\boldsymbol{b}+\boldsymbol{c}^2=0.$$

因为
$$\boldsymbol{a}^2=|\boldsymbol{a}|\cdot|\boldsymbol{a}|,\boldsymbol{b}^2=|\boldsymbol{b}|\cdot|\boldsymbol{b}|,\boldsymbol{c}^2=|\boldsymbol{c}|\cdot|\boldsymbol{c}|,$$

代入$|\boldsymbol{a}|=1,|\boldsymbol{b}|=2,|\boldsymbol{c}|=3$,得

$$\boldsymbol{a}\cdot\boldsymbol{b}+\boldsymbol{a}\cdot\boldsymbol{c}=-1,$$
$$\boldsymbol{a}\cdot\boldsymbol{b}+\boldsymbol{b}\cdot\boldsymbol{c}=-4,$$
$$\boldsymbol{c}\cdot\boldsymbol{a}+\boldsymbol{c}\cdot\boldsymbol{b}=-9.$$

以上三式相加,整理得

$$\boldsymbol{a}\cdot\boldsymbol{b}+\boldsymbol{b}\cdot\boldsymbol{c}+\boldsymbol{c}\cdot\boldsymbol{a}=-7.$$

3. 数量积的坐标表示式和两向量夹角余弦的坐标表示式

设向量$\boldsymbol{a}=a_x\boldsymbol{i}+a_y\boldsymbol{j}+a_z\boldsymbol{k},\boldsymbol{b}=b_x\boldsymbol{i}+b_y\boldsymbol{j}+b_z\boldsymbol{k}$,则

$$\begin{aligned}\boldsymbol{a}\cdot\boldsymbol{b}&=(a_x\boldsymbol{i}+a_y\boldsymbol{j}+a_z\boldsymbol{k})\cdot(b_x\boldsymbol{i}+b_y\boldsymbol{j}+b_z\boldsymbol{k})\\&=a_x\boldsymbol{i}\cdot(b_x\boldsymbol{i}+b_y\boldsymbol{j}+b_z\boldsymbol{k})+a_y\boldsymbol{j}\cdot(b_x\boldsymbol{i}+b_y\boldsymbol{j}+b_z\boldsymbol{k})+a_z\boldsymbol{k}\cdot(b_x\boldsymbol{i}+b_y\boldsymbol{j}+b_z\boldsymbol{k})\\&=a_xb_x\boldsymbol{i}\cdot\boldsymbol{i}+a_xb_y\boldsymbol{i}\cdot\boldsymbol{j}+a_xb_z\boldsymbol{i}\cdot\boldsymbol{k}+a_yb_x\boldsymbol{j}\cdot\boldsymbol{i}+a_yb_y\boldsymbol{j}\cdot\boldsymbol{j}+a_yb_z\boldsymbol{j}\cdot\boldsymbol{k}+\\&\quad a_zb_x\boldsymbol{k}\cdot\boldsymbol{i}+a_zb_y\boldsymbol{k}\cdot\boldsymbol{j}+a_zb_z\boldsymbol{k}\cdot\boldsymbol{k}.\end{aligned}$$

因为$\boldsymbol{i},\boldsymbol{j},\boldsymbol{k}$为单位向量且两两互相垂直,根据数量积的定义得出:

$$\boldsymbol{i}\cdot\boldsymbol{i}=\boldsymbol{j}\cdot\boldsymbol{j}=\boldsymbol{k}\cdot\boldsymbol{k}=1,$$
$$\boldsymbol{i}\cdot\boldsymbol{j}=\boldsymbol{j}\cdot\boldsymbol{i}=\boldsymbol{j}\cdot\boldsymbol{k}=\boldsymbol{k}\cdot\boldsymbol{j}=\boldsymbol{k}\cdot\boldsymbol{i}=\boldsymbol{i}\cdot\boldsymbol{k}=0.$$

因此得到两向量的数量积的表达式:$\boldsymbol{a}\cdot\boldsymbol{b}=a_xb_x+a_yb_y+a_zb_z$.

这说明,**两个向量的数量积等于它们的对应坐标乘积之和.**

由于$\boldsymbol{a}\cdot\boldsymbol{b}=|\boldsymbol{a}||\boldsymbol{b}|\cos\theta$,故对两个非零向量$\boldsymbol{a}$和$\boldsymbol{b}$,它们之间夹角余弦的计算公式为

$$\cos\theta=\frac{\boldsymbol{a}\cdot\boldsymbol{b}}{|\boldsymbol{a}||\boldsymbol{b}|}=\frac{a_xb_x+a_yb_y+a_zb_z}{\sqrt{a_x^2+a_y^2+a_z^2}\sqrt{b_x^2+b_y^2+b_z^2}},$$

且有$\boldsymbol{a}\perp\boldsymbol{b}$,相当于$\cos(\widehat{\boldsymbol{a},\boldsymbol{b}})=0$,即

$$a_xb_x+a_yb_y+a_zb_z=0.$$

例 4　已知三点$A(-2,3,2)$,$B(2,3,1)$和$C(-4,1,1)$,求$\angle ACB$.

解　作向量$\overrightarrow{CA}$及$\overrightarrow{CB}$,$\angle ACB$就是向量$\overrightarrow{CA}$与$\overrightarrow{CB}$的夹角.

由于
$$\overrightarrow{CA}=(2,2,1),\ \overrightarrow{CB}=(6,2,0),$$

从而

$$\overrightarrow{CA}\cdot\overrightarrow{CB}=2\times6+2\times2+1\times0=16,$$
$$|\overrightarrow{CA}|=\sqrt{2^2+2^2+1^2}=3,$$
$$|\overrightarrow{CB}|=\sqrt{6^2+2^2+0^2}=2\sqrt{10}.$$

因为

$$\cos\angle ACB=\frac{\overrightarrow{CA}\cdot\overrightarrow{CB}}{|\overrightarrow{CA}||\overrightarrow{CB}|}=\frac{16}{2\sqrt{10}\times3}=\frac{4\sqrt{10}}{15},$$

故

$$\angle ACB=\arccos\frac{4\sqrt{10}}{15}.$$

例 5 在 xOy 坐标平面上求一单位向量,使之与已知向量 $\boldsymbol{a}=(-4,3,7)$ 垂直.

解 因为所求向量在 xOy 坐标平面内,可设 $\boldsymbol{b}=(x,y,0)$,向量 $\boldsymbol{b}$ 与 $\boldsymbol{a}$ 垂直,且为单位向量,所以有

$$\begin{cases}-4x+3y=0,\\x^2+y^2=1.\end{cases}$$

解方程组得

$$\begin{cases}x=\dfrac{3}{5},\\y=\dfrac{4}{5},\end{cases}\quad\begin{cases}x=-\dfrac{3}{5},\\y=-\dfrac{4}{5}.\end{cases}$$

故所求向量为

$$\boldsymbol{b}_1=\left(\frac{3}{5},\frac{4}{5},0\right)\text{或}\ \boldsymbol{b}_2=\left(-\frac{3}{5},-\frac{4}{5},0\right).$$

二、两向量的向量积

在物理学中有一类关于物体转动的问题,与力对物体做功的问题不同,它不但要考虑这个物体所受的力的情况,还要分析这类力所产生的力矩,下面我们就从这个问题入手,然后引出一种新的向量的运算.

现有一个杠杆 L,其支点为 O,设有一个常力 $\boldsymbol{F}$ 作用于杠杆的点 P 处,$\boldsymbol{F}$ 与$\overrightarrow{OP}$的夹角为 θ(如图 8-19 所示),由力学相关知识知,力 $\boldsymbol{F}$ 对支点 O 的力矩是一个向量 $\boldsymbol{M}$,它的模为

$$|\boldsymbol{M}|=|OQ||\boldsymbol{F}|=|\overrightarrow{OP}||\boldsymbol{F}|\sin\theta.$$

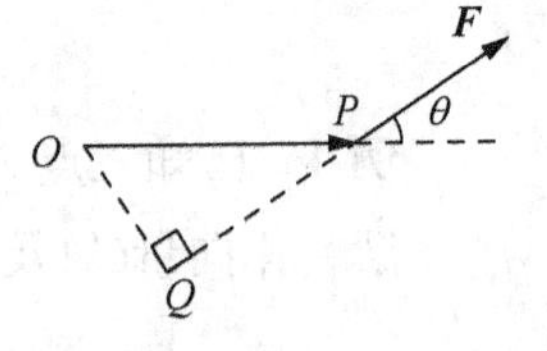

图 8-19

而 $\boldsymbol{M}$ 的方向垂直于$\overrightarrow{OP}$与 $\boldsymbol{F}$ 所决定的平面.

$\boldsymbol{M}$ 的指向是按右手法则,从$\overrightarrow{OP}$以不超过 π 的角转向 $\boldsymbol{F}$ 来确定的,即当右手的四个手指从$\overrightarrow{OP}$以不超过 π 的角转向 $\boldsymbol{F}$ 握拳时,大拇指的指向就是 $\boldsymbol{M}$ 的指向.

这种由两个已知向量按上述法则确定另一个向量的情况,在其他问题中经常会遇到,我们把它规定为向量的一种新的运算,叫作向量的向量积.

1. 向量积的定义

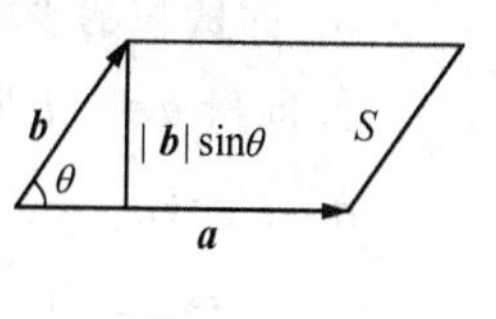

图 8-20

定义二　两个向量 $\boldsymbol{a}$ 与 $\boldsymbol{b}$ 的向量积是一个向量，它的模为 $|\boldsymbol{a}||\boldsymbol{b}|\sin\theta$（其中 θ 是 $\boldsymbol{a}$ 与 $\boldsymbol{b}$ 的夹角），它的方向垂直于 $\boldsymbol{a}$ 和 $\boldsymbol{b}$ 所决定的平面（既垂直于 $\boldsymbol{a}$ 又垂直于 $\boldsymbol{b}$），其指向按右手法则从 $\boldsymbol{a}$ 转向 $\boldsymbol{b}$ 来确定，记为 $\boldsymbol{a}\times\boldsymbol{b}$.

根据定义，上面的力矩 $\boldsymbol{M}$ 等于 $\overrightarrow{OP}$ 与 $\boldsymbol{F}$ 的向量积，即

$$\boldsymbol{M}=\overrightarrow{OP}\times\boldsymbol{F}.$$

向量 $\boldsymbol{a}$ 与 $\boldsymbol{b}$ 的向量积的模的几何意义为：以向量 $\boldsymbol{a}$ 与 $\boldsymbol{b}$ 为邻边的平行四边形面积（如图 8-20 所示），即 $S=|\boldsymbol{a}\times\boldsymbol{b}|$.

2. 向量积的性质

(1) $\boldsymbol{a}\times\boldsymbol{a}=\boldsymbol{0}$.

证明　因为 $\theta=0$，所以 $|\boldsymbol{a}\times\boldsymbol{a}|=|\boldsymbol{a}||\boldsymbol{a}|\sin\theta=0$.

即
$$\boldsymbol{a}\times\boldsymbol{a}=\boldsymbol{0}.$$

(2) 对于两个非零向量 $\boldsymbol{a},\boldsymbol{b}$ 平行的充要条件是：它们的向量积为零向量. 即

$$\boldsymbol{a}/\!/\boldsymbol{b}\Leftrightarrow\boldsymbol{a}\times\boldsymbol{b}=\boldsymbol{0}.$$

事实上，若向量 $\boldsymbol{a},\boldsymbol{b}$ 平行，则它们的夹角 θ 等于 0 或等于 π，即

$$\sin\theta=0,$$

所以

$$|\boldsymbol{a}\times\boldsymbol{a}|=|\boldsymbol{a}||\boldsymbol{a}|\sin\theta=0,$$

即
$$\boldsymbol{a}\times\boldsymbol{b}=\boldsymbol{0}.$$

反之，若 $\boldsymbol{a}\times\boldsymbol{b}=\boldsymbol{0}$，则 $|\boldsymbol{a}\times\boldsymbol{b}|=|\boldsymbol{a}||\boldsymbol{b}|\sin\theta=0$，

由于
$$|\boldsymbol{a}|\neq0,|\boldsymbol{b}|\neq0,$$

所以
$$\sin\theta=0,$$

于是 $\theta=0$ 或 $\theta=\pi$，即向量 $\boldsymbol{a},\boldsymbol{b}$ 平行.

向量的向量积满足下列运算律：

(1) $\boldsymbol{a}\times\boldsymbol{b}=-\boldsymbol{b}\times\boldsymbol{a}$.

按右手规则从 $\boldsymbol{b}$ 转向 $\boldsymbol{a}$ 所决定的方向恰好与从 $\boldsymbol{a}$ 转向 $\boldsymbol{b}$ 所决定的方向相反.

这表明：**向量积运算不满足交换律.**

(2) **结合律**　$(\lambda\boldsymbol{a})\times\boldsymbol{b}=\lambda(\boldsymbol{a}\times\boldsymbol{b})=\boldsymbol{a}\times(\lambda\boldsymbol{b})$（$\lambda$ 是实数），

$(\lambda\boldsymbol{a})\times(\mu\boldsymbol{b})=(\lambda\mu)(\boldsymbol{a}\times\boldsymbol{b})$（$\lambda,\mu$ 是实数）；

(3) **分配律**　$\boldsymbol{a}\times(\boldsymbol{b}+\boldsymbol{c})=\boldsymbol{a}\times\boldsymbol{b}+\boldsymbol{a}\times\boldsymbol{c}$.

这两个运算律的证明从略.

3. 向量积的坐标表达式

设向量 $\boldsymbol{a}=a_x\boldsymbol{i}+a_y\boldsymbol{j}+a_z\boldsymbol{k}$,$\boldsymbol{b}=b_x\boldsymbol{i}+b_y\boldsymbol{j}+b_z\boldsymbol{k}$,则

$$\begin{aligned}\boldsymbol{a}\times\boldsymbol{b}&=(a_x\boldsymbol{i}+a_y\boldsymbol{j}+a_z\boldsymbol{k})\times(b_x\boldsymbol{i}+b_y\boldsymbol{j}+b_z\boldsymbol{k})\\&=a_x\boldsymbol{i}\times(b_x\boldsymbol{i}+b_y\boldsymbol{j}+b_z\boldsymbol{k})+a_y\boldsymbol{j}\times(b_x\boldsymbol{i}+b_y\boldsymbol{j}+b_z\boldsymbol{k})+a_z\boldsymbol{k}\times(b_x\boldsymbol{i}+b_y\boldsymbol{j}+b_z\boldsymbol{k})\\&=a_xb_x(\boldsymbol{i}\times\boldsymbol{i})+a_xb_y(\boldsymbol{i}\times\boldsymbol{j})+a_xb_z(\boldsymbol{i}\times\boldsymbol{k})+a_yb_x(\boldsymbol{j}\times\boldsymbol{i})+a_yb_y(\boldsymbol{j}\times\boldsymbol{j})+\\&\quad a_yb_z(\boldsymbol{j}\times\boldsymbol{k})+a_zb_x(\boldsymbol{k}\times\boldsymbol{i})+a_zb_y(\boldsymbol{k}\times\boldsymbol{j})+a_zb_z(\boldsymbol{k}\times\boldsymbol{k}).\end{aligned}$$

因为 $\boldsymbol{i},\boldsymbol{j},\boldsymbol{k}$ 为单位向量且两两互相垂直,根据向量积的定义得出:

$$\boldsymbol{i}\times\boldsymbol{i}=\boldsymbol{j}\times\boldsymbol{j}=\boldsymbol{k}\times\boldsymbol{k}=\boldsymbol{0},$$

$$\boldsymbol{i}\times\boldsymbol{j}=\boldsymbol{k},\boldsymbol{j}\times\boldsymbol{k}=\boldsymbol{i},\boldsymbol{k}\times\boldsymbol{i}=\boldsymbol{j},\boldsymbol{j}\times\boldsymbol{i}=-\boldsymbol{k},\boldsymbol{k}\times\boldsymbol{j}=-\boldsymbol{i},\boldsymbol{i}\times\boldsymbol{k}=-\boldsymbol{j}.$$

因此得到两向量的向量积的坐标表达式

$$\boldsymbol{a}\times\boldsymbol{b}=(a_yb_z-a_zb_y)\boldsymbol{i}+(a_zb_x-a_xb_z)\boldsymbol{j}+(a_xb_y-a_yb_x)\boldsymbol{k}.$$

为了便于记忆,可将 $\boldsymbol{a}$ 与 $\boldsymbol{b}$ 的向量积写成如下行列式的形式:

$$\boldsymbol{a}\times\boldsymbol{b}=\begin{vmatrix}\boldsymbol{i}&\boldsymbol{j}&\boldsymbol{k}\\a_x&a_y&a_z\\b_x&b_y&b_z\end{vmatrix}.$$

从 $\boldsymbol{a}\times\boldsymbol{b}$ 的坐标表达式可以看出,$\boldsymbol{a}$ 与 $\boldsymbol{b}$ 平行相当于

$$\begin{cases}a_yb_z-a_zb_y=0,\\a_zb_x-a_xb_z=0,\\a_xb_y-a_yb_x=0,\end{cases}$$

或

$$\frac{a_x}{b_x}=\frac{a_y}{b_y}=\frac{a_z}{b_z}.\tag{3.1}$$

即 $\boldsymbol{a}$ 与 $\boldsymbol{b}$ 的对应坐标成比例.

这一向量平行的对称式条件,当分母有为零的元素时,对它的理解参见 8.2 节相关内容.

例 6 求与向量 $\boldsymbol{a}=(2,1,-1)$,$\boldsymbol{b}=(1,-1,2)$ 均垂直的单位向量.

解 解法一 所求向量 $\boldsymbol{e}$ 垂直于 $\boldsymbol{a}$ 与 $\boldsymbol{b}$ 决定的平面,则由向量积的定义可知

$$\boldsymbol{a}\times\boldsymbol{b}=\begin{vmatrix}\boldsymbol{i}&\boldsymbol{j}&\boldsymbol{k}\\2&1&-1\\1&-1&2\end{vmatrix}=\boldsymbol{i}-5\boldsymbol{j}-3\boldsymbol{k},$$

$$|\boldsymbol{a}\times\boldsymbol{b}|=\sqrt{1^2+(-5)^2+(-3)^2}=\sqrt{35}.$$

所以,所求的单位向量为　$e=\pm\frac{1}{\sqrt{35}}(1,-5,-3)$.

解法二　设所求向量为 $e=(x,y,z)$.

由向量垂直的数量积的表达式:

$$\begin{cases} e\perp a, \\ e\perp b, \\ |e|=1, \end{cases}$$

即

$$\begin{cases} e\cdot a=0, \\ e\cdot b=0, \\ x^2+y^2+z^2=1. \end{cases}$$

由数量积,因此有:

$$\begin{cases} 2x+y-z=0, \\ x-y+2z=0, \\ x^2+y^2+z^2=1. \end{cases}$$

解得

$$\begin{cases} x=\frac{1}{\sqrt{35}}, \\ y=-\frac{5}{\sqrt{35}}, \\ z=-\frac{3}{\sqrt{35}}, \end{cases} \quad \begin{cases} x=-\frac{1}{\sqrt{35}}, \\ y=\frac{5}{\sqrt{35}}, \\ z=\frac{3}{\sqrt{35}}. \end{cases}$$

所以

$$e=\pm\frac{1}{\sqrt{35}}(1,-5,-3).$$

例 7　已知$\triangle ABC$的顶点分别为$A(-1,2,2)$,$B(2,3,2)$,$C(2,-1,1)$,求三角形的面积.

解　根据向量积的几何意义,可知三角形的面积

$$S_{\triangle ABC}=\frac{1}{2}|\overrightarrow{AB}|\,|\overrightarrow{AC}|\sin A=\frac{1}{2}|\overrightarrow{AB}\times\overrightarrow{AC}|.$$

由于 $\overrightarrow{AB}=(3,1,0)$,$\overrightarrow{AC}=(3,-3,-1)$,因此

$$\overrightarrow{AB}\times\overrightarrow{AC}=\begin{vmatrix} i & j & k \\ 3 & 1 & 0 \\ 3 & -3 & -1 \end{vmatrix}=-i+3j-12k.$$

于是　$S_{\triangle ABC}=\frac{1}{2}|-i+3j-12k|=\frac{1}{2}\sqrt{(-1)^2+3^2+(-12)^2}=\frac{\sqrt{154}}{2}.$

例 8 已知$|\boldsymbol{m}|=1$，$|\boldsymbol{n}|=2$，$(\widehat{\boldsymbol{m},\boldsymbol{n}})=\frac{\pi}{6}$，设向量$\boldsymbol{c}=\boldsymbol{m}+2\boldsymbol{n}$，$\boldsymbol{d}=3\boldsymbol{m}-4\boldsymbol{n}$为平行四边形的两条边，求平行四边形的面积$S$.

解 由两个向量的向量积的几何意义知：$S=|\boldsymbol{c}\times\boldsymbol{d}|$.

因为
$$\boldsymbol{c}\times\boldsymbol{d}=(\boldsymbol{m}+2\boldsymbol{n})\times(3\boldsymbol{m}-4\boldsymbol{n})=-10\boldsymbol{m}\times\boldsymbol{n},$$
所以
$$S=|-10\boldsymbol{m}\times\boldsymbol{n}|=10|\boldsymbol{m}||\boldsymbol{n}|\sin\frac{\pi}{6}=10.$$

习题 8-3

1. 设向量$\boldsymbol{a}=(3,2,-2)$，$\boldsymbol{b}=\left(2,\frac{4}{3},k\right)$，若满足①$\boldsymbol{a}\perp\boldsymbol{b}$，②$\boldsymbol{a}/\!/\boldsymbol{b}$，请分别求出$k$的值.

2. 已知$|\boldsymbol{a}|=2$，$|\boldsymbol{b}|=5$，$(\widehat{\boldsymbol{a},\boldsymbol{b}})=\frac{2}{3}\pi$，且向量$\boldsymbol{\alpha}=\lambda\boldsymbol{a}+17\boldsymbol{b}$与$\boldsymbol{\beta}=3\boldsymbol{a}-\boldsymbol{b}$垂直，求常数$\lambda$.

3. 已知单位向量$\boldsymbol{a},\boldsymbol{b},\boldsymbol{c}$满足$\boldsymbol{a}+\boldsymbol{b}+\boldsymbol{c}=0$，计算$\boldsymbol{a}\cdot\boldsymbol{b}+\boldsymbol{b}\cdot\boldsymbol{c}+\boldsymbol{a}\cdot\boldsymbol{c}$.

4. 试用向量的向量积导出正弦定理.

5. 已知向量$\boldsymbol{a}=(2,-2,3)$，$\boldsymbol{b}=(-4,1,2)$，$\boldsymbol{c}=(1,2,-1)$，求：

① $(\boldsymbol{a}\cdot\boldsymbol{b})\boldsymbol{c}$；　② $\boldsymbol{a}^2(\boldsymbol{b}\cdot\boldsymbol{c})$；　③ $\boldsymbol{a}^2\boldsymbol{b}+\boldsymbol{b}^2\boldsymbol{c}+\boldsymbol{c}^2\boldsymbol{a}$.

6. 已知$|\boldsymbol{a}|=2$，$|\boldsymbol{b}|=\sqrt{2}$且$\boldsymbol{a}\cdot\boldsymbol{b}=2$，求$|\boldsymbol{a}\times\boldsymbol{b}|$.

7. 已知$\triangle ABC$的顶点分别为$A(1,2,3)$，$B(3,4,5)$，$C(2,4,7)$，求$\triangle ABC$的面积.

8. 已知向量$\boldsymbol{a}=(-1,3,0)$，$\boldsymbol{b}=(3,1,0)$，向量$\boldsymbol{c}$的模$|\boldsymbol{c}|=r$(常数)，求当$\boldsymbol{c}$满足关系式$\boldsymbol{a}=\boldsymbol{b}\times\boldsymbol{c}$时，求$r$的最小值.

9. 已知$\boldsymbol{a}+3\boldsymbol{b}$垂直于向量$7\boldsymbol{a}-5\boldsymbol{b}$，向量$\boldsymbol{a}-4\boldsymbol{b}$垂直于向量$7\boldsymbol{a}-2\boldsymbol{b}$，求$\boldsymbol{a}$与$\boldsymbol{b}$的夹角.

10. 已知$\triangle ABC$中，$\overrightarrow{AB}=(2,1,-2)$，$\overrightarrow{BC}=(3,2,6)$，求$\triangle ABC$三个内角的余弦.

11. 已知$\triangle ABC$中，$\overrightarrow{AB}=(3,1,4)$，$\overrightarrow{AC}=(2,-1,3)$，求$\triangle ABC$面积.

12. 设向量$\boldsymbol{a}=(3,5,-2)$，$\boldsymbol{b}=(2,1,4)$，问：λ与μ有什么关系才能使$\lambda\boldsymbol{a}+\mu\boldsymbol{b}$与$z$轴垂直?

13. 已知$|\boldsymbol{a}|=2\sqrt{2}$，$|\boldsymbol{b}|=3$，$(\widehat{\boldsymbol{a},\boldsymbol{b}})=\frac{\pi}{4}$，且向量$\boldsymbol{m}=5\boldsymbol{a}+2\boldsymbol{b}$，$\boldsymbol{n}=\boldsymbol{a}-3\boldsymbol{b}$，求以$\boldsymbol{m},\boldsymbol{n}$为邻边的平行四边形的对角线长.

14. 试用向量的方法证明直径所对的圆周角是直角.

15. 试用向量的方法证明三角形的三条高交于一点.

16. 已知$|\boldsymbol{a}|=4$，$|\boldsymbol{b}|=5$，$|\boldsymbol{a}-\boldsymbol{b}|=\sqrt{41-20\sqrt{3}}$，求$(\widehat{\boldsymbol{a},\boldsymbol{b}})$.

17. 已知$|\boldsymbol{a}|=2$，$|\boldsymbol{b}|=1$，$(\widehat{\boldsymbol{a},\boldsymbol{b}})=\frac{\pi}{3}$，若向量$2\boldsymbol{a}+k\boldsymbol{b}$与$\boldsymbol{a}+\boldsymbol{b}$垂直，求$k$的值.

18. 已知$|\boldsymbol{a}|=2$，$\boldsymbol{b}=(1,2,2)$，$\boldsymbol{a}/\!/\boldsymbol{b}$且$\boldsymbol{a}$与$\boldsymbol{b}$的方向相反，求向量$\boldsymbol{a}$.

第四节　曲面及其方程

一、曲面方程的概念

在日常生活中，我们经常会遇到各种曲面，例如球类的表面以及圆柱体的表面等等.

在平面解析几何中，我们把平面曲线看成是动点的运动轨迹. 同样地，在空间解析几何中，我们也把曲面看作是动点的运动轨迹，而点的轨迹可由点的坐标所满足的方程来表达. 因此，空间曲面可以由方程来表示.

设在空间直角坐标系中有一曲面 S(如图 8-21 所示)与三元方程

$$F(x,y,z)=0 \tag{4.1}$$

有下述关系：

(1) 曲面 S 上任一点的坐标都满足方程(4.1)；

(2) 不在曲面 S 上的点的坐标都不满足方程(4.1)；

那么方程(4.1)就叫作**曲面 S 的方程**，曲面 S 叫作**方程**(4.1)**的图形.**

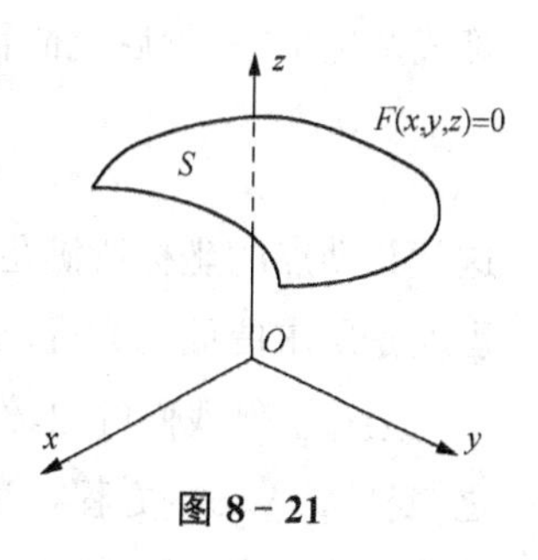

图 8-21

曲面方程是曲面上任意点的坐标之间所存在的函数关系，也就是曲面上的动点 $M(x,y,z)$ 在运动过程中所必须满足的约束条件.

下面我们来建立几个常见的曲面的方程.

例 1　试建立球心在点 $M_0(x_0,y_0,z_0)$、半径为 R 的球面的方程(如图 8-22 所示).

解　球面的方程也就是动点到定点 M_0 距离为定长，即为半径 R 的方程.

设 $M(x,y,z)$是球面上的任一点，那么有

$$|M_0M|=R.$$

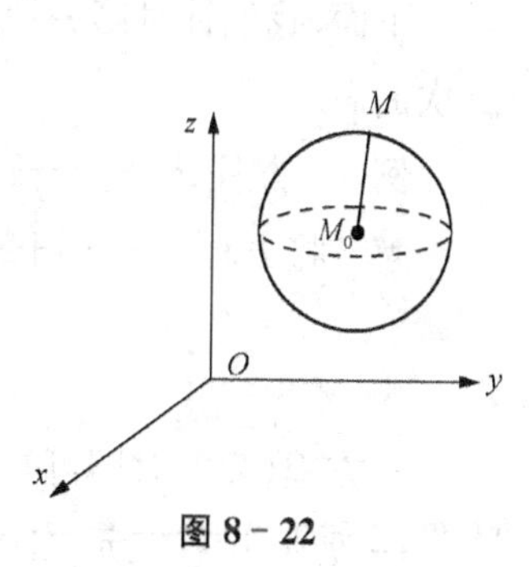

图 8-22

由于$|M_0M|=\sqrt{(x-x_0)^2+(y-y_0)^2+(z-z_0)^2}$，所以

$$\sqrt{(x-x_0)^2+(y-y_0)^2+(z-z_0)^2}=R,$$

即

$$(x-x_0)^2+(y-y_0)^2+(z-z_0)^2=R^2. \tag{4.2}$$

这就是球面上任一点的坐标所满足的方程，而不在球面上的点都不满足方程(4.2)，因此

方程(4.2)就是以点 $M_0(x_0,y_0,z_0)$ 为球心、R 为半径的球面的方程.如果球心在坐标原点,那么球面方程为

$$x^2+y^2+z^2=R^2.$$

例 2 设一动点与两定点 $M_1(2,1,-6)$ 和 $M_2(3,3,1)$ 等距离,求这个动点的轨迹.

解 由题意知,所求的就是与定点 M_1 和 M_2 等距离的点的几何轨迹.设 $M(x,y,z)$ 为满足条件的点,由于

$$|M_1M|=|M_2M|,$$

所以 $\sqrt{(x-2)^2+(y-1)^2+(z+6)^2}=\sqrt{(x-3)^2+(y-3)^2+(z-1)^2}$,

等式两边平方,然后化简得

$$x+2y+7z+11=0.$$

这就是动点的坐标所满足的方程,而不在此曲面上的点的坐标都不满足这个方程,所以这个方程就是所求曲面的方程.后面我们会讨论这种方程,这是一个平面方程.

通过上例我们可知,作为点的几何轨迹的曲面可以用它的点的坐标所满足的方程来表示,反之,变量 x,y,z 的方程在几何上通常表示一个曲面,这样便将空间曲面代数化,可以用数量间的关系来描述图形的几何性质.因此在空间解析几何中关于曲面的研究,有下列两个基本问题:

(1) 已知一曲面作为点的几何轨迹,建立此曲面的方程;

(2) 已知坐标 x,y,z 之间的一个方程时,研究此方程所表示的曲面的形状.

下面,我们针对第一种问题来研究旋转曲面;作为问题(2)的例子,我们再讨论柱面及一些二次曲面.

例 3 方程 $x^2+y^2+z^2-4x+8y+6z=0$ 表示怎样的曲面?

解 将方程 $x^2+y^2+z^2-4x+8y+6z=0$ 配方,原方程可化为

$$(x-2)^2+(y+4)^2+(z+3)^2=29.$$

与方程(4.2)对照可知,原方程表示球心在点 $M_0(2,-4,-3)$、半径为 $R=\sqrt{29}$ 的球面.

一般地,设有三元二次方程

$$x^2+y^2+z^2+Dx+Ey+Fz+G=0. \tag{4.3}$$

只要系数 $D^2+E^2+F^2-4G>0$,方程(4.3)就表示一个球面,我们可把方程(4.3)改写为

$$\left(x+\frac{D}{2}\right)^2+\left(y+\frac{E}{2}\right)^2+\left(z+\frac{F}{2}\right)^2=\frac{1}{4}(D^2+E^2+F^2-4G).$$

它表示以点 $M_0\left(-\frac{D}{2},-\frac{E}{2},-\frac{F}{2}\right)$ 为球心,$\frac{1}{2}\sqrt{D^2+E^2+F^2-4G}$ 为半径的球面.

二、旋转曲面

一条平面曲线绕其所在平面上的一条定直线旋转一周所生成的曲面叫作**旋转曲面**,定直线叫作旋转曲面的**轴**,平面曲线叫作旋转曲面的**母线**.

设在 yOz 平面上,有一条已知的曲线 C,C 的方程是

$$f(y,z)=0.$$

将曲线 C 绕 z 轴旋转一周,就得到了一个以 z 轴为轴的旋转曲面(如图 8 - 23 所示),下面我们来建立该旋转曲面的方程.

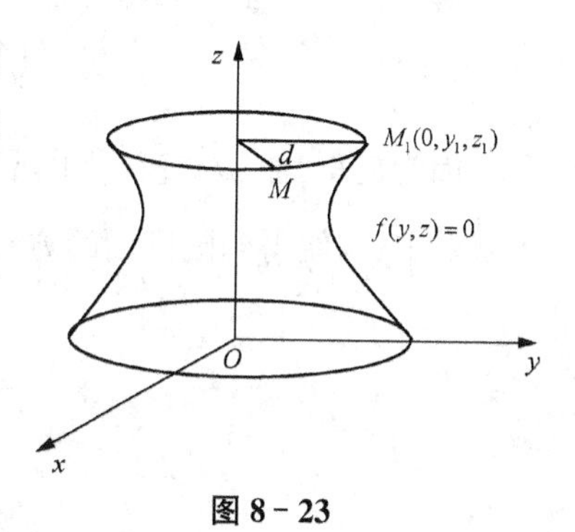

图 8 - 23

在该旋转曲面上任取一点 $M(x,y,z)$,必存在曲线 C 上一点 $M_1(0,y_1,z_1)$,M_1 满足 C 的方程,

即
$$f(y_1,z_1)=0,$$

且当曲线 C 绕 z 轴旋转时,点 M_1 也绕 z 轴旋转到点 $M(x,y,z)$,可知:这时 $z=z_1$ 保持不变,且点 M 到 z 轴的距离与点 M_1 到 z 轴的距离相等,所以有

$$d=\sqrt{x^2+y^2}=|y_1|,$$

即
$$y_1=\pm\sqrt{x^2+y^2}.$$

将 $\begin{cases} z_1=z, \\ y_1=\pm\sqrt{x^2+y^2} \end{cases}$ 代入方程 $f(y_1,z_1)=0$,从而得

$$f(\pm\sqrt{x^2+y^2},z)=0.$$

这就是所求旋转曲面的方程.

显然,在曲线 C 的方程 $f(y,z)=0$ 中将 y 改为 $\pm\sqrt{x^2+y^2}$,便得曲线 C 绕 z 轴旋转所成的旋转曲面的方程.

同理,曲线 C 绕 y 轴旋转所生成的旋转曲面的方程为

$$f(y,\pm\sqrt{x^2+z^2})=0.$$

同样可推得:xOy 面上的曲线 C 的方程是 $f(x,y)=0$,曲线 C 绕 x 轴旋转一周所得的旋转曲面方程为

$$f(x,\pm\sqrt{y^2+z^2})=0.$$

其他类型的平面曲线方程可同理推得绕坐标轴旋转而得的旋转曲面方程.

例 4　直线 L 绕另一条与 L 相交的直线旋转一周,所得旋转曲面叫作圆锥面.两直线的交点叫作圆锥面的顶点,两直线的夹角 $\alpha\left(0<\alpha<\frac{\pi}{2}\right)$ 叫作圆锥面的半顶角(如图 8－24 所示).试建立顶点在坐标原点 O,旋转轴为 z 轴,半顶角为 α 的圆锥面的方程.

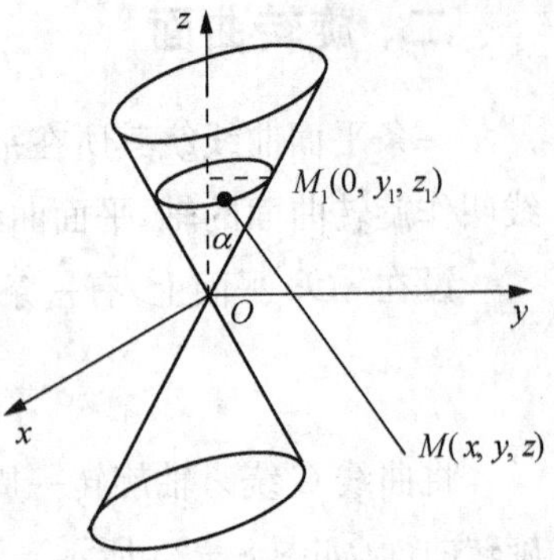

图 8－24

解　在 yOz 坐标面上,直线 L 的方程为

$$z=y\cot\alpha.$$

因为旋转轴为 z 轴,所以只要将上面方程中的 y 改成 $\pm\sqrt{x^2+y^2}$,便得到圆锥面的方程

$$z=\pm(\cot\alpha)\sqrt{x^2+y^2},$$

或

$$z^2=a^2(x^2+y^2),$$

其中 $a=\cot\alpha$.

显然,圆锥面上任一点 M 的坐标一定满足此方程.如果点 M 不在圆锥面上,那么直线 OM 与 z 轴的夹角就不等于 α,于是点 M 的坐标就不满足此方程.

例 5　将下列各曲线绕对应的轴旋转一周,求生成的旋转曲面的方程.

(1) zOx 面上的双曲线 $\begin{cases}\frac{x^2}{a^2}-\frac{z^2}{c^2}=1,\\ y=0\end{cases}$ 分别绕 x 轴和 z 轴旋转;

(2) yOz 面上的椭圆 $\begin{cases}\frac{y^2}{a^2}+\frac{z^2}{c^2}=1,\\ x=0\end{cases}$ 分别绕 y 轴和 z 轴旋转;

(3) yOz 面上抛物线 $\begin{cases}y^2=2pz,\\ x=0\end{cases}$ 绕 z 轴旋转($p>0$).

解　(1) zOx 面上的双曲线 $\begin{cases}\frac{x^2}{a^2}-\frac{z^2}{c^2}=1,\\ y=0\end{cases}$ 绕 x 轴旋转得(如图 8－25 所示)

$$\frac{x^2}{a^2}-\frac{y^2+z^2}{c^2}=1,$$

称为**旋转双叶双曲面**.

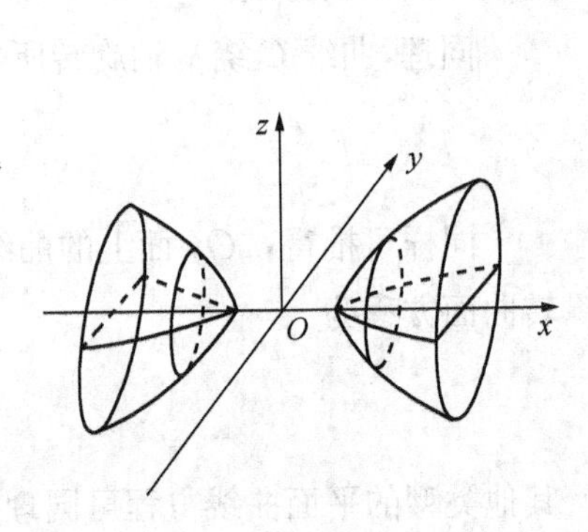

图 8－25

zOx 面上的双曲线 $\begin{cases}\dfrac{x^2}{a^2}-\dfrac{z^2}{c^2}=1,\\ y=0\end{cases}$ 绕 z 轴旋转得(如图 8－26 所示)

$$\frac{x^2+y^2}{a^2}-\frac{z^2}{c^2}=1,$$

称为**旋转单叶双曲面**.

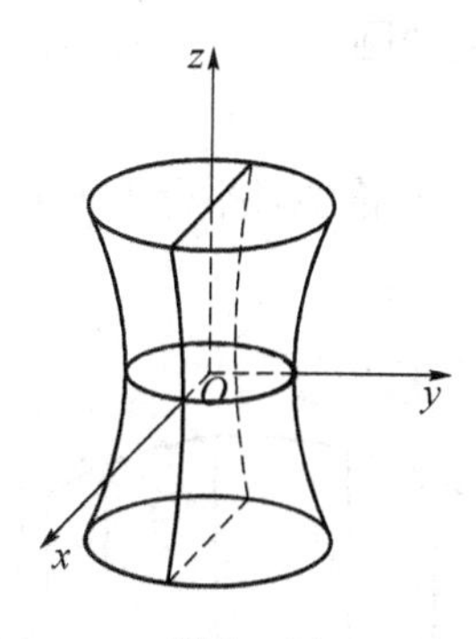

图 8－26

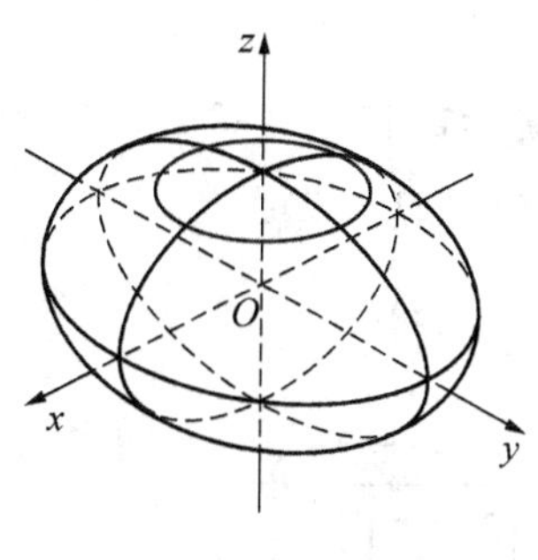

图 8－27

(2) yOz 面上的椭圆 $\begin{cases}\dfrac{y^2}{a^2}+\dfrac{z^2}{c^2}=1,\\ x=0\end{cases}$ 绕 y 轴旋转得(如图 8－27 所示)

$$\frac{y^2}{a^2}+\frac{x^2+z^2}{c^2}=1;$$

yOz 面上的椭圆 $\begin{cases}\dfrac{y^2}{a^2}+\dfrac{z^2}{c^2}=1,\\ x=0\end{cases}$ 绕 z 轴旋转得

$$\frac{x^2+y^2}{a^2}+\frac{z^2}{c^2}=1,$$

它们称为**旋转椭球面**.

(3) yOz 面上抛物线 $\begin{cases}y^2=2pz,\\ x=0\end{cases}$ 绕 z 轴旋转得(如图 8－28 所示)

$$x^2+y^2=2pz(p>0),$$

称为**旋转抛物面**.

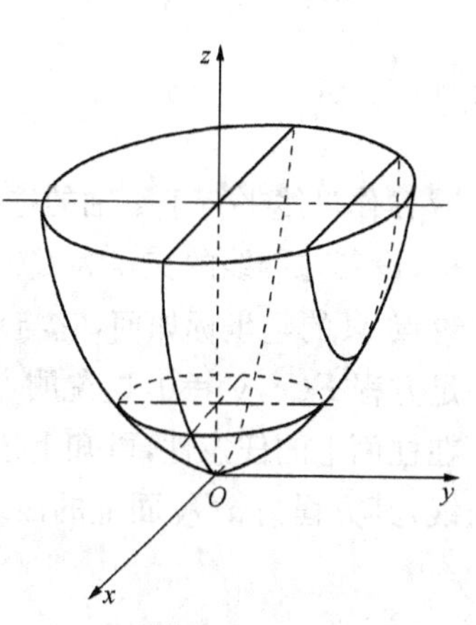

图 8－28

三、柱面

先来看一个例子:

例 6 方程 $x^2+y^2=R^2$ 表示怎样的曲面?

解 方程 $x^2+y^2=R^2$ 在 xOy 面上表示圆心在原点,半径为 R 的圆.

而在空间直角坐标系中,该方程不含变量 z,即不论 z 取何值,只要横坐标 x 和纵坐标 y 适合方程的空间上的点 $M(x,y,z)$ 均在该曲面上.

也就是说:

过 xOy 面上圆 $x^2+y^2=R^2$ 上的点且平行于 z 轴的直线都在该曲面上.

因此,这个曲面是由平行于 z 轴的直线沿 xOy 面上的圆 $x^2+y^2=R^2$ 移动而形成的(如图 8-29 所示).

这一曲面称作**圆柱面**.圆 $x^2+y^2=R^2$ 称之为**准线**,那些过准线且平行于 z 轴的直线叫作**母线**.

下面我们给出柱面的一般定义:

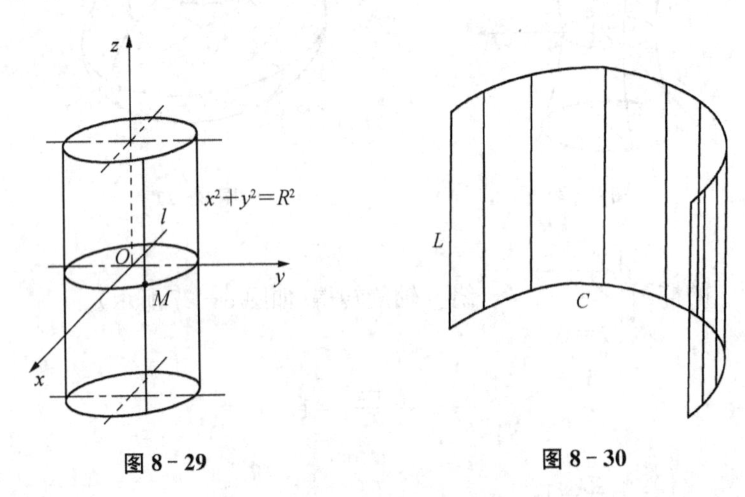

图 8-29 **图 8-30**

给定一曲线 C 和一定直线 L,一动直线平行于定直线 L 并沿着曲线 C 移动所生成的曲面叫作**柱面**,其中,曲线 C 叫作柱面的**准线**,动直线叫作柱面的**母线**(如图 8-30 所示).

下面我们来讨论几种特殊的柱面.

设准线 C 为 xOy 面内的曲线

$$\begin{cases}F(x,y)=0,\\z=0.\end{cases}$$

沿 C 作母线平行于 z 轴的柱面,若 $M(x,y,z)$ 是柱面上的任一点,则过点 M 的母线与 z 轴平行,设其与准线的交点为 $Q(x,y,0)$,点 Q 的横坐标 x 与纵坐标 y 满足方程 $F(x,y)=0$.又不论点 M 的竖坐标如何,它与点 Q 总具有相同的横坐标和纵坐标,所以点 M 的横、纵坐标也满足方程 $F(x,y)=0$,这说明点 M 在柱面上的唯一需要满足的条件是 $F(x,y)=0$.考虑到点 M 在柱面上的任意性,可知上述柱面的方程为 $F(x,y)=0$,它的准线可看成柱面与坐标面的交线,其方程为 xOy 面上的曲线:

$$\begin{cases}F(x,y)=0,\\z=0.\end{cases}$$

类似地，方程中只含 x,z 而不含 y 的方程 $G(x,z)=0$，它表示母线平行于 y 轴的柱面，其准线方程为 zOx 面上的曲线：

$$\begin{cases}G(x,z)=0,\\y=0.\end{cases}$$

方程中只含 y,z 而不含 x 的方程 $H(y,z)=0$，它表示母线平行于 x 轴的柱面，其准线方程为 yOz 面上的曲线：

$$\begin{cases}H(y,z)=0,\\x=0.\end{cases}$$

例如方程 $x^2+y^2=R^2$ 表示母线平行于 z 轴，准线是 xOy 平面上以原点为圆心、以 R 为半径的圆的柱面(如图 8-29 所示)，称其为圆柱面. 类似地，曲面 $x^2+z^2=R^2$，$y^2+z^2=R^2$ 都表示圆柱面.

例 7　下列曲面是否为柱面？如果是柱面，请指出准线及母线.

(1) $y+2z=1$；　　(2) $x^2=4y$；

(3) $\frac{x^2}{a^2}-\frac{y^2}{b^2}=1$；　　(4) $x-2z=1$.

解　(1) 方程中缺少变量 x，曲面 $y+2z=1$ 可看作：以 yOz 面上的直线 $y+2z=1$ 为准线，以平行于 x 轴的直线为母线而形成的柱面(平面)；

(2) 方程中缺少变量 z，曲面 $x^2=4y$ 表示母线平行于 z 轴，以 xOy 面上的曲线 $x^2=4y$ 为准线的抛物柱面(如图 8-31 所示).

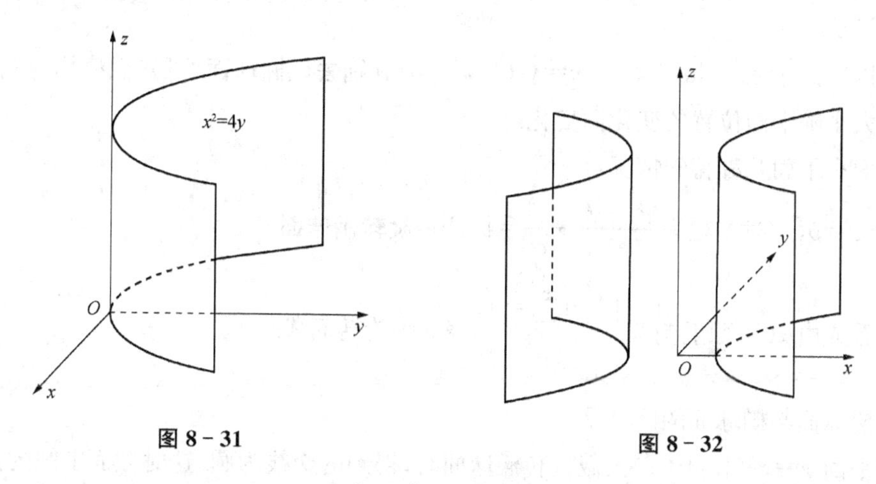

图 8-31　　图 8-32

(3) 曲面方程中缺少变量 z，曲面 $\frac{x^2}{a^2}-\frac{y^2}{b^2}=1$ 表示母线平行于 z 轴，而准线为 xOy 面上的曲线 $\frac{x^2}{a^2}-\frac{y^2}{b^2}=1$ 所形成的双曲柱面(如图 8-32 所示).

(4) 曲面方程中缺少变量 y，曲面 $x-2z=1$ 表示母线平行于 y 轴，而准线为 zOx 面上的曲线 $x-2z=1$ 所形成的柱面(平面).

四、二次曲面

与平面解析几何中规定的二次曲线相类似,把三元二次方程

$$F(x,y,z)=0$$

所表示的曲面统称为**二次曲面**,而平面称为**一次曲面**. 为了对三元方程所表示的曲面的形状有所了解,我们通常采用**截痕法**. 也就是用坐标面和平行于坐标面的平面与曲面相截,考察它们的交线(即截痕)的形状,然后加以综合,从而了解曲面的全貌.

(1) 椭球面 $\frac{x^2}{a^2}+\frac{y^2}{b^2}+\frac{z^2}{c^2}=1$,其中 $a>0,b>0,c>0$(如图 8-33 所示).

先来看椭球面与三个坐标面的交线分别是三个椭圆:

$$\begin{cases}\frac{x^2}{a^2}+\frac{y^2}{b^2}=1,\\ z=0,\end{cases}\quad \begin{cases}\frac{x^2}{a^2}+\frac{z^2}{c^2}=1,\\ y=0,\end{cases}\quad \begin{cases}\frac{y^2}{b^2}+\frac{z^2}{c^2}=1,\\ x=0.\end{cases}$$

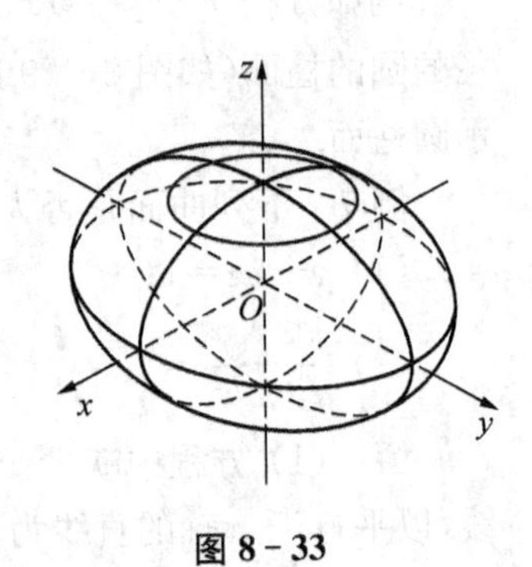

图 8-33

椭球面与平面 $z=z_1$ 的交线(截痕)为椭圆

$$\begin{cases}\frac{x^2}{\frac{a^2}{c^2}(c^2-z_1^2)}+\frac{y^2}{\frac{b^2}{c^2}(c^2-z_1^2)}=1,\\ z=z_1,\end{cases}$$

其中 $|z_1|<c$.

同样以平面 $x=x_1(|x_1|<a)$,$y=y_1(|y_1|<b)$分别去截椭球面,可知截痕均为椭圆. 且椭圆截面的大小随平面位置的变化而变化.

椭球面有下面几种特殊情况:

① 当 $a=b$,此时方程为$\frac{x^2+y^2}{a^2}+\frac{z^2}{c^2}=1$,这是**旋转椭球面**.

可以看成由 zOx 面上椭圆$\begin{cases}\frac{x^2}{a^2}+\frac{z^2}{c^2}=1,\\ y=0\end{cases}$绕 z 轴旋转而成.

旋转椭球面与椭球面的区别是:

当用平面 $z=z_1(|z_1|<c)$去截旋转椭球面时,得到的交线为圆. 这时截面上圆的方程是

$$\begin{cases}x^2+y^2=\frac{a^2}{c^2}(c^2-z_1^2),\\ z=z_1.\end{cases}$$

② 当 $a=b=c$ 时,方程变成$\frac{x^2}{a^2}+\frac{y^2}{a^2}+\frac{z^2}{a^2}=1$,这是球面方程,方程可写为

$$x^2+y^2+z^2=a^2.$$

(2) 椭圆锥面$\frac{x^2}{a^2}+\frac{y^2}{b^2}=z^2$(如图 8-34 所示).

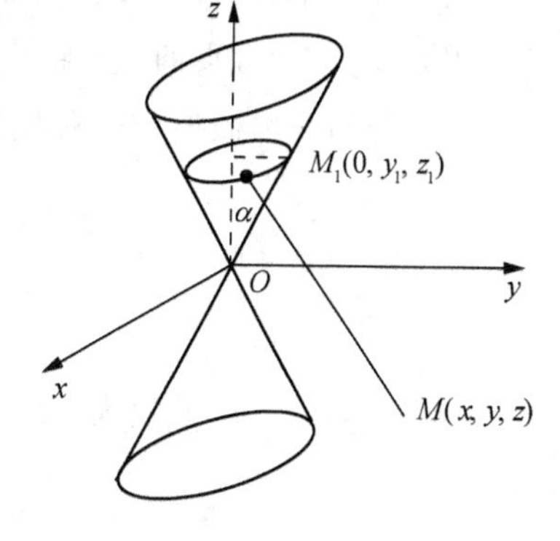

图 8-34

用垂直于 z 轴的平面 $z=z_1$ 截这个曲面，

当 $z_1=0$ 时得点 $O(0,0,0)$；

当 $z_1\neq 0$ 时，得平面 $z=z_1$ 上的椭圆

$$\frac{x^2}{(az_1)^2}+\frac{y^2}{(bz_1)^2}=1.$$

随着 z_1 的变化，上式表示一族长、短轴比例不变的椭圆，当$|z_1|$从大到小最后变为 0 时，这族椭圆从大到小并缩为一点.

综上所述，可得椭圆锥面的形状如图 8-34 所示.

(3) 单叶双曲面$\frac{x^2}{a^2}+\frac{y^2}{b^2}-\frac{z^2}{c^2}=1$(如图 8-35 所示).

当用坐标面 xOy(即 $z=0$)与曲面相截时，截得中心在原点 $O(0,0,0)$的椭圆：

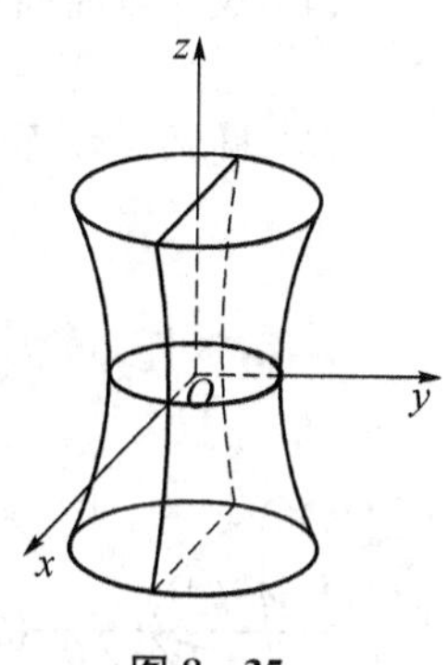

图 8-35

$$\begin{cases}\frac{x^2}{a^2}+\frac{y^2}{b^2}=1,\\ z=0.\end{cases}$$

当用平面 $z=z_1$ 与曲面相截时，与平面 $z=z_1$ 的交线为椭圆：

$$\begin{cases}\frac{x^2}{a^2}+\frac{y^2}{b^2}=1+\frac{z_1^2}{c^2},\\ z=z_1.\end{cases}$$

当 z_1 变动时，该椭圆的中心都在 z 轴上.

用坐标面 zOx(即 $y=0$)与曲面相截，截得中心在原点的双曲线：

$$\begin{cases}\frac{x^2}{a^2}-\frac{z^2}{c^2}=1,\\ y=0.\end{cases}$$

实轴与 x 轴相合，虚轴与 z 轴相合.

与平面 $y=y_1(y_1\neq\pm b)$的交线为双曲线：

$$\begin{cases}\frac{x^2}{a^2}-\frac{z^2}{c^2}=1-\frac{y_1^2}{b^2},\\ y=y_1.\end{cases}$$

双曲线的中心都在 y 轴上.

① 当 $y_1^2<b^2$,实轴与 x 轴平行,虚轴与 z 轴平行;

② 当 $y_1^2>b^2$,实轴与 z 轴平行,虚轴与 x 轴平行;

③ 当 $y_1=b$,截痕为一对相交于点$(0,b,0)$的直线

$$\begin{cases}\dfrac{x}{a}-\dfrac{z}{c}=0,\\ y=b,\end{cases}\begin{cases}\dfrac{x}{a}+\dfrac{z}{c}=0,\\ y=b.\end{cases}$$

④ 当 $y_1=-b$,截痕为一对相交于点$(0,-b,0)$的直线

$$\begin{cases}\dfrac{x}{a}-\dfrac{z}{c}=0,\\ y=-b,\end{cases},\begin{cases}\dfrac{x}{a}+\dfrac{z}{c}=0,\\ y=-b.\end{cases}$$

用坐标面 $yOz(x=0)$,$x=x_1$ 与曲面相截,均可得双曲线.

平面 $x=\pm a$ 的截痕是两对相交直线.

(4) 双叶双曲面$\dfrac{x^2}{a^2}-\dfrac{y^2}{b^2}-\dfrac{z^2}{c^2}=1$(如图 8-36 所示).

(5) 椭圆抛物面$\dfrac{x^2}{a^2}+\dfrac{y^2}{b^2}=z$(如图 8-37 所示).

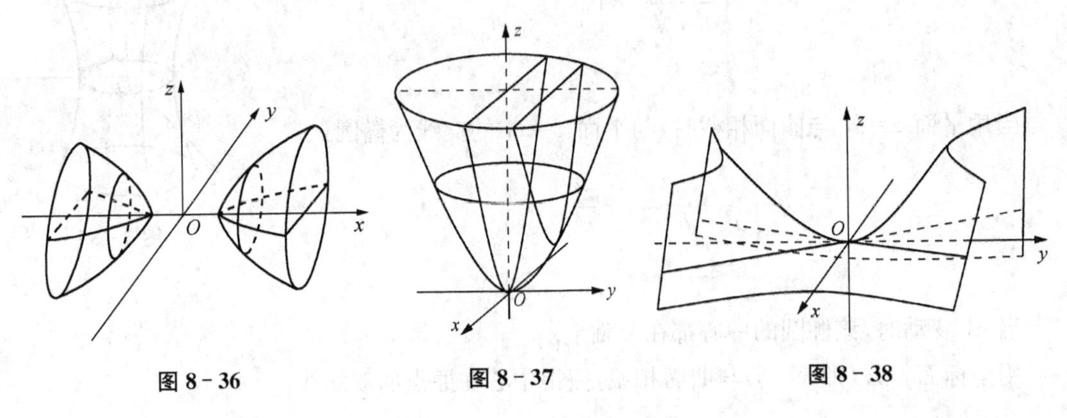

图 8-36　　图 8-37　　图 8-38

(6) 双曲抛物面$\dfrac{x^2}{a^2}-\dfrac{y^2}{b^2}=z$(如图 8-38 所示),又称**马鞍面**.

(7) 椭圆柱面$\dfrac{x^2}{a^2}+\dfrac{y^2}{b^2}=1$.

(8) 双曲柱面$\dfrac{x^2}{a^2}-\dfrac{y^2}{b^2}=1$.

(9) 抛物柱面 $x^2=ay$.

以上(4),(5),(6)中二次曲面,同样通过考察它们的截痕,进而了解这些曲面的形状.(7),(8),(9)三种曲面在前面已经讨论过,这里就不再赘述.

习题 8－4

1. 建立以 $M(2,3,-2)$ 为球心，且通过原点的球面方程.

2. 一动点与两定点 $M_1(2,-2,1)$ 和 $M_2(-3,1,4)$ 等距离，求这动点的轨迹.

3. 将 xOy 面上曲线 $y^2=2x$ 绕 x 轴旋转一周，求生成的旋转曲面的方程.

4. 将 zOx 面上曲线 $\frac{x^2}{4}-\frac{z^2}{9}=1$ 绕 z 轴旋转一周，求所生成的曲面方程.

5. 将 xOy 坐标面上的椭圆 $\frac{x^2}{4}+\frac{y^2}{9}=1$ 分别绕 x 轴、y 轴旋转一周，求所生成的旋转曲面的方程.

6. 指出下列方程在平面解析几何和空间解析几何中分别表示什么图形：

(1) $x=2$；　　(2) $x^2+y^2=1$；

(3) $x=y$；　　(4) $y^2=2px$.

7. 说明下列旋转曲面是怎样形成的：

(1) $\frac{x^2}{3}+\frac{y^2+z^2}{4}=1$；

(2) $x^2-\frac{y^2}{2}+z^2=1$；

(3) $x^2-\frac{y^2+z^2}{2}=1$；

(4) $(z-4)^2=x^2+y^2$.

第五节　空间曲线及其方程

一、空间曲线的一般方程

空间曲线可以看作两个曲面的交线. 设

$$F(x,y,z)=0 \text{ 和 } G(x,y,z)=0$$

是两个曲面的方程，它们的交线为 C（如图 8－39 所示）. 因为曲线 C 上的任何点的坐标应同时满足这个曲面的方程，所以应满足方程组

$$\begin{cases} F(x,y,z)=0, \\ G(x,y,z)=0. \end{cases} \tag{5.1}$$

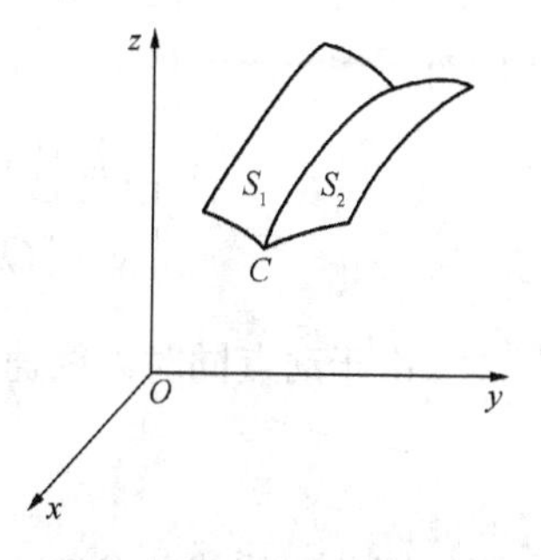

图 8－39

反之,如果点 M 不在曲线 C 上,那么它不可能同时在两个曲面上,所以它的坐标不满足上述方程组. 因此曲线 C 可以用方程组来表示. 方程组(5.1)称为**空间曲线 C 的一般方程**.

例 1 方程组 $\begin{cases} z=\sqrt{a^2-x^2-y^2}, \\ \left(x-\dfrac{a}{2}\right)^2+y^2=\left(\dfrac{a}{2}\right)^2 \end{cases}$ 表示怎样的曲线?

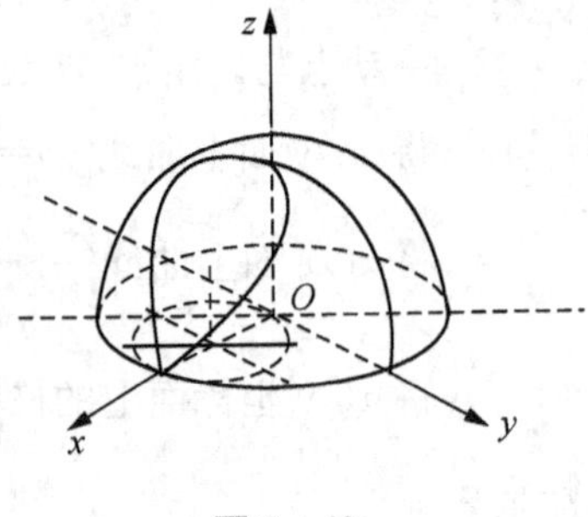

图 8-40

解 方程组中第一个方程表示球心在坐标原点 O,半径为 a 的上半球面. 第二个方程表示母线平行于 z 轴的圆柱面,它的准线是 xOy 面上的圆,该圆的圆心在点 $\left(\dfrac{a}{2},0\right)$,半径为 $\dfrac{a}{2}$. 方程组就是表示上述半球面与圆柱面的交线(如图 8-40 所示).

二、空间曲线的参数方程

对于空间曲线 C 也可以用参数形式表示,只要将 C 上动点的坐标 x,y,z 表示为参数 t 的函数:

$$\begin{cases} x=x(t), \\ y=y(t), \\ z=z(t). \end{cases} \tag{5.2}$$

当给定 $t=t_1$ 时,就得到 C 上的一个点 $(x_1,y_1,z_1)=(x(t_1),y(t_1),z(t_1))$.

随着 t 的变动便可得曲线 C 上的全部点. 方程组(5.2)叫作**空间曲线的参数方程**.

例 2 如果空间一点 M 在圆柱面 $x^2+y^2=a^2$ 上以角速度 ω 绕 z 轴旋转,同时又以线速度 v 沿平行于 z 轴的正方向上升(其中 ω,v 都是常数),那么点 M 构成的图形叫作**螺旋线**. 试建立其参数方程.

解 取时间 t 为参数. 设当 $t=0$ 时,动点位于 x 轴上的一点 $A(a,0,0)$ 处. 经过时间 t,动点由 A 运动到 $M(x,y,z)$(如图 8-41 所示). 记 M 在 xOy 面上的投影为 M',M' 的坐标为 $(x,y,0)$. 由于动点在圆柱面上以角速度 ω 绕 z 轴旋转,所以经过时间 t,$\angle AOM'=\omega t$,从而

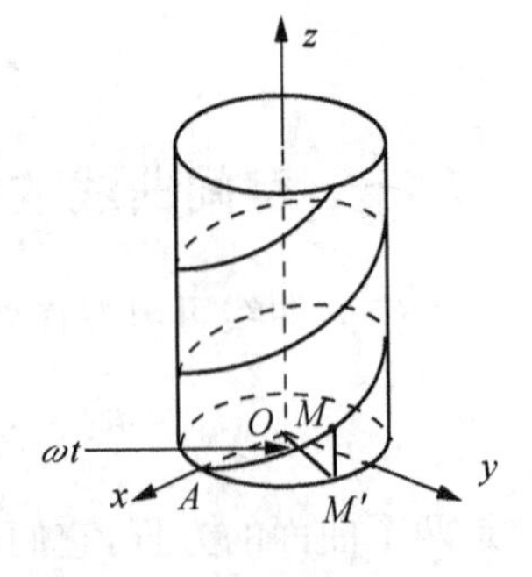

图 8-41

$$\begin{cases} x=|OM'|\cos\angle AOM'=a\cos\omega t, \\ y=|OM'|\sin\angle AOM'=a\sin\omega t. \end{cases}$$

由于动点同时以线速度 v 沿平行于 z 轴的正方向上升,所以

$$z=M'M=vt.$$

因此螺旋线的参数方程为

$$\begin{cases} x=a\cos\omega t, \\ y=a\sin\omega t, \\ z=vt. \end{cases}$$

也可以用其他变量作参数；例如令 $\theta=\omega t, b=\dfrac{v}{\omega}$，则螺旋线的参数方程可写成

$$\begin{cases} x=a\cos\theta, \\ y=a\sin\theta, \\ z=b\theta, \end{cases}$$

其中参数为 θ.

三、空间曲线在坐标面上的投影

设空间曲线 C 的一般方程为

$$\begin{cases} F(x,y,z)=0, \\ G(x,y,z)=0. \end{cases} \tag{5.3}$$

现在我们来研究由方程组(5.3)消去 z 后所得的方程

$$H(x,y)=0. \tag{5.4}$$

由于方程(5.4)是由方程组(5.3)消去 z 后所得的结果，因此当 x,y,z 满足方程组(5.3)时，前两个坐标 x,y 必定满足方程(5.4)，这说明曲线 C 上的所有点都在方程(5.4)所表示的曲面上.

从 8.4 节所学的知识知道，方程(5.4)表示一个母线平行于 z 轴的柱面. 由上面的讨论可知，这柱面必定包含曲线 C. 以曲线 C 为准线、母线平行于 z 轴(即垂直于 xOy 面)的柱面叫作曲线 C 关于 xOy 面的**投影柱面**，投影柱面与 xOy 面的交线叫作空间曲线 C 在 xOy 面上的**投影曲线**，或简称**投影**. 因此，方程(5.4)所表示的柱面必定包含投影柱面，而方程

$$\begin{cases} H(x,y)=0, \\ z=0 \end{cases}$$

所表示的曲线必定包含空间曲线 C 在 xOy 面上的投影.

同理，消去方程组(5.3)中的变量 x 或变量 y 可分别得到 $R(y,z)=0$ 或 $T(x,z)=0$，再分别和 $x=0$ 或 $y=0$ 联立，我们就可得到包含曲线 C 在 yOz 面或 zOx 面上的投影的曲线方程：

$$\begin{cases} R(y,z)=0, \\ x=0 \end{cases} \text{或} \begin{cases} T(x,z)=0, \\ y=0. \end{cases}$$

例 3　已知球面的方程

$$x^2+y^2+z^2=9 \tag{5.5}$$

和平面方程
$$x+z=1, \tag{5.6}$$
求它们的交线 C 在 xOy 面上的投影方程.

解 先求包含交线 C 而母线平行于 z 轴的柱面方程. 因此要由方程(5.5),(5.6)消去 z,为此(5.6)式移项,得到

$$z=1-x,$$

再代入方程(5.5)得所求的柱面方程为 $2x^2+y^2-2x=8$,于是两曲面的交线在 xOy 面上的投影方程是

$$\begin{cases}2x^2+y^2-2x=8,\\ z=0.\end{cases}$$

例 4 设一个立体由上半球面 $z=\sqrt{2-x^2-y^2}$ 和上半锥面 $z=\sqrt{x^2+y^2}$ 所围成,求它在 xOy 面上的投影.

解 半球面和半锥面的交线为

$$C:\begin{cases}z=\sqrt{2-x^2-y^2},\\ z=\sqrt{x^2+y^2}.\end{cases}$$

由上两方程消去 z,得到 $x^2+y^2=1$. 这是一个母线平行于 z 轴的圆柱面,容易看出,这恰好是交线 C 关于 xOy 面的投影柱面,因此交线 C 在 xOy 面上投影曲线为

$$\begin{cases}x^2+y^2=1,\\ z=0.\end{cases}$$

这是 xOy 面上的一个圆,于是所求立体在 xOy 面上的投影(如图 8-42 所示),就是该圆在 xOy 面上所围的部分,即:

$$x^2+y^2\leqslant 1.$$

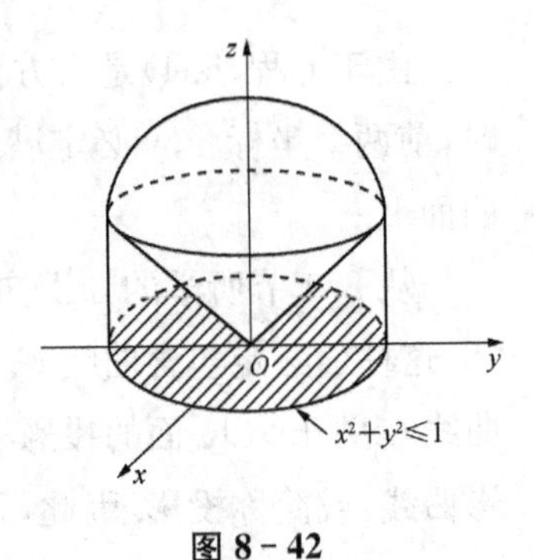

图 8-42

习题 8-5

1. 求曲线 $\begin{cases}2x^2+y^2+z^2=16,\\ x^2-y^2+z^2=0\end{cases}$ 关于 xOy 面的投影柱面的方程.

2. 求曲线 $\begin{cases}x^2+y^2+z^2=9,\\ x+z=1\end{cases}$ 在 yOz 面上的投影曲线的方程.

3. 求由上半球面 $z=\sqrt{2-x^2-y^2}$ 及旋转抛物面 $z=x^2+y^2$ 围成的空间立体在 xOy 面上

的投影.

4. 求曲线$\begin{cases} z=x^2+y^2, \\ x+y+z=1 \end{cases}$在各坐标平面上的投影曲线.

5. 求旋转抛物面$z=x^2+y^2(0\leqslant z\leqslant 4)$在三个坐标平面上的投影.

6. 将下列曲线的一般方程化为参数方程：

(1) $\begin{cases} x^2+y^2+z^2=4, \\ y=z. \end{cases}$　　(2) $\begin{cases} \dfrac{(x-1)^2}{2}+\dfrac{y^2}{4}+\dfrac{z^2}{4}=1, \\ z=0. \end{cases}$

7. 求螺旋线$\begin{cases} x=a\cos\theta, \\ y=a\sin\theta, \\ z=b\theta \end{cases}$在三个坐标面上的投影曲线的直角坐标方程.

第六节　平面及其方程

在空间解析几何中，平面与直线是最简单的图形，本节利用前面所学的向量这一工具将它们和其方程联系起来，使之解析化，从而可以用代数中的方法来研究其几何性质.

一、平面的点法式方程

如果一个非零向量垂直于一个平面，那么此向量就叫作该**平面的法线向量**(或**法矢**)，显然平面上的任一向量均与该平面的法线向量垂直.

与一条向量垂直的平面有无数个，而一个平面的法线向量也显然有无数条. 但过空间中确定的一点且与已知向量垂直的平面只有一个. 所以若已知平面上的一点及平面的法线向量，则该平面的位置就完全确定了.

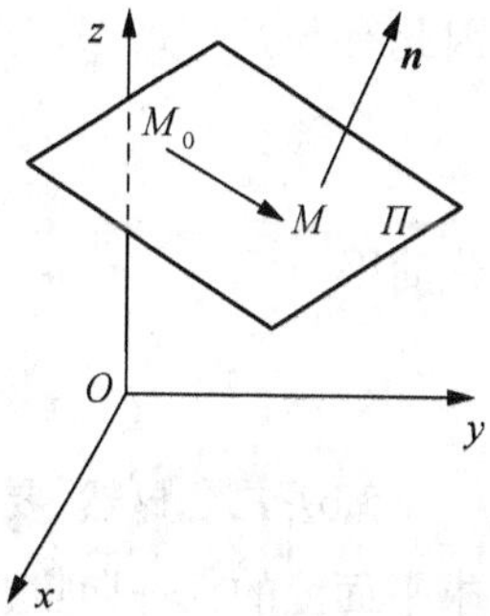

下面我们来建立这个平面的方程：

设$M_0(x_0,y_0,z_0)$是平面Π上一点，$\boldsymbol{n}=(A,B,C)$是平面Π的一个法线向量(如图 8－43 所示)，下面建立此平面的方程.

在该平面上任取一点$M(x,y,z)$，向量$\overrightarrow{M_0M}$在平面Π上，因为$\boldsymbol{n}\perp\Pi$，所以$\boldsymbol{n}\perp\overrightarrow{M_0M}$，即它们的数量积为零，得

$$\boldsymbol{n}\cdot\overrightarrow{M_0M}=0.$$

图 8－43

由于$\boldsymbol{n}=(A,B,C)$，$\overrightarrow{M_0M}=(x-x_0,y-y_0,z-z_0)$，

所以

$$A(x-x_0)+B(y-y_0)+C(z-z_0)=0. \tag{6.1}$$

这就是平面 Π 上任一点 M 的坐标所满足的方程.

如果 $M(x,y,z)$ 不在平面 Π 上,那么向量 $\overrightarrow{M_0M}$ 与法线向量 $\boldsymbol{n}$ 不垂直,从而 $\boldsymbol{n}\cdot\overrightarrow{M_0M}\neq 0$,即不在平面 Π 上的点 M 的坐标 x,y,z 不满足方程(6.1).

由此可知,平面 Π 上的任一点的坐标 x,y,z 都满足方程(6.1),不在平面 Π 上的点的坐标都不满足方程(6.1),故方程(6.1)就是平面 Π 的方程,而平面 Π 就是方程(6.1)的图形.

因为这个方程是由平面的法线向量和平面上的一点来确定,所以称方程(6.1)为所求**平面的点法式方程**.

例 1 求过点 $M_0(1,-2,4)$,且以 $\boldsymbol{n}=(2,-1,5)$ 为法线向量的平面的方程.

解 根据平面的点法式方程,所求平面的方程为

$$2(x-1)-(y+2)+5(z-4)=0,$$

即

$$2x-y+5z-24=0.$$

例 2 已知平面上的三点 $M_1(1,1,1)$,$M_2(-3,2,1)$ 及 $M_3(4,3,2)$,求此平面的方程.

解 解法一 设平面方程为 $A(x-1)+B(y-1)+C(z-1)=0$,

因为点 M_2,M_3 满足方程,代入方程得

$$\begin{cases}-4A+B=0,\\3A+2B+C=0,\end{cases}$$

解得

$$\begin{cases}B=4A,\\C=-11A,\end{cases}$$

因此有

$$A(x-1)+4A(y-1)-11A(z-1)=0,$$

化简得

$$x+4y-11z+6=0.$$

解法二 显然,要想建立平面的方程,必须先求出平面的法线向量,因为法线向量 $\boldsymbol{n}$ 与所求平面上的任一向量都垂直,所以法线向量 $\boldsymbol{n}$ 与向量 $\overrightarrow{M_1M_2}$,$\overrightarrow{M_1M_3}$ 都垂直,而

$$\overrightarrow{M_1M_2}=(-4,1,0),\overrightarrow{M_1M_3}=(3,2,1),$$

故可取它们的向量积为法线向量 $\boldsymbol{n}$,则有

$$n=\begin{vmatrix} i & j & k \\ -4 & 1 & 0 \\ 3 & 2 & 1 \end{vmatrix}=i+4j-11k.$$

即

$$n=(1,4,-11).$$

根据平面的点法式方程,所求平面的方程为

$$(x-1)+4(y-1)-11(z-1)=0,$$

化简得

$$x+4y-11z+6=0.$$

二、平面的一般方程

由于平面的点法式方程(6.1)是三元一次方程,而任一平面都可以用它上面的一点及其法线向量来确定,所以任何一个平面都可以用三元一次方程来表示.

反之,设有三元一次方程(其中 A,B,C 不全为 0)

$$Ax+By+Cz+D=0. \tag{6.2}$$

我们任取满足方程(6.2)的一组数 x_0,y_0,z_0,则

$$Ax_0+By_0+Cz_0+D=0. \tag{6.3}$$

把上述两式相减,得

$$A(x-x_0)+B(y-y_0)+C(z-z_0)=0. \tag{6.4}$$

把方程(6.4)与方程(6.1)相比较,可知方程(6.4)是通过点 $M_0(x_0,y_0,z_0)$,以 $n=(A,B,C)$ 为法线向量的平面的方程,从而可知,任意三元一次方程(6.2)表示平面方程,我们把方程(6.2)叫作**平面的一般方程**,其中 x,y,z 的系数就是该平面的一个法线向量,即 $n=(A,B,C)$.

例如:方程

$$2x+4y-5z=1$$

表示一个平面,而 $n=(2,4,-5)$ 是这个平面的一个法线向量.

由平面的一般方程,根据系数的特殊取值,我们可以归纳平面图形特点如下:

(1) 若 $D=0$,则 $Ax+By+Cz=0$ 表示经过坐标原点的平面;

(2) 若 $C=0$,则 $Ax+By+D=0$ 表示与 z 轴平行的平面;

同样 $Ax+Cz+D=0$ 表示与 y 轴平行的平面,

$By+Cz+D=0$ 表示与 x 轴平行的平面;

(3) 若 $B=C=0,A\neq 0,D\neq 0$,则 $Ax+D=0$ 表示与 yOz 平面平行的平面;

同样 $By+D=0(B\neq 0)$表示平行于 zOx 平面的平面，

$Cz+D=0(C\neq 0)$表示平行于 xOy 平面的平面；

(4) 若 $B=C=D=0(A\neq 0)$，则 $x=0$ 表示 yOz 坐标平面；

同样 $y=0$ 表示 zOx 坐标平面，

$z=0$ 表示 xOy 坐标平面；

(5) 若 $C=D=0$，则 $Ax+By=0$(A,B 不全为 0)表示经过 z 轴的平面；

同样 $Ax+Cz=0$(A,C 不全为 0)表示经过 y 轴的平面，

$By+Cz=0$(B,C 不全为 0)表示经过 x 轴的平面.

例 3 一个平面通过 x 轴和点$(2,3,-1)$，求该平面的方程.

解 因为所求平面通过 x 轴，故

$$A=0,$$

又平面通过原点，所以

$$D=0.$$

故可设所求的平面的方程为 $By+Cz=0$，将点$(2,3,-1)$代入 $By+Cz=0$，得

$$3B-C=0,$$

即

$$3B=C.$$

所以

$$By+3Bz=0.$$

因为 $B\neq 0$，故所求平面的方程为

$$y+3z=0.$$

例 4 求过三点 $P(a,0,0)$，$Q(0,b,0)$，$R(0,0,c)$的平面的方程(其中 a,b,c 为不等于零的常数)(如图 8-44 所示).

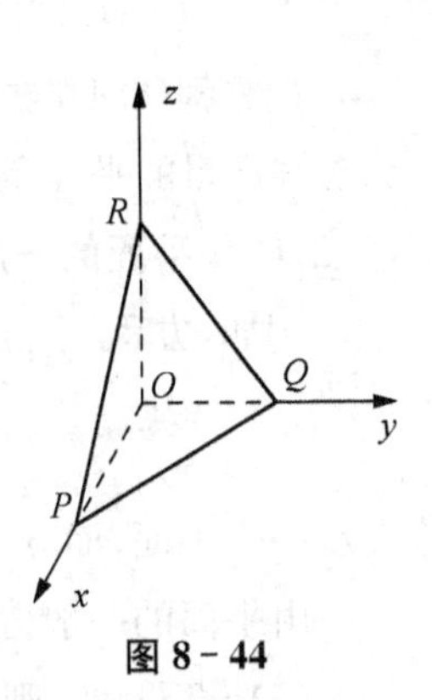

图 8-44

解 设所求的平面的方程为

$$Ax+By+Cz+D=0.$$

因为平面经过 P,Q,R 三点，故其坐标都满足方程，则有

$$\begin{cases}aA+D=0,\\ bB+D=0,\\ cC+D=0,\end{cases}$$

即得

$$A=-\frac{D}{a},B=-\frac{D}{b},C=-\frac{D}{c}.$$

将其代入所设方程并除以 $D(D\neq 0)$，便得所求方程为

$$\frac{x}{a}+\frac{y}{b}+\frac{z}{c}=1. \tag{6.5}$$

方程(6.5)叫作**平面的截距式方程**，而 a,b,c 依次叫作平面在 x,y,z 轴上的**截距**.

三、两平面的夹角

两平面法线向量的夹角 $\theta\left(\text{通常选取 } 0\leqslant\theta\leqslant\frac{\pi}{2}\right)$ 称为**两平面的夹角**(如图 8-45 所示).

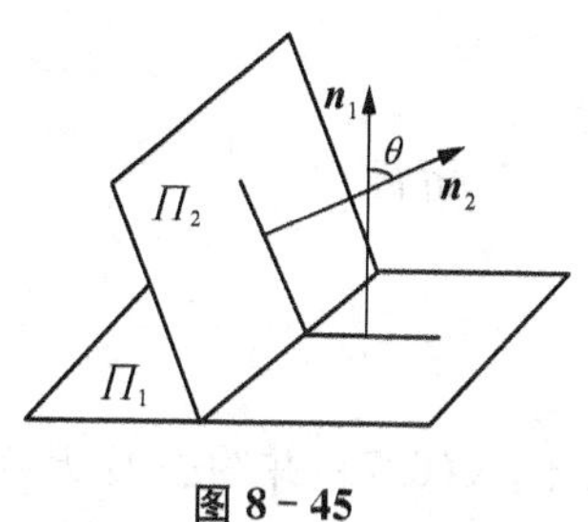

图 8-45

设平面 Π_1,Π_2 的法线向量分别为

$$\boldsymbol{n}_1=(A_1,B_1,C_1) \text{和} \boldsymbol{n}_2=(A_2,B_2,C_2).$$

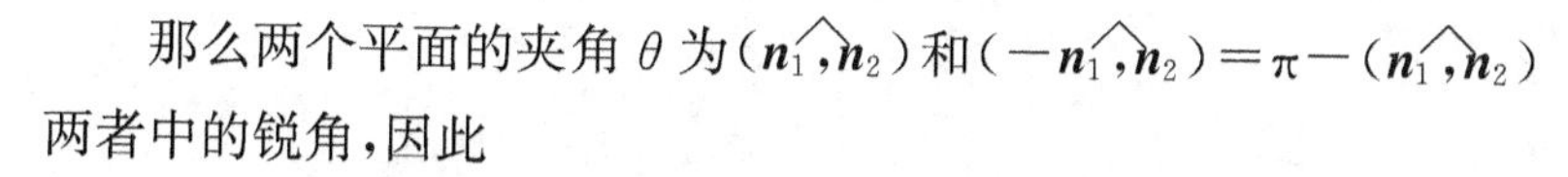
那么两个平面的夹角 θ 为 $(\widehat{\boldsymbol{n}_1,\boldsymbol{n}_2})$ 和 $(\widehat{-\boldsymbol{n}_1,\boldsymbol{n}_2})=\pi-(\widehat{\boldsymbol{n}_1,\boldsymbol{n}_2})$ 两者中的锐角，因此

$$\cos\theta=|\cos(\widehat{\boldsymbol{n}_1,\boldsymbol{n}_2})|.$$

按两向量夹角余弦的坐标表示式，平面 Π_1,Π_2 的夹角 θ 的公式为

$$\cos\theta=\frac{|A_1A_2+B_1B_2+C_1C_2|}{\sqrt{A_1^2+B_1^2+C_1^2}\sqrt{A_2^2+B_2^2+C_2^2}}. \tag{6.6}$$

从两向量垂直、平行的充要条件可得如下结论：

平面 Π_1 与平面 Π_2 互相垂直相当于　$A_1A_2+B_1B_2+C_1C_2=0$；

平面 Π_1 与平面 Π_2 互相平行或重合相当于　$\frac{A_1}{A_2}=\frac{B_1}{B_2}=\frac{C_1}{C_2}$.

例 5　求两平面 $2x-y-2z=3$ 和 $x+2y+z-4=0$ 的夹角.

解　由公式(6.6)有

$$\cos\theta=\frac{|2\times1+(-1)\times2-2\times1|}{\sqrt{2^2+(-1)^2+(-2)^2}\sqrt{1^2+2^2+1^2}}=\frac{\sqrt{6}}{9}.$$

因此所求的夹角为

$$\theta=\arccos\frac{\sqrt{6}}{9}.$$

例 6　设平面 Π 过原点以及点 $M(6,-3,2)$，且与平面 $4x-y+2z=8$ 垂直，求平面 Π 的方程.

解　解法一　由于平面 Π 过原点，所以可设平面 Π 的方程为

$$Ax+By+Cz=0. \tag{6.7}$$

因为点 $M(6,-3,2)$ 在平面上，所以

$$6A-3B+2C=0.$$

又所求平面与 $4x-y+2z=8$ 垂直,故

$$4A-B+2C=0.$$

则得方程组:

$$\begin{cases}6A-3B+2C=0,\\4A-B+2C=0,\end{cases}$$

解得

$$A=B,C=-\frac{3}{2}B,$$

代入(6.7),并约去 $B(B\neq 0)$,可得

平面 Π 的方程为

$$2x+2y-3z=0.$$

解法二 平面过原点 O 及 $M(6,-3,2)$,得向量 $\overrightarrow{OM}=(6,-3,2)$ 在平面 Π 上,并设平面的法线向量 $\boldsymbol{n}=(A,B,C)$,则 $\boldsymbol{n}\perp\overrightarrow{OM}$,且 $\boldsymbol{n}$ 与平面 $4x-y+2z=8$ 的法线向量 $\boldsymbol{n}_1=(4,-1,2)$ 垂直.

由向量积

$$\boldsymbol{n}_1\times\overrightarrow{OM}=\begin{vmatrix}\boldsymbol{i} & \boldsymbol{j} & \boldsymbol{k}\\4 & -1 & 2\\6 & -3 & 2\end{vmatrix}=(4,4,-6),$$

取平面法线向量 $\boldsymbol{n}=(2,2,-3)$,

所以 平面方程为

$$2(x-6)+2(y+3)-3(z-2)=0.$$

化简得

$$2x+2y-3z=0.$$

四、平面外一点到平面的距离

设 $P_0(x_0,y_0,z_0)$ 是平面 Π:$Ax+By+Cz+D=0$ 外的一点,求点 P_0 到平面 Π 的距离(如图 8-46 所示).

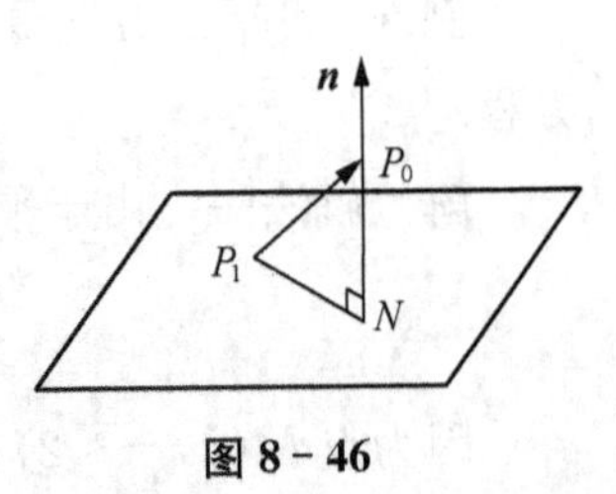

图 8-46

在平面 Π 上任取一点 $P_1(x_1,y_1,z_1)$,并作法线向量 $\boldsymbol{n}$,如图8-46所示,并考虑到 $\overrightarrow{P_1P_0}$ 与 $\boldsymbol{n}$ 的夹角也可能是钝角,得所求的距离

$$d=|\mathrm{Prj}_{\boldsymbol{n}}\overrightarrow{P_1P_0}|=\left|\frac{\overrightarrow{P_1P_0}\cdot\boldsymbol{n}}{|\boldsymbol{n}|}\right|=|\overrightarrow{P_1P_0}\cdot\boldsymbol{n}^0|.$$

其中 $\boldsymbol{n}^0$ 为与向量 $\boldsymbol{n}$ 方向一致的单位向量.

而

$$\boldsymbol{n}^0=\left(\frac{A}{\sqrt{A^2+B^2+C^2}},\frac{B}{\sqrt{A^2+B^2+C^2}},\frac{C}{\sqrt{A^2+B^2+C^2}}\right),$$

$$\overrightarrow{P_1P_0}=(x_0-x_1,y_0-y_1,z_0-z_1),$$

所以

$$\mathrm{Prj}_{\boldsymbol{n}}\overrightarrow{P_1P_0}=\frac{A(x_0-x_1)}{\sqrt{A^2+B^2+C^2}}+\frac{B(y_0-y_1)}{\sqrt{A^2+B^2+C^2}}+\frac{C(z_0-z_1)}{\sqrt{A^2+B^2+C^2}}$$

$$=\frac{Ax_0+By_0+Cz_0-(Ax_1+By_1+Cz_1)}{\sqrt{A^2+B^2+C^2}}.$$

由于点 P_1 在平面 Π 上,所以

$$Ax_1+By_1+Cz_1+D=0,$$

有

$$\mathrm{Prj}_{\boldsymbol{n}}\overrightarrow{P_1P_0}=\frac{Ax_0+By_0+Cz_0+D}{\sqrt{A^2+B^2+C^2}}.$$

由此得点 $P_0(x_0,y_0,z_0)$到平面 $Ax+By+Cz+D=0$ 的距离公式:

$$d=\frac{|Ax_0+By_0+Cz_0+D|}{\sqrt{A^2+B^2+C^2}}. \tag{6.8}$$

例 7　求点 $M(-1,1,2)$到平面 $3x-2y+z-1=0$ 的距离.

解　利用公式(6.8)得

$$d=\frac{|3\times(-1)+(-2)\times1+1\times2-1|}{\sqrt{3^2+(-2)^2+1^2}}=\frac{2\sqrt{14}}{7}.$$

所以点到平面的距离为 $d=\dfrac{2\sqrt{14}}{7}$.

习题 8-6

1. 一平面过点(1,2,3),且与向量(2,−1,3)垂直,求此平面方程.
2. 求过点(1,1,−1),(−2,−2,2),(1,−1,2)的平面方程.
3. 已知两点 $A(-7,2,-1)$,$B(3,4,10)$,求一平面,使其过点 B 且垂直于 $\overrightarrow{AB}$.
4. 设平面过点(5,−7,4),且在 x,y,z 三个轴上截距相等,求此平面方程.

5. 设平面与原点的距离为 6,且在坐标轴上的截距之比为 $a:b:c=1:3:2$,求该平面方程.

6. 一平面通过两点 $M_1(1,1,1)$,$M_2(0,1,-1)$且垂直于平面 $x+y+z=0$,求它的方程.

7. 求过点 $A(2,0,0)$,$B(0,0,-1)$且与 xOy 面成$\frac{\pi}{3}$角的平面方程.

8. 求点$(2,1,1)$到平面 $x+y-z+1=0$ 的距离.

第七节　空间直线及其方程

一、空间直线的一般方程

空间直线可以看作是两个不平行的平面的交线(如图8-47所示),所以空间直线可由两个平面方程组成的方程组表示.

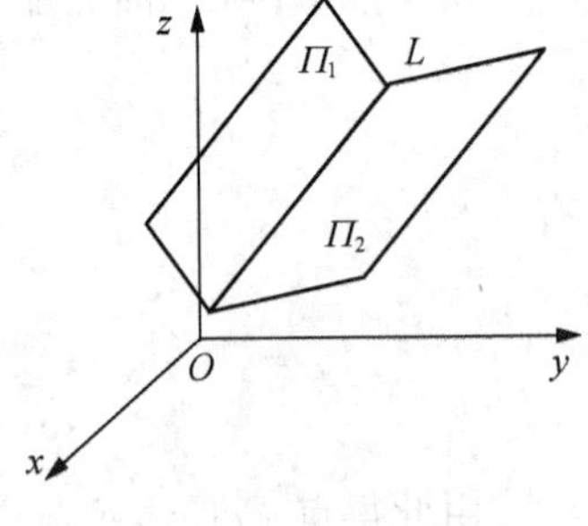

图 8-47

设空间的两个相交的平面分别为

$$\Pi_1: A_1x+B_1y+C_1z+D_1=0,$$

$$\Pi_2: A_2x+B_2y+C_2z+D_2=0.$$

那么其交线 L 上的任一点的坐标应同时满足这两个平面的方程,即应满足方程组

$$\begin{cases}A_1x+B_1y+C_1z+D_1=0,\\A_2x+B_2y+C_2z+D_2=0.\end{cases}\tag{7.1}$$

反之,不在空间直线 L 上的点,不能同时在平面 Π_1,Π_2 上,从而其坐标不可能满足方程组(7.1),因此直线 L 可由方程组(7.1)表示,方程组(7.1)叫作**空间直线的一般方程**.

而在空间中,过一条直线的平面有无数个,为了表示这条直线,我们只需在这无穷多个平面中任意选取两个平面方程,然后联立,就能得到这条直线的方程了.这也是后面我们要讲到的平面束方程中要用到的知识.

二、空间直线的对称式方程和参数方程

如果一个非零向量平行于一条已知直线,那么这个向量叫这条直线的一个**方向向量**.显然,直线上任一非零向量都可以作为它的一个方向向量.

因为过空间一点可作而且只能作一条直线平行于已知向量,所以当直线 L 上的一点 $M_0(x_0,y_0,z_0)$和它的方向向量 $\boldsymbol{s}=(m,n,p)$已知时,直线 L 的位置就完全可以确定了.下面我们来建立这个直线的方程.

设 $M(x,y,z)$ 是直线 L 上的异于 M_0 的任一点，则向量

$$\overrightarrow{M_0M}=(x-x_0,y-y_0,z-z_0)$$

与直线的方向向量 $\boldsymbol{s}=(m,n,p)$ 平行(如图 8－48 所示)，于是有

$$\frac{x-x_0}{m}=\frac{y-y_0}{n}=\frac{z-z_0}{p}. \tag{7.2}$$

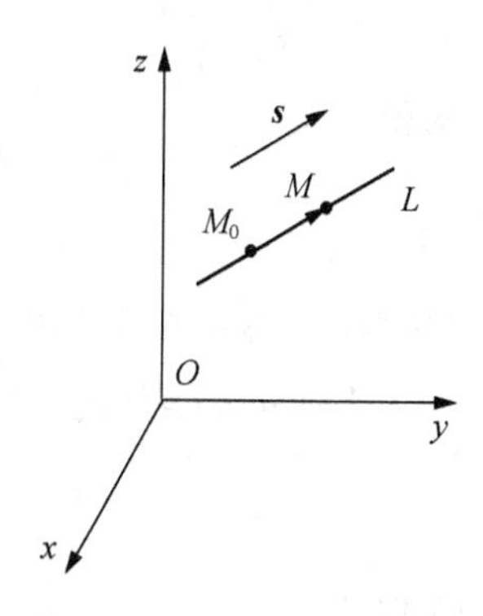

图 8－48

我们把方程(7.2)叫作直线的**对称式方程**或**点向式方程**，其中 m，n，p 不能同时为零，由前面所讲述过的两个向量平行的知识可以知道：

① 当 m,n,p 中有一个为零，设 $m=0,n\neq0,p\neq0$ 时，方程(7.2)可理解为

$$\begin{cases}x-x_0=0,\\ \dfrac{y-y_0}{n}=\dfrac{z-z_0}{p}.\end{cases}$$

② 当 m,n,p 中有两个为零，例如 $m=p=0$，方程(7.2)可理解为

$$\begin{cases}x-x_0=0,\\ z-z_0=0.\end{cases}$$

直线的任一方向向量 $\boldsymbol{s}$ 的坐标 (m,n,p) 叫作该直线的一组**方向数**，而向量 $\boldsymbol{s}$ 的方向余弦叫作该**直线的方向余弦**.

由直线的对称式方程容易导出直线的参数方程.

设

$$\frac{x-x_0}{m}=\frac{y-y_0}{n}=\frac{z-z_0}{p}=t,$$

那么可得

$$\begin{cases}x=x_0+mt,\\ y=y_0+nt,\\ z=z_0+pt.\end{cases} \tag{7.3}$$

方程组(7.3)就是直线的**参数方程**，其中 t 为参数.

下面我们来看几个例子：

例 1　求直线 $\begin{cases}4x+4y-5z-12=0,\\ 8x+12y-13z-32=0\end{cases}$ 的对称式方程和参数方程.

解　先求出直线上的一点 (x_0,y_0,z_0).

为此,任意选定一点的坐标,令 $x_0=1$,代入直线方程得

$$\begin{cases}4y-5z=8,\\12y-13z=24,\end{cases}$$

解得

$$y_0=2,z_0=0,$$

得直线上的一点(1,2,0).

下面再求直线的方向向量,两个平面的法线向量分别为

$$\boldsymbol{n}_1=(4,4,-5)\text{和}\boldsymbol{n}_2=(8,12,-13),$$

所以

$$\boldsymbol{s}=\boldsymbol{n}_1\times\boldsymbol{n}_2=\begin{vmatrix}\boldsymbol{i}&\boldsymbol{j}&\boldsymbol{k}\\4&4&-5\\8&12&-13\end{vmatrix}=8\boldsymbol{i}+12\boldsymbol{j}+16\boldsymbol{k},$$

可取与向量 $\boldsymbol{s}$ 平行的向量(2,3,4)作为该直线的方向向量 $\boldsymbol{s}$,

因此,所给直线的对称式方程为

$$\frac{x-1}{2}=\frac{y-2}{3}=\frac{z}{4}.$$

从而所给直线的参数方程为

$$\begin{cases}x=1+2t,\\y=2+3t,\\z=4t.\end{cases}$$

例 2 求过点(0,2,4)且于两平面 $x+2z=1$ 和 $y-3z=2$ 平行的直线方程.

解 因为所求的直线与两平面 $x+2z=1$ 和 $y-3z=2$ 平行,则所求的直线与两平面的法线向量都垂直,因此所求直线的方向向量可取为:

$$\boldsymbol{s}=\boldsymbol{n}_1\times\boldsymbol{n}_2=\begin{vmatrix}\boldsymbol{i}&\boldsymbol{j}&\boldsymbol{k}\\1&0&2\\0&1&-3\end{vmatrix}=-2\boldsymbol{i}+3\boldsymbol{j}+\boldsymbol{k}.$$

又因所求直线过点(0,2,4),故所求直线的方程为

$$\frac{x}{-2}=\frac{y-2}{3}=\frac{z-4}{1}.$$

三、两直线的夹角

两直线的方向向量的夹角 $\varphi\left(通常取 0\leqslant\varphi\leqslant\frac{\pi}{2}\right)$叫作**两直线的夹角**.

设直线 L_1 和 L_2 的方向向量分别为 $\boldsymbol{s}_1=(m_1,n_1,p_1)$和 $\boldsymbol{s}_2=(m_2,n_2,p_2)$，那么 L_1 和 L_2 的夹角 φ 应为$(\widehat{\boldsymbol{s}_1,\boldsymbol{s}_2})$和$(\widehat{-\boldsymbol{s}_1,\boldsymbol{s}_2})=\pi-(\widehat{\boldsymbol{s}_1,\boldsymbol{s}_2})$两者中介于$\left[0,\frac{\pi}{2}\right]$的那个角，按两向量的夹角的余弦公式，直线 L_1 和 L_2 的夹角，可由

$$\cos\varphi=\frac{|m_1m_2+n_1n_2+p_1p_2|}{\sqrt{m_1^2+n_1^2+p_1^2}\sqrt{m_2^2+n_2^2+p_2^2}} \tag{7.4}$$

来确定.

从两个向量垂直、平行的充要条件可得两直线

$$L_1:\frac{x-x_1}{m_1}=\frac{y-y_1}{n_1}=\frac{z-z_1}{p_1},L_2:\frac{x-x_2}{m_2}=\frac{y-y_2}{n_2}=\frac{z-z_2}{p_2}$$

的如下结论：

两直线 L_1 和 L_2 互相垂直相当于　$m_1m_2+n_1n_2+p_1p_2=0$；

两直线 L_1 和 L_2 互相平行或重合相当于　$\frac{m_1}{m_2}=\frac{n_1}{n_2}=\frac{p_1}{p_2}$.

例 3　求直线 $L_1:\frac{x-2}{2}=\frac{y+1}{-1}=\frac{z+3}{-1}$和 $L_2:\frac{x}{1}=\frac{y+2}{-2}=\frac{z}{1}$的夹角.

解　直线 L_1 的方向向量为 $\boldsymbol{s}_1=(2,-1,-1)$；直线 L_2 的方向向量为 $\boldsymbol{s}_2=(1,-2,1)$，设直线 L_1 和 L_2 的夹角为 φ，那么由公式(7.4)有

$$\cos\varphi=\frac{|2\times1+(-1)\times(-2)+(-1)\times1|}{\sqrt{2^2+(-1)^2+(-1)^2}\sqrt{1^2+(-2)^2+1^2}}=\frac{3}{6}=\frac{1}{2},$$

所以

$$\varphi=\frac{\pi}{3}.$$

四、直线与平面的夹角

当直线与平面不垂直时，直线和它在平面上的投影直线的夹角 $\varphi\left(0\leqslant\varphi<\frac{\pi}{2}\right)$，称为直线与平面的夹角(如图 8-49 所示). 当直线与平面垂直时，规定直线与平面的夹角为$\frac{\pi}{2}$.

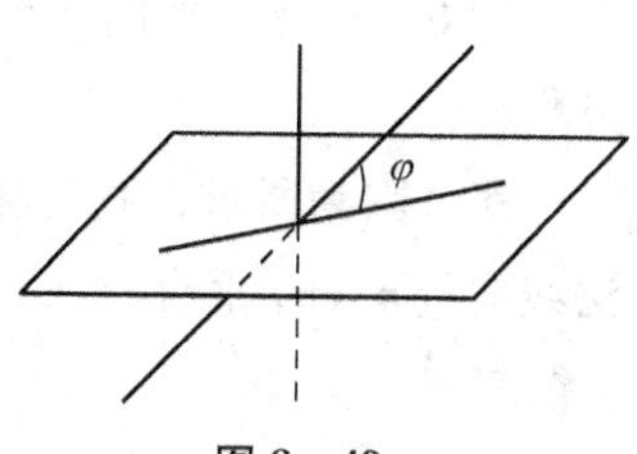

图 8-49

设直线的方向向量为 $\boldsymbol{s}=(m,n,p)$，平面的法线向量为 $\boldsymbol{n}=(A,B,C)$，直线与平面的夹角为 φ，那么

$\varphi=\left|\frac{\pi}{2}-(\widehat{\boldsymbol{s},\boldsymbol{n}})\right|$,因此 $\sin\varphi=|\cos(\widehat{\boldsymbol{s},\boldsymbol{n}})|$,按向量夹角余弦的坐标表达式,有

$$\sin\varphi=\frac{|Am+Bn+Cp|}{\sqrt{A^2+B^2+C^2}\sqrt{m^2+n^2+p^2}}. \tag{7.5}$$

因为直线与平面垂直相当于直线的方向向量与平面的法线向量平行,所以直线与平面垂直相当于

$$\frac{A}{m}=\frac{B}{n}=\frac{C}{p}.$$

而直线与平面平行或直线在平面上相当于直线的方向向量与平面的法线向量垂直,所以直线与平面平行或直线在平面上相当于

$$Am+Bn+Cp=0.$$

例 4 设直线 $L:\frac{x-1}{2}=\frac{y}{-1}=\frac{z+1}{2}$,平面 $\Pi: x-y+2z=3$,求直线与平面的夹角.

解 因为平面的法线向量是 $\boldsymbol{n}=(1,-1,2)$,直线的方向向量是 $\boldsymbol{s}=(2,-1,2)$,由公式(7.5)得

$$\begin{aligned}\sin\varphi&=\frac{|Am+Bn+Cp|}{\sqrt{A^2+B^2+C^2}\sqrt{m^2+n^2+p^2}}\\&=\frac{|1\times2+(-1)\times(-1)+2\times2|}{\sqrt{6}\times\sqrt{9}}=\frac{7\sqrt{6}}{18}.\end{aligned}$$

因此 $\varphi=\arcsin\frac{7\sqrt{6}}{18}$ 为所求夹角.

例 5 求过点$(-2,3,1)$且与平面 $x+3y+2z-4=0$ 垂直的直线的方程.

解 因为所求直线垂直于已知平面,所以可取已知平面的法线向量$(1,3,2)$作为所求直线的方向向量,由此可得所求直线的方程为

$$\frac{x+2}{1}=\frac{y-3}{3}=\frac{z-1}{2}.$$

例 6 求与两平面 $x-4z=3$ 和 $2x-y-5z=1$ 的交线平行且过点$(-3,2,5)$的直线的方程.

解 因为所求直线与两平面的交线平行,也就是直线的方向向量 $\boldsymbol{s}$ 一定同时与两平面的法线向量 $\boldsymbol{n}_1,\boldsymbol{n}_2$ 垂直,

$$\boldsymbol{n}_1\times\boldsymbol{n}_2=\begin{vmatrix}\boldsymbol{i}&\boldsymbol{j}&\boldsymbol{k}\\1&0&-4\\2&-1&-5\end{vmatrix}=-(4\boldsymbol{i}+3\boldsymbol{j}+\boldsymbol{k}),$$

所以直线的方向向量 $\boldsymbol{s}$ 可以取为(4,3,1),

所求直线的方程为

$$\frac{x+3}{4}=\frac{y-2}{3}=\frac{z-5}{1}.$$

例 7　求直线$\frac{x-2}{1}=\frac{y-3}{1}=\frac{z-4}{2}$与平面 $2x+y+z-6=0$ 的交点.

解　所给直线的参数方程为

$$\begin{cases}x=2+t,\\y=3+t,\\z=4+2t,\end{cases}$$

代入平面方程中,得

$$2(2+t)+(3+t)+(4+2t)-6=0.$$

解得

$$t=-1.$$

代入直线的参数方程中,即得所求交点的坐标为

$$x=1,y=2,z=2.$$

即所求点为(1,2,2).

例 8　求过点(2,1,3)且与直线$\frac{x+1}{3}=\frac{y-1}{2}=\frac{z}{-1}$垂直相交的直线的方程.

解　先作一平面过点(2,1,3)且垂直于已知直线,那么这平面的方程为

$$3(x-2)+2(y-1)-(z-3)=0. \tag{7.6}$$

再求已知直线与这平面的交点.

已知直线的参数方程为

$$\begin{cases}x=-1+3t,\\y=1+2t,\\z=-t,\end{cases} \tag{7.7}$$

把(7.7)式代入(7.6)式,得

$$t=\frac{3}{7},$$

从而求得交点为$\left(\frac{2}{7},\frac{13}{7},-\frac{3}{7}\right)$.

以点(2,1,3)为起点,点$\left(\frac{2}{7},\frac{13}{7},-\frac{3}{7}\right)$为终点的向量为

$$\left(\frac{2}{7}-2,\frac{13}{7}-1,-\frac{3}{7}-3\right)=-\frac{6}{7}(2,-1,4),$$

取(2,−1,4)为所求直线的方向向量,故所求直线的方程为

$$\frac{x-2}{2}=\frac{y-1}{-1}=\frac{z-3}{4}.$$

有时用平面束的方程解题比较方便,现在我们来介绍它的方程.

设直线 L 由方程组

$$\begin{cases}A_1x+B_1y+C_1z+D_1=0, & (7.8)\\ A_2x+B_2y+C_2z+D_2=0 & (7.9)\end{cases}$$

所确定,其中系数 A_1,B_1,C_1 与 A_2,B_2,C_2 不成比例.

我们建立三元一次方程:

$$A_1x+B_1y+C_1z+D_1+\lambda(A_2x+B_2y+C_2z+D_2)=0, \tag{7.10}$$

其中 λ 为任意常数.

因为 $A_1,B_1,C_1;A_2,B_2,C_2$ 不成比例,所以对于任意一个 λ 值,方程(7.10)的系数:$A_1+\lambda A_2,B_1+\lambda B_2,C_1+\lambda C_2$ 不全为0,从而(7.10)表示一个平面,若一点在直线 L 上,则点的坐标必同时满足方程(7.8)和(7.9),因而也满足方程(7.10),故方程(7.10)表示通过直线 L 的平面,且对于不同的 λ 的值,方程(7.10)表示通过直线 L 的不同的平面. 反之,通过直线 L 的任何平面(除平面(7.9)外)都包含在方程(7.10)所表示的一族平面内. 通过定直线的所有平面的全体称为**平面束**,而方程(7.10)就作为通过直线 L 的**平面束的方程**(实际上,方程(7.10)表示缺少平面(7.9)的平面束).

例 9 求直线$\begin{cases}x+y-z-1=0,\\ x-y+z+1=0\end{cases}$在平面 $x+y+z=0$ 上的投影直线的方程.

解 设过直线$\begin{cases}x+y-z-1=0,\\ x-y+z+1=0\end{cases}$的平面束的方程为

$$(x+y-z-1)+\lambda(x-y+z+1)=0,$$

整理得

$$(1+\lambda)x+(1-\lambda)y+(-1+\lambda)z+(-1+\lambda)=0, \tag{7.11}$$

其中 λ 为待定常数.

(7.11)所表示的平面与平面 $x+y+z=0$ 垂直的条件为

$$(1+\lambda)\cdot 1+(1-\lambda)\cdot 1+(-1+\lambda)\cdot 1=0.$$

即

$$\lambda=-1.$$

代入(7.11)得投影平面的方程为

$$y-z-1=0.$$

故所求投影直线的方程为

$$\begin{cases} y-z-1=0, \\ x+y+z=0. \end{cases}$$

习题 8－7

1. 用对称式方程和参数方程表示直线：

$$\begin{cases} x+y+z=1, \\ 2x-y+3z=2. \end{cases}$$

2. 求过点(2,0,－3)，且平行于直线$\dfrac{x-1}{2}=\dfrac{y+2}{3}=\dfrac{z-2}{-1}$的直线方程.

3. 求过两点$M_1(1,0,-1)$，$M_2(-2,3,1)$的直线方程.

4. 求过点$M_1(1,0,-1)$且与直线$\begin{cases} x+2y+z=1, \\ x-y+z=2 \end{cases}$垂直的平面方程.

5. 求直线$\begin{cases} 2x+y+3z=1, \\ 2x-y+z=4 \end{cases}$与直线$\begin{cases} 2x+2y-z=3, \\ 2x-3y+z=4 \end{cases}$夹角的余弦.

6. 求过点(0,1,－4)且与两平面$2x+y-3z=4$和$3x+2y-z=9$平行的直线方程.

7. 求过点(2,－1,3)且通过直线$\dfrac{x-1}{3}=\dfrac{y+2}{2}=\dfrac{z-2}{-1}$的平面方程.

8. 求直线$\begin{cases} 3x+2y+z=4, \\ x-y-z=2 \end{cases}$与平面$2x+y-z=1$的夹角.

9. 试确定下列各组的直线和平面的关系：

(1) $\dfrac{x-4}{3}=\dfrac{y+3}{2}=\dfrac{z-2}{-1}$和$x-y+z=3$；

(2) $\dfrac{x-8}{2}=\dfrac{y-3}{3}=\dfrac{z-6}{-1}$和$5x+3y-z=20$；

(3) $\dfrac{x-1}{3}=\dfrac{y-3}{2}=\dfrac{z-2}{-1}$和$6x+4y-2z=3$.

10. 求过点$(2,1,-1)$且与两直线$\begin{cases}2x+y-z=1,\\x-y+z=3\end{cases}$和$\begin{cases}x+y+z=1,\\x-2y+z=5\end{cases}$平行的平面方程.

11. 求点$(2,-1,1)$在平面$x-y+z=3$上的投影.

12. 求点$(3,-1,2)$到直线$\begin{cases}x+y-z=-1,\\2x-y+z=-4\end{cases}$的距离.

13. 求直线$\begin{cases}2x+3y-z=2,\\3x-2y+z=1\end{cases}$在平面$x-y+z=2$上的投影直线方程.

总习题八

1. 已知$(\boldsymbol{a}\times\boldsymbol{b})\cdot\boldsymbol{c}=2$,计算$[(\boldsymbol{a}+\boldsymbol{b})\times(\boldsymbol{b}+\boldsymbol{c})]\cdot(\boldsymbol{c}+\boldsymbol{a})$.

2. 已知向量$\boldsymbol{a},\boldsymbol{b},\boldsymbol{c}$两两垂直,且$|\boldsymbol{a}|=1,|\boldsymbol{b}|=2,|\boldsymbol{c}|=3,\boldsymbol{s}=\boldsymbol{a}+\boldsymbol{b}+\boldsymbol{c}$,求$|\boldsymbol{s}|$及它与$\boldsymbol{b}$的夹角.

3. 求与向量$\boldsymbol{a}=(2,-1,2)$共线且满足方程$\boldsymbol{a}\cdot\boldsymbol{b}=-18$的向量$\boldsymbol{b}$.

4. 已知$(\boldsymbol{a}+3\boldsymbol{b})\perp(7\boldsymbol{a}-5\boldsymbol{b}),(\boldsymbol{a}-4\boldsymbol{b})\perp(7\boldsymbol{a}-2\boldsymbol{b})$,求$(\widehat{\boldsymbol{a},\boldsymbol{b}})$.

5. 设$\triangle ABC$的三边对应向量$\overrightarrow{BC}=\boldsymbol{a},\overrightarrow{CA}=\boldsymbol{b},\overrightarrow{AB}=\boldsymbol{c}$,三边中点依次为$D,E,F$,试证明:$\overrightarrow{AD}+\overrightarrow{BE}+\overrightarrow{CF}=\boldsymbol{0}$.

6. 设向量$\boldsymbol{a}=(2,3,4),\boldsymbol{b}=(3,-1,-1)$,若$|\boldsymbol{c}|=3$,求向量$\boldsymbol{c}$,使得三向量$\boldsymbol{a},\boldsymbol{b},\boldsymbol{c}$所构成的平行六面体的体积为最大.

7. 在z轴上求一点,使它到点$A(2,-3,2),B(-1,2,-4)$两点的距离相等.

8. 求过点$M(2,1,3)$且与直线$\frac{x+1}{3}=\frac{y-1}{2}=\frac{z}{-1}$垂直相交的直线方程.

9. 求过点$A(1,2,1)$,且与直线$\begin{cases}2x-y+z=0,\\x-y+z=0\end{cases}$及$\begin{cases}x-y+z=1,\\x+2y-z=-1\end{cases}$都平行的平面方程.

10. 求点$P(2,3,1)$在直线$\frac{x+7}{1}=\frac{y+2}{2}=\frac{z+2}{3}$上的投影.

11. 求过直线$\begin{cases}x-2y-z+6=0,\\3x-2y+2=0\end{cases}$且与点$(1,2,1)$的距离为1的平面方程.

12. 已知一直线过点$P(2,-1,3)$且与直线L:$\frac{x-1}{2}=\frac{y}{-1}=\frac{z+2}{1}$相交,又平行于$\Pi$:$3x-2y+z+5=0$,求该直线的方程.

13. 求锥面$z=\sqrt{x^2+y^2}$与柱面$z^2=2x$所围立体在三个坐标面上的投影.

14. 求曲线$\begin{cases}x^2+y^2+z^2=4,\\y=z\end{cases}$在各坐标面上的投影方程.

15. 已知点$A(1,0,0)$及点$B(0,2,1)$,试在z轴上求一点C,使$\triangle ABC$的面积最小.

第九章　多元函数微分法及其应用

迄今为止，我们讨论的函数都是只有一个自变量的函数，称为一元函数，但客观世界中许多问题常常会遇到含有两个或更多个自变量的函数，即多元函数. 因此，需要讨论多元函数的微分和积分问题. 多元函数作为一元函数的推广，它保留了一元函数中的许多性质，同时也产生一些新的问题. 本章就是在一元函数微分学的基础上，将其拓广成多元函数微分学. 讨论中将以二元函数为主，其结果均可类推到二元以上的多元函数中.

第一节　多元函数的概念

一、多元函数的概念

1. 多元函数的定义

先看几个例子.

例 1　圆锥体的体积 V 和它的底面半径 r，高 h 之间具有关系

$$V=\frac{1}{3}\pi r^2 h.$$

这里，V 是随着 r，h 的变化而变化，当 r，h 在一定的范围($r>0,h>0$)内取定一对值时，V 就有一个确定的值与之对应.

例 2　由物理学知道，理想气体的体积 V 与温度 T、压强 p 之间具有关系

$$V=\frac{RT}{p}\text{(其中 }R\text{ 是常数)}.$$

这里，V 是随着 p,T 的变化而变化，当 p,T 在一定的范围($p>0,T>T_0$)内取定一对值时，V 就有一个确定的值与之对应.

抛去上述例子的实际含义，抽出它们都是反映三个变量之间存在着相互依赖关系的共性，给出二元函数的定义如下：

定义 1　设有三个变量 x,y,z，若当变量 x,y 在一定的范围内任意取定一对数值(x,y)

时，变量 z 按照一定的法则 f，总有确定的值与之对应，则称 z 是 x,y 的二元函数，记为

$$z=f(x,y)\text{或}z=z(x,y),$$

其中 x,y 称为自变量，z 称为因变量，自变量 x,y 的取值范围称为函数的定义域，常记为 D.

二元函数在点 (x_0,y_0) 处取得的函数值记为

$$f(x_0,y_0),\ z\bigg|_{\substack{x=x_0\\y=y_0}}\text{或}\ z\bigg|_{(x_0,y_0)}.$$

函数值 $f(x,y)$ 的全体构成的集合称为函数 f 的值域，记为 $f(D)$.

上面提到过的例 1，例 2 均为二元函数，类似地，可以定义三元函数 $u=f(x,y,z)$ 以及 n 元函数 $u=f(x_1,x_2,\cdots,x_n)$. 例如，长方体体积 V 是它的长 x、宽 y 和高 z 的三元函数 $V=xyz$；电流通过电阻时所做的功 W 是电阻 R、电流 I 和时间 t 的三元函数 $W=I^2Rt$，等等. 二元及二元以上的函数统称为**多元函数**.

需要指出的是：

(1) 因为数组 (x,y) 表示平面上的一点 P，所以二元函数 $z=f(x,y)$ 可以表示为 $z=f(P)$；数组 (x,y,z) 表示空间一点 P，所以三元函数 $u=f(x,y,z)$ 也可以表示为 $u=f(P)$，同样，n 元函数 $u=f(x_1,x_2,\cdots,x_n)$ 中，将数组 $(x_1,x_2,\cdots,x_n)$ 看成点 P 的坐标，则仍可以表示为 $u=f(P)$. 而当 P 为数轴上点 x 时，则 $u=f(P)$ 就表示一元函数. 这种以点 P 表示自变量的函数称为**点函数**. 这样，不论一元函数还是多元函数都可以统一表示为 $u=f(P)$.

(2) 由于多元函数的自变量多于一个，并且自变量之间没有制约关系，这就会出现只有一个自变量在变化，其余的自变量不变而产生的因变量变化. 那么在这个变化过程中，其余的自变量就可以暂时看成常量，当然当这个变化过程结束，它们就又恢复为自变量. 这是多元函数与一元函数不同的十分重要的特征，必须给予充分注意.

2. 二元函数的定义域与几何图形

与一元函数一样，要确定一个二元函数，必须要有两个要素：定义域及对应法则. 由实际问题建立的多元函数，其自变量有实际意义，因而定义域要符合实际；而由解析式给出的二元函数 $z=f(x,y)$ 的定义域是使该式有意义的点 (x,y) 的全体，这个定义域称为**自然定义域**，它是平面上的点的集合，可以是全部 xOy 坐标面，可以是平面上的一条曲线，也可以是一条曲线或多条曲线围成的部分平面等. 全部 xOy 坐标面或由曲线围成的部分平面称为**平面上的区域**. 平面区域在讨论二元函数中有着重要作用，为此，下面介绍几个与区域有关的概念：

(1) **区域的边界**：围成平面区域的曲线称为区域的边界.

(2) **闭区域**：包括边界在内的平面区域称为闭区域.

(3) **开区域**：不包括边界在内的平面区域称为开区域.

(4) **有界区域**：平面区域 D 称为有界区域，是指可以找到一个正数 k，以 k 为半径，原点为圆心作一个圆，使 D 被包含在圆内.

(5) **无界区域**:平面上的非有界区域就是无界区域.

(6) **邻域**:以点 $P_0(x_0,y_0)$ 为圆心，以一个正数 δ 为半径的圆形开区域，称为点 $P_0(x_0,y_0)$ 的 δ 邻域，记为 $U(P_0,\delta)$;不包含点 P_0 本身的 P_0 的 δ 邻域称为点 $P_0(x_0,y_0)$ 的去心 δ 邻域，记为 $\mathring{U}(P_0,\delta)$. 若对平面内任一点 $P(x,y)$，记 $|P_0P|=\sqrt{(x-x_0)^2+(y-y_0)^2}$，则

$$U(P_0,\delta)=\{P\,|\,|P_0P|<\delta\};\mathring{U}(P_0,\delta)=\{P\,|\,0<|P_0P|<\delta\}.$$

(7) **内点**:设 D 为平面区域，$P_0(x_0,y_0)\in D$，如果存在 $\delta>0$，使 $U(P_0,\delta)\subseteq D$，那么称 $P_0(x_0,y_0)$ 为 D 的一个内点.

例 3　求函数 $z=\sqrt{4-4x^2-y^2}$ 的定义域 D，并作出 D 的示意图.

解　要使 $z=\sqrt{4-4x^2-y^2}$ 有意义，应有

$$4-4x^2-y^2\geqslant 0,\text{即 } x^2+\frac{y^2}{4}\leqslant 1.$$

故

$$D=\left\{(x,y)\,\middle|\,x^2+\frac{y^2}{4}\leqslant 1\right\}.$$

D 的图形如图 9-1(a)，这是有界闭区域.

例 4　求 $z=\ln(x-y)$ 的定义域 D，并作出 D 的示意图.

解　要使 $z=\ln(x-y)$ 有意义，应有

$$x-y>0,$$

故

$$D=\{(x,y)\,|\,x-y>0\}.$$

D 的图形如图 9-1(b)，这是无界开区域.

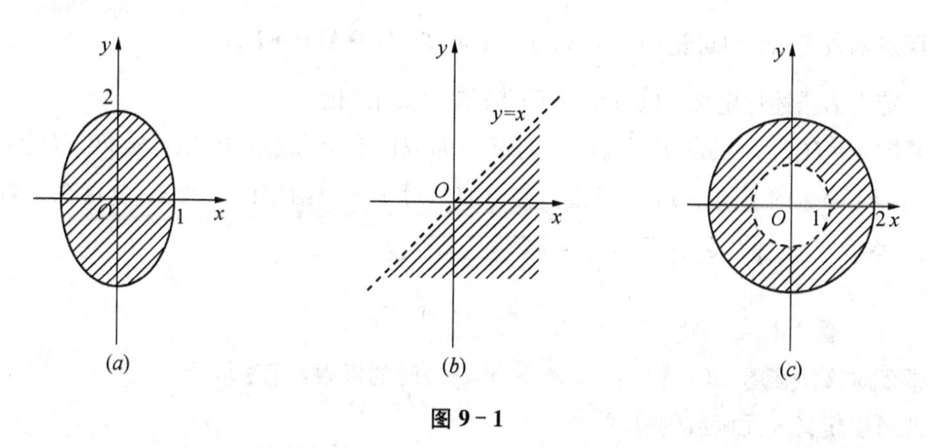

图 9-1

例 5　求函数 $z=\sqrt{4-x^2-y^2}+\dfrac{1}{\sqrt{x^2+y^2-1}}$ 的定义域 D，并作出 D 的示意图.

解 要使 $z=\sqrt{4-x^2-y^2}+\dfrac{1}{\sqrt{x^2+y^2-1}}$ 有意义，应有

$$\begin{cases}4-x^2-y^2\geqslant 0,\\ x^2+y^2-1>0,\end{cases} \text{即 } 1<x^2+y^2\leqslant 4,$$

故

$$D=\{(x,y)\,|\,1<x^2+y^2\leqslant 4\}.$$

D 的图形如图 9-1(c)，这既不是无界开区域，也不是闭区域，而是有界区域.

一般说来，我们把空间直角坐标系内的点集 $\{(x,y,z)\,|\,z=f(x,y),(x,y)\in D\}$ 称为函数 $z=f(x,y),(x,y)\in D$ 的图形. 由空间解析几何知，这个点集即为空间中的一个曲面，因而二元函数的图形一般是空间一个曲面，它在 xOy 坐标面上的投影就是该函数的定义域 D.

例如，二元函数 $z=ax+by+c$ 的图形是一平面，而二元函数 $z=x^2+y^2$ 的图形是旋转抛物面.

二、多元函数的极限和连续性

与一元函数极限概念类似，多元函数的极限也是反映函数值随自变量变化的变化趋势.

定义 2　设函数 $z=f(x,y)$ 在点 $P_0(x_0,y_0)$ 的某一邻域内有定义（点 P_0 可以除外），点 $P(x,y)$ 是点 P_0 邻域内不同于 P_0 的任意一点. 如果 $P(x,y)$ 以任意的方式无限接近于 $P_0(x_0,y_0)$，相应的函数值 $f(x,y)$ 也无限接近于一个常数 A，那么称当 $P(x,y)\to P_0(x_0,y_0)$ 时，函数 $z=f(x,y)$ 以 A 为极限，记为

$$\lim_{(x,y)\to(x_0,y_0)} f(x,y)=A \text{ 或 } \lim_{\substack{x\to x_0\\ y\to y_0}} f(x,y)=A.$$

若用点函数表示，也可记为 $\lim\limits_{P\to P_0} f(P)=A$ 或 $f(P)\to A(P\to P_0)$.

* 本定义为描述性定义，也可用以下的精确定义来刻画：

设函数 $z=f(x,y)$ 在点 $P_0(x_0,y_0)$ 的某一邻域内有定义（点 $P_0(x_0,y_0)$ 可以除外），点 $P(x,y)$ 是 P_0 邻域内不同于 P_0 的任意一点. 如果对于任意给定的正数 ε，总存在正数 δ，使得当 $0<|P_0P|<\delta$，即 $0<\sqrt{(x-x_0)^2+(y-y_0)^2}<\delta$ 时，有

$$|f(x,y)-A|<\varepsilon$$

成立，那么称 A 为函数 $f(x,y)$ 当 $(x,y)\to(x_0,y_0)$ 时的极限，记法同上.

仿此可以定义 n 元函数的极限.

值得指出的是，在一元函数 $y=f(x)$ 的极限定义中，点 x 只是沿 x 轴趋向于 x_0，但二元函数极限的定义中，要求点 $P(x,y)$ 以任意的方式在 $P_0(x_0,y_0)$ 的某一邻域内趋向于点

$P_0(x_0,y_0)$. 如果点 $P(x,y)$ 只取某些特殊方式(如沿某条直线或沿某条曲线方式)趋向于点 $P_0(x_0,y_0)$，尽管这时函数值都趋向于某一常数，但也不能断定函数极限就一定存在. 不过，只要点 $P(x,y)$ 沿两条不同路径趋向于 $P_0(x_0,y_0)$，函数值趋向于不同的值，则函数极限一定不存在.

例 6　研究 $\lim\limits_{(x,y)\to(0,0)}\dfrac{xy}{x^2+y^2}$ 是否存在.

解　设 $f(x,y)=\dfrac{xy}{x^2+y^2}$.

当点 $P(x,y)$ 沿 x 轴趋向于点 $(0,0)$ 时，$y=0$，

这时
$$f(x,y)=f(x,0)=0\quad (x\neq 0),$$

所以
$$\lim_{(x,y)\to(0,0)}\frac{xy}{x^2+y^2}=\lim_{x\to 0}f(x,0)=0.$$

同理，当点 $P(x,y)$ 沿 y 轴趋向于点 $(0,0)$ 时，$x=0$，

这时
$$f(x,y)=f(0,y)=0\quad (y\neq 0),$$

所以
$$\lim_{(x,y)\to(0,0)}\frac{xy}{x^2+y^2}=\lim_{y\to 0}f(0,y)=0.$$

虽然沿上面两条特殊路径函数 $f(x,y)$ 都趋于 0，但当点 $P(x,y)$ 沿直线 $y=kx$ 趋向于点 $(0,0)$ 时，

$$f(x,y)=f(x,kx)=\frac{kx^2}{x^2+k^2x^2}=\frac{k}{1+k^2}\quad (k\neq 0),$$

所以
$$\lim_{(x,y)\to(0,0)}\frac{xy}{x^2+y^2}=\lim_{\substack{x\to 0\\ y=kx\to 0}}\frac{kx^2}{x^2+k^2x^2}=\lim_{x\to 0}\frac{k}{1+k^2}=\frac{k}{1+k^2}.$$

它随着直线斜率 k 的变化而变化，故 $\lim\limits_{(x,y)\to(0,0)}\dfrac{xy}{x^2+y^2}$ 不存在.

多元函数极限的定义与一元函数极限的定义有着完全相同的形式，因而有关一元函数的极限运算法则和方法大都可以平行地推广到多元函数上来(洛必达法则和单调有界法则等除外).

例 7　求 $\lim\limits_{(x,y)\to(0,0)}\dfrac{xy}{\sqrt{xy+1}-1}$.

解　令 $\rho=xy$，则当 $x\to 0, y\to 0$ 时，$\rho\to 0$.

因此　原式 $=\lim\limits_{\rho\to 0}\dfrac{\rho}{\sqrt{\rho+1}-1}=\lim\limits_{\rho\to 0}\dfrac{\rho(\sqrt{\rho+1}+1)}{\rho+1-1}=\lim\limits_{\rho\to 0}(\sqrt{\rho+1}+1)=2.$

例 8　证明：$\lim\limits_{(x,y)\to(0,0)}\dfrac{x^2y}{x^2+y^2}=0$.

证　因为 $0\leqslant\left|\dfrac{x^2y}{x^2+y^2}\right|=|x|\dfrac{|xy|}{x^2+y^2}\leqslant\dfrac{1}{2}|x|\qquad (x^2+y^2\geqslant 2|xy|)$，

由夹逼定理知，

$$\lim_{(x,y)\to(0,0)}\left|\frac{x^2y}{x^2+y^2}\right|=0,\text{故}\lim_{(x,y)\to(0,0)}\frac{x^2y}{x^2+y^2}=0.$$

有了二元函数极限的概念，我们就可以定义二元函数的连续性.

定义3 **设函数 $z=f(x,y)$ 在点 $P_0(x_0,y_0)$ 的某个邻域内有定义，若**

$$\lim_{(x,y)\to(x_0,y_0)}f(x,y)=f(x_0,y_0)\text{或}\lim_{P\to P_0}f(P)=f(P_0),$$

则称函数 $f(x,y)$ 在点 $P_0(x_0,y_0)$ 处连续，否则称 $f(x,y)$ 在点 $P_0(x_0,y_0)$ 处间断.

如果二元函数 $z=f(x,y)$ 在区域 D 内每一点都连续，就称函数 $f(x,y)$ 在 D 内连续. 如果 D 又是定义域，那么称 $f(x,y)$ 为连续函数. 连续函数 $z=f(x,y)$ 的图形是一个无孔隙、无裂缝的曲面.

仿此可定义 n 元函数的连续性与间断点.

与一元函数一样，多元连续函数的和、差、积、商(分母不为零处)仍连续；多元连续函数的复合函数也是连续函数.

类似于一元初等函数，二元初等函数是由 x 的初等函数、y 的初等函数及二者经过有限次四则运算和有限次复合,并能用一个统一的解析式表示的函数. 例如 $z=\frac{xy}{x^2+y^2}$，$z=\sin\sqrt{xy}$，$z=\arccos\frac{x}{y}$ 等等都是二元初等函数. 一切二元初等函数在其有定义的区域内是连续的. 这些结论都可根据二元函数运算法则得到.

仿此可定义 n 元初等函数.

下面将不加证明地介绍两个关于有界闭区域上多元连续函数的性质.

定理1(有界性与最大(小)值定理) **在有界闭区域 D 上的多元连续函数,必定在 D 上有界,且能取得最大值和最小值.**

定理2(介值定理) **在有界闭区域 D 上的二元连续函数,必取得介于它们的两个不同函数值之间的任何值.**

习题 9-1

1. (1) 设函数 $f(x,y)=xy+\frac{1}{y}$,求 $f\left(-1,\frac{1}{3}\right)$,$f(y,x)$,$f\left(x^2,\frac{1}{y}\right)$.

(2) 设函数 $f\left(x+y,\frac{y}{x}\right)=x^2-y^2$,求 $f(x,y)$.

2. 设函数 $F(x,y)=x+y-f(x-y)$,$F(x,0)=x^2$,求 $f(x)$及 $F(x,y)$.

3. 求下列函数的定义域 D,并画出 D 的示意图：

(1) $z=\ln(x+y)$； (2) $z=\frac{1}{x^2+y^2}$；

(3) $z=\sqrt{9-x^2-y^2}$；　　(4) $z=\sqrt{x-\sqrt{y}}$；

(5) $z=\dfrac{\sqrt{4x-y^2}}{\ln(1-x^2-y^2)}$；　　(6) $z=\arcsin\dfrac{x}{2}+\arccos\dfrac{y}{3}$.

4. 求下列函数的极限：

(1) $\lim\limits_{\substack{x\to 1\\ y\to 2}}\dfrac{3-x+y}{4+x-2y}$；　　(2) $\lim\limits_{\substack{x\to 0\\ y\to 0}}\dfrac{1-\sqrt{1-x-y}}{x+y}$；

(3) $\lim\limits_{\substack{x\to 0\\ y\to 0}}\dfrac{\tan(xy)}{y}$；　　(4) $\lim\limits_{\substack{x\to \infty\\ y\to \infty}}\dfrac{1}{x^2+y^2}$.

5. 证明：当$(x,y)\to(0,0)$时，函数 $f(x,y)=\dfrac{x-y}{x+y}$的极限不存在.

第二节　偏导数

一、偏导数概念及计算

在一元函数中，我们从研究函数相对于自变量变化的“快慢”(即变化率)引入了导数的概念，对多元函数同样需要讨论它的变化率. 本节以二元函数为主要对象，二元以上的函数讨论大体上与二元相同.

在二元函数 $z=f(x,y)$中，由于有两个自变量 x,y，因而因变量 z 与自变量 x,y 的关系远比一元函数要复杂. 我们先讨论只有一个自变量变化，而另一个自变量不变(即暂时看成常量)时的变化率，这时二元函数实际成为一元函数，可以完全照搬一元函数变化率的处理方法，因此有如下定义：

定义　设函数 $z=f(x,y)$在点(x_0,y_0)的某邻域内有定义，固定 $y=y_0$，而 x 在 x_0 处有增量 Δx，相应地函数 z 有增量(称为关于 x 的偏增量)

$$\Delta_x z=f(x_0+\Delta x,y_0)-f(x_0,y_0).$$

如果 $\lim\limits_{\Delta x\to 0}\dfrac{f(x_0+\Delta x,y_0)-f(x_0,y_0)}{\Delta x}$存在，那么称此极限值为函数 $z=f(x,y)$在点(x_0,y_0)处对 x 的偏导数，记作

$$\left.\frac{\partial z}{\partial x}\right|_{(x_0,y_0)},\left.\frac{\partial f}{\partial x}\right|_{(x_0,y_0)},\left.z_x\right|_{(x_0,y_0)}\text{ 或 }f_x(x_0,y_0).$$

类似地，函数 $z=f(x,y)$在点(x_0,y_0)处对 y 的偏导数定义为

$$\lim_{\Delta y\to 0}\frac{f(x_0,y_0+\Delta y)-f(x_0,y_0)}{\Delta y},$$

记作

$$\left.\frac{\partial z}{\partial y}\right|_{(x_0,y_0)},\left.\frac{\partial f}{\partial y}\right|_{(x_0,y_0)},\left.z_y\right|_{(x_0,y_0)}\text{或 }f_y(x_0,y_0).$$

如果函数 $z=f(x,y)$ 在区域 D 内每一点 (x,y) 处对 x 的偏导数都存在，这个偏导数是 x，y 的函数，称为函数 $z=f(x,y)$ 对自变量 x 的偏导函数，记作

$$\frac{\partial z}{\partial x},\frac{\partial f}{\partial x},z_x\text{或 }f_x(x,y).$$

类似地，可以定义函数 $z=f(x,y)$ 对自变量 y 的偏导函数，记作

$$\frac{\partial z}{\partial y},\frac{\partial f}{\partial y},z_y\text{ 或 }f_y(x,y).$$

显然，$f(x,y)$ 在点 (x_0,y_0) 处对 x 或 y 的偏导数，就相当于偏导函数 $\frac{\partial z}{\partial x}$ 或 $\frac{\partial z}{\partial y}$ 在点 (x_0,y_0) 处的函数值. 在不致混淆的地方，也将偏导函数简称为偏导数.

由定义可看出，二元函数的偏导数和一元函数的导数的定义基本相同. 这样，关于一元函数的求导法则和求导公式均可搬用. 只不过在求偏导数时需要将另一自变量暂时看成常量.

例 1 求函数 $f(x,y)=x^3-2xy+y^2$ 在点 $(1,2)$ 处的偏导数.

解 把 y 看成常量，对 x 求导数，得

$$\frac{\partial f}{\partial x}=3x^2-2y,$$

把 x 看成常量，对 y 求导数，得

$$\frac{\partial f}{\partial y}=-2x+2y,$$

将点 $(1,2)$ 代入上面的结果，有

$$\left.\frac{\partial f}{\partial x}\right|_{(1,2)}=3\times1^2-2\times2=-1,\quad \left.\frac{\partial f}{\partial y}\right|_{(1,2)}=-2\times1+2\times2=2.$$

例 2 求函数 $z=x^2\cos xy+\sin(x^2+y^2)$ 的偏导数.

解

$$\frac{\partial z}{\partial x}=2x\cos xy-x^2y\sin xy+2x\cos(x^2+y^2),$$

$$\frac{\partial z}{\partial y}=-x^3\sin xy+2y\cos(x^2+y^2).$$

例 3 设函数 $z=x^y(x>0,x\neq1)$，求证：

$$\frac{x}{y}\frac{\partial z}{\partial x}+\frac{1}{\ln x}\frac{\partial z}{\partial y}=2z.$$

证　因为
$$\frac{\partial z}{\partial x}=yx^{y-1},\frac{\partial z}{\partial y}=x^y\ln x,$$

所以
$$\frac{x}{y}\frac{\partial z}{\partial x}+\frac{1}{\ln x}\frac{\partial z}{\partial y}=\frac{x}{y}yx^{y-1}+\frac{1}{\ln x}x^y\ln x=2x^y=2z.$$

例 4　已知理想气体状态方程 $pV=RT$（R 为常量），试证：

$$\frac{\partial p}{\partial V}\cdot\frac{\partial V}{\partial T}\cdot\frac{\partial T}{\partial p}=-1.$$

证　因为
$$p=\frac{RT}{V},\quad V=\frac{RT}{p},\quad T=\frac{pV}{R},$$

所以
$$\frac{\partial p}{\partial V}=-\frac{RT}{V^2},\quad \frac{\partial V}{\partial T}=\frac{R}{p},\quad \frac{\partial T}{\partial p}=\frac{V}{R},$$

故
$$\frac{\partial p}{\partial V}\cdot\frac{\partial V}{\partial T}\cdot\frac{\partial T}{\partial p}=-\frac{RT}{V^2}\cdot\frac{R}{p}\cdot\frac{V}{R}=-\frac{RT}{pV}=-1.$$

例 4 提醒我们：在一元函数中，$\frac{\mathrm{d}y}{\mathrm{d}x}$既可以看成是导数的整体记号，也可以理解为“微商”，但对二元函数来说，偏导数的记号只能看成整体记号，不能理解为分子与分母之商，$\partial z,\partial x,\partial y$是没有任何意义的.

二元以上函数的偏导数可类似定义，例如三元函数 $u=f(x,y,z)$在点(x_0,y_0,z_0)处对 x 的偏导数定义为

$$\left.\frac{\partial u}{\partial x}\right|_{(x_0,y_0,z_0)}=\lim_{\Delta x\to 0}\frac{f(x_0+\Delta x,y_0,z_0)-f(x_0,y_0,z_0)}{\Delta x}.$$

同样地，还可定义 u 对 y 以及 u 对 z 的偏导数：$\left.\frac{\partial u}{\partial y}\right|_{(x_0,y_0,z_0)}$ $\left.\frac{\partial u}{\partial z}\right|_{(x_0,y_0,z_0)}$，其求法依然为一元函数求导方法.

例 5　求函数 $u=\sqrt{x^2+y^2+z^2}$的偏导数.

解
$$\frac{\partial u}{\partial x}=\frac{x}{\sqrt{x^2+y^2+z^2}}=\frac{x}{u};$$

$$\frac{\partial u}{\partial y}=\frac{y}{\sqrt{x^2+y^2+z^2}}=\frac{y}{u};$$

$$\frac{\partial u}{\partial z}=\frac{z}{\sqrt{x^2+y^2+z^2}}=\frac{z}{u}.$$

例 6　设 $f(x,y)=\begin{cases}\dfrac{xy}{x^2+y^2}, & (x,y)\neq(0,0),\\ 0, & (x,y)=(0,0).\end{cases}$ 求函数 $f(x,y)$在原点$(0,0)$处的偏导数.

解　在原点处对 x 的偏导数为

$$f_x(0,0)=\lim_{\Delta x\to 0}\frac{f(0+\Delta x,0)-f(0,0)}{\Delta x}=\lim_{\Delta x\to 0}0=0;$$

对 y 的偏导数为

$$f_y(0,0)=\lim_{\Delta y\to 0}\frac{f(0,0+\Delta y)-f(0,0)}{\Delta y}=\lim_{\Delta y\to 0}0=0.$$

然而，第一节的例 6 告诉我们 $\lim\limits_{(x,y)\to(0,0)}f(x,y)$ 不存在，这就表明 $f(x,y)$ 在原点 $(0,0)$ 处不连续. 由此可见，"一元函数可导必连续"的结论对二元函数是不成立的. 也就是说，即使是各个偏导数在某点处都存在，也未必能保证函数在该点处连续.

二、偏导数的几何意义

我们知道，二元函数 $z=f(x,y)$ 在几何上一般表示空间上的一个曲面 Σ，一元函数 $z=f(x,y_0)$ 则是曲面 Σ 与平面 $y=y_0$ 的交线 $C:\begin{cases}z=f(x,y),\\y=y_0,\end{cases}$ 而二元函数 $z=f(x,y)$ 在点 (x_0,y_0) 处的偏导数 $f_x(x_0,y_0)$ 就是一元函数 $z=f(x,y_0)$ 在点 $x=x_0$ 处的导数. 所以由一元函数导数的几何意义知，偏导数 $f_x(x_0,y_0)$ 几何上表示曲线 C 在点 M_0 处的切线 M_0T_x 对 x 轴的斜率(如图 9-2 所示).

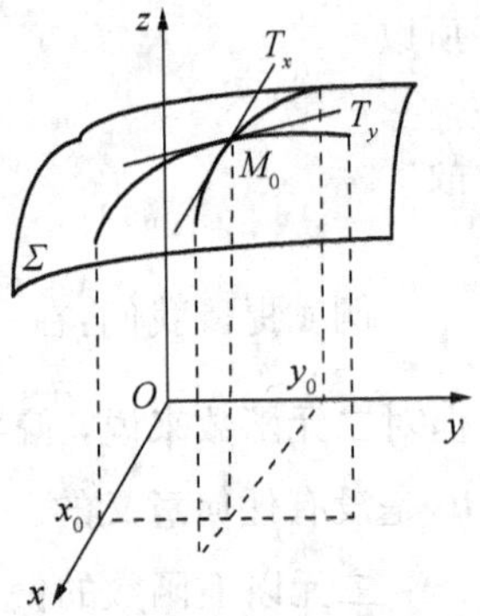

图 9-2

同理，偏导数 $f_y(x_0,y_0)$ 几何上表示曲面 Σ 与平面 $x=x_0$ 的交线 $C':\begin{cases}z=f(x,y),\\x=x_0\end{cases}$ 在点 M_0 处的切线 M_0T_y 对 y 轴的斜率.

三、高阶偏导数

如同一元函数有高阶导数，多元函数中也存在类似概念. 由前面的例题可见，一般地说，二元函数 $z=f(x,y)$ 的偏导数 $\frac{\partial z}{\partial x},\frac{\partial z}{\partial y}$ 仍是自变量 x,y 的函数. 如果这两个函数关于 x,y 的偏导数也存在，那么称它们是函数 $z=f(x,y)$ 的二阶偏导数，按照对两个自变量的求导次序有下列四个二阶偏导数：

$$\frac{\partial}{\partial x}\left(\frac{\partial z}{\partial x}\right)=\frac{\partial^2 z}{\partial x^2}=f_{xx}(x,y),\frac{\partial}{\partial y}\left(\frac{\partial z}{\partial x}\right)=\frac{\partial^2 z}{\partial x\partial y}=f_{xy}(x,y),$$

$$\frac{\partial}{\partial x}\left(\frac{\partial z}{\partial y}\right)=\frac{\partial^2 z}{\partial y\partial x}=f_{yx}(x,y),\frac{\partial}{\partial y}\left(\frac{\partial z}{\partial y}\right)=\frac{\partial^2 z}{\partial y^2}=f_{yy}(x,y).$$

如果二阶偏导数的偏导数也存在，那么称它们是函数 $z=f(x,y)$ 的三阶偏导数，例如 $\frac{\partial}{\partial x}\left(\frac{\partial^2 z}{\partial x\partial y}\right)=\frac{\partial^3 z}{\partial x\partial y\partial x},\frac{\partial}{\partial y}\left(\frac{\partial^2 z}{\partial y^2}\right)=\frac{\partial^3 z}{\partial y^3}$ 等. 类似地，我们可以定义四阶，…以及 n 阶偏导数. 二

阶及二阶以上的偏导数统称为高阶偏导数．如果高阶偏导数中既有对 x 也有对 y 的偏导数，那么此类高阶偏导数称为混合偏导数．例如：$\frac{\partial^2 z}{\partial x\partial y}, \frac{\partial^3 z}{\partial x\partial y\partial x}$.

例 7　求函数 $z=2x^3y-3xy^2+1$ 的二阶偏导数.

解

$$\frac{\partial z}{\partial x}=6x^2y-3y^2;\frac{\partial z}{\partial y}=2x^3-6xy;$$

$$\frac{\partial^2 z}{\partial x^2}=12xy;\frac{\partial^2 z}{\partial x\partial y}=6x^2-6y;$$

$$\frac{\partial^2 z}{\partial y\partial x}=6x^2-6y;\frac{\partial^2 z}{\partial y^2}=-6x.$$

在此例中，两个混合二阶偏导数是相等的．一般来讲，由于求导的次序不同，两个混合二阶偏导数未必相等，但有下面定理：

定理　如果函数 $z=f(x,y)$ 的两个混合二阶偏导数 $\frac{\partial^2 z}{\partial x\partial y}$ 以及 $\frac{\partial^2 z}{\partial y\partial x}$ 在区域 D 内连续，那么在该区域内必有 $\frac{\partial^2 z}{\partial x\partial y}=\frac{\partial^2 z}{\partial y\partial x}$.

也就是说，二阶混合偏导数在连续的条件下与求导次序无关.

证明从略.

本定理可相应地推广到二阶以上的混合偏导数以及二元以上函数的情形.

例 8　设函数 $z=xy^2e^y$，求 $\frac{\partial^2 z}{\partial x\partial y}, \frac{\partial^2 z}{\partial y\partial x}$.

解　由求导法则可知，该函数的二阶偏导数均连续，

又

$$\frac{\partial z}{\partial x}=y^2e^y,$$

所以由定理得

$$\frac{\partial^2 z}{\partial x\partial y}=\frac{\partial^2 z}{\partial y\partial x}=2ye^y+y^2e^y=y(y+2)e^y.$$

习题 9－2

1. 求下列函数的偏导数：

(1) $z=x^3y+xy^3+2$；　(2) $z=xy-\frac{x}{y}$；

(3) $z=\ln\sqrt{x^2+y^2}$；　(4) $z=\frac{x-y}{x+y}$；

(5) $z=\arctan\frac{x}{y}$；　(6) $z=e^{xy}\cos y$；

(7) $z=(1+xy)^y$；　(8) $u=x^{\frac{y}{z}}$.

2. 设函数 $f(x,y)=x+y-\sqrt{x^2+y^2}$，求 $f_x(3,4), f_y(0,-2)$.

3. (1) 求曲线$\begin{cases} z=\dfrac{x^2+y^2}{4}, \\ y=4 \end{cases}$在点(2,4,5)处的切线与 x 轴正向所成的倾斜角.

(2) 求曲线$\begin{cases} z=\sqrt{1+x^2+y^2}, \\ x=1 \end{cases}$在点$(1,1,\sqrt{3})$处的切线与 y 轴正向所成的倾斜角.

4. 设函数 $z=\ln(\sqrt{x}+\sqrt{y})$，求证：

$$x\frac{\partial z}{\partial x}+y\frac{\partial z}{\partial y}=\frac{1}{2}.$$

5. 设函数 $z=y^x$，求证：

$$\frac{1}{\ln y}\frac{\partial z}{\partial x}+\frac{y}{x}\frac{\partial z}{\partial y}=2z.$$

6. 求下列函数的二阶偏导数：

(1) $z=x^4-2x^3y^2+y^4$；　　(2) $z=\arcsin(xy)$；

(3) $z=(x-y)\sin(x+y)$；　　(4) $z=x^{\ln y}$.

7. 设函数 $f(x,y,z)=xy^2+yz^2+zx^2$，求：

$$f_{xx}(0,0,1),f_{xz}(1,0,2),f_{yz}(0,-1,2),f_{zzx}(2,0,1).$$

8. 方程$\dfrac{\partial T}{\partial t}=a\dfrac{\partial^2 T}{\partial x^2}$称为热传导方程(或扩散方程)，其中 a 是正常数，求证：$T(x,t)=\mathrm{e}^{-ab^2t}\sin bx$ 满足该方程，其中 b 是任意常数.

9. 设函数 $u=\dfrac{1}{r}$，$r=\sqrt{x^2+y^2+z^2}$，求证：$\dfrac{\partial^2 u}{\partial x^2}+\dfrac{\partial^2 u}{\partial y^2}+\dfrac{\partial^2 u}{\partial z^2}=0$.

第三节　全微分

一、全微分的定义和计算

上一节在定义二元函数 $z=f(x,y)$的偏导数中，引入了只给予一个自变量以增量的偏增量 $\Delta_x z$ 和 $\Delta_y z$，如果我们在点(x_0,y_0)处让自变量 x,y 分别取得增量 $\Delta x,\Delta y$，那么相应地函数 z 也有增量 $\Delta z=f(x_0+\Delta x,y_0+\Delta y)-f(x,y)$，称为函数在点$(x_0,y_0)$处相对于自变量增量 $\Delta x,\Delta y$ 的全增量.

计算全增量 Δz 在实际问题中常常需要解决. 一般说来，Δz 与产生它的 $\Delta x,\Delta y$ 之间关系比较复杂，难以找到准确的表达式，因此类似于在一元函数 $y=f(x)$中用 Δx 的线性函数 $A\Delta x$

近似代替 Δy 一样，下面我们也希望用自变量增量 $\Delta x,\Delta y$ 的线性函数 $A\Delta x+B\Delta y$ 近似代替函数的全增量 Δz. 为此我们给出下述定义：

定义　设函数 $z=f(x,y)$ 在点 (x,y) 的某邻域内有定义，自变量 x,y 分别有增量 $\Delta x,\Delta y$，如果其全增量 $\Delta z=f(x+\Delta x,y+\Delta y)-f(x,y)$ 可表示为

$$\Delta z = A\Delta x + B\Delta y + o(\rho), \tag{3.1}$$

其中 A,B 不依赖于 $\Delta x,\Delta y$，而仅与 x,y 有关，$\rho=\sqrt{(\Delta x)^2+(\Delta y)^2}$，那么称函数 $z=f(x,y)$ 在点 (x,y) 处可微，并称 $A\Delta x+B\Delta y$ 为函数 $z=f(x,y)$ 在点 (x,y) 处的全微分，记作 $\mathrm{d}z$，即 $\mathrm{d}z=A\Delta x+B\Delta y$.

如果函数 $z=f(x,y)$ 在区域 D 内每一点处都可微，那么称函数 $z=f(x,y)$ 在 D 内可微.

二元函数的全微分概念可以类似地推广到二元以上的多元函数.

例 1　求函数 $z=xy$ 的全增量与全微分.

解　全增量 $\Delta z=(x+\Delta x)(y+\Delta y)-xy=y\Delta x+x\Delta y+\Delta x\Delta y$.

又　当 $\Delta x\to 0,\Delta y\to 0$ 时，$\dfrac{|\Delta x\Delta y|}{\sqrt{(\Delta x)^2+(\Delta y)^2}}\leqslant|\Delta x|\to 0$，

故
$$\lim_{\rho\to 0}\frac{\Delta z-(y\Delta x+x\Delta y)}{\rho}=\lim_{\substack{\Delta x\to 0\\ \Delta y\to 0}}\frac{\Delta x\Delta y}{\sqrt{(\Delta x)^2+(\Delta y)^2}}=0.$$

由定义知函数 $z=xy$ 可微，且全微分为 $\mathrm{d}z=y\Delta x+x\Delta y$.

在本例中，如果将 x,y 分别看成长方形的长和宽，z 看成长方形面积，本例的几何意义如图 9-3 所示，阴影部分面积即为全增量 Δz，其中带单条斜线的两个矩形面积之和就是全微分 $\mathrm{d}z$，双条斜线的矩形面积 $\Delta x\Delta y$ 是全增量 Δz 与全微分 $\mathrm{d}z$ 的误差. 显然 $\Delta z\approx\mathrm{d}z$. 且当 $|\Delta x|,|\Delta y|$ 越小，近似程度越好. 由此可见，定义中引入的全微分 $\mathrm{d}z$ 实现了我们的希望，不过对一般函数往往很难用例 1 的方法找到全微分，但如果我们能够明确全微分中 $\mathrm{d}z=A\Delta x+B\Delta y$ 中的 A,B 的具体表达形式，特别是它们与 $z=f(x,y)$ 的关系，那就可以不用例 1 的方法而直接求 $\mathrm{d}z$，下面的定理解决了这个问题.

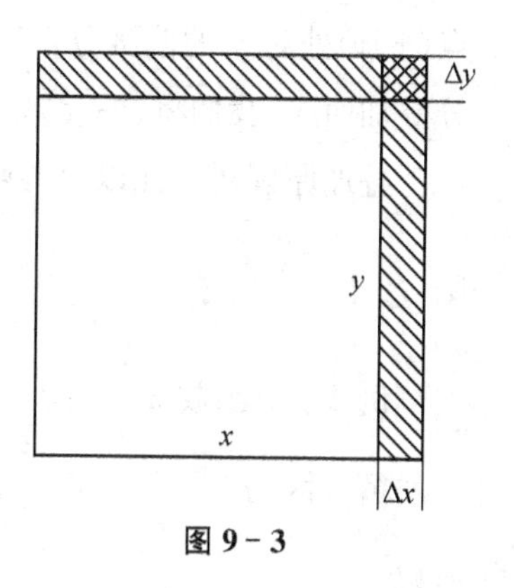

图 9-3

定理 1　如果函数 $z=f(x,y)$ 在点 (x,y) 处可微，那么该函数在点 (x,y) 处的偏导数必存在，且 $A=\dfrac{\partial z}{\partial x},B=\dfrac{\partial z}{\partial y}$，即

$$\mathrm{d}z=\frac{\partial z}{\partial x}\Delta x+\frac{\partial z}{\partial y}\Delta y.$$

证　由 $z=f(x,y)$ 在点 (x,y) 处可微，有

$$\Delta z=A\Delta x+B\Delta y+o(\rho),$$

其中 A,B 与 $\Delta x,\Delta y$ 无关,$\rho=\sqrt{(\Delta x)^2+(\Delta y)^2}$.

令 $\Delta y=0$. 则 $\rho=|\Delta x|,\Delta z=\Delta_x z$,即

$$\Delta_x z = f(x+\Delta x,y)-f(x,y)=A\Delta x+o(|\Delta x|).$$

将上式两边同除以 Δx,再令 $\Delta x\to 0$,取极限,得

$$\frac{\partial z}{\partial x}=\lim_{\Delta x\to 0}\frac{\Delta_x z}{\Delta x}=\lim_{\Delta x\to 0}\frac{A\Delta x+o(|\Delta x|)}{\Delta x}=\lim_{\Delta x\to 0}\left(A+\frac{o(|\Delta x|)}{|\Delta x|}\cdot\frac{|\Delta x|}{\Delta x}\right)=A+0=A,$$

所以,偏导数$\frac{\partial z}{\partial x}$存在且$A=\frac{\partial z}{\partial x}$.

同理可得,$\frac{\partial z}{\partial y}$存在且$B=\frac{\partial z}{\partial y}$.

与一元函数类似. 记 $\Delta x=\mathrm{d}x,\Delta y=\mathrm{d}y$,并分别称为自变量 x,y 的微分,于是函数 $z=f(x,y)$的全微分又可写为

$$\mathrm{d}z=\frac{\partial z}{\partial x}\mathrm{d}x+\frac{\partial z}{\partial y}\mathrm{d}y.$$

此式右边的第一项称为函数 $f(x,y)$在点(x,y)处对 x 的偏微分,第二项称为函数 $f(x,y)$在点(x,y)处对 y 的偏微分,显然,二元函数 $z=f(x,y)$的全微分是由它对其两个自变量的偏微分叠加而成,我们将这一结果称为二元函数全微分符合叠加原理.

叠加原理对二元以上的函数也适用. 例如,若三元函数 $u=f(x,y,z)$可微,

则
$$\mathrm{d}u=\frac{\partial u}{\partial x}\mathrm{d}x+\frac{\partial u}{\partial y}\mathrm{d}y+\frac{\partial u}{\partial z}\mathrm{d}z. \tag{3.2}$$

例 2 求函数 $z=x^2y^2-3x+5y$ 的全微分.

解 因为
$$\frac{\partial z}{\partial x}=2xy^2-3,\frac{\partial z}{\partial y}=2x^2y+5,$$

所以
$$\mathrm{d}z=(2xy^2-3)\mathrm{d}x+(2x^2y+5)\mathrm{d}y.$$

例 3 求函数 $z=\ln\sqrt{x^2+y^2}$在点$(1,2)$处的全微分.

解 因为
$$\frac{\partial z}{\partial x}=\frac{x}{x^2+y^2},\frac{\partial z}{\partial y}=\frac{y}{x^2+y^2},$$

$$\left.\frac{\partial z}{\partial x}\right|_{(1,2)}=\frac{1}{5},\left.\frac{\partial z}{\partial y}\right|_{(1,2)}=\frac{2}{5},$$

所以
$$\left.\mathrm{d}z\right|_{(1,2)}=\frac{1}{5}\mathrm{d}x+\frac{2}{5}\mathrm{d}y.$$

例 4　求三元函数 $u=x^2+y^2+z^2+xyz$ 的全微分.

解　因为
$$\frac{\partial u}{\partial x}=2x+yz,\frac{\partial u}{\partial y}=2y+xz,\frac{\partial u}{\partial z}=2z+xy,$$
所以
$$\mathrm{d}u=(2x+yz)\mathrm{d}x+(2y+xz)\mathrm{d}y+(2z+xy)\mathrm{d}z.$$

二、可微、偏导数存在、连续的关系

一元函数与二元函数有许多相同的地方,但也有一些本质上的差异.一般地说,一元函数中不成立的地方,二元函数中也一定不成立;而一元函数中成立的地方,二元函数中则未必成立.可微、可导、连续的性质及其关系正是如此.第一节中例 6 就告诉我们,一元函数中"可导一定连续"在二元函数中就未必成立.那么,一元函数中"可微一定连续"以及"可微与导数存在是等价关系"在二元函数中是否成立呢?下面给予讨论.

首先可微与连续的关系在二元函数中是成立的.

定理 2　**如果函数 $z=f(x,y)$ 在点 (x,y) 处可微,那么 $z=f(x,y)$ 在点 (x,y) 处连续.**

证　因为 $z=f(x,y)$ 在点 (x,y) 处可微,即
$$\Delta z=f(x+\Delta x,y+\Delta y)-f(x,y)=A\Delta x+B\Delta y+o(\rho),$$
其中 A,B 与 $\Delta x,\Delta y$ 无关,$\rho=\sqrt{(\Delta x)^2+(\Delta y)^2}$.
那么,令 $\Delta x\to 0,\Delta y\to 0$,有 $\rho\to 0$,从而 $\lim\limits_{\substack{\Delta x\to 0\\ \Delta y\to 0}}\Delta z=0$,故
$$\lim_{\substack{\Delta x\to 0\\ \Delta y\to 0}}f(x+\Delta x,y+\Delta y)=f(x,y).$$
这说明 $z=f(x,y)$ 在点 (x,y) 处连续.

由本定理可知,如果函数 $z=f(x,y)$ 在点 (x,y) 处不连续,那么在该点处必不可微.另外,在二元函数中,偏导数存在只是可微的必要不充分条件.事实上,由定理 1 知道,可微则偏导数一定存在.但反之,由第二节中例 6 知道,即使偏导数存在,也未必可微.这是因为该函数
$$f(x,y)=\begin{cases}\dfrac{xy}{x^2+y^2}, & (x,y)\neq(0,0),\\ 0, & (x,y)=(0,0)\end{cases}$$
在点 $(0,0)$ 处两个偏导数均存在,但在点 $(0,0)$ 处不连续,因而在点 $(0,0)$ 处不可微.

在什么条件下,两个偏导数存在才成为二元函数可微的充分条件呢?

定理 3　**如果函数 $z=f(x,y)$ 的偏导数 $\frac{\partial z}{\partial x},\frac{\partial z}{\partial y}$ 存在且在点 (x,y) 处连续,那么函数在该点处可微.(证明从略)**

三、全微分在近似计算中的应用

若函数 $z=f(x,y)$ 在点 (x_0,y_0) 处可微,由定义可知:当 $|\Delta x|,|\Delta y|$ 都较小时,有近似

公式

$$\Delta z \approx \mathrm{d}z = f_x(x_0, y_0)\Delta x + f_y(x_0, y_0)\Delta y. \tag{3.3}$$

或者写成

$$f(x_0+\Delta x, y_0+\Delta y) \approx f(x_0, y_0) + f_x(x_0, y_0)\Delta x + f_y(x_0, y_0)\Delta y. \tag{3.4}$$

下面利用(3.3)和(3.4)对二元函数作近似计算和误差估计.

例 5 计算$(0.99)^{2.01}$的近似值.

解 令$z=x^y$, $x=1$, $y=2$, $\Delta x=-0.01$, $\Delta y=0.01$,

则由近似公式(3.4)得

$$(x+\Delta x)^{y+\Delta y} \approx x^y + \frac{\partial z}{\partial x}\Delta x + \frac{\partial z}{\partial y}\Delta y = x^y + yx^{y-1}\Delta x + x^y \ln x \Delta y,$$

故 $$(0.99)^{2.01} \approx 1^2 + 2\times 1^1 \times(-0.01) + 1^2 \ln 1 (0.01) = 1-0.02 = 0.98.$$

例 6 当金属圆锥体受热变形时,它的底圆半径 r 由 30 cm 增加到 30.15 cm,高 h 由 60 cm 减到 59.5 cm,试求圆锥体体积变化的近似值.

解 圆锥体体积为 $$V=\frac{1}{3}\pi r^2 h.$$

$$\mathrm{d}V = \frac{\partial V}{\partial r}\Delta r + \frac{\partial V}{\partial h}\Delta h = \frac{2}{3}\pi r h \Delta r + \frac{1}{3}\pi r^2 \Delta h,$$

因为 $$r=30, h=60, \Delta r=0.15, \Delta h=-0.5,$$

所以 $\Delta V \approx \mathrm{d}V = \frac{2}{3}\pi \times 30 \times 60 \times 0.15 + \frac{1}{3}\pi \times 30^2 \times(-0.5) = 180\pi - 150\pi = 30\pi(\mathrm{cm}^3)$.

习题 9-3

1. 求下列函数的微分:

(1) $z=x^2y^3$;

(2) $z=\sqrt{\frac{x}{y}}$;

(3) $z=\mathrm{e}^{x^2-y^2}$;

(4) $z=\ln\sqrt{\frac{x+y}{x-y}}$;

(5) $u=x^{yz}$.

2. 设函数 $z=xy+\frac{x}{y}$,求 $\mathrm{d}z, \mathrm{d}z\Big|_{(2,1)}$.

3. 设函数 $u=xy^2z^3+3x^2-3y^2+z+5$,求 $\mathrm{d}u, \mathrm{d}u\Big|_{(1,-1,2)}$.

4. 求函数 $z=\mathrm{e}^{xy}$ 在点(1,1)处,当 $\Delta x=0.15$, $\Delta y=0.1$ 时的全微分及全增量的值.

5. 计算下列近似值：

(1) $(1.04)^{2.02}$；　　(2) $\sqrt{(1.02)^3+(1.97)^3}$.

6. 已知边长 $x=6$ m, $y=8$ m 的矩形，求当边 x 增加 5 cm，边 y 减少 10 cm 时，此矩形对角线变化的近似值.

7. 一根树干可以近似认为是圆柱形的. 假设树的直径每年增长 1 cm，树高每年增长 6 cm，当树高 100 cm 而直径为 5 cm 时，试求树干体积变化的近似值.

第四节　多元复合函数的求导法则

在一元函数微分学中，复合函数的求导法则起着重要的作用. 现在我们把它推广到多元复合函数的情形. 多元复合函数在复合形式上比一元复合函数复杂多了，但就其结果而言，可归纳为两种情形，即复合为一元函数和复合为多元函数. 下面分别讨论.

一、复合为一元函数的情形

定理 1　设函数 $u=\varphi(x)$, $v=\psi(x)$ 在点 x 处可导，函数 $z=f(u,v)$ 在对应点 (u,v) 处可微，则复合函数 $z=f(\varphi(x),\psi(x))$ 在点 x 处可导，且

$$\frac{\mathrm{d}z}{\mathrm{d}x}=\frac{\partial z}{\partial u}\cdot\frac{\mathrm{d}u}{\mathrm{d}x}+\frac{\partial z}{\partial v}\cdot\frac{\mathrm{d}v}{\mathrm{d}x}. \tag{4.1}$$

证　给 x 一个增量 Δx，相应地 $u=\varphi(x)$, $v=\psi(x)$ 各有相应的增量 Δu, Δv，因此 $z=f(u,v)$ 也有一个相应的增量 Δz. 因为 $z=f(u,v)$ 在点 (u,v) 处可微，因而有

$$\Delta z=\frac{\partial z}{\partial u}\Delta u+\frac{\partial z}{\partial v}\Delta v+o(\rho)\text{，其中 }\rho=\sqrt{(\Delta u)^2+(\Delta v)^2}.$$

当 $\Delta x\neq 0$ 时，上式两端同除以 Δx，得

$$\frac{\Delta z}{\Delta x}=\frac{\partial z}{\partial u}\cdot\frac{\Delta u}{\Delta x}+\frac{\partial z}{\partial v}\cdot\frac{\Delta v}{\Delta x}+\frac{o(\rho)}{\Delta x},$$

由于 $u=\varphi(x)$, $v=\psi(x)$ 在点 x 处可导，则在点 x 处连续.

故 $\lim\limits_{\Delta x\to 0}\Delta u=0$, $\lim\limits_{\Delta x\to 0}\Delta v=0$，即有 $\lim\limits_{\Delta x\to 0}\rho=0$.

同时有

$$\lim_{\Delta x\to 0}\frac{\Delta u}{\Delta x}=\frac{\mathrm{d}u}{\mathrm{d}x},\lim_{\Delta x\to 0}\frac{\Delta v}{\Delta x}=\frac{\mathrm{d}v}{\mathrm{d}x},$$

及 $\lim\limits_{\Delta x\to 0}\left[\dfrac{o(\rho)}{\Delta x}\right]^2=\lim\limits_{\Delta x\to 0}\left[\dfrac{o(\rho)}{\rho}\right]^2\dfrac{\rho^2}{(\Delta x)^2}=\lim\limits_{\Delta x\to 0}\left[\dfrac{o(\rho)}{\rho}\right]^2\cdot\lim\limits_{\Delta x\to 0}\left[\left(\dfrac{\Delta u}{\Delta x}\right)^2+\left(\dfrac{\Delta v}{\Delta x}\right)^2\right]$

$$=0\cdot\left[\left(\frac{\mathrm{d}u}{\mathrm{d}x}\right)^2+\left(\frac{\mathrm{d}v}{\mathrm{d}x}\right)^2\right]=0,$$

从而
$$\lim_{\Delta x\to 0}\frac{o(\rho)}{\Delta x}=0.$$

于是
$$\lim_{\Delta x\to 0}\left(\frac{\Delta z}{\Delta x}\right)=\lim_{\Delta x\to 0}\left[\frac{\partial z}{\partial u}\cdot\frac{\Delta u}{\Delta x}+\frac{\partial z}{\partial v}\cdot\frac{\Delta v}{\Delta x}+\frac{o(\rho)}{\Delta x}\right]=\frac{\partial z}{\partial u}\cdot\frac{\mathrm{d}u}{\mathrm{d}x}+\frac{\partial z}{\partial v}\cdot\frac{\mathrm{d}v}{\mathrm{d}x}.$$

即
$$\frac{\mathrm{d}z}{\mathrm{d}x}=\frac{\partial z}{\partial u}\cdot\frac{\mathrm{d}u}{\mathrm{d}x}+\frac{\partial z}{\partial v}\cdot\frac{\mathrm{d}v}{\mathrm{d}x}.$$

上述公式称为**全导数公式**,这个公式常用如图 9-4 所示的"复合关系图"表示.

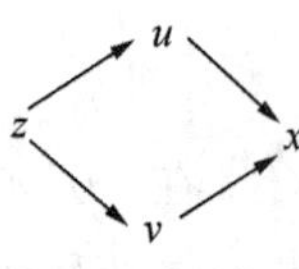

图 9-4

它表示两重含义.第一表明了函数关系,即 z 是 u,v 的函数,而 u,v 又是 x 的函数;第二表明了导数关系,即由于从 z 出发沿箭头通过中间变量到达自变量 x 的路径有两条,从而 z 对 x 的导数公式有两项,每一路径表示一项,它是函数对该中间变量的导数与中间变量对自变量导数之积,如 $z\to u\to x$ 表示 $\dfrac{\partial z}{\partial u}$ 与 $\dfrac{\mathrm{d}u}{\mathrm{d}x}$ 之积.这个导数关系,对多于两个的中间变量的复合函数均适用.在复杂情况下,复合函数求导公式的结构常借助这种"复合关系图"导出.

例 1 已知函数 $z=\mathrm{e}^{2u-3v}$,$u=x^2$,$v=\cos x$,求 $\dfrac{\mathrm{d}z}{\mathrm{d}x}$.

解 由导数公式(4.1),有

$$\begin{aligned}\frac{\mathrm{d}z}{\mathrm{d}x}&=\frac{\partial z}{\partial u}\cdot\frac{\mathrm{d}u}{\mathrm{d}x}+\frac{\partial z}{\partial v}\cdot\frac{\mathrm{d}v}{\mathrm{d}x}=2\mathrm{e}^{2u-3v}2x-3\mathrm{e}^{2u-3v}(-\sin x)\\&=\mathrm{e}^{2x^2-3\cos x}(4x+3\sin x).\end{aligned}$$

例 2 已知函数 $z=\sin(xy-t^2)$,$x=2\ln t$,$y=1+3t$,求 $\dfrac{\mathrm{d}z}{\mathrm{d}t}$.

解 这是一个在 z 的函数表达式中既有中间变量 x,y,又有自变量 t 的复合函数,这时不妨将 t 也看成中间变量,其复合关系如图 9-5 所示.

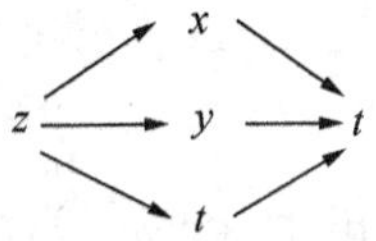

图 9-5

因此由全导数公式有

$$\begin{aligned}\frac{\mathrm{d}z}{\mathrm{d}t}&=\frac{\partial z}{\partial x}\cdot\frac{\mathrm{d}x}{\mathrm{d}t}+\frac{\partial z}{\partial y}\cdot\frac{\mathrm{d}y}{\mathrm{d}t}+\frac{\partial z}{\partial t}\cdot\frac{\mathrm{d}t}{\mathrm{d}t}\\&=[y\cos(xy-t^2)]\frac{2}{t}+3[x\cos(xy-t^2)]-2t\cos(xy-t^2)\\&=\left[\frac{2(1+3t)}{t}+6\ln t-2t\right]\cos[2(1+3t)\ln t-t^2].\end{aligned}$$

二、复合为多元函数的情形

定理 2　设函数 $z=f(u,v)$，$u=\varphi(x,y)$，$v=\psi(x,y)$，若 $u=\varphi(x,y)$，$v=\psi(x,y)$ 在点 (x,y) 处偏导数存在，而 $z=f(u,v)$ 在对应点 (u,v) 处可微，则复合函数 $z=f(\varphi(x,y),\psi(x,y))$ 在点 (x,y) 处偏导数存在，且

$$\begin{cases}\dfrac{\partial z}{\partial x}=\dfrac{\partial z}{\partial u}\cdot\dfrac{\partial u}{\partial x}+\dfrac{\partial z}{\partial v}\cdot\dfrac{\partial v}{\partial x}, & (4.2)\\[2ex] \dfrac{\partial z}{\partial y}=\dfrac{\partial z}{\partial u}\cdot\dfrac{\partial u}{\partial y}+\dfrac{\partial z}{\partial v}\cdot\dfrac{\partial v}{\partial y}. & (4.3)\end{cases}$$

注意到对 x（或 y）求偏导数是将 y（或 x）暂时看成常量化为一元函数求导，因而这种复合函数的偏导数与全导数情形无本质差别，只需将全导数公式中一元函数导数记号换成偏导数记号，就得到(4.2)，(4.3)式，这两个公式也常用如图 9-6 所示的"复合关系图"表示. 其意义与全导数情况一样. 如从 z 到 y 沿箭头有两条路径：$z\to u\to y$ 及 $z\to v\to y$ 分别表示：$\dfrac{\partial z}{\partial u}\cdot\dfrac{\partial u}{\partial y}$ 及 $\dfrac{\partial z}{\partial v}\cdot\dfrac{\partial v}{\partial y}$，因而 $\dfrac{\partial z}{\partial y}=\dfrac{\partial z}{\partial u}\cdot\dfrac{\partial u}{\partial y}+\dfrac{\partial z}{\partial v}\cdot\dfrac{\partial v}{\partial y}$，此法则常称为**链式法则**.

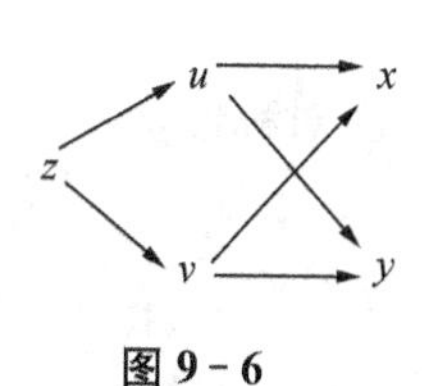

图 9-6

例 3　已知函数 $z=u^2\ln v$，$u=\dfrac{x}{y}$，$v=3x-2y$，求 $\dfrac{\partial z}{\partial x}$，$\dfrac{\partial z}{\partial y}$.

解　由链式法则有

$$\frac{\partial z}{\partial x}=\frac{\partial z}{\partial u}\cdot\frac{\partial u}{\partial x}+\frac{\partial z}{\partial v}\cdot\frac{\partial v}{\partial x}=(2u\ln v)\frac{1}{y}+3\,\frac{u^2}{v}=\frac{2x}{y^2}\ln(3x-2y)+\frac{3x^2}{(3x-2y)y^2}.$$

用同样的方法，可得

$$\frac{\partial z}{\partial y}=-\frac{2x^2}{y^3}\ln(3x-2y)-\frac{2x^2}{(3x-2y)y^2}.$$

例 4　设函数 $z=(x+y)^{xy}$，求 $\dfrac{\partial z}{\partial x}$，$\dfrac{\partial z}{\partial y}$.

解　这里引进中间变量，比直接求导方便. 令 $u=x+y$，$v=xy$，则 $z=u^v$. 由链式法则，有

$$\frac{\partial z}{\partial x}=\frac{\partial z}{\partial u}\cdot\frac{\partial u}{\partial x}+\frac{\partial z}{\partial v}\cdot\frac{\partial v}{\partial x}=vu^{v-1}+(u^v\ln u)y=(x+y)^{xy}\left[\frac{xy}{x+y}+y\ln(x+y)\right].$$

$$\frac{\partial z}{\partial y}=\frac{\partial z}{\partial u}\cdot\frac{\partial u}{\partial y}+\frac{\partial z}{\partial v}\cdot\frac{\partial v}{\partial y}=vu^{v-1}+(u^v\ln u)x=(x+y)^{xy}\left[\frac{xy}{x+y}+x\ln(x+y)\right].$$

例 5　设函数 $z=f(u,x,y)=\sqrt{x^2+y^2+u^2}$，$u=e^{xy}$，求 $\dfrac{\partial z}{\partial x}$，$\dfrac{\partial z}{\partial y}$.

解 类似于例 2,其复合关系如图 9-7 所示,为避免记号上的混乱,将$\frac{\partial z}{\partial x}$看成复合函数 z 对 x 的偏导数,此时把 u 看成中间变量,y 看成常数,而将$\frac{\partial f}{\partial x}$看成函数 $z=f(u,x,y)$ 对变量 x 的偏导数,此时把 u 和 y 都看成常数.故由链式法则,有

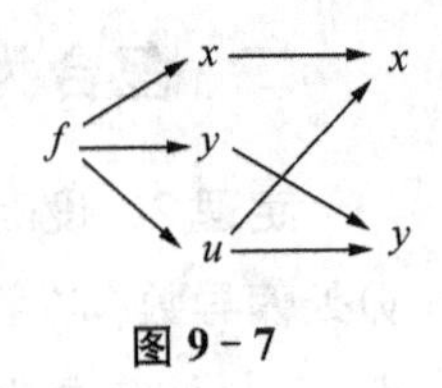

图 9-7

$$\frac{\partial z}{\partial x}=\frac{\partial f}{\partial x}\cdot\frac{\mathrm{d}x}{\partial x}+\frac{\partial f}{\partial u}\cdot\frac{\partial u}{\partial x}=\frac{x}{\sqrt{x^2+y^2+u^2}}+\frac{u}{\sqrt{x^2+y^2+u^2}}\mathrm{e}^{xy}y$$

$$=\frac{1}{\sqrt{x^2+y^2+\mathrm{e}^{2xy}}}(x+y\mathrm{e}^{2xy}).$$

由对称性,

$$\frac{\partial z}{\partial y}=\frac{\partial f}{\partial y}\cdot\frac{\mathrm{d}y}{\mathrm{d}y}+\frac{\partial f}{\partial u}\cdot\frac{\partial u}{\partial y}=\frac{1}{\sqrt{x^2+y^2+\mathrm{e}^{2xy}}}(y+x\mathrm{e}^{2xy}).$$

例 6 设函数 $z=f(x+y,xy)$,其中 f 具有二阶连续偏导数,求$\frac{\partial z}{\partial x},\frac{\partial^2 z}{\partial x\partial y}$.

解 将抽象函数 $z=f(x+y,xy)$ 中第一坐标中表达的函数式 $x+y$ 看成一个中间变量,第二个坐标中表达的函数式 xy 看成另一个中间变量,并用 $f_i(i=1,2)$ 表示函数 z 对第 i 个中间变量的偏导数,且注意 $f_i=f_i(x+y,xy)$ 仍为复合函数.于是由链式法则,有

$$\frac{\partial z}{\partial x}=f_1+yf_2,$$

$$\frac{\partial^2 z}{\partial x\partial y}=(f_1)'_y+(yf_2)'_y=f_{11}+xf_{12}+f_2+y(f_{21}+xf_{22})$$

$$=f_{11}+(x+y)f_{12}+xyf_{22}+f_2.$$

(由条件 $f_{12}=f_{21}$).

与一元函数的微分具有一阶微分形式不变性一样,利用多元复合函数的求导法则,可以推得多元函数也具有全微分形式不变性,即:若 $z=f(u,v)$,则无论 u,v 是自变量还是中间变量,都有 $\mathrm{d}z=\frac{\partial z}{\partial u}\mathrm{d}u+\frac{\partial z}{\partial v}\mathrm{d}v$(读者自验).这一性质在对自变量与中间变量较难分清的函数求全微分或偏导数时,既方便又不易出错.

习题 9-4

1. 设函数 $z=u^2+uv+v^2,u=x^2-1,v=3x$,求$\frac{\mathrm{d}z}{\mathrm{d}x}$.

2. 设函数 $z=\arcsin xy,x=2t,y=t^2-1$,求$\frac{\mathrm{d}z}{\mathrm{d}t}$.

3. 设函数 $z=\ln(e^x+e^y)$，$y=x^4$，求$\frac{dz}{dx}$.

4. 设函数 $u=\frac{x}{y}-\frac{z}{x}$，$x=\sin t$，$y=\cos t$，$z=\tan t$，求$\frac{du}{dt}$.

5. 设函数 $z=\frac{u}{v}$，$u=e^{x+y}$，$v=\ln(x+y)$，求$\frac{\partial z}{\partial x}$，$\frac{\partial z}{\partial y}$.

6. 设函数 $z=\arctan(uv)+v$，$u=\frac{x}{y}$，$v=2x-3y$，求$\frac{\partial z}{\partial x}$，$\frac{\partial z}{\partial y}$.

7. 设函数 $z=(2x+y)^{2x+y}$，求$\frac{\partial z}{\partial x}$，$\frac{\partial z}{\partial y}$.

8. 设函数 $u=\sqrt{x^2+y^2+z^2}$，$x=s^2-t^2$，$y=s^2+t^2$，$z=2st$，求$\frac{\partial u}{\partial s}$，$\frac{\partial u}{\partial t}$.

9. 设函数 $u=e^{x^2+y^2+z^2}$，$z=x^2\ln y$，求$\frac{\partial u}{\partial x}$，$\frac{\partial u}{\partial y}$.

10. 求下列函数的一阶偏导数：

(1) $z=f(xy,x^2-y^2)$；　　(2) $z=f\left(x,\frac{x}{y}\right)$；

(3) $u=f\left(\frac{x}{y},\frac{y}{z}\right)$；　　(4) $u=f(x^2+y^2+z^2)$.

11. 设函数 $z=y+f(x^2-y^2)$，其中 f 可微，证明：$y\frac{\partial z}{\partial x}+x\frac{\partial z}{\partial y}=x$.

12. 设函数 $z=f(x^2+y^2)$，其中 f 具有二阶连续偏导数，求$\frac{\partial^2 z}{\partial x\partial y}$，$\frac{\partial^2 z}{\partial y^2}$.

13. 设函数 $u=x\varphi(x+y)+y\psi(x+y)$，其中 φ,ψ 具有二阶连续偏导数，证明：

$$\frac{\partial^2 u}{\partial x^2}-2\frac{\partial^2 u}{\partial x\partial y}+\frac{\partial^2 u}{\partial y^2}=0.$$

第五节　隐函数的求导公式

在一元函数微分学中，我们已经提出了隐函数的概念，并且指出了不经过显化直接由方程

$$F(x,y)=0$$

求它确定的隐函数的导数的方法. 现在我们给出隐函数的存在定理，并根据多元复合函数的求导法则来导出隐函数的求导公式. 不过对隐函数存在性问题，将不予以证明，只给出存在条件.

一、由一个方程确定的隐函数

对于由二元方程 $F(x,y)=0$ 确定的隐函数,我们有下述定理:

定理 1　若二元函数 $F(x,y)$ 满足条件:

(1) F_x,F_y 在点 $P(x_0,y_0)$ 的某一邻域内连续,

(2) $F(x_0,y_0)=0$,

(3) $F_y(x_0,y_0)\neq 0$,

则方程 $F(x,y)=0$ 在点 (x_0,y_0) 的某邻域内唯一确定一个具有连续导数的函数 $y=f(x)$,并有

$$\frac{\mathrm{d}y}{\mathrm{d}x}=-\frac{F_x}{F_y}. \tag{5.1}$$

对公式(5.1),我们作如下推导:

将 $y=f(x)$ 代入 $F(x,y)=0$,得 $F[x,f(x)]=0$,由复合函数的求导法则,在其两边同时对 x 求导,可得

$$F_x+F_y\cdot\frac{\mathrm{d}y}{\mathrm{d}x}=0.$$

由于 F_y 连续,且 $F_y(x_0,y_0)\neq 0$,所以存在 (x_0,y_0) 的一个邻域,在这个邻域内 $F_y\neq 0$,使得 $\frac{\mathrm{d}y}{\mathrm{d}x}=-\frac{F_x}{F_y}$.

例 1　验证 $x^2+y^2=2y$ 在点(0,0)的某邻域内能唯一确定一个有连续导数且 $x=0$ 时 $y=0$ 的隐函数 $y=f(x)$,并求 $\frac{\mathrm{d}y}{\mathrm{d}x}$.

解　设函数 $F(x,y)=x^2+y^2-2y$,则

$F_x=2x,F_y=2y-2,F(0,0)=0,F_y(0,0)=-2\neq 0$,

故由定理 1 可知,方程 $x^2+y^2=2y$ 在点(0,0)的某邻域内能唯一确定一个有连续导数且当 $x=0$ 时 $y=0$ 的函数 $y=f(x)$.

又由公式(5.1)知 $\frac{\mathrm{d}y}{\mathrm{d}x}=-\frac{F_x}{F_y}=-\frac{2x}{2y-2}=\frac{x}{1-y}$.

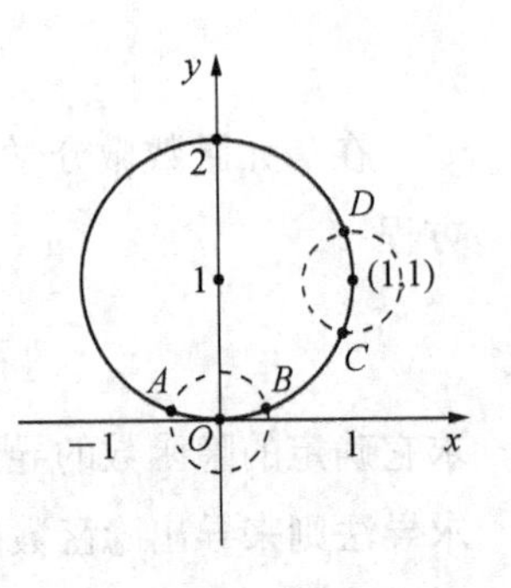

图 9-8

本例有明显的几何定义. 事实上,该方程几何上为一个半径为 1 的上偏圆(如图 9-8 所示),只要点(0,0)的邻域的半径小于 1,其截得的满足方程的连续曲线 AB 必构成一个连续函数 $y=f(x)$.

因为在曲线 AB 上,一个 x 值唯一对应一个 y 值,而对点(1,1),在它的任何一个邻域内都不能构成函数 $y=f(x)$,因为在其截得的满足方程的曲线 CD 上,一个 x 值总对应了两个 y 值. 当然这也是因

为 $F_y(1,1)=0$ 并不满足定理 1 的条件(3)，所以定理 1 的结论未必成立. 不过在点(1,1)处的某邻域内，却可以存在函数 $x=\varphi(y)$，因为 $F_x(1,1)=2\neq 0$，这在几何上也是明显的.

例 2　设 $\sin xy+e^x=y^2$，求$\frac{dy}{dx}$.

解　设函数 $F(x,y)=\sin xy+e^x-y^2$.

因为　$F_x=y\cos xy+e^x$，　$F_y=x\cos xy-2y$，

所以　$\frac{dy}{dx}=-\frac{F_x}{F_y}=-\frac{y\cos xy+e^x}{x\cos xy-2y}$.

既然一个二元方程可以确定一个一元隐函数，那么一个三元方程

$$F(x,y,z)=0$$

就有可能确定一个二元隐函数. 我们有下述定理：

定理 2　**若函数 $F(x,y,z)$ 满足条件：**

(1) F_x,F_y,F_z 在点 $P(x_0,y_0,z_0)$ 的某一邻域内连续；

(2) $F(x_0,y_0,z_0)=0$；

(3) $F_z(x_0,y_0,z_0)\neq 0$，

则方程 $F(x,y,z)=0$ 在点(x_0,y_0,z_0)的某邻域内唯一确定一个具有连续偏导数的二元函数 $z=f(x,y)$，并且有

$$\frac{\partial z}{\partial x}=-\frac{F_x}{F_z},\ \frac{\partial z}{\partial y}=-\frac{F_y}{F_z}. \tag{5.2}$$

公式(5.2)可仿照公式(5.1)的证法，这里从略.

例 3　设 $x^2+2y^2+3z^2=8$，求$\frac{\partial z}{\partial x},\frac{\partial z}{\partial y},\frac{\partial^2 z}{\partial x\partial y}$.

解　设函数 $F(x,y,z)=x^2+2y^2+3z^2-8$，则 $F_x=2x,F_y=4y,F_z=6z$，

由公式(5.2)，得$\frac{\partial z}{\partial x}=-\frac{2x}{6z}=-\frac{x}{3z},\frac{\partial z}{\partial y}=-\frac{4y}{6z}=-\frac{2y}{3z}$，

$$\frac{\partial^2 z}{\partial x\partial y}=\frac{\partial}{\partial y}\left(-\frac{x}{3z}\right)=\frac{3x\frac{\partial z}{\partial y}}{9z^2}=-\frac{2xy}{9z^3}.$$

二、由方程组确定的隐函数

由方程组确定的隐函数也有类似的隐函数存在定理，这里仅通过例题介绍求法.

例 4　设$\begin{cases}x+y+z=0,\\ xyz=0,\end{cases}$求$\frac{dy}{dx},\frac{dz}{dx}$.

解　将每个方程两边都对 x 求导，注意到 y,z 均为 x 的函数，得

$$\begin{cases}1+\dfrac{dy}{dx}+\dfrac{dz}{dx}=0,\\ yz+xz\dfrac{dy}{dx}+xy\dfrac{dz}{dx}=0,\end{cases}$$

即
$$\begin{cases}\dfrac{dy}{dx}+\dfrac{dz}{dx}=-1,\\ xz\dfrac{dy}{dx}+xy\dfrac{dz}{dx}=-yz,\end{cases}$$

将$\dfrac{dy}{dx},\dfrac{dz}{dx}$看成未知量,解上面代数方程组易得

$$\frac{dy}{dx}=\frac{y(z-x)}{x(y-z)},\quad \frac{dz}{dx}=\frac{z(x-y)}{x(y-z)}.$$

例 5 设$\begin{cases}u^3+xv=y,\\ v^3+yu=x,\end{cases}$求$\dfrac{\partial u}{\partial x},\dfrac{\partial u}{\partial y},\dfrac{\partial v}{\partial x},\dfrac{\partial v}{\partial y}$.

解 将每个方程两边都对 x 求导,由于 u,v 为 x,y 的函数,而此时将 y 看成常数,得

$$\begin{cases}3u^2\dfrac{\partial u}{\partial x}+v+x\dfrac{\partial v}{\partial x}=0,\\ 3v^2\dfrac{\partial v}{\partial x}+y\dfrac{\partial u}{\partial x}=1,\end{cases}$$

解得
$$\frac{\partial u}{\partial x}=\frac{x+3v^3}{xy-9u^2v^2},\frac{\partial v}{\partial x}=-\frac{3u^2+yv}{xy-9u^2v^2}.$$

同理,方程两边对 y 求导可得

$$\frac{\partial u}{\partial y}=-\frac{3v^2+xu}{xy-9u^2v^2},\frac{\partial v}{\partial y}=\frac{3u^2+y}{xy-9u^2v^2}.$$

习题 9-5

1. 求下列各题中的$\dfrac{dy}{dx}$:

(1) $y=x+\ln y$;　　(2) $y=1+y^x$;

(3) $x^3+4x^2y-3xy^2+2y^3+1=0$;　　(4) $x^y=y^x$;

(5) $\sin y-e^x+xy^2=0$;　　(6) $\sin(x+y)=xy$.

2. 求下列各题中的$\dfrac{\partial z}{\partial x},\dfrac{\partial z}{\partial y}$:

(1) $x^3+y^3+z^3-3xyz+5=0$;　　(2) $\dfrac{x}{z}=\ln\dfrac{z}{y}$;

(3) $x-yz+\cos(xyz)=3$;　　(4) $e^{xy}-\arctan z+xyz=0$.

3. 设 $x^2+y^2+z^2=9z$，求 $\left.\frac{\partial z}{\partial x}\right|_{(2,2,1)}$，$\left.\frac{\partial z}{\partial y}\right|_{(2,2,1)}$，$\left.\frac{\partial^2 z}{\partial x\partial y}\right|_{(2,2,1)}$.

4. 设 $z^3-3xyz=a^3$，求 $\mathrm{d}z$ 及 $\frac{\partial^2 z}{\partial y\partial x}$.

5. 设 $2\sin(x+2y-3z)=x+2y-3z$.

(1) 证明：$\frac{\partial z}{\partial x}+\frac{\partial z}{\partial y}=1$；

(2) 求全微分 $\mathrm{d}z$.

6. 设 $x+z=yf(x^2-z^2)$，其中 f 可微，证明：$z\frac{\partial z}{\partial x}+y\frac{\partial z}{\partial y}=x$.

7. 求下列方程组确定的隐函数的导数或偏导数：

(1) $\begin{cases}x+y+z=0,\\x^2+y^2+z^2=1,\end{cases}$ 求 $\frac{\mathrm{d}y}{\mathrm{d}x}$，$\frac{\mathrm{d}z}{\mathrm{d}x}$.

(2) $\begin{cases}xu-yv=1,\\yu+xv=1,\end{cases}$ 求 $\frac{\partial u}{\partial x}$，$\frac{\partial u}{\partial y}$，$\frac{\partial v}{\partial x}$，$\frac{\partial v}{\partial y}$.

第六节　多元函数微分学的几何应用

一、空间曲线的切线与法平面

平面曲线的切线与法线的概念在一元函数导数的几何意义中已十分清楚，即一点处切线是在该点割线的极限位置，而法线是该点处垂直于切线的直线，类似地，我们有以下空间曲线的切线和法平面的概念.

定义 1　**设 M_0 是空间曲线 Γ 上的一点，M 是 Γ 上与 M_0 邻近的点(如图 9－9 所示)，当点 M 沿曲线 Γ 趋向于点 M_0 时，割线 M_0M 的极限位置 M_0T(如果存在)，称为曲线 Γ 在点 M_0 处的切线. 过点 M_0 且与切线 M_0T 垂直的平面，称为曲线 Γ 在点 M_0 处的法平面.**

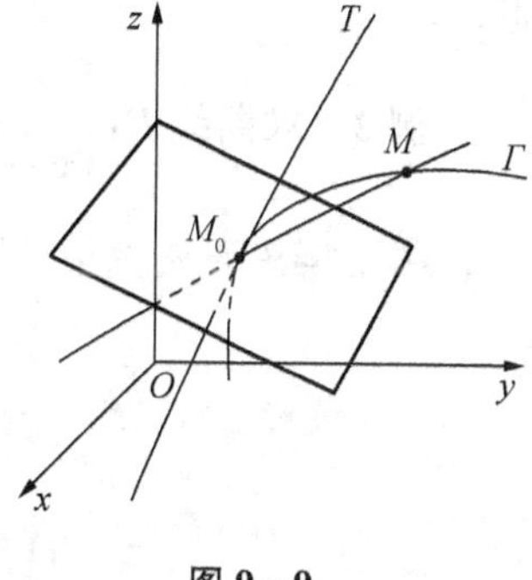

图 9－9

下面建立空间曲线 Γ 的切线与法平面方程.

设空间曲线 Γ 的参数方程为

$$\begin{cases}x=\varphi(t),\\y=\psi(t),\quad (t\text{ 为参数}).\\z=w(t)\end{cases}$$

当 $t=t_0$ 时，曲线 Γ 上的对应点为 $M_0(x_0,y_0,z_0)$. 假定 $\varphi(t)$，$\psi(t)$，$w(t)$ 可导，且 $\varphi'(t_0)$，

$\psi'(t_0),w'(t_0)$不同时为零. 给 t_0 以增量 Δt,对应地在曲线 Γ 上有点 $M(x_0+\Delta x,y_0+\Delta y,z_0+\Delta z)$,则割线 M_0M 的方程为

$$\frac{x-x_0}{\Delta x}=\frac{y-y_0}{\Delta y}=\frac{z-z_0}{\Delta z}.$$

上式中各分母同除以 Δt,得

$$\frac{x-x_0}{\frac{\Delta x}{\Delta t}}=\frac{y-y_0}{\frac{\Delta y}{\Delta t}}=\frac{z-z_0}{\frac{\Delta z}{\Delta t}}.$$

让点 M 沿曲线 Γ 趋向于点 M_0,即令 $\Delta t\to 0$,即得曲线点 M_0 处的切线方程

$$\frac{x-x_0}{\varphi'(t_0)}=\frac{y-y_0}{\psi'(t_0)}=\frac{z-z_0}{w'(t_0)}. \tag{6.1}$$

切线的方向向量 $\boldsymbol{T}=(\varphi'(t_0),\psi'(t_0),w'(t_0))$称为曲线的切向量. 它也是曲线的法平面的法向量,从而可以得到曲线 Γ 在点 M_0 处的法平面方程为

$$\varphi'(t_0)(x-x_0)+\psi'(t_0)(y-y_0)+w'(t_0)(z-z_0)=0. \tag{6.2}$$

例 1 求曲线 $x=t,y=t^2,z=t^3$ 在点(1,1,1)处的切线与法平面方程.

解 由于点(1,1,1)对应于 $t=1,x'(1)=1,y'(1)=2,z'(1)=3$,故切向量 $\boldsymbol{T}=(1,2,3)$,所以切线方程为

$$\frac{x-1}{1}=\frac{y-1}{2}=\frac{z-1}{3}.$$

法平面方程为

$$(x-1)+2(y-1)+3(z-1)=0,$$

即

$$x+2y+3z=6.$$

例 2 求曲线 $\Gamma:\begin{cases}y=2x,\\z=3x^2\end{cases}$ 在点(1,2,3)处的切线与法平面方程.

解 把 x 看成参数,则曲线 Γ 的方程为

$$\begin{cases}x=x,\\y=2x,\\z=3x^2.\end{cases}$$

由于点(1,2,3)对应于 $x=1,x'(1)=1,y'(1)=2,z'(1)=6$,故切向量 $\boldsymbol{T}=(1,2,6)$,

故切线方程为
$$\frac{x-1}{1}=\frac{y-2}{2}=\frac{z-3}{6}.$$

法平面方程为
$$x-1+2(y-2)+6(z-3)=0,$$

即
$$x+2y+6z-23=0.$$

二、空间曲面的切平面与法线

定义 2　设 M_0 为曲面 Σ 上的一点，如果曲面 Σ 上过点 M_0 的任何一条光滑曲线在该点的切线均在同一个平面上，那么这个平面就称为曲面 Σ 在点 M_0 处的切平面. 过点 M_0 且与切平面垂直的直线称为曲面 Σ 在点 M_0 处的法线.

易见，求点 M_0 处的切平面与法线关键在于求切平面的法向量.

设曲面 Σ 的方程为 $F(x,y,z)=0$，$M_0(x_0,y_0,z_0)$ 为 Σ 上的一点，函数 $F(x,y,z)$ 在点 M_0 处可微，且 F_x,F_y,F_z 在点 M_0 处不同时为零. 下面证明曲面 Σ 在点 M_0 处有切平面，并由此导出切平面与法线方程.

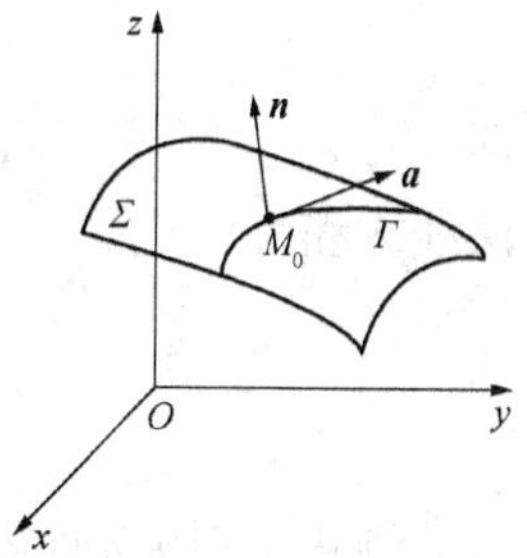

不妨令 Γ 为曲面 Σ 上过点 M_0 的任一条光滑曲线（如图9-10），设其方程为

$x=\varphi(t)$，$y=\psi(t)$，$z=w(t)$，$t=t_0$ 对应于点 M_0，

由于 Γ 在曲面之上，故
$$F[\varphi(t),\psi(t),w(t)]=0.$$

图 9-10

由全导数公式得
$$F_x(x_0,y_0,z_0)\varphi'(t_0)+F_y(x_0,y_0,z_0)\psi'(t_0)+F_z(x_0,y_0,z_0)w'(t_0)=0,$$
令
$$\boldsymbol{n}=(F_x,F_y,F_z)\Big|_{(x_0,y_0,z_0)},\boldsymbol{a}=(\varphi'(t_0),\psi'(t_0),w'(t_0)),$$
则上式可写为
$$\boldsymbol{n}\cdot\boldsymbol{a}=0.$$

由于 $\boldsymbol{a}$ 为曲线 Γ 在点 M_0 处的切线的方向向量，而 Γ 又是曲面之上任意一条过点 M_0 的曲线. 因此上式表明，过点 M_0 的任一位于曲面上的曲线在点 M_0 处切线均与 $\boldsymbol{n}$ 垂直，因而都在过点 M_0 并以 $\boldsymbol{n}$ 为法向量的平面内，注意到 $\boldsymbol{n}$ 只由函数 $F(x,y,z)$ 和点 M_0 确定，与过 M_0 的切线选取无关，故曲面在点 M_0 处的切平面存在，且 $\boldsymbol{n}$ 为其法向量，其方程为
$$F_x(x_0,y_0,z_0)(x-x_0)+F_y(x_0,y_0,z_0)(y-y_0)+F_z(x_0,y_0,z_0)(z-z_0)=0. \quad (6.3)$$
曲面在点 M_0 处的法线方程为
$$\frac{x-x_0}{F_x(x_0,y_0,z_0)}=\frac{y-y_0}{F_y(x_0,y_0,z_0)}=\frac{z-z_0}{F_z(x_0,y_0,z_0)}. \quad (6.4)$$
若曲面 Σ 的方程为 $z=f(x,y)$，则只要令函数 $F(x,y,z)=f(x,y)-z$，
就有
$$F_x=f_x,F_y=f_y,F_z=-1.$$
于是，曲面在点 $M_0(x_0,y_0,z_0)$ 处的切平面方程为
$$z-z_0=f_x(x_0,y_0)(x-x_0)+f_y(x_0,y_0)(y-y_0), \quad (6.5)$$

法线方程为

$$\frac{x-x_0}{f_x(x_0,y_0)}=\frac{y-y_0}{f_y(x_0,y_0)}=\frac{z-z_0}{-1}. \tag{6.6}$$

例 3 求旋转抛物面 $z=x^2+y^2-1$ 在点 $(2,1,4)$ 处的切平面与法线方程.

解 设函数 $F(x,y,z)=x^2+y^2-1-z$,则切平面的法向量

$$\boldsymbol{n}=(F_x,F_y,F_z)=(2x,2y,-1),\boldsymbol{n}\Big|_{(2,1,4)}=(F_x,F_y,F_z)=(4,2,-1),$$

故在点 $(2,1,4)$ 处的切平面方程为

$$4(x-2)+2(y-1)-(z-4)=0,$$

即 $$4x+2y-z-6=0.$$

法线方程为

$$\frac{x-2}{4}=\frac{y-1}{2}=\frac{z-4}{-1}.$$

例 4 在抛物面 $z=9-4x^2-y^2$ 上求一点,使在这点处的切平面平行于平面 $z=8x+4y$.

解 设该点为 $M_0(x_0,y_0,z_0)$,函数 $F(x,y,z)=9-4x^2-y^2-z$,

则 $$F_x=-8x,F_y=-2y.$$

所以抛物面在点 M_0 处的切平面的法向量 $\boldsymbol{n}=(-8x_0,-2y_0,-1)$,且与平面 $z=8x+4y$ 的法向量 $(8,4,-1)$ 平行,从而

$$\frac{-8x_0}{8}=\frac{-2y_0}{4}=1,$$

即 $x_0=-1,y_0=-2$. 又点 $M_0(x_0,y_0,z_0)$ 在抛物面上,

所以 $$z_0=9-4x_0^2-y_0^2,\text{ 即 } z_0=1.$$

故所求点为 $$M_0(-1,-2,1).$$

习题 9-6

1. 求下列曲线在指定点处的切线与法平面的方程:

(1) $x=2t,y=t^2,z=\frac{2}{3}t^3$ 在点 $(6,9,18)$ 处;

(2) $x=\frac{t}{1+t},y=\frac{1+t}{t},z=t^2$ 在点 $t=1$ 处;

(3) $x=t-\sin t,y=1-\cos t,z=4\sin\frac{t}{4}$ 在点 $t=\pi$ 处;

(4) $y=x,z=x^2$ 在点 $(1,1,1)$ 处.

2. 在曲线 $x=t, y=t^2, z=t^3$ 上求一点，使在该点处的切线平行于平面 $x+2y+z=4$.

3. 求下列曲面在指定点处的切平面与法线方程：

(1) $\frac{x^2}{4}+\frac{y^2}{9}+\frac{z^2}{16}=1$ 在点$(0,0,-4)$处；

(2) $e^z-z+xy=3$ 在点$(2,1,0)$处；

(3) $z=x^2+y^2$ 在点$(1,2,5)$处；

(4) $z=\arctan\frac{y}{x}$在点$\left(1,1,\frac{\pi}{4}\right)$处.

4. 在双曲抛物面 $z=x^2-3y^2$ 上求一点，使在该点处的切平面平行于平面 $8x+3y-z=4$.

5. 证明：曲面 $z=xy-2$ 和 $x^2+y^2+z^2=3$ 在点$(1,1,-1)$处有相同的切平面.

6. 试证：曲面$\sqrt{x}+\sqrt{y}+\sqrt{z}=\sqrt{a}\,(a>0)$上任何点处的切平面在各坐标轴上的截距之和等于常数.

7. 求曲线$\begin{cases}x^2+y^2+z^2-3x=0,\\ 2x-3y+5z-4=0\end{cases}$在点$(1,1,1)$处的切线和法平面方程.

第七节　方向导数与梯度

一、方向导数

我们知道，偏导数$\frac{\partial z}{\partial x},\frac{\partial z}{\partial y}$是函数 $z=f(x,y)$沿平行于两个坐标轴方向的变化率. 但在许多实际问题中，常常需要研究函数沿任一指定方向的变化率. 例如，要预报某地的风向和风力，气象站就必须知道气压在该地沿某些方向的变化率. 又如，物体的热传导是依赖于沿各方向温度下降的速率，即依赖于物体的温度函数变化率，这对于要选择一条尽快远离热源的路径有着重要意义. 因此，我们要讨论函数沿任一指定方向的变化率问题.

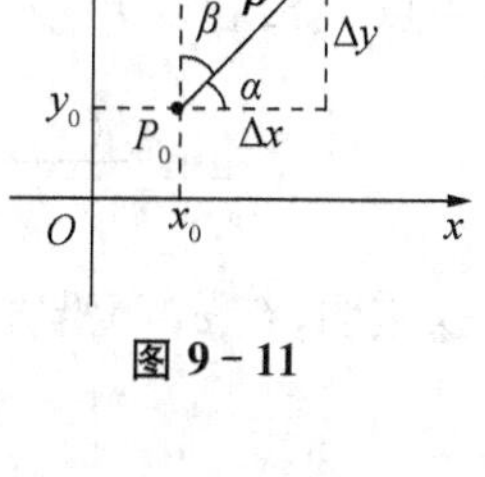

定义 1　**设函数 $z=f(x,y)$ 在点 $P_0(x_0,y_0)$ 的某邻域内有定义，l 是以 P_0 为始点的射线，$P(x_0+\Delta x, y_0+\Delta y)$ 是 l 上一个动点（如图 9-11），如果点 P 沿着 l 趋向于点 P_0 时，函数增量 $\Delta z=f(x_0+\Delta x, y_0+\Delta y)-f(x_0,y_0)$ 与有向线段 P_0P 的长度 $\rho=\sqrt{(\Delta x)^2+(\Delta y)^2}$ 之比的极限存在，则称此极限值为函数 $z=f(x,y)$ 在点 P_0 处沿方向 l 的方向导数，记作$\left.\frac{\partial z}{\partial l}\right|_{(x_0,y_0)}$，**

图 9-11

即$\left.\frac{\partial z}{\partial l}\right|_{(x_0,y_0)}=\lim\limits_{\rho\to 0^+}\frac{f(x_0+\Delta x,y_0+\Delta y)-f(x_0,y_0)}{\rho}$.

易知,当函数 $f(x,y)$在点 $P(x_0,y_0)$的偏导数处存在时,则若取 $\boldsymbol{l}$ 为以 $P_0(x_0,y_0)$为始点且平行于 x 轴的正向的射线,

此时 $\Delta x>0,\Delta y=0,\rho=\Delta x$,有

$$\left.\frac{\partial z}{\partial l}\right|_{(x_0,y_0)}=\lim_{\rho\to 0^+}\frac{f(x_0+\rho,y_0)-f(x_0,y_0)}{\rho}=f_x(x_0,y_0).$$

取 $\boldsymbol{l}$ 以 $P_0(x_0,y_0)$为始点且平行于 y 轴的正向的射线,此时 $\Delta x=0,\Delta y>0,\rho=\Delta y$,有

$$\left.\frac{\partial z}{\partial l}\right|_{(x_0,y_0)}=\lim_{\rho\to 0^+}\frac{f(x_0,y_0+\rho)-f(x_0,y_0)}{\rho}=f_y(x_0,y_0).$$

这表明,$z=f(x,y)$的一阶偏导数是方向导数的特殊情形——沿坐标轴正向的方向导数. 不仅如此,只要 $f(x,y)$在点 $P_0(x_0,y_0)$处可微,我们还可以借助这两个偏导数来计算 $f(x,y)$沿任何方向的方向导数.

事实上,若(α,β)为射线 $\boldsymbol{l}$ 对 x,y 轴的方向角(如图 9-11 所示),则 $\boldsymbol{e}_l=(\cos\alpha,\cos\beta)$为 $\boldsymbol{l}$ 同方向的单位向量,从而射线 $\boldsymbol{l}$ 的参数方程为

$$\begin{cases}x=x_0+\rho\cos\alpha,\\ y=y_0+\rho\cos\beta.\end{cases}$$

则定义 1 中的点 P 的坐标可表示为 $(x_0+\rho\cos\alpha,y_0+\rho\cos\beta)$.

定理 1 **若函数** $z=f(x,y)$**在点** $P_0(x_0,y_0)$**处可微,则函数在点** P_0 **处沿任何一方向** $\boldsymbol{l}$ **的方向导数存在,且有**

$$\left.\frac{\partial f}{\partial l}\right|_{(x_0,y_0)}=\left.\frac{\partial f}{\partial x}\right|_{(x_0,y_0)}\cos\alpha+\left.\frac{\partial f}{\partial y}\right|_{(x_0,y_0)}\cos\beta,\tag{7.1}$$

其中 α,β **分别为** $\boldsymbol{l}$ **对** x,y **轴的方向角.**

证 因为 $f(x,y)$在点 $P_0(x_0,y_0)$处可微,故

$$f(x_0+\Delta x,y_0+\Delta y)-f(x_0,y_0)=\left.\frac{\partial f}{\partial x}\right|_{(x_0,y_0)}\rho\cos\alpha+\left.\frac{\partial f}{\partial y}\right|_{(x_0,y_0)}\rho\cos\beta+o(\rho).$$

当点 P 沿着以 P_0 为始点的射线 $\boldsymbol{l}$ 趋向于点 P_0 时,$\rho\to 0^+$. 所以

$$\lim_{\rho\to 0^+}\frac{f(x_0+\Delta x,y_0+\Delta y)-f(x_0,y_0)}{\rho}=\left.\frac{\partial f}{\partial x}\right|_{(x_0,y_0)}\cos\alpha+\left.\frac{\partial f}{\partial y}\right|_{(x_0,y_0)}\cos\beta.$$

这表明,$f(x,y)$沿方向 $\boldsymbol{l}$ 的方向导数存在,且其值为

$$\left.\frac{\partial f}{\partial l}\right|_{(x_0,y_0)}=\left.\frac{\partial f}{\partial x}\right|_{(x_0,y_0)}\cos\alpha+\left.\frac{\partial f}{\partial y}\right|_{(x_0,y_0)}\cos\beta.$$

例 1　设函数 $z=xe^{2y}$，求在点 $P(1,0)$ 处沿 P 到点 $Q(2,-1)$ 的方向导数.

解　方向 $\boldsymbol{l}$ 即 $\overrightarrow{PQ}=(1,-1)$ 的方向，因此，$\cos\alpha=\dfrac{1}{|\overrightarrow{PQ}|}=\dfrac{\sqrt{2}}{2}$，$\cos\beta=\dfrac{-1}{|\overrightarrow{PQ}|}=-\dfrac{\sqrt{2}}{2}$.

因为 $\dfrac{\partial z}{\partial x}=e^{2y}$，$\dfrac{\partial z}{\partial y}=2xe^{2y}$，所以在点 $P(1,0)$ 处，有 $\left.\dfrac{\partial z}{\partial x}\right|_{(1,0)}=1$，$\left.\dfrac{\partial z}{\partial y}\right|_{(1,0)}=2$，
由公式(7.1)，得

$$\left.\frac{\partial f}{\partial l}\right|_{(1,0)}=1\times\frac{\sqrt{2}}{2}+2\times\left(-\frac{\sqrt{2}}{2}\right)=-\frac{\sqrt{2}}{2}.$$

类似地，在定义三元函数的方向导数时，只需在记号上作变动. 即三元函数 $u=f(x,y,z)$ 在点 $P_0(x_0,y_0,z_0)$ 处沿方向 $\boldsymbol{l}$ 的方向导数

$$\left.\frac{\partial f}{\partial l}\right|_{(x_0,y_0,z_0)}=\lim_{\rho\to0^+}\frac{f(x_0+\Delta x,y_0+\Delta y,z_0+\Delta z)-f(x_0,y_0,z_0)}{\rho},$$

其中

$$\rho=\sqrt{(\Delta x)^2+(\Delta y)^2+(\Delta z)^2}.$$

同样，若函数 $f(x,y,z)$ 在点 $P_0(x_0,y_0,z_0)$ 处可微，又 $\boldsymbol{l}$ 的方向角分别为 α,β,γ，则

$$\left.\frac{\partial f}{\partial l}\right|_{(x_0,y_0,z_0)}=f_x(x_0,y_0,z_0)\cos\alpha+f_y(x_0,y_0,z_0)\cos\beta+f_z(x_0,y_0,z_0)\cos\gamma. \qquad (7.2)$$

例 2　求函数 $u=x^3y^2z$ 在点 $(2,-1,2)$ 处沿向量 $\boldsymbol{l}=2\boldsymbol{i}-\boldsymbol{j}-2\boldsymbol{k}$ 的方向导数.

解　与 $\boldsymbol{l}$ 同方向的单位向量

$$\boldsymbol{e}_l=\frac{\boldsymbol{e}}{|\boldsymbol{e}|}=\left(\frac{2}{3},-\frac{1}{3},-\frac{2}{3}\right).$$

因为

$$\left.\frac{\partial u}{\partial x}\right|_{(2,-1,2)}=3x^2y^2z\Big|_{(2,-1,2)}=24,$$

$$\left.\frac{\partial u}{\partial y}\right|_{(2,-1,2)}=2x^3yz\Big|_{(2,-1,2)}=-32,$$

$$\left.\frac{\partial u}{\partial z}\right|_{(2,-1,2)}=x^3y^2\Big|_{(2,-1,2)}=8,$$

由公式(7.2)，得

$$\left.\frac{\partial u}{\partial l}\right|_{(2,-1,2)}=24\times\frac{2}{3}-32\times\left(-\frac{1}{3}\right)+8\times\left(-\frac{2}{3}\right)=\frac{64}{3}.$$

二、梯度

由多元函数的一阶偏导数，我们可以定义一个称作为梯度的向量. 这种向量与前面讨论的方向导数有关联，在实际应用中也具有特殊意义.

定义 2 设函数 $z=f(x,y)$ 在点 $P_0(x_0,y_0)$ 处可微,则称向量 $f_x(x_0,y_0)\boldsymbol{i}+f_y(x_0,y_0)\boldsymbol{j}$ 为函数 $f(x,y)$ 在点 $P_0(x_0,y_0)$ 处的梯度,记作 $gradf(x_0,y_0)$,即

$$gradf(x_0,y_0)=f_x(x_0,y_0)\boldsymbol{i}+f_y(x_0,y_0)\boldsymbol{j}. \tag{7.3}$$

例 3 设函数 $f(x,y)=\dfrac{1}{x^2+y^2}$,求 $gradf$ 及 $gradf(1,2)$.

解 因为

$$f_x=\frac{-2x}{(x^2+y^2)^2},f_y=\frac{-2y}{(x^2+y^2)^2},$$

所以

$$gradf=\frac{-2x}{(x^2+y^2)^2}\boldsymbol{i}+\frac{-2y}{(x^2+y^2)^2}\boldsymbol{j},$$

因此

$$gradf(1,2)=-\frac{2}{25}\boldsymbol{i}-\frac{4}{25}\boldsymbol{j}.$$

类似地,可以定义三元函数 $u=f(x,y,z)$ 在点 $P_0(x_0,y_0,z_0)$ 处的梯度为

$$gradf(x_0,y_0,z_0)=f_x(x_0,y_0,z_0)\boldsymbol{i}+f_y(x_0,y_0,z_0)\boldsymbol{j}+f_z(x_0,y_0,z_0)\boldsymbol{k}.$$

例 4 设函数 $f(x,y,z)=\dfrac{x-y}{x-z}$,求 $f(x,y,z)$ 在点$(2,-1,1)$处的梯度.

解 因为

$$f_x=\frac{y-z}{(x-z)^2},f_y=\frac{-1}{x-z},f_z=\frac{x-y}{(x-z)^2},$$

从而

$$f_x(2,-1,1)=-2,f_y(2,-1,1)=-1,f_z(2,-1,1)=3,$$

所以

$$gradf(2,-1,1)=-2\boldsymbol{i}-\boldsymbol{j}+3\boldsymbol{k}.$$

有了梯度的概念,我们对方向导数可以有进一步的认识.

方向导数是函数沿指定方向的变化率.由于一点处的方向有无数多个,因而一个函数在一点处沿各个方向就形成许多不同的变化状态.有陡形变化的,也有平坦变化的,掌握使函数变化最快的方向及其变化率,无疑是十分重要的,为此,先分析一下方向导数的计算公式.

我们知道,二元可微函数 $z=f(x,y)$ 在点 $P_0(x_0,y_0)$ 处沿方向 $\boldsymbol{l}$ 的方向导数为

$$\left.\frac{\partial f}{\partial l}\right|_{(x_0,y_0)}=f_x(x_0,y_0)\cos\alpha+f_y(x_0,y_0)\cos\beta(\text{其中 }\alpha,\beta\text{ 为 }\boldsymbol{l}\text{ 的方向角}).$$

由于 $gradf(x_0,y_0)=f_x(x_0,y_0)\boldsymbol{i}+f_y(x_0,y_0)\boldsymbol{j}$,$\boldsymbol{e}_l=\cos\alpha\boldsymbol{i}+\cos\beta\boldsymbol{j}$ 为与 $\boldsymbol{l}$ 同方向的单位向量,

故

$$\left.\frac{\partial f}{\partial l}\right|_{(x_0,y_0)}=gradf(x_0,y_0)\cdot\boldsymbol{e}_l=|gradf(x_0,y_0)|\cos(gradf(x_0,y_0),\boldsymbol{e}_l).$$

这表明,当 $\cos(gradf(x_0,y_0),\boldsymbol{e}_l)=1$ 时,$\left.\dfrac{\partial f}{\partial l}\right|_{(x_0,y_0)}$ 最大.即沿梯度方向时,方向导数 $\left.\dfrac{\partial f}{\partial l}\right|_{(x_0,y_0)}$ 有最大值,这个最大值就是梯度的模 $|gradf(x_0,y_0)|$.换句话说,函数在一点处的梯度是这样一个向量,它的方向是函数在这点的方向导数取得最大值(函数增加速度最快的方

向)，它的模等于方向导数的最大值. 相反，$\cos(\mathbf{grad}f(x_0,y_0),\boldsymbol{e}_l)=-1$ 时，$\left.\frac{\partial f}{\partial l}\right|_{(x_0,y_0)}$ 最小. 即沿梯度的反方向时(函数减小速度最快的方向)，方向导数$\left.\frac{\partial f}{\partial l}\right|_{(x_0,y_0)}$有最小值，这个最小值就是梯度的模的相反数$-|\mathbf{grad}f(x_0,y_0)|$. 如果当我们将 $f(x,y)$看成是由某点处火源产生的热传导函数，所谓热传导是指热量从温度高的地方向温度低的地方转移这种现象，其起源是温度的不均匀，热传导函数即是热传导现象中温度变化的函数. 这样该点处梯度方向的相反方向，将是生物逃生的最佳路线.

例 5　一块金属板的四个顶点为(1,1)，(5,1)，(1,3)和(5,3)，由置于原点处的火焰给它加热，板上一点处的温度与该点到原点的距离成反比，如果有一只蚂蚁在点(3,2)处，问：它沿什么方向爬行时才能最快地到达安全的地方?

解　由题意，金属板上的温度函数为

$$f(x,y)=\frac{k}{\sqrt{x^2+y^2}}(k>0,k\text{ 为反比例系数}).\text{ 因此有}$$

$$f_x=\frac{-kx}{(x^2+y^2)^{\frac{3}{2}}},f_y=\frac{-ky}{(x^2+y^2)^{\frac{3}{2}}},\text{进而有}$$

$$f_x(3,2)=\frac{-3k}{13\sqrt{13}},f_y(3,2)=\frac{-2k}{13\sqrt{13}}.$$

注意到，温度下降最快的方向应为与梯度相反的方向，即

$$-\mathbf{grad}f(3,2)=\frac{3k}{13\sqrt{13}}\boldsymbol{i}+\frac{2k}{13\sqrt{13}}\boldsymbol{j}.$$

故蚂蚁最快地爬行到达安全的地方的方向为

$$\frac{1}{|-\mathbf{grad}f(3,2)|}(-\mathbf{grad}f(3,2))=\frac{3}{\sqrt{13}}\boldsymbol{i}+\frac{2}{\sqrt{13}}\boldsymbol{j}.$$

习题 9-7

1. 求下列函数在指定处沿方向 $\boldsymbol{l}$ 的方向导数：

(1) $f(x,y)=2x^2-3xy+y^2+15$，点 $P_0(1,1)$，$\boldsymbol{l}=\frac{1}{\sqrt{2}}\boldsymbol{i}+\frac{1}{\sqrt{2}}\boldsymbol{j}$；

(2) $f(x,y)=x^2-y^2$，点 $P_0(1,1)$，$\boldsymbol{l}$ 与 x 轴正向夹角为 60°；

(3) $f(x,y)=\sin xy^2$，点 $P_0\left(\frac{1}{\pi},\pi\right)$，$\boldsymbol{l}=\boldsymbol{i}-3\boldsymbol{j}$；

(4) $f(x,y,z)=3x-2y+4z$，点 $P_0(1,-1,2)$，$\boldsymbol{l}=\boldsymbol{i}+\boldsymbol{j}+\boldsymbol{k}$；

(5) $f(x,y,z)=\frac{x-y-z}{x+y+z}$,点 $P_0(2,1,-1)$,$\boldsymbol{l}=-2\boldsymbol{i}-\boldsymbol{j}-\boldsymbol{k}$;

(6) $f(x,y,z)=xyz^2$,$P_0(x,y,z)$,$\boldsymbol{l}=\boldsymbol{i}+\boldsymbol{j}+2\boldsymbol{k}$.

2. 求函数 $z=\ln(x+y)$ 在点$(1,2)$处沿点$(1,2)$到点$(2,2+\sqrt{3})$的方向的方向导数.

3. 求函数 $u=xyz$ 在点 $M_1(5,1,2)$处沿点 $M_1(5,1,2)$到点$(9,4,14)$的方向的方向导数.

4. 设 $\boldsymbol{l}=\boldsymbol{i}-\boldsymbol{j}$,$\boldsymbol{u}=3\boldsymbol{i}+3\boldsymbol{j}$,若$\left.\frac{\partial f}{\partial l}\right|_{(1,2)}=6\sqrt{2}$,$\left.\frac{\partial f}{\partial u}\right|_{(1,2)}=-2\sqrt{2}$,求 $f_x(1,2)$和 $f_y(1,2)$.

5. 求下列函数的梯度:

(1) $z=x^2+y^2$;　　(2) $f(x,y)=\frac{xy-1}{x^2+y^2}$;

(3) $f(x,y,z)=2x^2-y^2-4z^2$;　　(4) $f(x,y,z)=x^2y^3e^z$.

6. 设函数 $f(x,y,z)=x^2+2y^2+3z^2+xy+3x-2y-6z$,求 $\mathbf{grad}f(0,0,0)$及 $\mathbf{grad}f(1,1,0)$.

7. 函数 $u=xy^2z$ 在点 $P(1,-1,2)$处沿什么方向的方向导数最大?并求此方向导数的最大值.

8. 如果一座山的表面可表示为 $u=5-x^2-2y^2$,一个登山人在点$\left(\frac{1}{2},-\frac{1}{2},\frac{17}{4}\right)$处,他的氧气面罩漏了,沿什么方向他可以用最快的速度下山?

第八节　多元函数的极值及其求法

在实际问题中,往往会遇到多元函数的最大值、最小值问题. 与一元函数类似,多元函数的最大值、最小值与极大值、极小值有密切联系. 我们以二元函数为例,先来讨论多元函数的极值问题.

一、多元函数的极值

定义 1　**设函数 $z=f(x,y)$ 在点 $P_0(x_0,y_0)$ 的某邻域内有定义,若对于该邻域内异于 P_0 的点 $P(x,y)$,有 $f(x,y)<f(x_0,y_0)$(或 $f(x,y)>f(x_0,y_0)$),则称 $f(x_0,y_0)$ 为函数 $f(x,y)$ 的一个极大值(或极小值). 函数的极大值与极小值统称为函数的极值,使函数取得极值的点称为函数的极值点.**

有些函数较容易判断它在某点处是否取得极值,例如,$f(x,y)=x^2+y^2$ 在点$(0,0)$处取得极小值 $f(0,0)=0$,这是开口向上的旋转抛物面与 z 轴的交点(如图 9-12(a)),而 $f(x,y)=\sqrt{1-x^2-y^2}$在点$(0,0)$处取得极大值 $f(0,0)=1$,这是半径为 1 的上半球面与 z 轴的交点(如图 9-12(b)),但 $f(x,y)=xy$ 在点$(0,0)$处不取极值,这是马鞍面与 z 轴的交点(如图9-12(c)),因

为 $f(0,0)=0$，而在点 $(0,0)$ 的任何邻域内其函数值既有正值，也有负值.

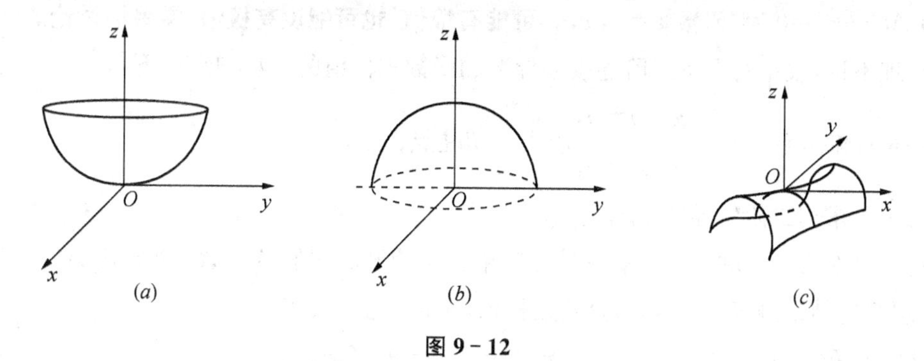

图 9 - 12

在一般情况下，极值并不容易看出来，有必要研究判定极值的方法. 二元函数的极值问题，一般可以利用偏导数来解决. 下面两个定理就是关于这个问题的结论.

定理 1（必要条件）　设函数 $z=f(x,y)$ 在点 $P_0(x_0,y_0)$ 处具有偏导数，且在点 $P_0(x_0,y_0)$ 处有极值，则有

$$f_x(x_0,y_0)=0, f_y(x_0,y_0)=0.$$

证　不妨设 $z=f(x,y)$ 在点 $P_0(x_0,y_0)$ 取得极大值，由极大值的定义，在点 P_0 的某邻域内任意异于 P_0 的点 $P(x,y)$，都有 $f(x,y)<f(x_0,y_0)$.

特别地，固定 $y=y_0$，让 $x\neq x_0$，上面不等式仍成立，即

$$f(x,y_0)<f(x_0,y_0).$$

这表明一元函数 $f(x,y_0)$ 在点 x_0 处取得极大值，因而必有

$$f_x(x_0,y_0)=0.$$

类似可得，

$$f_y(x_0,y_0)=0.$$

使得 $f_x(x_0,y_0)=0, f_y(x_0,y_0)=0$ 同时成立的点 $P_0(x_0,y_0)$ 称为函数 $z=f(x,y)$ 的驻点. 上述定理指出，具有偏导数的函数的极值点必为驻点，但反之不真. 如前知，点 $(0,0)$ 是函数 $z=xy$ 的驻点，但不是极值点，这就是说，二元函数找到驻点后，仍需鉴别它是否为极值点，这有下面的定理.

定理 2（充分条件）　设函数 $z=f(x,y)$ 在点 $P_0(x_0,y_0)$ 的某邻域内具有二阶连续偏导数，点 $P_0(x_0,y_0)$ 为 $f(x,y)$ 的驻点. 记

$$A=f_{xx}(x_0,y_0), B=f_{xy}(x_0,y_0), C=f_{yy}(x_0,y_0),$$

则 $f(x,y)$ 在点 $P_0(x_0,y_0)$ 是否取得极值的条件如下：

(1) $AC-B^2>0$ 时，函数 $z=f(x,y)$ 有极值，且当 $A<0$ 时取得极大值，$A>0$ 时取得极小值；

(2) $AC-B^2<0$ **时,函数** $z=f(x,y)$ **没有极值;**

(3) $AC-B^2=0$ **时,函数** $z=f(x,y)$ **可能有极值,也可能没有极值,需另加讨论.**

此定理不证,仅把对具有二阶连续偏导数的函数求极值的方法归纳如下:

第一步 解方程组$\begin{cases} f_x(x,y)=0, \\ f_y(x,y)=0, \end{cases}$求出一切驻点;

第二步 求出二阶偏导数 f_{xx}, f_{xy}, f_{yy};

第三步 对每一个驻点(x_0,y_0),计算三个二阶偏导数的值 A,B,C,并定出 $AC-B^2$ 的符号,按定理 2 的结论判定 $f(x_0,y_0)$是否是极值,是极大值还是极小值.

例 1 求函数 $f(x,y)=x^3-y^3+3x^2+3y^2-9x$ 的极值.

解 (1) 解方程组$\begin{cases} f_x(x,y)=3x^2+6x-9=0, \\ f_y(x,y)=-3y^2+6y=0, \end{cases}$

求得驻点为$(1,0)$,$(1,2)$,$(-3,0)$,$(-3,2)$;

(2) 求二阶偏导数 $f_{xx}=6x+6$,$f_{xy}=0$,$f_{yy}=-6y+6$;

(3) 在点$(1,0)$处,$AC-B^2=12\times 6>0$,又 $A>0$,所以函数在点$(1,0)$处取得极小值$f(1,0)=-5$;

在点$(1,2)$处,$AC-B^2=12\times(-6)<0$,所以 $f(1,2)$不是极值;

在点$(-3,0)$处,$AC-B^2=-12\times 6<0$,所以 $f(-3,0)$不是极值;

在点$(-3,2)$处,$AC-B^2=-12\times(-6)>0$,又 $A<0$,所以函数在点$(1,0)$处取得极大值 $f(-3,2)=31$.

与一元函数一样,二元函数中的偏导数不存在点也可能为极值点. 例如,上半锥面 $z=\sqrt{x^2+y^2}$在点$(0,0)$处取得极小值,但 $z=\sqrt{x^2+y^2}$在点$(0,0)$处的偏导数不存在.

二、最大值和最小值

由连续函数的性质知,有界闭区域上的连续函数必有最大值和最小值,而取最大值、最小值的点可能出现在区域内极值点处,也可能出现在区域的边界点处. 因此,求二元函数 $z=f(x,y)$在有界闭区域上 D 的最大值和最小值的方法是:

(1) 求出 $f(x,y)$在 D 内的所有可疑极值点(驻点和偏导数不存在的点)处的函数值;

(2) 求出 $z=f(x,y)$在 D 的边界上的最大值和最小值;

(3) 比较这些值的大小,其中最大的就是最大值,最小的就是最小值.

例 2 求函数 $f(x,y)=xy-x^2$ 在正方形区域 $D=\{(x,y)\mid 0\leqslant x\leqslant 1, 0\leqslant y\leqslant 1\}$上的最大值和最小值.

解 由$\begin{cases} f_x=y-2x=0, \\ f_y=x=0 \end{cases}$得驻点为$(0,0)$,它是 D 的一个边界点,因而,$f(x,y)$在 D 上的

极值必在D的边界上，又D的边界由四条直线段l_1,l_2,l_3,l_4构成（如图9-13所示）.

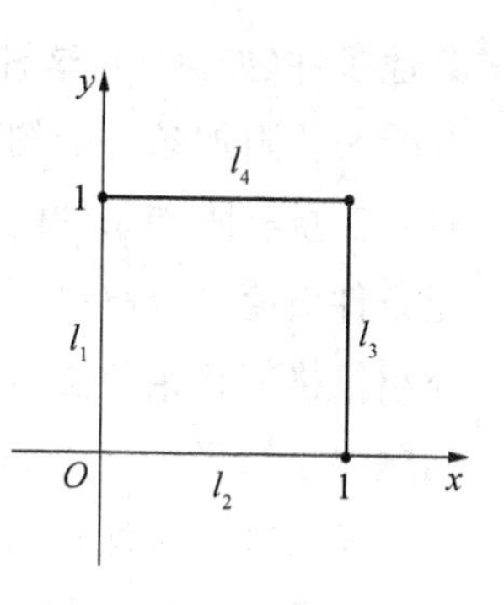

图9-13

在l_1上，$x=0$而$0\leqslant y\leqslant 1$，且$f(0,y)=0$，所以$f(x,y)$在l_1上的最大值和最小值均为0；在l_2上，$y=0$而$0\leqslant x\leqslant 1$，且$f(x,0)=-x^2$，所以$f(x,y)$在l_2上的最大值是0，最小值是-1；在l_3上，$x=1$而$0\leqslant y\leqslant 1$，且$f(1,y)=y-1$，所以$f(x,y)$在l_3上的最大值是0，最小值是-1；在l_4上，$y=1$而$0\leqslant x\leqslant 1$，且$f(x,1)=x-x^2$，由一元函数求最值方法知，$f(x,y)$在l_4上最大值是$\frac{1}{4}$，最小值是0.

比较$f(x,y)$在l_1,l_2,l_3,l_4上的最大值与最小值知，$f(x,y)$在D上的最大值为$\frac{1}{4}$，最小值为-1.

求可微函数在边界上的最大值和最小值并非都像上例那样简单，有时十分复杂.通常在解决实际问题中，采用下面较为简便的方法.如果实际问题确定存在最大值（或最小值）且一定在讨论区域D的内部取得，那么在驻点处的函数值一定为该函数在D上的最大值（或最小值）.

例3　某快递公司对长方体的包裹规定其长与围长（如图9-14）的和不超过120 cm时，才能代为传递.求这样的包裹的最大体积.

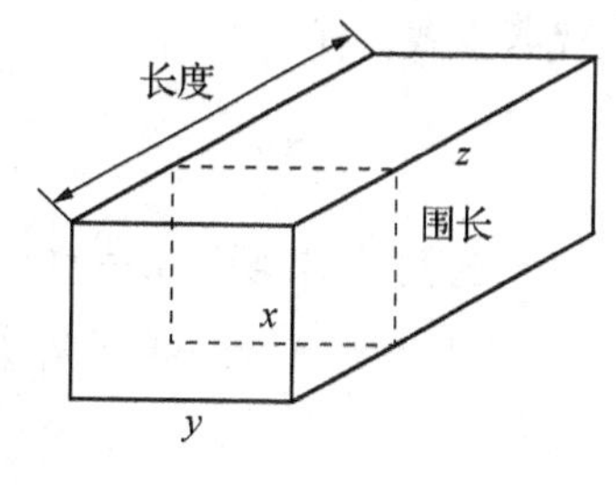

图9-14

解　设x,y分别为包裹围长的高和宽，z为包裹长度.

由题意，目标函数$V=xyz$且$2x+2y+z\leqslant 120$.

其中$x>0,y>0,z>0$.因为所要求的是可能的最大体积，所以可假设$2x+2y+z=120$.

解出z，并代入V的方程，得

$$V=xy(120-2x-2y)=120xy-2x^2y-2xy^2.$$

令

$$\begin{cases}\dfrac{\partial V}{\partial x}=120y-4xy-2y^2=2y(60-2x-y)=0,\\ \dfrac{\partial V}{\partial y}=120x-2x^2-4xy=2x(60-x-2y)=0,\end{cases}$$

由$x>0,y>0$，解得$x=20,y=20$.

根据实际问题，这样的包裹的最大体积一定存在，并在开区域$D=\{(x,y)\mid x>0,y>0\}$内取得，又函数在D内只有唯一驻点$(20,20)$，故可以断定当$x=y=20$时，V取得最大值.所以可代为传递包裹的最大体积$V=20\times 20\times 40=16\ 000(\text{cm}^3)$.

三、条件极值

多元函数极值问题有两种情形，一种对于函数自变量，除了限制在定义域内以外，没有其他条件(如例 1),这种极值称为无条件极值;另一种,特别在实际问题中,函数的自变量还要受一些附加条件的约束,如例 3 中的 x,y,z 还必须满足附加条件 $2x+2y+z=120$. 这种对自变量有附加条件的极值称为条件极值. 由于例 3 中附加条件比较简单,我们将它化为无条件极值可以解决. 但在很多情形下,将条件极值转化为无条件极值并不这样简单. 下面介绍拉格朗日乘数法,这种方法不必将条件极值问题化为无条件极值问题,即直接对所给问题寻求结果.

我们讨论函数 $z=f(x,y)$ 在约束条件 $\varphi(x,y)=0$ 下取得极值的必要条件.

假设在所考虑的区域内函数 $f(x,y)$, $\varphi(x,y)$ 有连续偏导数,且 $\varphi_y(x,y)\neq 0$. 由第五节定理 1 知道 $\varphi(x,y)=0$ 确定一个隐函数 $y=y(x)$,这样 z 就是 x 的复合函数 $z=f(x,y(x))$,求条件极值就转化为求 $z=f(x,y(x))$ 的无条件极值. 因而 z 的极值点既要满足 $\varphi(x,y)=0$,还要满足极值的必要条件 $\frac{\mathrm{d}z}{\mathrm{d}x}=0$,即 $\frac{\mathrm{d}z}{\mathrm{d}x}=f_x(x,y)+f_y(x,y)\frac{\mathrm{d}y}{\mathrm{d}x}=0$. 又由隐函数微分法则得

$$\frac{\mathrm{d}y}{\mathrm{d}x}=-\frac{\varphi_x(x,y)}{\varphi_y(x,y)},$$

代入上式,有

$$f_x(x,y)\varphi_y(x,y)-f_y(x,y)\varphi_x(x,y)=0. \tag{8.1}$$

这就表明,函数 $z=f(x,y)$ 的极值点必须满足

$$\begin{cases} f_x(x,y)\varphi_y(x,y)-f_y(x,y)\varphi_x(x,y)=0, \\ \varphi(x,y)=0. \end{cases} \tag{8.2}$$

如果 $F(x,y)=f(x,y)+\lambda\varphi(x,y)$, λ 为与 x,y 无关的参数,那么方程组

$$\begin{cases} F_x(x,y)=f_x(x,y)+\lambda\varphi_x(x,y)=0, \\ F_x(x,y)=f_y(x,y)+\lambda\varphi_y(x,y)=0 \end{cases}$$

与(8.2)式等价,这从方程组两式中消去 λ 即可得. 这里 $F(x,y)$ 称为**拉格朗日函数**,参数 λ 称为**拉格朗日乘子**.

这样,通过上面讨论我们得出求条件极值的方法(**拉格朗日乘数法**)如下:

(1) 构造拉格朗日函数 $F(x,y)=f(x,y)+\lambda\varphi(x,y)$;

(2) 解联立方程组

$$\begin{cases} F_x(x,y)=f_x(x,y)+\lambda\varphi_x(x,y)=0, \\ F_y(x,y)=f_y(x,y)+\lambda\varphi_y(x,y)=0, \\ \varphi(x,y)=0, \end{cases}$$

求得可能的极值点;

（3）由问题的实际意义，如果知道存在条件极值，且只有唯一可能的极值点，那么该点就是所求的极值点.

一般地，拉格朗日乘数法可推广到二元以上的多元函数以及一个以上约束条件的情况. 例如，求函数 $u=f(x,y,z)$ 在附加条件下 $\varphi(x,y,z)=0$，$\psi(x,y,z)=0$ 的极值时，可构造拉格朗日函数

$$F(x,y,z)=f(x,y,z)+\lambda\varphi(x,y,z)+\mu\psi(x,y,z).$$

其中 λ,μ 均为参数，再求其一阶偏导数，并使之为零，然后与条件 $\varphi(x,y,z)=0$ 及 $\psi(x,y,z)=0$ 联立，求解，其解 (x,y,z) 就是所要求的可能极值点.

例 4　应用拉格朗日乘数法求解例 3.

解　长方形包裹的体积函数为 $V=xyz(x>0,y>0,z>0)$，包裹围长的高、宽和包裹长度（即自变量 x,y,z）满足约束条件

$$2x+2y+z=120.$$

作拉格朗日函数　$F(x,y,z)=xyz+\lambda(2x+2y+z-120)$，

令
$$\begin{cases}F_x=yz+2\lambda=0,\\F_y=xz+2\lambda=0,\\F_z=xy+\lambda=0,\\2x+2y+z=120,\end{cases}$$

解得
$$x=y=20,z=40.$$

这是唯一可能的极值点，由于这样的包裹的最大体积一定存在，所以最大体积就在这个可能极值点处取得. 即可代为传递包裹的最大体积 $V=20\times20\times40=16\ 000(\mathrm{cm}^3)$.

例 5　一个制药公司要制作一种装一定体积 V 的药物胶囊，甲设计员想把胶囊制成长为 h，底面圆半径为 r 的圆柱形，其两端为两个半球（如图 9-15）；乙设计员要求用料最省，并认为相同容积的胶囊，表面为球形时其面积较小，问：哪一个设计会成功？

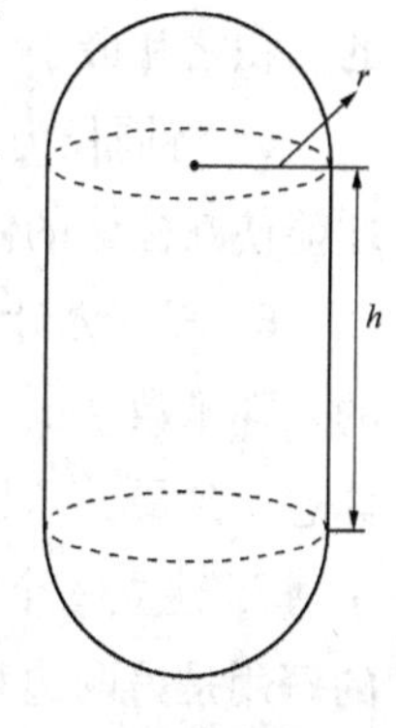

图 9-15

解　药物胶囊所含药量必为固定值 V，因而公司对胶囊设计的评判当然是在药量一定的条件下，所用材料（即胶囊的表面积）最少为好.

按照甲设计员的想法，不妨令其设计的胶囊表面积为

$$A=2\pi rh+4\pi r^2(r>0,h\geqslant0).$$

于是这个问题转化为求函数 A 在附加条件 $\pi r^2h+\frac{4}{3}\pi r^3=V$ 下的最小值. 作拉格朗日函数

$$F(r,h)=2\pi rh+4\pi r^2+\lambda\left(\pi r^2h+\frac{4}{3}\pi r^3-V\right).$$

令
$$\begin{cases}F_r=2\pi h+8\pi r+(2\pi rh+4\pi r^2)\lambda=0,\\ F_h=2\pi r+\pi r^2\lambda=0,\\ \pi r^2h+\dfrac{4}{3}\pi r^3=V,\end{cases}$$

解得
$$h=0,r=\sqrt[3]{\frac{3V}{4\pi}}.$$

这样得到唯一可能的极值点 $r=\sqrt[3]{\frac{3V}{4\pi}}$,$h=0$. 由问题的本身可知最小值一定存在,因而,球形设计的胶囊可使所用材料最少,故乙设计员会取得成功.

习题 9-8

1. 求下列函数的极值:

(1) $f(x,y)=2x^3+xy^2+5x^2+y^2$;

(2) $f(x,y)=4(x-y)-x^2-y^2$;

(3) $f(x,y)=e^{2x}(x+y^2+2y)$;

(4) $f(x,y)=\sin x+\cos y+\cos(x-y)\left(0\leqslant x\leqslant\frac{\pi}{2},0\leqslant y\leqslant\frac{\pi}{2}\right)$.

2. 求函数 $z=xy$ 在圆域 $x^2+y^2\leqslant 4$ 上的最大值与最小值.

3. 在平面 xOy 上求一点,使它到 $x=0$,$y=0$ 及 $x+2y-16=0$ 三条直线的距离的平方之和最小.

4. 将长为 l 的线段分为三段,分别围成圆、正方形和正三角形,问:怎样分法才能使它们的面积之和最小?

5. 将周长为 $2p$ 的矩形绕它的一边旋转而构成一个圆柱体,问:矩形的边长各为多少时,才能使圆柱体的体积最大?

6. 假若你计划在假期中要在南京逗留 x 天,去家乡住 y 天,再去北京住 z 天,你所享受到的乐趣函数 $f(x,y,z)$ 为 $f(x,y,z)=2x+y+2z$,如果计划经费受 $x^2+y^2+z^2=225$ 的限制,你想得到最大乐趣,应分别在各处住几天?

7. 建立一个容积为 27 000 立方米的长方形的体育馆. 假设为了装饰,前面的墙每平方米的费用是另两边和后面的墙以及地面的 3.5 倍,而顶部的费用是两边墙的 2 倍,求使费用为最小的体育馆的长、宽和高.

8. 求内接于半径为 a 的球且有最大体积的长方体的棱长.

总习题九

1. 填空题

(1) 已知函数 $f\left(x+y,\dfrac{y}{x}\right)=x^2-y^2$，则 $f(x,y)=$________.

(2) 函数 $f(x,y)=\ln(3x-y^2)+\sqrt{4-x^2-y^2}$ 的定义域 $D=$________，定义域所围平面图形的面积 $A=$________.

(3) $\lim\limits_{\substack{x\to1\\y\to0}}\dfrac{\ln(x+e^y)}{\sqrt{x^2+y^2}}=$________.

(4) 若点 $(3,-2)$ 是二元函数 $z=y^3-x^2+ax-by+1$ 的一个极值点，则 $a=$________，$b=$________.

2. 选择题

(1) $f(x,y)$ 在点 (x,y) 处可微是 $f(x,y)$ 在该点处连续的　(　　)

A. 充分不必要条件　　B. 必要不充分条件

C. 充要条件　　D. 既不充分也不必要条件

(2) $z=f(x,y)$ 在点 (x,y) 处的偏导数 $\dfrac{\partial z}{\partial x}$ 及 $\dfrac{\partial z}{\partial y}$ 存在是 $f(x,y)$ 在该点处可微的　(　　)

A. 充分不必要条件　　B. 必要不充分条件

C. 充要条件　　D. 既不充分也不必要条件

(3) 设函数 $f(x,y)$ 在点 $(0,0)$ 的某邻域内有定义，且 $f_x(0,0)=3$，$f_y(0,0)=-1$，则有　(　　)

A. $dz\Big|_{(0,0)}=3dx-dy$

B. 曲面 $z=f(x,y)$ 在点 $(0,0,f(0,0))$ 处的一个法向量为 $(3,-1,1)$

C. 曲线 $\begin{cases}z=f(x,y),\\y=0\end{cases}$ 在点 $(0,0,f(0,0))$ 处的一个切向量为 $(1,0,3)$

D. 曲线 $\begin{cases}z=f(x,y),\\y=0\end{cases}$ 在点 $(0,0,f(0,0))$ 处的一个切向量为 $(3,0,1)$

(4) 设函数 $u=x^{y^z}$，则 $\dfrac{\partial u}{\partial y}\Big|_{(3,2,2)}=$　(　　)

A. $4\ln3$　　B. $8\ln3$　　C. $324\ln3$　　D. $324\ln2\ln3$

3. 设函数 $f(x,y)=\begin{cases}1, & xy=0,\\0, & xy\neq0,\end{cases}$ 求 $f_x(0,0)$，$f_y(0,0)$，并讨论 $f(x,y)$ 在点 $(0,0)$ 处的连续性.

4. 求下列函数的一阶和二阶偏导数：

(1) $z=\arcsin(xy)$；　　(2) $z=x^y$.

5. 设函数 $z=f(u,x,y)$，$u=xe^y$，其中 f 具有连续二阶偏导数，求$\frac{\partial^2 z}{\partial x\partial y}$.

6. 设函数 $z=1+y+\varphi(x+y)$，已知当 $y=0$ 时 $z=1+\ln^2 x$，试求出 $\varphi(x)$，并求全微分 dz.

7. 证明：函数 $z=x^u f\left(\frac{y}{x^2}\right)$（$f$ 可微）满足方程

$$x\frac{\partial z}{\partial x}+2y\frac{\partial z}{\partial y}=uz.$$

8. 证明：函数 $u=x\varphi(x+y)+y\varphi(x+y)$（$\varphi,\psi$ 为可微函数）满足方程

$$\frac{\partial^2 u}{\partial x^2}-2\frac{\partial^2 u}{\partial x\partial y}+\frac{\partial^2 u}{\partial y^2}=0.$$

9. 在曲面 $z=xy$ 上求一点，使这点处的法线垂直于平面 $x+3y+z+9=0$，并写出该法线方程.

*10. 设 $\boldsymbol{e}_l=(\cos\theta,\sin\theta)$，求函数 $f(x,y)=x^2-xy+y^2$ 在点 $(1,1)$ 处沿方向 $\boldsymbol{l}$ 的方向导数，并分别确定角 θ，使这导数有：

(1) 最大值；(2) 最小值；(3) 等于 0.

11. 下列函数的极值：

(1) $f(x,y)=x^2+y^2-2x-4y+5$；

(2) $f(x,y,z)=-2x^2+xy+y^2-4x+3y-1$.

12. 试用两种方法（极值方法与非极值方法）求椭球面 $x^2+2y^2+4z^2=1$ 与平面 $x+y+z=\sqrt{7}$之间的最短距离.

第十章　重积分

前面已经介绍了一元函数积分学的内容，在一元函数积分学中我们知道，定积分是某种确定形式的和的极限，这种和的极限的概念推广到定义在区域、曲线及曲面上的多元函数的情形便得到重积分、曲线积分及曲面积分的概念. 本章将介绍重积分（包括二重积分和三重积分）的概念、计算方法以及它们的一些应用.

第一节　二重积分的概念与性质

一、二重积分的概念

在之前的学习过程中，我们学习了很多平顶柱体，也学习了它们的体积求法，即

$$\text{体积}=\text{底面积}\times\text{高}.$$

关于曲顶柱体是我们常见但还没有研究过的，接下来我们将研究曲顶柱体的体积.

例 1　设有一立体（如图 10-1 所示），它的底是 xOy 面上的闭区域 D，它的侧面是以 D 的边界曲线为准线而母线平行于 z 轴的柱面，它的顶是曲面 $z=f(x,y)$，这里 $f(x,y)\geqslant 0$ 且在 D 上连续. 这样的立体叫作**曲顶柱体**，求此曲顶柱体的体积 V.

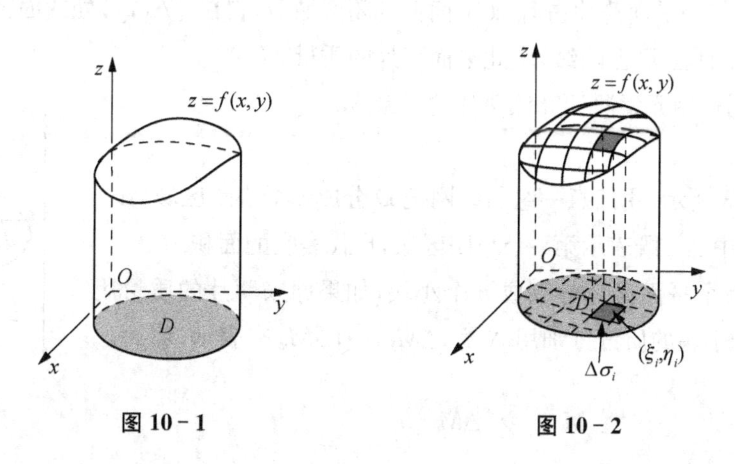

图 10-1　　　　图 10-2

解 曲顶柱体的体积不能用平顶柱体的体积公式求解,但是回忆起前面求解曲边梯形面积的问题,就知道可以利用元素法来计算曲顶柱体的体积 V.

(1) 分割

(如图 10-2 所示)用任意一组曲线网把 D 分成 n 个小闭区域(彼此没有公共内点)$\Delta\sigma_1$,$\Delta\sigma_2$,…,$\Delta\sigma_n$,其中 $\Delta\sigma_i$ 既表示第 i 个小闭区域,也代表它的面积,分别以 $\Delta\sigma_i$ 的边界曲线为准线,作母线平行于 z 轴的柱面,这样就把整个曲顶柱体分割成 n 个小曲顶柱体,其体积可分别用 $\Delta V_1,\Delta V_2,\cdots,\Delta V_n$ 表示,则 $V=\sum\limits_{i=1}^{n}\Delta V_i$.

(2) 近似求和

由于 $f(x,y)$ 连续,因而在每个小闭区域上函数 $f(x,y)$ 的值变化很小,相应地小曲顶柱体可近似看作平顶柱体,这样在每一个 $\Delta\sigma_i$ 中任取一点 (ξ_i,η_i),则

$$\Delta V_i\approx f(\xi_i,\eta_i)\Delta\sigma_i(i=1,2,\cdots,n),$$

因此整个曲顶柱体的体积近似表示为

$$V=\sum_{i=1}^{n}\Delta V_i\approx\sum_{i=1}^{n}f(\xi_i,\eta_i)\Delta\sigma_i.$$

(3) 取极限

记 λ 表示 n 个**小闭区域的直径**(区域上任意两点间距离的最大者)中的最大值,当 $\lambda\to 0$ 时,所求曲顶柱体的体积为

$$V=\lim_{\lambda\to 0}\sum_{i=1}^{n}f(\xi_i,\eta_i)\Delta\sigma_i.$$

元素法是一个应用范围很广的方法,在例 1 中,元素法很好地解决了求曲顶柱体的体积,接下来我们来介绍物理学中元素法的应用.

例 2 假设有一平面薄片占有 xOy 面上的闭区域 D,它在点 (x,y) 处的面密度为 $\mu(x,y)$,这里 $\mu(x,y)>0$ 且在 D 上连续,求此平面薄片的质量 M.

解 我们同样用元素法计算该薄片的质量 M.

(1) 分割

(如图 10-3 所示)用任意一组曲线网把 D 分成 n 个小闭区域 $\Delta\sigma_1$,$\Delta\sigma_2$,…,$\Delta\sigma_n$,其中 $\Delta\sigma_i$ 既表示第 i 个小闭区域,也代表它的面积.

这样就把整个平面薄片分割成 n 个小块,如果原来薄片的质量用 M 来表示,n 个小块的质量分别用 $\Delta M_1,\Delta M_2,\cdots,\Delta M_n$ 来表示,那么

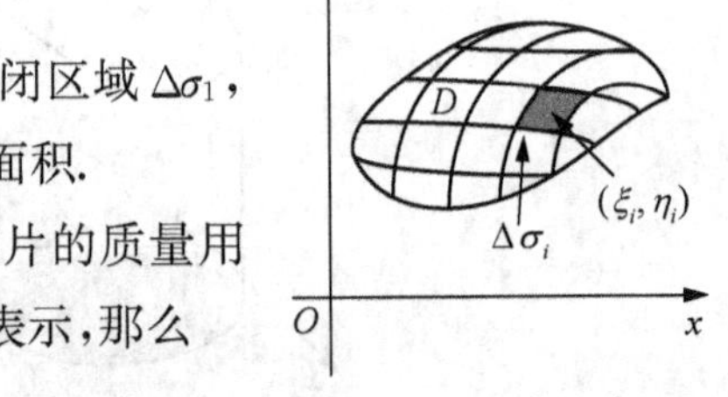

图 10-3

$$M=\sum_{i=1}^{n}\Delta M_i.$$

(2) 近似求和

由于 $\mu(x,y)$连续,因而在每个小闭区域上函数 $\mu(x,y)$的值变化很小,相应地小块薄片近似看作均匀薄片,这样在每一个 $\Delta\sigma_i$ 上任取一点(ξ_i,η_i),则 $\Delta M_i\approx\mu(\xi_i,\eta_i)\Delta\sigma_i(i=1,2,\cdots,n)$,因此整个平面薄片的质量 M 就近似表示为

$$M=\sum_{i=1}^{n}\Delta M_i\approx\sum_{i=1}^{n}\mu(\xi_i,\eta_i)\Delta\sigma_i.$$

(3) 取极限

记 λ 表示 n 个小闭区域的直径中的最大值,当 $\lambda\to0$ 时,所求平面薄片的质量为

$$M=\lim_{\lambda\to0}\sum_{i=1}^{n}\mu(\xi_i,\eta_i)\Delta\sigma_i.$$

例 1 和例 2 中所研究的问题虽然不同,但最终都归结为求同一形式的和的极限,在许多实际问题中常会出现这类和式极限,我们抽象出共性,给出下述二重积分的定义:

定义 设 $f(x,y)$是有界闭区域 D 上的有界函数. 将闭区域 D 任意分成 n 个小闭区域(彼此没有公共内点) $\Delta\sigma_1,\Delta\sigma_2,\cdots,\Delta\sigma_n$,其中 $\Delta\sigma_i$ 表示第 i 个小闭区域,也表示它的面积. 在每个 $\Delta\sigma_i$ 上任取一点(ξ_i,η_i),作乘积 $f(\xi_i,\eta_i)\Delta\sigma_i(i=1,2,\cdots,n)$,并作和 $\sum\limits_{i=1}^{n}f(\xi_i,\eta_i)\Delta\sigma_i$. 如果当各小闭区域的直径中的最大值 $\lambda\to0$ 时,这和的极限总存在且相等,且与闭区域 D 的分法及点(ξ_i,η_i)的取法无关,那么称此极限为函数 $f(x,y)$ 在闭区域 D 上的二重积分,记作 $\iint\limits_D f(x,y)\mathrm{d}\sigma$,即

$$\iint\limits_D f(x,y)\mathrm{d}\sigma=\lim_{\lambda\to0}\sum_{i=1}^{n}f(\xi_i,\eta_i)\Delta\sigma_i.$$

其中 $\iint$ 叫作二重积分号,$f(x,y)$叫作被积函数,$f(x,y)\mathrm{d}\sigma$ 叫作被积表达式,$\mathrm{d}\sigma$ 叫作面积元素,x,y 叫作积分变量,D 叫作积分区域,$\sum\limits_{i=1}^{n}f(\xi_i,\eta_i)\Delta\sigma_i$ 叫作积分和.

根据二重积分定义知,例 1 中曲顶柱体体积为 $V=\iint\limits_D f(x,y)\mathrm{d}\sigma$,而例 2 中平面薄片的质量为 $M=\iint\limits_D\mu(x,y)\mathrm{d}\sigma$.

在直角坐标系中如果用平行于坐标轴的直线网来划分 D,除了包含边界点的一些小闭区域外(这些子区域在求和的极限时,所对应的项的和的极限为零,可略去不计),其余的小闭区域都是矩形闭区域. 设矩形闭区域 $\Delta\sigma_i$ 的边长为 Δx_j 和 Δy_k,那么 $\Delta\sigma_i=\Delta x_j\Delta y_k$. 因此在直角坐标系中,有时也把面积元素 $\mathrm{d}\sigma$ 记作 $\mathrm{d}x\mathrm{d}y$,此时二重积分也记作

$$\iint_D f(x,y)\,dx\,dy,$$

其中 $dx\,dy$ 叫作**直角坐标系中的面积元素**.

注意

1) 当函数 $f(x,y)$ 在闭区域 D 上连续时,极限 $\lim\limits_{\lambda\to 0}\sum\limits_{i=1}^{n} f(\xi_i,\eta_i)\Delta\sigma_i$ 必定存在,也就是说函数 $f(x,y)$ 在 D 上的二重积分必定存在.因为我们总假设函数 $f(x,y)$ 在 D 上连续,所以 $f(x,y)$ 在 D 上的二重积分都是存在的,以后就不再每次说明了.

2) 如果 $f(x,y)\geqslant 0$,二重积分 $\iint\limits_D f(x,y)\,d\sigma$ 在几何上表示以 D 为底、曲面 $z=f(x,y)(x,y)\in D$ 为顶面所围柱体体积;如果 $f(x,y)<0$,二重积分 $\iint\limits_D f(x,y)\,d\sigma$ 等于以 D 为底、曲面 $z=f(x,y)(x,y)\in D$ 为顶面所围柱体体积的负值.

3) 如果函数 $f(x,y)$ 在闭区域 D 的若干部分区域上是正的,而在其他的部分区域上是负的,我们约定 xOy 面上方的柱体体积为正,xOy 面下方的柱体体积为负,那么 $f(x,y)$ 在 D 上的二重积分就等于这些部分区域上的柱体体积的代数和.

二、二重积分的性质

由二重积分的定义和极限的运算性质,二重积分有如下类似于定积分的性质:

性质 1(线性性质) 设 C_1,C_2 为常数,

则 $$\iint_D [C_1 f(x,y)+C_2 g(x,y)]\,d\sigma = C_1\iint_D f(x,y)\,d\sigma + C_2\iint_D g(x,y)\,d\sigma.$$

性质 2(积分区域可加性) **如果闭区域 D 被有限条曲线分为有限个部分闭区域,那么在 D 上的二重积分等于在各部分闭区域上的二重积分的和.**

例如 D 分为两个闭区域 D_1 与 D_2,则

$$\iint_D f(x,y)\,d\sigma = \iint_{D_1} f(x,y)\,d\sigma + \iint_{D_2} f(x,y)\,d\sigma.$$

性质 3 $\iint\limits_D 1\,d\sigma = \iint\limits_D d\sigma = S_D$($S_D$ **为** D **的面积**).

该性质的几何意义是高为 1 的平顶柱体的体积在数值上等于柱体的底面积.

性质 3 还可以推广 $\iint\limits_D k\,d\sigma = k\iint\limits_D d\sigma = kS_D$.

特殊地 $\iint\limits_D 0\,d\sigma = 0$.

性质 4　如果在闭区域 D 上，函数 $f(x,y)$，$g(x,y)$ 可积，且 $f(x,y)\leqslant g(x,y)$，那么有不等式

$$\iint_D f(x,y)\mathrm{d}\sigma\leqslant\iint_D g(x,y)\mathrm{d}\sigma.$$

特殊地，
$$\left|\iint_D f(x,y)\mathrm{d}\sigma\right|\leqslant\iint_D |f(x,y)|\mathrm{d}\sigma.$$

例 3　利用二重积分的性质 4，比较积分 $\iint_D \ln^3(x+y)\mathrm{d}\sigma$ 与 $\iint_D (x+y)^3\mathrm{d}\sigma$ 的大小，其中 $D=\left\{(x,y)\middle| x\geqslant 0,y\geqslant 0,\frac{1}{2}\leqslant x+y\leqslant 1\right\}$.

解　积分区域 D 是图 10－4 的阴影部分.

对 D 内的任意一点 (x,y) 都有 $\frac{1}{2}\leqslant x+y\leqslant 1$，

因此 $\ln(x+y)\leqslant 0$.

利用性质 4 得到 $\iint_D \ln^3(x+y)\mathrm{d}\sigma\leqslant 0$，

而在 D 内 $\iint_D (x+y)^3\mathrm{d}\sigma\geqslant 0$，

所以 $\iint_D \ln^3(x+y)\mathrm{d}\sigma\leqslant\iint_D (x+y)^3\mathrm{d}\sigma.$

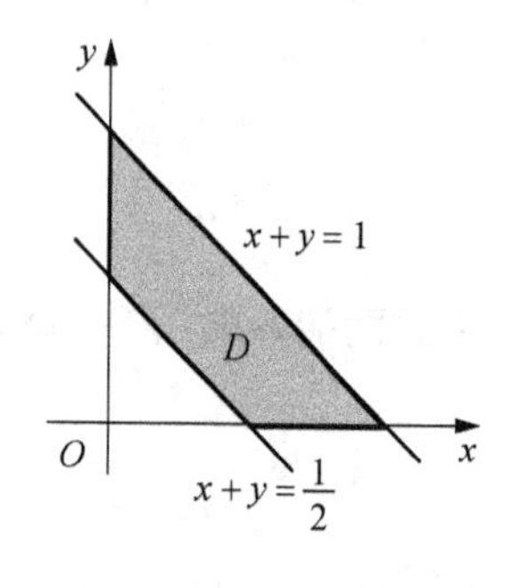

图 10－4

利用性质 4，可得下面的估值定理：

性质 5(估值定理)　设 M,m 分别是函数 $f(x,y)$ 在闭区域 D 上的最大值和最小值，S_D 为 D 的面积，则有

$$mS_D\leqslant\iint_D f(x,y)\mathrm{d}\sigma\leqslant MS_D.$$

例 4　利用二重积分的性质 5 估计积分 $I=\iint_D |\cos x\cos y|\mathrm{d}\sigma$ 值的范围，其中 $D=\{(x,y)|0\leqslant x\leqslant\pi,0\leqslant y\leqslant\pi\}$.

解　积分区域 D 是图 10－5 的阴影部分.

被积函数 $f(x,y)=|\cos x\cos y|$ 在 D 上取得的最大值为 1，最小值为 0，且 D 的面积等于 π^2，因此根据性质 5 可得

$$0\leqslant I\leqslant\pi^2.$$

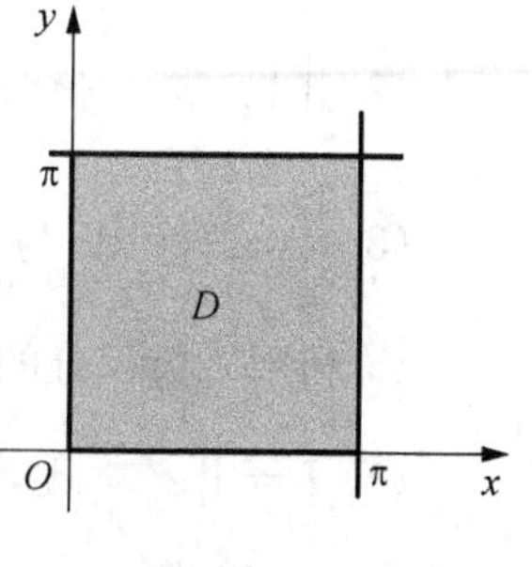

图 10－5

性质 6 (二重积分的中值定理)　设函数 $f(x,y)$ 在闭区域 D 上连续，S_D 为 D 的面积，则在 D 上至少存在一点 (ξ,η)，使得

$$\iint_D f(x,y)\mathrm{d}\sigma = f(\xi,\eta)S_D.$$

证明 显然 $S_D \neq 0$. 由性质 5 可知 $mS_D \leqslant \iint_D f(x,y)\mathrm{d}\sigma \leqslant MS_D$,

不等式同时除以 S_D,有 $m \leqslant \dfrac{\iint_D f(x,y)\mathrm{d}\sigma}{S_D} \leqslant M.$

这就是说,确定的数值 $\dfrac{\iint_D f(x,y)\mathrm{d}\sigma}{S_D}$ 是介于 $f(x,y)$ 的最小值 m 与最大值 M 之间的. 根据在闭区域上连续函数的介值定理,在 D 上至少存在一点 (ξ,η),使得函数在该点的值与这个确定的数值相等,即

$$\frac{\iint_D f(x,y)\mathrm{d}\sigma}{S_D} = f(\xi,\eta).$$

上式两端各乘以 S_D,就得

$$\iint_D f(x,y)\mathrm{d}\sigma = f(\xi,\eta)S_D.$$

习题 10-1

1. 设 $I_1 = \iint_{D_1} \mathrm{d}\sigma$,其中 $D_1 = \{(x,y) \mid -1 \leqslant x \leqslant 1, -1 \leqslant y \leqslant 1\}$;又 $I_2 = \iint_{D_2} \mathrm{d}\sigma$,其中 $D_2 = \{(x,y) \mid 0 \leqslant x \leqslant 1, 0 \leqslant y \leqslant 1\}$. 试利用二重积分的几何意义说明 I_1 与 I_2 之间的关系.

2. 利用二重积分的定义证明二重积分的性质 2、性质 4 和性质 5.

3. 利用二重积分的性质 4 比较下列积分的大小:

(1) $\iint_D \ln^3(x+y)\mathrm{d}\sigma$ 与 $\iint_D (x+y)^3\mathrm{d}\sigma$,其中 $D = \left\{(x,y) \middle| x \geqslant 0, y \geqslant 0, \dfrac{1}{4} \leqslant x+y \leqslant 1\right\}$;

(2) $\iint_D \ln^3(x+y)\mathrm{d}\sigma$ 与 $\iint_D \ln(x+y)\mathrm{d}\sigma$,其中 $D = \{(x,y) \mid 3 \leqslant x \leqslant 5, 0 \leqslant y \leqslant 1\}$;

(3) $\iint_D (x+y)\mathrm{d}\sigma$ 与 $\iint_D (x+y)^3\mathrm{d}\sigma$,其中 $D = \{(x,y) \mid x \geqslant 0, y \geqslant 0, 0 \leqslant x+y \leqslant 1\}$.

4. 利用二重积分的性质 5 估计下列积分的值:

(1) $I = \iint_D \mathrm{e}^{x^2+y^2}\mathrm{d}\sigma$,其中 $D = \{(x,y) \mid 1 \leqslant x^2+y^2 \leqslant 4\}$;

(2) $I = \iint_D |\sin x \sin y|\mathrm{d}\sigma$,其中 $D = \{(x,y) \mid 0 \leqslant x \leqslant \pi, 0 \leqslant y \leqslant \pi\}$.

第二节　二重积分的计算

按照上一节介绍的二重积分定义来计算二重积分，对于少数特别简单的被积函数和积分区域来说是可行的，但是对一般的函数和区域来说，这不是一种可行的方法. 这一节我们将介绍一种将二重积分转化为**两次单积分**(即两次定积分)的方法来计算二重积分.

一、利用直角坐标计算二重积分

下面来讨论二重积分 $\iint\limits_D f(x,y)\mathrm{d}\sigma$ 的计算问题，在讨论中我们假定 $f(x,y)\geqslant 0$.

1. 积分区域 D 为 X-型区域

如果积分区域 D 是由两条直线 $x=a$，$x=b$ 以及两条连续曲线 $y=\varphi_1(x)$，$y=\varphi_2(x)$ 所围成，这时区域 D(如图 10-6 所示)可用不等式表示为

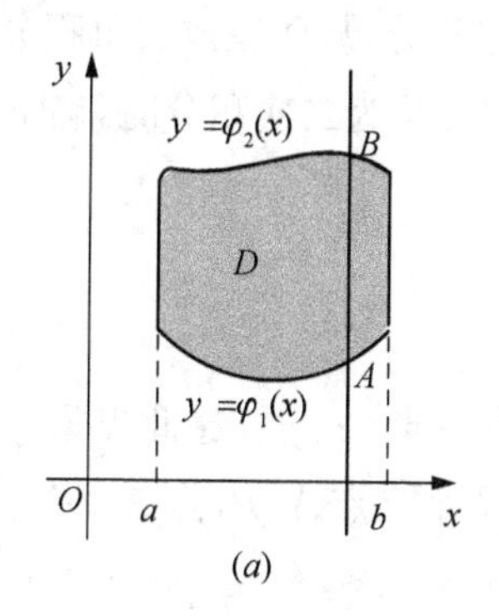

(a)

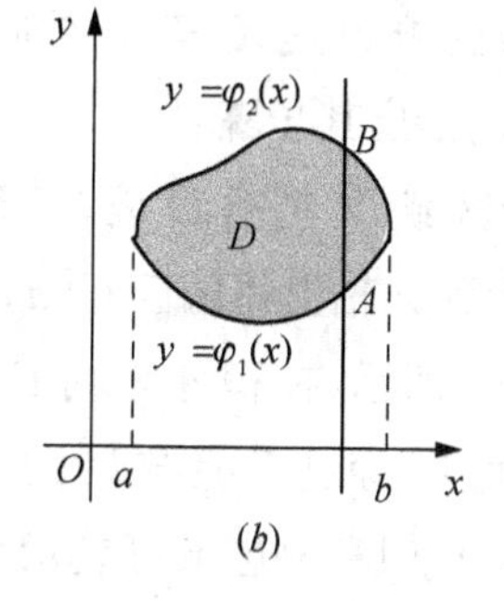

(b)

10-6

$$a\leqslant x\leqslant b,\varphi_1(x)\leqslant y\leqslant \varphi_2(x),$$

我们称它为 X-**型区域**.

其特点是平行于 y 轴且穿过 D 内部的直线，与 D 的边界相交不多于两点.

按照二重积分的几何意义，当被积函数 $f(x,y)\geqslant 0$ 时，二重积分 $\iint\limits_D f(x,y)\mathrm{d}\sigma$ 的值等于以 D 为底、以曲面 $z=f(x,y)$ 为曲顶的曲顶柱体的体积. 下面我们利用求"平行截面面积为已知的立体的体积"的方法来计算该曲顶柱体的体积，从而推出二重积分的计算公式.

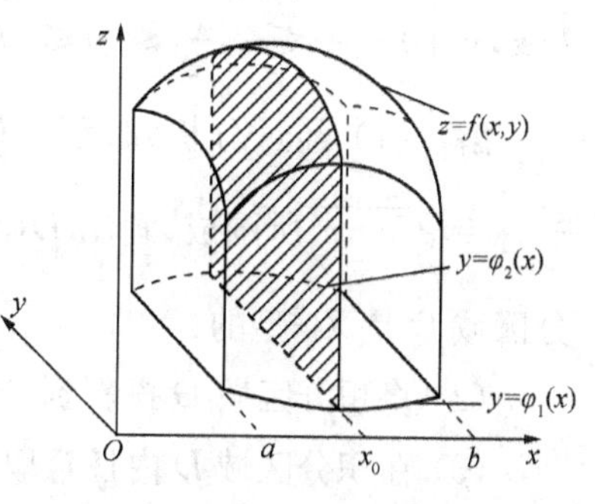

图 10-7

取 $x_0\in[a,b]$(如图 10-7 所示)，曲顶柱体在 $x=x_0$ 处的截面是以区间 $[\varphi_1(x_0),\varphi_2(x_0)]$ 为底、以曲线 $z=f(x_0,y)$

为曲边的曲边梯形.

由曲边梯形面积的计算可知该截面的面积为

$$A(x_0)=\int_{\varphi_1(x_0)}^{\varphi_2(x_0)}f(x_0,y)\mathrm{d}y,$$

因而曲顶柱体体积为

$$V=\int_a^b A(x)\mathrm{d}x=\int_a^b\left[\int_{\varphi_1(x)}^{\varphi_2(x)}f(x,y)\mathrm{d}y\right]\mathrm{d}x,$$

有时也写为

$$V=\iint_D f(x,y)\mathrm{d}\sigma=\int_a^b\mathrm{d}x\int_{\varphi_1(x)}^{\varphi_2(x)}f(x,y)\mathrm{d}y. \tag{2.1}$$

注意

1) 虽然以上公式推导中我们假设 $f(x,y)\geqslant 0$,但公式(2.1)的成立并不受此条件限制.

2) (2.1)右端是一个先对 y,后对 x 的积分,这样的积分称为**二次积分**,计算时先把 x 看作常数,把 $f(x,y)$ 只看作 y 的函数,并对 y 计算从 $\varphi_1(x)$ 到 $\varphi_2(x)$ 的定积分,然后把计算的结果(关于 x 的函数),再对 x 计算在区间$[a,b]$上的定积分,从而完成二重积分的计算.

通过判断积分区域 D 是 X-型区域后将二重积分化为二次积分时,确定积分的上、下限是一个关键,这里我们给出其步骤:

(1) 画出积分区域 D,判断 D 是 X-型区域;

(2) 将 D 投影到 x 轴上得闭区间$[a,b]$;

(3) 如图 10-6 所示,在积分区域 D 内任意取一点(x,y),过此点沿 y 轴正向作平行于 y 轴的直线"自下而上"穿过 D 且与 D 的边界线有两个交点 A,B,点 A 的纵坐标为$\varphi_1(x)$,点 B 的纵坐标为 $\varphi_2(x)$,此时积分区域可表示为 $D=\{(x,y)\mid a\leqslant x\leqslant b,\varphi_1(x)\leqslant y\leqslant\varphi_2(x)\}$,因此

$$\iint_D f(x,y)\mathrm{d}\sigma=\int_a^b\mathrm{d}x\int_{\varphi_1(x)}^{\varphi_2(x)}f(x,y)\mathrm{d}y.$$

例 1 将 $I=\iint_D f(x,y)\mathrm{d}\sigma$ 化为二次积分,积分区域 $D=\left\{(x,y)\,\middle|\,0\leqslant x\leqslant 2,\frac{x^2}{2}\leqslant y\leqslant\sqrt{8-x^2}\right\}$.

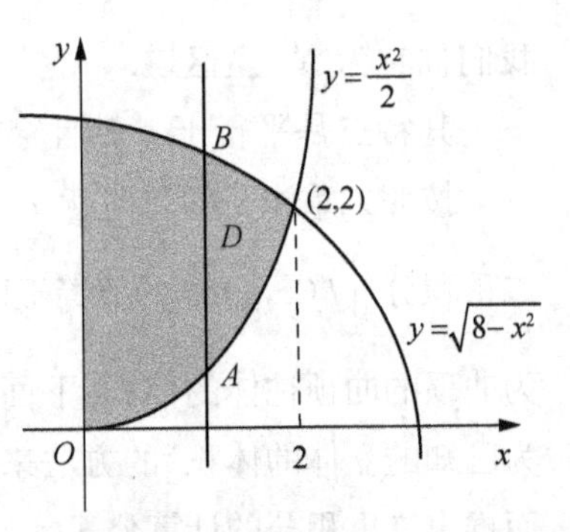

图 10-8

解 (1) 经过分析知,积分区域 D 是由 y 轴,曲线 $y=\frac{x^2}{2}$,$y=\sqrt{8-x^2}$所围成,画出 D(如图 10-8 所示),判断出积分区域 D 是 X-型的;

(2) 将积分区域 D 投影到 x 轴上得闭区间$[0,2]$;

(3) 在积分区域 D 内任意取一点(x,y),过此点沿 y 轴正

向作平行于 y 轴的直线“自下而上”穿过 D 且与 D 的边界线有两个交点 $A\left(x,\frac{x^2}{2}\right)$,$B(x,\sqrt{8-x^2})$,此时

$$I=\int_0^2 \mathrm{d}x\int_{\frac{x^2}{2}}^{\sqrt{8-x^2}} f(x,y)\mathrm{d}y.$$

2. 积分区域 D 为 Y-型区域

如果积分区域 D 是由两条直线 $y=c$,$y=d$ 以及两条连续曲线 $x=\psi_1(y)$,$x=\psi_2(y)$ 所围成,这时区域 D(如图 10-9 所示)可用不等式表示为

$$\psi_1(y)\leqslant x\leqslant \psi_2(y),c\leqslant y\leqslant d.$$

我们称它为 **Y-型区域**.

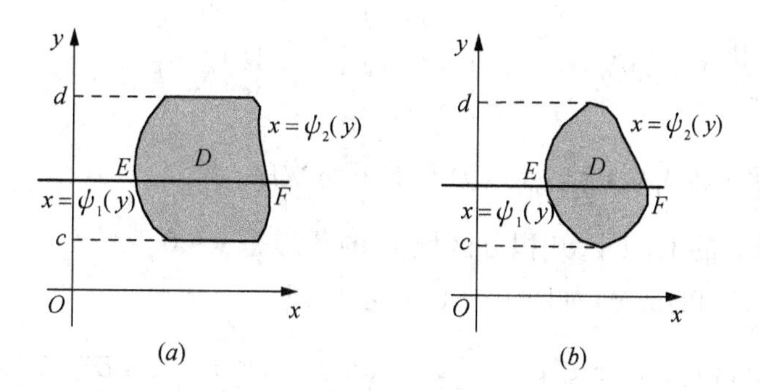

图 10-9

其特点是平行于 x 轴并穿过 D 内部的直线,与 D 的边界相交不多于两点.

通过判断积分区域 D 是 Y-型区域时,二重积分转化为二次积分的步骤为:

(1) 画出积分区域 D,判断 D 是 Y-型区域;

(2) 将积分区域 D 投影到 y 轴上得闭区间$[c,d]$;

(3) 如图 10-9 所示,在积分区域 D 内任意取一点(x,y),过此点沿 x 轴作平行于 x 轴的直线“自左而右”穿过积分区域 D 且与 D 的边界有两个交点 E,F,点 E 的横坐标为 $\psi_1(y)$,点 F 的横坐标为 $\psi_2(y)$,此时

$$D=\{(x,y)\mid \psi_1(y)\leqslant x\leqslant \psi_2(y),c\leqslant y\leqslant d\},$$

因而有

$$\iint_D f(x,y)\mathrm{d}\sigma=\int_c^d \mathrm{d}y\int_{\psi_1(y)}^{\psi_2(y)} f(x,y)\mathrm{d}x. \tag{2.2}$$

例 2　计算 $I=\iint_D(x+y^2)\mathrm{d}\sigma$,其中 D 是由直线 $y=2$,$y=2x$ 及 $y=x$ 所围成的闭区域.

解 先画出积分区域 D（如图 10－10 所示），显然此积分区域可表示为 $D=\left\{(x,y)\left|\dfrac{y}{2}\leqslant x\leqslant y,0\leqslant y\leqslant 2\right.\right\}$.

$$I=\int_0^2 \mathrm{d}y\int_{\frac{y}{2}}^{y}(x+y^2)\mathrm{d}x=\int_0^2\left(\frac{1}{2}y^3+\frac{3}{8}y^2\right)\mathrm{d}y=3.$$

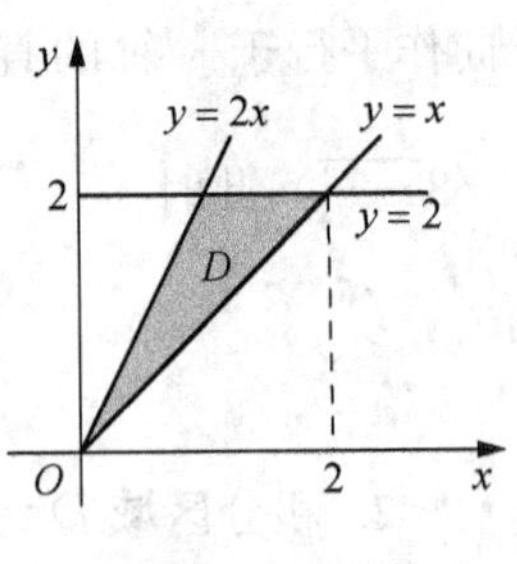

图 10－10

3. 积分区域 D 既是 X－型区域又是 Y－型区域

如果积分区域 D 既可以用不等式 $\psi_1(y)\leqslant x\leqslant\psi_2(y),c\leqslant y\leqslant d$ 表示，又可以用不等式 $\varphi_1(x)\leqslant y\leqslant\varphi_2(x),a\leqslant x\leqslant b$ 表示，则

$$\iint_D f(x,y)\mathrm{d}\sigma=\int_c^d\mathrm{d}y\int_{\psi_1(y)}^{\psi_2(y)}f(x,y)\mathrm{d}x=\int_a^b\mathrm{d}x\int_{\varphi_1(x)}^{\varphi_2(x)}f(x,y)\mathrm{d}y. \tag{2.3}$$

特殊地，如果积分区域 D 可以用不等式 $a\leqslant x\leqslant b,c\leqslant y\leqslant d$ 表示，那么

$$\iint_D f(x,y)\mathrm{d}\sigma=\int_c^d\mathrm{d}y\int_a^b f(x,y)\mathrm{d}x=\int_a^b\mathrm{d}x\int_c^d f(x,y)\mathrm{d}y. \tag{2.4}$$

例 3 交换二重积分 $\int_1^{\mathrm{e}}\mathrm{d}x\int_0^{\ln x}f(x,y)\mathrm{d}y$ 的积分次序.

解 由二次积分的上、下限知积分区域 D 的图形是 $y=0$ 与 $y=\ln x$ 在$[1,\mathrm{e}]$之间的部分（如图 10－11 所示），即

$$D=\{(x,y)\mid 1\leqslant x\leqslant \mathrm{e},0\leqslant y\leqslant \ln x\}.$$

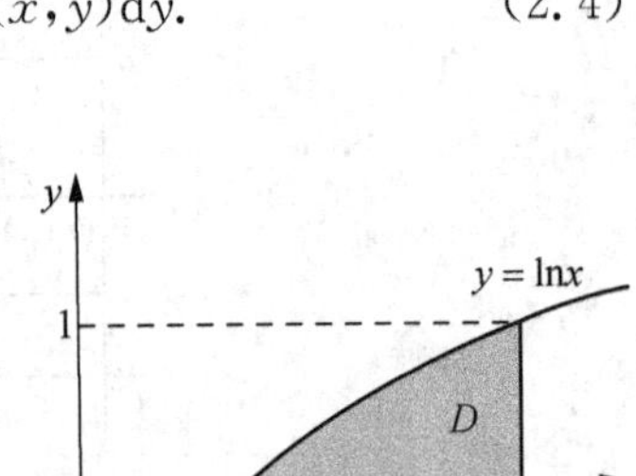

图 10－11

若先对 x 后对 y 积分，此时积分区域可表示为

$$D=\{(x,y)\mid 0\leqslant y\leqslant 1,\mathrm{e}^y\leqslant x\leqslant \mathrm{e}\},$$

因此，我们可以交换积分次序，得

$$\int_1^{\mathrm{e}}\mathrm{d}x\int_0^{\ln x}f(x,y)\mathrm{d}y=\int_0^1\mathrm{d}y\int_{\mathrm{e}^y}^{\mathrm{e}}f(x,y)\mathrm{d}x.$$

4. 积分区域 D 为混合型区域

积分区域 D 如图 10－12 所示那样，如果存在穿过 D 内部且平行于 x 轴和 y 轴的直线与 D 的边界相交多于两点，即积分区域 D 既不是 Y－型区域又不是 X－型区域. 对于这种情形，我们可以把 D 分成几个部分，使得每个部分是 Y－型区域或者 X－型区域. 例如在图 10－12 中把 D 分成三部分，它们都是 X－型区域，从而在这三部分上的二重积分都可以应用公式(2.1)，各部分上的二重积分求得后，根据二重积分的性质，它们的和就是在 D 上的二重积分.

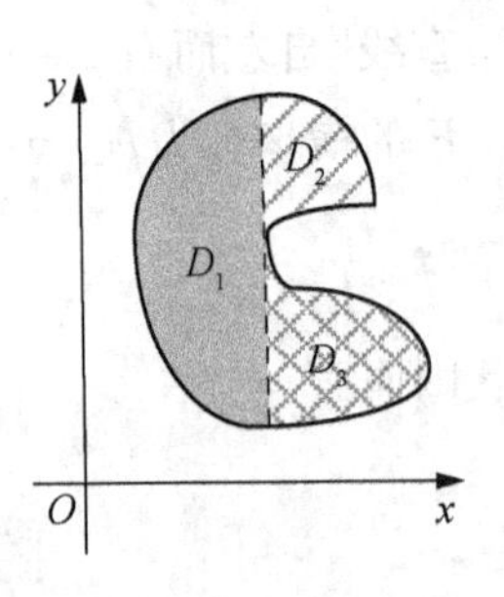

图 10－12

例 4　计算$\iint\limits_D xy\,\mathrm{d}\sigma$，其中 D 是由直线 $y=x-2$ 及抛物线 $y^2=x$ 所围成的闭区域.

解　解法一　先画出积分区域 D.

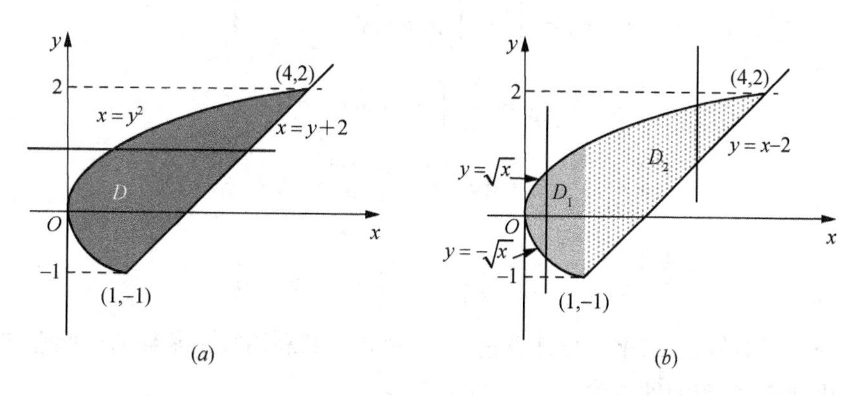

图 10-13

由于积分区域可表示为 $D=\{(x,y)\,|\,y^2\leqslant x\leqslant y+2,-1\leqslant y\leqslant 2\}$，显然积分区域是 Y-型区域（如图 10-13(a)所示），

所以
$$\iint\limits_D xy\,\mathrm{d}\sigma=\int_{-1}^{2}\mathrm{d}y\int_{y^2}^{y+2}xy\,\mathrm{d}x=\int_{-1}^{2}\left[\frac{x^2}{2}y\right]_{y^2}^{y+2}\mathrm{d}y=\frac{1}{2}\int_{-1}^{2}[y\,(y+2)^2-y^5]\mathrm{d}y$$
$$=\frac{1}{2}\left[\frac{y^4}{4}+\frac{4}{3}y^3+2y^2-\frac{y^6}{6}\right]_{-1}^{2}=5\,\frac{5}{8}.$$

解法二　如图 10-13(b)所示，积分区域 D 也可以表示为 $D=D_1\cup D_2$，其中 $D_1=\{(x,y)\,|\,0\leqslant x\leqslant 1,\ -\sqrt{x}\leqslant y\leqslant\sqrt{x}\}$，$D_2=\{(x,y)\,|\,1\leqslant x\leqslant 4,\ x-2\leqslant y\leqslant\sqrt{x}\}$，显然 D_1，D_2 均为 X-型区域，于是

$$\iint\limits_D xy\,\mathrm{d}\sigma=\int_0^1\mathrm{d}x\int_{-\sqrt{x}}^{\sqrt{x}}xy\,\mathrm{d}y+\int_1^4\mathrm{d}x\int_{x-2}^{\sqrt{x}}xy\,\mathrm{d}y=5\,\frac{5}{8}.$$

由此可以看出，在化二重积分为二次积分时，为了计算简便，需要考虑积分区域 D 的形状，选择恰当的二次积分的次序，另外还要考虑被积函数 $f(x,y)$ 的特性.

例 5　计算 $I=\iint\limits_D x^2\mathrm{e}^{-y^2}\mathrm{d}\sigma$，其中 D 是由直线 $y=1$，$x=0$，$y=x$ 所围成的闭区域.

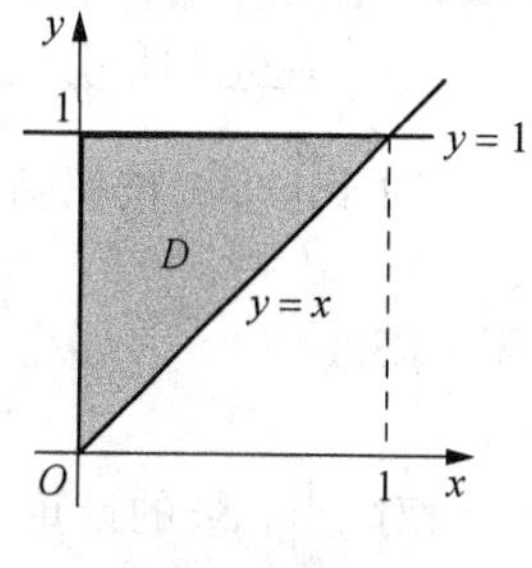

图 10-14

解　先画出积分区域 D(如图 10-14 所示).

若将 D 表示为 X-型区域，则

$$I=\iint\limits_D x^2\mathrm{e}^{-y^2}\mathrm{d}\sigma=\int_0^1 x^2\mathrm{d}x\int_x^1\mathrm{e}^{-y^2}\mathrm{d}y.$$

由于函数 e^{-y^2} 的原函数无法用初等函数形式表示，上述积分次序无法求解，因此改用另一种顺序的二次积分，则将 D 表示为 Y-型区域，从而

$$\begin{aligned}I&=\iint_D x^2e^{-y^2}\,d\sigma=\int_0^1 dy\int_0^y x^2e^{-y^2}\,dx\\&=\frac{1}{3}\int_0^1 y^3e^{-y^2}\,dy=\frac{1}{3}\int_0^1 y^2\cdot ye^{-y^2}\,dy\\&=\frac{1}{3}\cdot\frac{1}{2}\int_0^1 y^2e^{-y^2}\,dy^2\overset{y^2=-t}{=}\frac{1}{6}\int_0^{-1}te^t\,dt\\&=\frac{1}{6}\int_0^{-1}t\,de^t=\frac{1}{6}(te^t-e^t)\Big|_0^{-1}=\frac{1}{6}-\frac{1}{3e}.\end{aligned}$$

与定积分计算类似，在二重积分计算过程中，也要注意利用被积函数的奇偶性与积分区域的对称性简化计算，常用的结论如下：

假设 $f(x,y)$ 在 D 上连续，D_1 表示 D 位于 x 轴上方的部分，D_2 表示 D 位于 y 轴右方的部分，设 $I=\iint_D f(x,y)\,d\sigma$.

(1) 若 D 关于 x 轴对称，而函数 $f(x,y)$ 关于 y 是奇函数，即 $f(x,-y)=-f(x,y)$，则 $I=0$.

(2) 若 D 关于 x 轴对称，而函数 $f(x,y)$ 关于 y 是偶函数，即 $f(x,-y)=f(x,y)$，则 $I=2\iint_{D_1} f(x,y)\,d\sigma$.

(3) 若 D 关于 y 轴对称，而函数 $f(x,y)$ 关于 x 是奇函数，即 $f(-x,y)=-f(x,y)$，则 $I=0$.

(4) 若 D 关于 y 轴对称，而函数 $f(x,y)$ 关于 x 是偶函数，即 $f(-x,y)=f(x,y)$，则 $I=2\iint_{D_2} f(x,y)\,d\sigma$.

以上结论有比较明显的几何意义，证明从略.

例 6 计算 $\iint_D x\,d\sigma$ 以及 $\iint_D y\,d\sigma$，其中 D 是由 $y=1-x^2$，$y=0$ 所围成的闭区域.

解 注意到积分区域 D 关于 y 轴对称，

对于 $\iint_D x\,d\sigma$，被积函数 $f(x,y)$ 关于 x 轴是奇函数，

所以
$$\iint_D x\,d\sigma=0.$$

对于 $\iint_D y\,d\sigma$ 的计算，我们首先画出积分区域 D，如图 10-15 所示，

积分区域可表示为

$$D=\{(x,y)\mid -1\leqslant x\leqslant 1, 0\leqslant y\leqslant 1-x^2\},$$

因此有

$$I=\iint_D y\,\mathrm{d}\sigma=\int_{-1}^{1}\mathrm{d}x\int_0^{1-x^2}y\,\mathrm{d}y=\int_{-1}^{1}\left[\frac{1}{2}y^2\right]_0^{1-x^2}\mathrm{d}x=\frac{8}{15}.$$

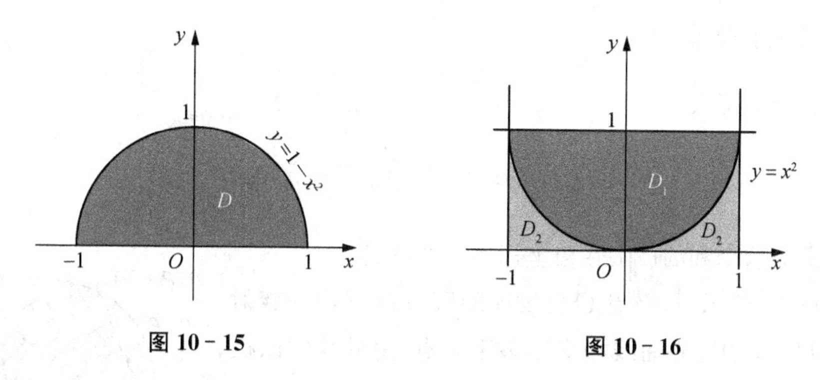

图 10-15　　图 10-16

例 7　计算 $\iint_D |y-x^2|\,\mathrm{d}\sigma$，其中 D 是由直线 $x=-1, x=1, y=1, y=0$ 所围成的闭区域.

解　注意到被积函数 $f(x,y)$ 是带有绝对值符号的函数，所以首先要考虑将绝对值符号去掉，这就要将积分区域 D 分成两部分 D_1, D_2，如图 10-16 所示，

其中

$$D_1=\{(x,y)\mid -1\leqslant x\leqslant 1, x^2\leqslant y\leqslant 1\},$$
$$D_2=\{(x,y)\mid -1\leqslant x\leqslant 1, 0\leqslant y\leqslant x^2\}.$$

这时

$$\begin{aligned}\iint_D |y-x^2|\,\mathrm{d}\sigma&=\iint_{D_1}|y-x^2|\,\mathrm{d}\sigma+\iint_{D_2}|y-x^2|\,\mathrm{d}\sigma\\&=\iint_{D_1}(y-x^2)\,\mathrm{d}\sigma+\iint_{D_2}(x^2-y)\,\mathrm{d}\sigma\\&=\int_{-1}^{1}\mathrm{d}x\int_{x^2}^{1}(y-x^2)\,\mathrm{d}y+\int_{-1}^{1}\mathrm{d}x\int_0^{x^2}(x^2-y)\,\mathrm{d}y\\&=\int_{-1}^{1}\left(\frac{1}{2}y^2-x^2y\right)\Big|_{x^2}^{1}\mathrm{d}x+\int_{-1}^{1}\left(x^2y-\frac{1}{2}y^2\right)\Big|_0^{x^2}\mathrm{d}x\\&=\int_{-1}^{1}\left(\frac{1}{2}-x^2+\frac{1}{2}x^4\right)\mathrm{d}x+\int_{-1}^{1}\left(\frac{1}{2}x^4\right)\mathrm{d}x\\&=\frac{11}{15}.\end{aligned}$$

二、利用极坐标计算二重积分

对于某些二重积分，积分区域 D 是圆域、环域、扇形区域或边界曲线由极坐标方程给出，或被积函数形如 $f(x^2+y^2)$，$f(xy)$，$f\left(\dfrac{y}{x}\right)$ 等时，我们考虑利用极坐标来计算二重积分 $\iint\limits_D f(x,y)\mathrm{d}\sigma$ 往往要简单一些.

按二重积分的定义

$$\iint\limits_D f(x,y)\mathrm{d}\sigma=\lim_{\lambda\to 0}\sum_{i=1}^{n}f(\xi_i,\eta_i)\Delta\sigma_i,$$

下面我们来研究这个和的极限在极坐标系中的形式.

如图 10-17 所示，从极点 O 出发向闭区域 D 发出一族射线，这些射线与 D 的边界曲线相交不多于两点，另外我们以极点 O 为中心画一族同心圆，射线与同心圆将区域 D 分成 n 个小区域，除了包含边界点的一些小闭区域外，第 i 个小闭区域的面积为

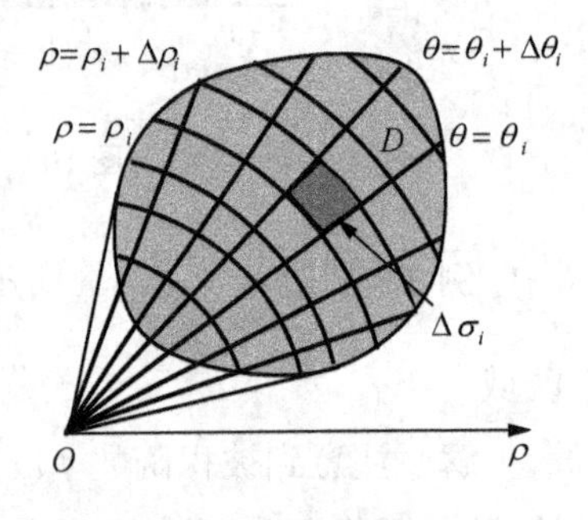

图 10-17

$$\begin{aligned}\Delta\sigma_i&=\frac{1}{2}(\rho_i+\Delta\rho_i)^2\Delta\theta_i-\frac{1}{2}\rho_i^2\Delta\theta_i\\&=\frac{1}{2}(2\rho_i+\Delta\rho_i)\Delta\rho_i\Delta\theta_i\\&=\frac{\rho_i+(\rho_i+\Delta\rho_i)}{2}\Delta\rho_i\Delta\theta_i\\&=\bar{\rho}_i\Delta\rho_i\Delta\theta_i,\end{aligned}$$

其中 $\bar{\rho}_i$ 表示相邻两圆弧的半径的平均值.

在 $\Delta\sigma_i$ 内取圆周 $\rho=\bar{\rho}_i$ 上点 $(\bar{\rho}_i,\ \bar{\theta}_i)$，设该点直角坐标系中坐标为 (ξ_i,η_i)，

则有 $\xi_i=\bar{\rho}_i\cos\bar{\theta}_i$，$\eta_i=\bar{\rho}_i\sin\bar{\theta}_i$，

于是
$$\lim_{\lambda\to 0}\sum_{i=1}^{n}f(\xi_i,\eta_i)\Delta\sigma_i=\lim_{\lambda\to 0}\sum_{i=1}^{n}f(\bar{\rho}_i\cos\bar{\theta}_i,\bar{\rho}_i\sin\bar{\theta}_i)\bar{\rho}_i\Delta\rho_i\Delta\theta_i,$$

即
$$\iint\limits_D f(x,y)\mathrm{d}\sigma=\iint\limits_D f(\rho\cos\theta,\rho\sin\theta)\rho\mathrm{d}\rho\mathrm{d}\theta. \tag{2.5}$$

(2.5)式就是二重积分的变量从直角坐标转换为极坐标的变换公式，其中 $\rho\mathrm{d}\rho\mathrm{d}\theta$ 是极坐标中的面积元素.

与计算直角坐标系中的二重积分一样，计算极坐标系中的二重积分，也要将它化为二次积分. 如何确定两个变量的上、下限与在直角坐标系中的方法类似，根据极点与积分区域的关系一般分三种情况来讨论：

(1) 极点在积分区域 D 之外,如图 10-18 所示.

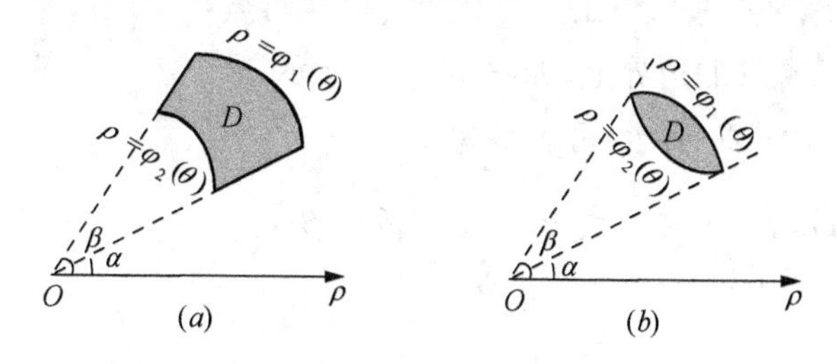

图 10-18

由极点出发向积分区域 D 引一系列射线,如果积分区域 D 夹在射线 $\theta=\alpha$ 和 $\theta=\beta$ 之间,并且积分区域 D 的边界方程是 $\rho=\varphi_1(\theta)$ 和 $\rho=\varphi_2(\theta)$,则积分区域可表示为

$$D=\{(\rho,\theta)\mid\varphi_2(\theta)\leqslant\rho\leqslant\varphi_1(\theta),\alpha\leqslant\theta\leqslant\beta\},$$

这时

$$\iint_D f(\rho\cos\theta,\rho\sin\theta)\rho\,\mathrm{d}\rho\,\mathrm{d}\theta=\int_\alpha^\beta\mathrm{d}\theta\int_{\varphi_2(\theta)}^{\varphi_1(\theta)}f(\rho\cos\theta,\rho\sin\theta)\rho\,\mathrm{d}\rho.\qquad(2.6)$$

(2) 极点在积分区域 D 之内,如图 10-19 所示.

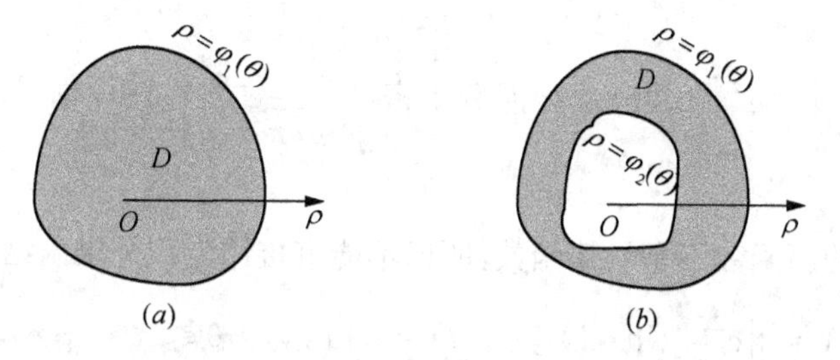

图 10-19

如图 10-19(a)所示,积分区域可表示为

$$D=\{(\rho,\theta)\mid 0\leqslant\rho\leqslant\varphi_1(\theta),0\leqslant\theta\leqslant2\pi\},$$

这时

$$\iint_D f(\rho\cos\theta,\rho\sin\theta)\rho\,\mathrm{d}\rho\,\mathrm{d}\theta=\int_0^{2\pi}\mathrm{d}\theta\int_0^{\varphi_1(\theta)}f(\rho\cos\theta,\rho\sin\theta)\rho\,\mathrm{d}\rho.\qquad(2.7)$$

如图 10-19(b) 所示积分区域可表示为

$$D=\{(\rho,\theta)\mid\varphi_2(\theta)\leqslant\rho\leqslant\varphi_1(\theta),0\leqslant\theta\leqslant2\pi\},$$

这时

$$\iint_D f(\rho\cos\theta,\rho\sin\theta)\rho\,\mathrm{d}\rho\,\mathrm{d}\theta=\int_0^{2\pi}\mathrm{d}\theta\int_{\varphi_2(\theta)}^{\varphi_1(\theta)}f(\rho\cos\theta,\rho\sin\theta)\rho\,\mathrm{d}\rho. \tag{2.8}$$

(3) 极点在积分区域 D 的边界上,如图 10-20 所示.

积分区域 D(如图 10-20 所示)可表示为

$$D=\{(\rho,\theta)\mid 0\leqslant\rho\leqslant\varphi(\theta),\alpha\leqslant\theta\leqslant\beta\},$$

这时

$$\iint_D f(\rho\cos\theta,\rho\sin\theta)\rho\,\mathrm{d}\rho\,\mathrm{d}\theta=\int_\alpha^\beta\mathrm{d}\theta\int_0^{\varphi(\theta)}f(\rho\cos\theta,\rho\sin\theta)\rho\,\mathrm{d}\rho. \tag{2.9}$$

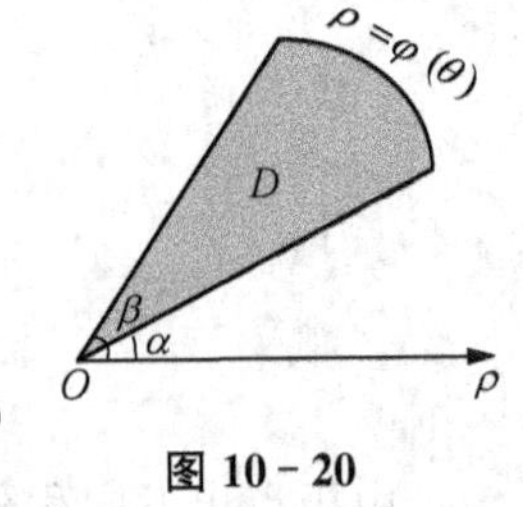

图 10-20

例 8 将 $I=\int_0^1\mathrm{d}x\int_{\sqrt{\frac{1}{4}-x^2}}^{\sqrt{1-x^2}}f(x,y)\mathrm{d}y$ 化为极坐标系中的二次积分.

解 首先画出被积区域 D(如图 10-21 所示),显然积分区域可表示为

$$D=\left\{(\rho,\theta)\,\middle|\,\frac{1}{2}\leqslant\rho\leqslant 1,0\leqslant\theta\leqslant\frac{\pi}{2}\right\}.$$

从而 $I=\int_0^1\mathrm{d}x\int_{\sqrt{\frac{1}{4}-x^2}}^{\sqrt{1-x^2}}f(x,y)\mathrm{d}y=\int_0^{\frac{\pi}{2}}\mathrm{d}\theta\int_{\frac{1}{2}}^1 f(\rho\cos\theta,\rho\sin\theta)\rho\,\mathrm{d}\rho.$

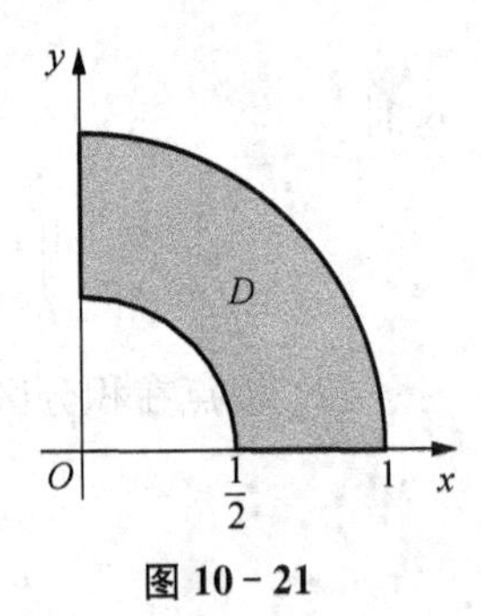

图 10-21

例 9 计算 $I=\int_{-\infty}^{+\infty}\mathrm{e}^{-x^2}\mathrm{d}x$,由此验证概率密度 $\frac{1}{\sqrt{2\pi}}\mathrm{e}^{-\frac{x^2}{2}}$ 在 $(-\infty,+\infty)$ 上的积分为 1.

解 因为 e^{-x^2} 的原函数不是初等函数,所以不能直接用定积分求出结果.

我们假设 $A=\iint_D\mathrm{e}^{-x^2-y^2}\mathrm{d}x\,\mathrm{d}y$,其中 $D=\{(x,y)\mid 0\leqslant x<+\infty,0\leqslant y<+\infty\}$.

考虑到被积函数与被积区域的特点,我们在极坐标系中计算该积分,此时积分区域 D 可表示为

$$D=\left\{(\rho,\theta)\,\middle|\,0\leqslant\rho<+\infty,0\leqslant\theta\leqslant\frac{\pi}{2}\right\},$$

于是

$$\begin{aligned}\iint_D\mathrm{e}^{-x^2-y^2}\mathrm{d}x\,\mathrm{d}y&=\iint_D\mathrm{e}^{-\rho^2}\rho\,\mathrm{d}\rho\,\mathrm{d}\theta=\int_0^{\frac{\pi}{2}}\left[\int_0^{+\infty}\mathrm{e}^{-\rho^2}\rho\,\mathrm{d}\rho\right]\mathrm{d}\theta\\&=\int_0^{\frac{\pi}{2}}\left[-\frac{1}{2}\mathrm{e}^{-\rho^2}\right]_0^{+\infty}\mathrm{d}\theta=\frac{\pi}{4}.\end{aligned}$$

然而在这里

$$A=\iint_D e^{-x^2-y^2}\,dx\,dy=\int_0^{+\infty}e^{-x^2}\,dx\int_0^{+\infty}e^{-y^2}\,dy=\frac{1}{4}I^2,$$

从而

$$I=\int_{-\infty}^{+\infty}e^{-x^2}\,dx=\sqrt{\pi}.$$

因此

$$\int_{-\infty}^{+\infty}\frac{1}{\sqrt{2\pi}}e^{-\frac{x^2}{2}}\,dx\xlongequal{\text{令}x=\sqrt{2}t}\int_{-\infty}^{+\infty}\frac{1}{\sqrt{2\pi}}e^{-t^2}\sqrt{2}dt=1.$$

习题 10-2

1. 设 f 在闭区域 D 上连续，试将二重积分 $I=\iint\limits_D f(x,y)d\sigma$ 化为不同顺序的累次积分：

(1) $D=\{(x,y)\mid |x|+|y|\leqslant 1\}$；

(2) $D=\{(x,y)\mid y\leqslant x, y\geqslant a, x\leqslant b, 0\leqslant a\leqslant b\}$；

(3) $D=\{(x,y)\mid x^2+y^2\leqslant a^2, x+y\geqslant a(a>0)\}$.

2. 在下列积分中改变累次积分的顺序：

(1) $\int_0^2 dx\int_x^{2x}f(x,y)dy$；

(2) $\int_0^1 dx\int_0^{x^2}f(x,y)dy$；

(3) $\int_0^1 dx\int_0^x f(x,y)dy+\int_1^2 dx\int_0^{2-x}f(x,y)dy$；

(4) $\int_{-\sqrt{2}}^{-1}dy\int_{-\sqrt{2-y^2}}^0 f(x,y)dx+\int_{-1}^0 dy\int_{-\sqrt{-y}}^0 f(x,y)dx$；

(5) $\int_1^4 dy\int_{\frac{1}{y}}^{\sqrt{y}}f(x,y)dx$；

(6) $\int_0^4 dy\int_{-\sqrt{4-y}}^{\frac{1}{2}(y-4)}f(x,y)dx$；

(7) $\int_0^{\frac{1}{2}}dx\int_x^{1-x}f(x,y)dy$；

(8) $\int_1^2 dx\int_{\frac{1}{x}}^x f(x,y)dy$；

(9) $\int_{-a}^a dx\int_0^{\sqrt{a^2-x^2}}f(x,y)dy(a>0)$；

(10) $\int_0^4 dx\int_x^{2\sqrt{x}}f(x,y)dy$；

(11) $\int_{\frac{1}{4}}^{\frac{1}{2}} dy \int_{\frac{1}{2}}^{\sqrt{y}} f(x,y) dx + \int_{\frac{1}{2}}^{1} dy \int_{y}^{\sqrt{y}} f(x,y) dx$；

(12) $\int_{0}^{1} dx \int_{0}^{x^2} f(x,y) dy + \int_{1}^{3} dx \int_{0}^{\frac{3-x}{2}} f(x,y) dy$.

3. 画出积分区域,并计算下列积分：

(1) $\iint\limits_{D} xy\, d\sigma$,其中 D 由 $y^2 = x$ 与 $x^2 = y$ 所围成；

(2) $\iint\limits_{D} x\, d\sigma$,其中 D 由 $y = \frac{2}{x}$ 与 $x + y = 3$ 所围成；

(3) $\iint\limits_{D} x\, d\sigma$,其中 D 由 $y^{\frac{1}{2}} = x, x + y = 2$ 以及 x 轴所围成；

(4) $\iint\limits_{D} \frac{1}{2}(2 - x - y) dx dy$,其中 D 由 $y = x$ 和 $y = x^2$ 所围成；

(5) $\iint\limits_{D} \frac{1}{(x+y)^2} d\sigma$,其中 $D = \{(x,y) \mid 3 \leqslant x \leqslant 4, 1 \leqslant y \leqslant 2\}$；

(6) $\iint\limits_{D} xy\, d\sigma$,其中 D 由 $y^2 = 2x$ 与 $y = x - 4$ 所围成；

(7) $\iint\limits_{D} \frac{x^2}{y^2} d\sigma$,其中 D 由 $y = \frac{1}{x}, y = x, x = 2$ 所围成；

(8) $\iint\limits_{D} x^2 \sin(xy) dx dy$,其中 D 由 $y = x, y = 0, x = 1$ 所围成；

(9) $\iint\limits_{D} (x^2 + y^2) d\sigma$,其中 $D = \{(x,y) \mid 0 \leqslant x \leqslant 1, \sqrt{x} \leqslant y \leqslant 2\sqrt{x}\}$.

4. 选择合适的积分次序,并计算下列积分：

(1) $\int_{0}^{\frac{\sqrt{\pi}}{2}} dy \int_{y}^{\frac{\sqrt{\pi}}{2}} 2\cos x^2 dx$；

(2) $\int_{0}^{1} dy \int_{y}^{\sqrt{y}} \frac{\sin x}{x} dx$；

(3) $\int_{\frac{1}{4}}^{\frac{1}{2}} dy \int_{\frac{1}{2}}^{\sqrt{y}} e^{\frac{y}{x}} dx + \int_{\frac{1}{2}}^{1} dy \int_{y}^{\sqrt{y}} e^{\frac{y}{x}} dx$.

5. 将下列直角坐标系中的二重积分转换为极坐标系中的二重积分：

(1) $\iint\limits_{D} f(x,y) d\sigma$,其中 $D = \{(x,y) \mid 0 \leqslant x \leqslant 1, 0 \leqslant y \leqslant 1 - x\}$；

(2) $\int_{0}^{1} dx \int_{x^2}^{x} f(x,y) dy$.

6. 在极坐标系中计算下列二重积分：

(1) $\iint\limits_{D} \sin\sqrt{x^2 + y^2}\, d\sigma$,其中 $D = \{(x,y) \mid \pi^2 \leqslant x^2 + y^2 \leqslant 4\pi^2\}$；

(2) $\iint\limits_D \sqrt{x^2+y^2}\,\mathrm{d}\sigma$,其中 D 由 $x^2+y^2=2y, x=0$ 所围成的第一象限内的区域;

(3) $\iint\limits_D \mathrm{e}^{-x^2-y^2}\,\mathrm{d}\sigma$,其中 $D=\{(x,y)\mid 0\leqslant x^2+y^2\leqslant 1\}$;

(4) $\iint\limits_D |x^2+y^2-1|\,\mathrm{d}\sigma$,其中 $D=\{(x,y)\mid 0\leqslant x^2+y^2\leqslant 4\}$;

(5) $\iint\limits_D f'(x^2+y^2)\,\mathrm{d}\sigma$, 其中 $D=\{(x,y)\mid 0\leqslant x^2+y^2\leqslant R^2\}$;

(6) $\iint\limits_D \ln(1+x^2+y^2)\,\mathrm{d}\sigma$,其中 $D=\{(x,y)\mid 0\leqslant x^2+y^2\leqslant 1\}$.

第三节　二重积分的应用

前面已经学习了二重积分的计算和性质,接下来,我们将讨论二重积分的应用.

一、曲面的面积

已知曲面 $\Sigma: z=f(x,y)$,设 D 为曲面 Σ 在 xOy 面上的投影区域,并且函数 $f(x,y)$ 在 D 上具有连续偏导数 $f_x(x,y)$ 和 $f_y(x,y)$,因此曲面上每一点都存在切平面和法线,现求曲面的面积 A.

(1) 分割

将曲面 Σ 分割成 n 个小曲面:

$$\Sigma_1,\Sigma_2,\cdots,\Sigma_n.$$

每一个曲面 Σ_i 投影到 xOy 面上得到平面区域 $\Delta\sigma_i(i=1,2,\cdots,n)$ (其面积也记为 $\Delta\sigma_i$).

(2) 近似求和

如图 10-22 所示,在 Σ_i 上任取一点 $M_i(x_i,y_i,f(x_i,y_i))$,在点 M_i 处的切平面 π_i 被 Σ_i 的投影柱面截下的面积为 ΔT_i. 由几何知识可知

$$\Delta T_i=\frac{\Delta\sigma_i}{\cos\gamma_i},$$

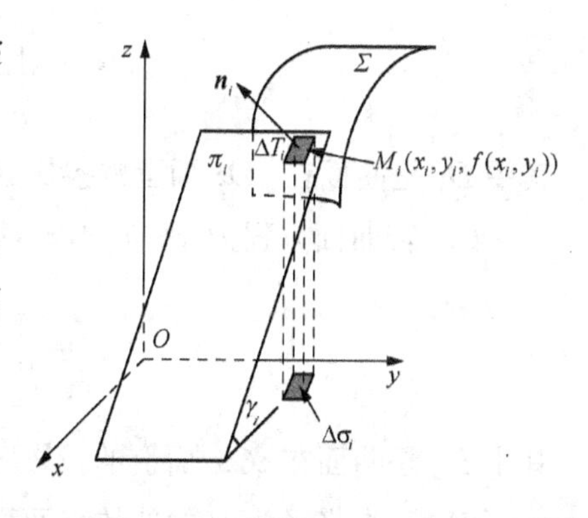

图 10-22

其中 γ_i 表示 π_i 与 xOy 面的夹角,同时也是 π_i 的法向量 $\boldsymbol{n}_i$ 与 z 轴正向的夹角.

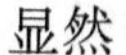
显然

$$\cos\gamma_i = \frac{1}{\sqrt{1+f_x^2(x,y)+f_y^2(x,y)}},$$

此时曲面 Σ_i 的面积

$$\Delta S_i \approx \Delta T_i = \sqrt{1+f_x^2(x,y)+f_y^2(x,y)}\Delta\sigma_i,$$

因此有曲面 Σ 的面积

$$A = \sum_{i=1}^{n}\Delta S_i \approx \sum_{i=1}^{n}\Delta T_i .$$

(3) 取极限

令λ是 $\Sigma_i(i=1,2,\cdots,n)$ 的直径中的最大值,则

$$A = \lim_{\lambda\to 0}\sum_{i=1}^{n}\Delta T_i,$$

利用二重积分可知曲面 S 的面积为

$$A = \iint_D \sqrt{1+f_x^2(x,y)+f_y^2(x,y)}\,\mathrm{d}\sigma,$$

或

$$A = \iint_D \sqrt{1+\left(\frac{\partial z}{\partial x}\right)^2+\left(\frac{\partial z}{\partial y}\right)^2}\,\mathrm{d}x\,\mathrm{d}y .$$

类似地,可得

(1) 若曲面方程为 $x=g(y,z)$,则曲面的面积

$$A = \iint_{D_{yz}} \sqrt{1+\left(\frac{\partial x}{\partial y}\right)^2+\left(\frac{\partial x}{\partial z}\right)^2}\,\mathrm{d}y\,\mathrm{d}z,$$

其中 D_{yz} 是曲面在 yOz 面上的投影区域.

(2) 若曲面方程为 $y=h(x,z)$,则曲面的面积

$$A = \iint_{D_{zx}} \sqrt{1+\left(\frac{\partial y}{\partial z}\right)^2+\left(\frac{\partial y}{\partial x}\right)^2}\,\mathrm{d}z\,\mathrm{d}x,$$

其中 D_{zx} 是曲面在 zOx 面上的投影区域.

例 1 求半径为 R 的球的表面积.

解 所求球面的面积 A 为上半球面面积的 2 倍.

上半球面的方程为

$$z = \sqrt{R^2-x^2-y^2},$$

其中

$$x^2+y^2\leqslant R^2,$$

$$\frac{\partial z}{\partial x}=\frac{-x}{\sqrt{R^2-x^2-y^2}},\ \frac{\partial z}{\partial y}=\frac{-y}{\sqrt{R^2-x^2-y^2}}.$$

因为 z 对 x 和对 y 的偏导数在 $D=\{(x,y)\mid x^2+y^2\leqslant R^2\}$ 上无界，所以上半球球面面积不能直接求出.因此先求在区域

$$D_1=\{(x,y)\mid x^2+y^2\leqslant a^2\}(0<a<R)$$

上的部分球面面积，然后取极限.

$$\begin{aligned}\iint\limits_{x^2+y^2\leqslant a^2}\frac{R}{\sqrt{R^2-x^2-y^2}}\mathrm{d}x\,\mathrm{d}y&=R\int_0^{2\pi}\mathrm{d}\theta\int_0^a\frac{r\mathrm{d}r}{\sqrt{R^2-r^2}}\\&=2\pi R(R-\sqrt{R^2-a^2}).\end{aligned}$$

于是上半球面面积为

$$A_1=\lim_{a\to R}2\pi R(R-\sqrt{R^2-a^2})=2\pi R^2.$$

整个球面面积为

$$A=2A_1=4\pi R^2.$$

二、体积

例 2　设平面 $x=1,x=-1,y=1,y=-1$ 围成的柱体被坐标平面 $z=0$ 和平面 $x+y+z=3$ 所截，求所截下部分立体的体积.

解　图 10-23 所示为题中所截下的立体.

曲顶为　$z=3-x-y$，

而底为　$D=\{(x,y)\mid -1\leqslant x\leqslant 1,-1\leqslant y\leqslant 1\}$，

根据二重积分的几何意义可知

$$\begin{aligned}V&=\iint\limits_D(3-x-y)\mathrm{d}x\,\mathrm{d}y\\&=\int_{-1}^1\mathrm{d}x\int_{-1}^1(3-x-y)\mathrm{d}y\\&=12.\end{aligned}$$

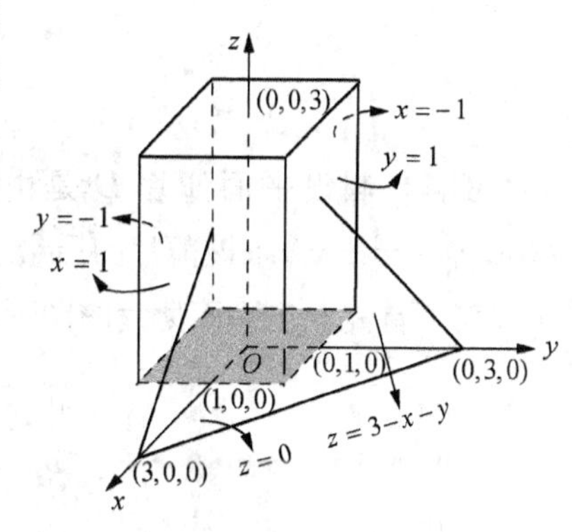

图 10-23

例 3　求球面 $x^2+y^2+z^2=R^2$ 与柱面 $x^2+y^2=Rx(R>0)$ 所围成的立体的体积.

解　如图 10-24 所示，根据对称性可知所围立体的体积只要先求出在第一卦限内的立体的体积再乘以 4 即可.

在第一卦限内的立体是一个以 $z=\sqrt{R^2-x^2-y^2}$ 为曲顶，以 xOy 平面上的半圆域 $D=\{(x,y)\mid x^2+y^2\leqslant Rx,y\geqslant 0\}$ 为底的曲顶柱体，

于是

$$V=4\iint_D\sqrt{R^2-x^2-y^2}\,\mathrm{d}\sigma.$$

在极坐标系中，D 可以表示为

$$\left\{(\rho,\theta)\,\middle|\,0\leqslant\rho\leqslant R\cos\theta,0\leqslant\theta\leqslant\frac{\pi}{2}\right\},$$

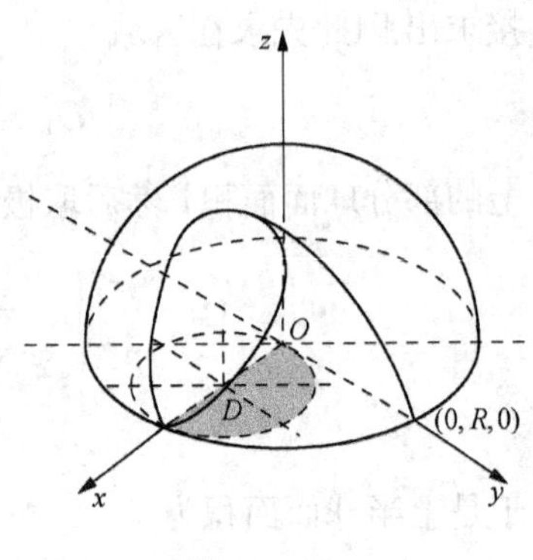

图 10-24

从而

$$\begin{aligned}V&=4\iint_D\sqrt{R^2-x^2-y^2}\,\mathrm{d}\sigma\\&=4\int_0^{\frac{\pi}{2}}\mathrm{d}\theta\int_0^{R\cos\theta}\sqrt{R^2-\rho^2}\,\rho\,\mathrm{d}\rho\\&=\frac{4}{3}R^3\int_0^{\frac{\pi}{2}}(1-\sin^3\theta)\,\mathrm{d}\theta\\&=\frac{4}{3}R^3\left(\frac{\pi}{2}-\frac{2}{3}\right).\end{aligned}$$

*三、质量

假设平面薄片占有 xOy 面上的闭区域 D，任意一点 (x,y) 处的密度为 $\mu(x,y)$，可知薄片 D 的质量为

$$M=\iint_D\mu(x,y)\,\mathrm{d}x\,\mathrm{d}y.$$

例 4 假设平面薄片 D 是由直线 $x+y=2$，$y=x$ 和 x 轴所围成的区域，它的密度 $\mu(x,y)=x^2+y^2$，求该薄片的质量.

解 首先画出平面薄片的图形(如图 10-25 所示).

$$M=\iint_D\mu(x,y)\,\mathrm{d}x\,\mathrm{d}y,$$

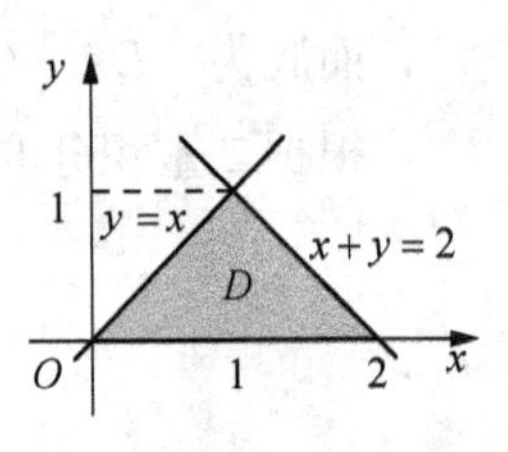

图 10-25

其中

$$D=\{(x,y)\mid y\leqslant x\leqslant 2-y,0\leqslant y\leqslant 1\}.$$

$$\begin{aligned}M&=\iint_D\mu(x,y)\,\mathrm{d}x\,\mathrm{d}y=\int_0^1\mathrm{d}y\int_y^{2-y}(x^2+y^2)\,\mathrm{d}x\\&=\int_0^1\left(\frac{1}{3}x^3+y^2x\right)\Big|_y^{2-y}\mathrm{d}y=\frac{4}{3}.\end{aligned}$$

*四、质心

设有一平面薄片，占有 xOy 面上的闭区域 D，任意点 $P(x,y)$ 处的面密度为 $\mu(x,y)$，假定 $\mu(x,y)$ 在 D 上连续，包含点 P 的一直径很小的闭区域 $d\sigma$（其面积也记为 $d\sigma$），则平面薄片对 x 轴和对 y 轴的力矩（仅考虑大小）元素分别为

$$dM_x = y\mu(x,y)d\sigma,\ dM_y = x\mu(x,y)d\sigma.$$

平面薄片对 x 轴和对 y 轴的力矩分别为

$$M_x = \iint_D y\mu(x,y)d\sigma,\ M_y = \iint_D x\mu(x,y)d\sigma.$$

设平面薄片的质心坐标为 $(\bar{x},\ \bar{y})$，平面薄片的质量为 M，则有

$$\bar{x}M = M_y,\ \bar{y}M = M_x.$$

因此

$$\bar{x} = \frac{M_y}{M} = \frac{\iint_D x\mu(x,y)d\sigma}{\iint_D \mu(x,y)d\sigma},\ \bar{y} = \frac{M_x}{M} = \frac{\iint_D y\mu(x,y)d\sigma}{\iint_D \mu(x,y)d\sigma}.$$

如果平面薄片是均匀的，即面密度是常数，那么平面薄片的质心（又称为形心）公式为

$$\bar{x} = \frac{\iint_D x\,d\sigma}{\iint_D d\sigma},\ \bar{y} = \frac{\iint_D y\,d\sigma}{\iint_D d\sigma}.$$

例 5　求位于两圆 $\rho=2\sin\theta$ 和 $\rho=6\sin\theta$ 之间的均匀薄片的质心.

解　薄片的形状如图 10－26 所示.

因为闭区域 D 对称于 y 轴，所以质心 $C(\bar{x},\bar{y})$ 必位于 y 轴上，于是 $\bar{x}=0$.

$$\iint_D y\,d\sigma = \iint_D \rho^2\sin\theta d\rho d\theta = \int_0^{\pi}\sin\theta d\theta\int_{2\sin\theta}^{6\sin\theta}\rho^2 d\rho = 26\pi,$$

$$\iint_D d\sigma = 3^2\pi - 1^2\pi = 8\pi.$$

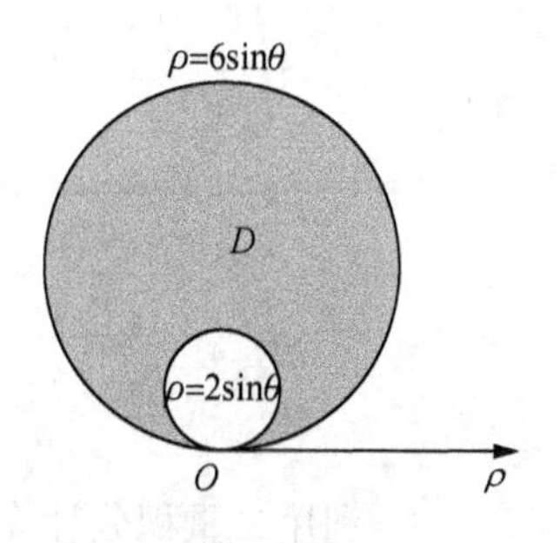

图 10－26

因为薄片是均匀的，

所以

$$\bar{y}=\frac{\iint\limits_D y\,\mathrm{d}\sigma}{\iint\limits_D \mathrm{d}\sigma}=\frac{26\pi}{8\pi}=\frac{13}{4}.$$

所求质心是 $C\left(0,\ \frac{13}{4}\right)$.

*五、转动惯量

设有一平面薄片，占有 xOy 面上的闭区域 D，点 $P(x,y)$ 处的面密度为 $\mu(x,y)$，假设 $\mu(x,y)$ 在 D 上连续，包含点 P 的直径很小的闭区域 $\mathrm{d}\sigma$（其面积也记为 $\mathrm{d}\sigma$），则平面薄片对于 x 轴的转动惯量和 y 轴的转动惯量的元素分别为

$$\mathrm{d}I_x=y^2\mu(x,y)\mathrm{d}\sigma,\mathrm{d}I_y=x^2\mu(x,y)\mathrm{d}\sigma.$$

整片平面薄片对于 x 轴的转动惯量和 y 轴的转动惯量分别是

$$I_x=\iint\limits_D y^2\mu(x,y)\mathrm{d}\sigma,\ I_y=\iint\limits_D x^2\mu(x,y)\mathrm{d}\sigma.$$

例 6 求半径为 a 的均匀半圆薄片对其直径的转动惯量，其面密度为 μ（μ 为常数）.

解 取坐标系并使薄片占闭区域 $D=\{(x,y)\,|\,x^2+y^2\leqslant a^2,y\geqslant 0\}$，
那么所求转动惯量即薄片对 x 轴的转动惯量 I_x.

$$\begin{aligned}I_x&=\iint\limits_D y^2\mu(x,y)\mathrm{d}\sigma=\mu\iint\limits_D \rho^3\sin^2\theta\,\mathrm{d}\rho\,\mathrm{d}\theta\\&=\mu\int_0^{\pi}\sin^2\theta\,\mathrm{d}\theta\int_0^a\rho^3\mathrm{d}\rho=\frac{1}{4}\mu\,a^4\cdot 2\cdot\frac{1}{2}\cdot\frac{\pi}{2}=\frac{\pi\mu a^4}{8}.\end{aligned}$$

若令半圆质量为 M，则

$$M=\frac{1}{2}\pi a^2\mu.$$

所以

$$I_x=\frac{1}{4}Ma^2.$$

习题 10-3

1. 利用二重积分计算下列曲线所围成的面积：

(1) $y=x^2,y=x+2$；

(2) $y=\sin x,y=\cos x,x=0,x=\frac{\pi}{4}$.

2. 计算下列曲面所围立体的体积 V：

(1) 由曲面 $z=\sqrt{x^2+y^2}$，$z=x^2+y^2$ 所围立体；

(2) 由曲面 $z=x^2+2y^2$ 及 $z=6-2x^2-y^2$ 所围成的立体.

*3. 设平面薄片所占的闭区域 D 介于圆 $\rho=2\sin\theta$ 与 $\rho=4\sin\theta$ 之间，D 内点 (x,y) 处的面密度 $\mu(x,y)=\frac{1}{y}$，求该平面薄片的质量.

*4. 设薄片所占的闭区域 D 介于两个圆 $\rho=a\cos\theta$，$\rho=b\cos\theta(0<a<b)$ 之间，求均匀薄片的质心.

*5. 设均匀薄片(面密度为常数 1)所占的闭区域 $D=\{(x,y)\mid 0\leqslant x\leqslant a,0\leqslant y\leqslant b\}$，求转动惯量 I_x 和 I_y.

第四节　三重积分

定积分及二重积分作为和的极限的概念，可以很自然地推广到三重积分.

一、三重积分的概念和性质

介绍三重积分的概念和性质之前，我们先用元素法解决如下问题：

例 1　假设一物体占空间的有界闭区域 Ω，它在点 (x,y,z) 处的体密度为 $\rho(x,y,z)$，这里 $\rho(x,y,z)>0$，且它在 Ω 上连续. 求该物体的质量 M.

解　(1) 分割

用任意一组曲面网把 Ω 分成 n 个小区域 $\Delta V_1,\Delta V_2,\cdots,\Delta V_n$（$\Delta V_i$ 同时也表示小区域的体积）.

(2) 近似求和

把各小块的质量近似地看作均匀物体的质量，在 ΔV_i 上任取一点 $P_i(\xi_i,\eta_i,\zeta_i)$（如图 10－27 所示），则第 i 个小块的质量 $\Delta M_i\approx\rho(\xi_i,\eta_i,\zeta_i)\Delta V_i(i=1,2,\cdots,n)$，因此有

$$M=\sum_{i=1}^{n}\Delta M_i\approx\sum_{i=1}^{n}\rho(\xi_i,\eta_i,\zeta_i)\Delta V_i.$$

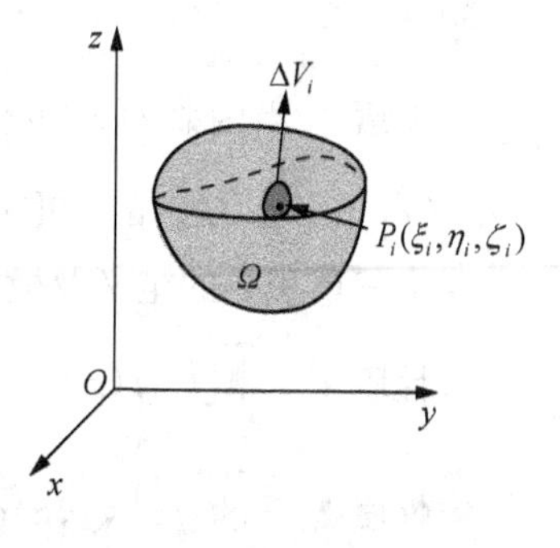

图 10－27

(3) 取极限

假设 λ 是 n 个小区域的直径中的最大值，物体的质量是

$$M=\lim_{\lambda\to 0}\sum_{i=1}^{n}\rho(\xi_i,\eta_i,\zeta_i)\Delta V_i.$$

从例1我们可以看到这也是一个和的极限,与定义二重积分一样,我们给出三重积分的定义:

定义 设 $f(x,y,z)$是空间有界闭区域 Ω 上的有界函数.将 Ω 任意分成 n 个小闭区域

$$\Delta V_1,\Delta V_2,\cdots,\Delta V_n.$$

其中 ΔV_i 表示第 i 个小闭区域,也表示它的体积.在每个 ΔV_i 上任取一点$(\xi_i,\eta_i,\zeta_i)(i=1,2,\cdots,n)$,如果当各小闭区域的直径中的最大值 λ 趋于零时,和 $\sum\limits_{i=1}^{n} f(\xi_i,\eta_i,\zeta_i)\Delta V_i$ 的极限总存在,那么称此极限为函数 $f(x,y,z)$ 在闭区域 Ω 上的三重积分,记作 $\iiint\limits_{\Omega} f(x,y,z)\mathrm{d}V$,即

$$\iiint\limits_{\Omega} f(x,y,z)\mathrm{d}V=\lim_{\lambda\to 0}\sum_{i=1}^{n} f(\xi_i,\eta_i,\zeta_i)\Delta V_i. \tag{4.1}$$

其中 $\iiint$ 叫作三重积分号,$f(x,y,z)$ 叫作被积函数,$f(x,y,z)\mathrm{d}V$ 叫作被积表达式,$\mathrm{d}V$ 叫作体积元素,x,y,z 叫作积分变量,Ω 叫作积分区域.

根据三重积分定义知,例1中物体质量为

$$M=\iiint\limits_{\Omega}\rho(x,y,z)\mathrm{d}V.$$

在直角坐标系中,如果用平行于坐标面的平面来划分 Ω,那么除了包含 Ω 的边界点的一些不规则小闭区域外,得到的小闭区域 ΔV_i 为长方体.假设长方体小闭区域 ΔV_i 的边长为 $\Delta x_j,\Delta y_k$ 和 Δz_l,则 $\Delta V_i=\Delta x_j\Delta y_k\Delta z_l$,因此在直角坐标系中,也把体积元素记为 $\mathrm{d}V=\mathrm{d}x\mathrm{d}y\mathrm{d}z$,三重积分记作

$$\iiint\limits_{\Omega} f(x,y,z)\mathrm{d}V=\iiint\limits_{\Omega} f(x,y,z)\mathrm{d}x\mathrm{d}y\mathrm{d}z.$$

注意 当函数 $f(x,y,z)$ 在闭区域 Ω 上连续时,极限 $\lim\limits_{\lambda\to 0}\sum\limits_{i=1}^{n} f(\xi_i,\eta_i,\zeta_i)\Delta V_i$ 是存在的,因此 $f(x,y,z)$在 Ω 上的三重积分是存在的,以后也总假定 $f(x,y,z)$在闭区域 Ω 上是连续的.

由三重积分的定义及极限的性质可得如下性质:

性质 1 $\iiint\limits_{\Omega}[C_1 f(x,y,z)\pm C_2 g(x,y,z)]\mathrm{d}V=C_1\iiint\limits_{\Omega} f(x,y,z)\mathrm{d}V\pm C_2\iiint\limits_{\Omega} g(x,y,z)\mathrm{d}V$;

性质 2 $\iiint\limits_{\Omega_1+\Omega_2} f(x,y,z)\mathrm{d}V=\iiint\limits_{\Omega_1} f(x,y,z)\mathrm{d}V+\iiint\limits_{\Omega_2} f(x,y,z)\mathrm{d}V$;

性质 3 $\iiint\limits_{\Omega}\mathrm{d}V=V$,其中 V 为区域 Ω 的体积.

二、三重积分的计算

1. 利用直角坐标计算三重积分

与二重积分类似，三重积分的计算总是将三重积分化为三次积分来计算.下面以“将空间区域 Ω 向 xOy 平面投影”为例，将三重积分 $I=\iiint\limits_{\Omega}f(x,y,z)\mathrm{d}V$ 转化为**三次积分**，步骤如下：

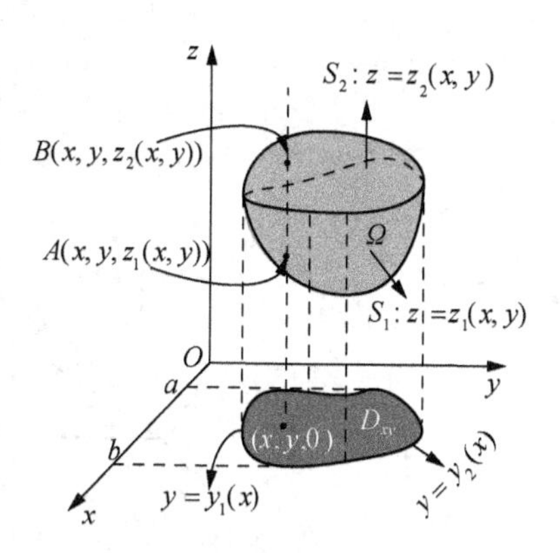

图 10－28

(1) 在空间直角坐标系中画出积分区域 Ω；

(2) 将积分区域 Ω 投影到 xOy 坐标平面上，得到平面闭区间 D_{xy}；

(3) 如图 10－28 所示，在闭区间 D_{xy} 内任意取一点 (x,y)，过此点作平行于 z 轴的直线沿 z 轴正向“自下而上”穿过积分区域 Ω 且与 Ω 的边界面有两个交点 A,B，点 A 的坐标为 $(x,y,z_1(x,y))$，点 B 的坐标为 $(x,y,z_2(x,y))$，将 $f(x,y,z)$ 只看作 z 的函数，在区间 $[z_1(x,y),z_2(x,y)]$ 上对 z 积分，得到一个二元函数 $F(x,y)$，$F(x,y)=\int_{z_1(x,y)}^{z_2(x,y)}f(x,y,z)\mathrm{d}z$，

此时

$$\iint\limits_{D_{xy}}F(x,y)\mathrm{d}\sigma=\iint\limits_{D_{xy}}\left[\int_{z_1(x,y)}^{z_2(x,y)}f(x,y,z)\mathrm{d}z\right]\mathrm{d}\sigma.$$

(4) 根据 D_{xy} 的特点，判断出类型，若平面区域

$$D_{xy}=\{(x,y)\mid y_1(x)\leqslant y\leqslant y_2(x),a\leqslant x\leqslant b\},$$

则

$$\begin{aligned}I&=\iint\limits_{D_{xy}}F(x,y)\mathrm{d}\sigma=\iint\limits_{D_{xy}}\left[\int_{z_1(x,y)}^{z_2(x,y)}f(x,y,z)\mathrm{d}z\right]\mathrm{d}\sigma\\&=\int_a^b\mathrm{d}x\int_{y_1(x)}^{y_2(x)}\left[\int_{z_1(x,y)}^{z_2(x,y)}f(x,y,z)\mathrm{d}z\right]\mathrm{d}y.\end{aligned}\tag{4.2}$$

可见(4.2)式把三重积分化为先对 z、后对 y、再对 x 的三次积分.

注意　上述方法是将积分区域 Ω 投影到 xOy 平面上，同样可以将积分区域 Ω 投影到 yOz 平面上，也可以将积分区域 Ω 投影到 zOx 平面上，可以根据具体情况而定.

例 2　计算三重积分 $\iiint\limits_{\Omega}\frac{1}{x^2+y^2}\mathrm{d}x\mathrm{d}y\mathrm{d}z$，其中 Ω 为由平面 $x=1,x=2,z=0,y=x,z=y$ 所围成的闭区域.

解　如图 10－29 所示，区域 $\Omega=\{(x,y,z)\mid 0\leqslant z\leqslant y,0\leqslant y\leqslant x,1\leqslant x\leqslant 2\}$.
于是

$$\iiint_{\Omega}\frac{1}{x^2+y^2}\mathrm{d}x\,\mathrm{d}y\,\mathrm{d}z=\int_1^2\mathrm{d}x\int_0^x\mathrm{d}y\int_0^y\frac{1}{x^2+y^2}\mathrm{d}z=\int_1^2\mathrm{d}x\int_0^x\frac{y}{x^2+y^2}\mathrm{d}y$$

$$=\frac{1}{2}\int_1^2\ln(x^2+y^2)\Big|_0^x\mathrm{d}x=\frac{1}{2}\ln 2.$$

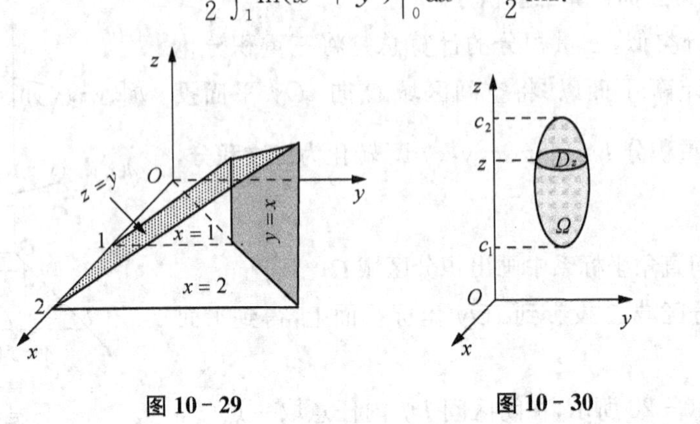

图 10-29　　图 10-30

有时,我们计算一个三重积分可以先计算一个二重积分再计算一个定积分,即:设空间闭区域$\Omega=\{(x,y,z)\mid(x,y)\in D_z,c_1\leqslant z\leqslant c_2\}$,其中$D_z$是竖坐标为$z$的平面截空间闭区域$\Omega$所得到的一个平面闭区域(如图 10-30 所示),三重积分可化为

$$\iiint_{\Omega}f(x,y,z)\mathrm{d}V=\int_{c_1}^{c_2}\mathrm{d}z\iint_{D_z}f(x,y,z)\mathrm{d}x\,\mathrm{d}y.\tag{4.3}$$

例 3　计算三重积分$\iiint_{\Omega}\mathrm{d}x\,\mathrm{d}y\,\mathrm{d}z$,其中$\Omega$是由椭球面$\frac{x^2}{a^2}+\frac{y^2}{b^2}+\frac{z^2}{c^2}=1$所围成的空间闭区域.

解　空间区域Ω可由如下不等式表示:

$$\frac{x^2}{a^2}+\frac{y^2}{b^2}\leqslant 1-\frac{z^2}{c^2},-c\leqslant z\leqslant c.$$

如图 10-31 所示,于是

$$\iiint_{\Omega}\mathrm{d}x\,\mathrm{d}y\,\mathrm{d}z=\int_{-c}^{c}\mathrm{d}z\iint_{D_z}\mathrm{d}x\,\mathrm{d}y=\pi ab\int_{-c}^{c}\left(1-\frac{z^2}{c^2}\right)\mathrm{d}z=\frac{4}{3}\pi abc.$$

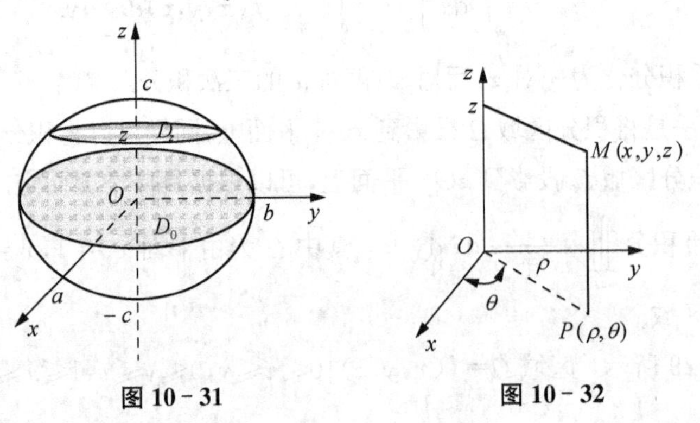

图 10-31　　图 10-32

*2. 利用柱面坐标计算三重积分

如图 10－32 所示，设 $M(x,y,z)$ 为空间内一点，并设点 M 在 xOy 面上的投影 P 的极坐标为 $P(\rho,\theta)$，其中 ρ,θ,z 就叫作点 M 的**柱面坐标**，要求 ρ,θ,z 的变化范围为

$$0\leqslant\rho<+\infty,0\leqslant\theta\leqslant 2\pi,-\infty<z<+\infty.$$

点 M 的直角坐标与柱面坐标的关系：

$$\begin{cases}x=\rho\cos\theta,\\ y=\rho\sin\theta,\\ z=z.\end{cases}$$

我们知道平面极坐标系中面积元素为 $\rho\mathrm{d}\rho\mathrm{d}\theta$，经简单计算可得空间柱面坐标系中的体积元素 $\mathrm{d}V=\rho\mathrm{d}\rho\mathrm{d}\theta\mathrm{d}z$.

此时柱面坐标系中的三重积分：

$$\iiint\limits_{\Omega}f(x,y,z)\mathrm{d}x\mathrm{d}y\mathrm{d}z=\iiint\limits_{\Omega}f(\rho\cos\theta,\rho\sin\theta,z)\rho\mathrm{d}\rho\mathrm{d}\theta\mathrm{d}z. \tag{4.4}$$

例 4　利用柱面坐标计算三重积分 $\iiint\limits_{\Omega}(x^2+y^2)\mathrm{d}x\mathrm{d}y\mathrm{d}z$，其中 Ω 是由曲面 $2z=x^2+y^2$ 与平面 $z=2$ 所围成的闭区域.

解　如图 10－33 所示，闭区域 $\Omega=\left\{(\rho,\theta,z)\,\middle|\,0\leqslant\rho\leqslant 2,\right.$ $\left.0\leqslant\theta\leqslant 2\pi,\frac{1}{2}\rho^2\leqslant z\leqslant 2\right\}$.

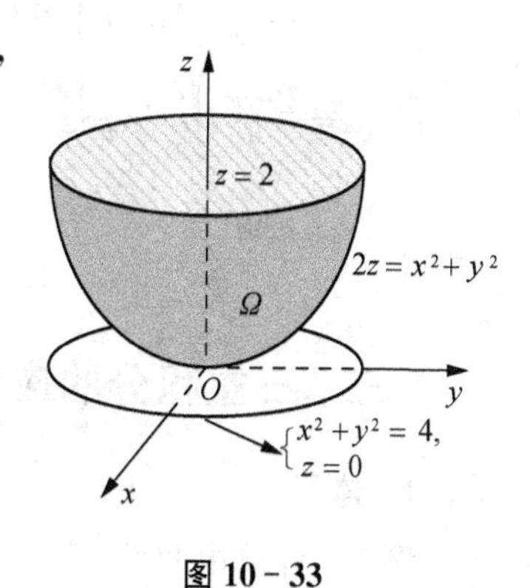

图 10－33

于是

$$\begin{aligned}\iiint\limits_{\Omega}(x^2+y^2)\mathrm{d}x\mathrm{d}y\mathrm{d}z&=\iiint\limits_{\Omega}\rho^3\mathrm{d}\rho\mathrm{d}\theta\mathrm{d}z\\&=\int_0^{2\pi}\mathrm{d}\theta\int_0^2\rho^3\mathrm{d}\rho\int_{\frac{\rho^2}{2}}^2\mathrm{d}z\\&=\frac{16}{3}\pi.\end{aligned}$$

*3. 利用球面坐标计算三重积分

设 $M(x,y,z)$ 为空间内一点，则点 M 也可用这样三个有次序的数 r,φ,θ 来确定，其中 r 为原点 O 与点 M 间的距离，φ 为 $\overrightarrow{OM}$ 与 z 轴正向所夹的角，θ 为从 z 轴正向来看是自 x 轴按逆时针方向转到有向线段 $\overrightarrow{OP}$ 的角，其中 P 为点 M 在 xOy 面上的投影，三个数 r,φ,θ 叫作点 M 的**球面坐标**，其中 r,φ,θ 的变化范围为 $0\leqslant r<+\infty,0\leqslant\varphi<\pi,0\leqslant\theta\leqslant 2\pi$.

如图 10-34 所示,点 M 的直角坐标与球面坐标的关系:

$$\begin{cases}x = r\sin\varphi\cos\theta,\\ y = r\sin\varphi\sin\theta,\\ z = r\cos\varphi.\end{cases}$$

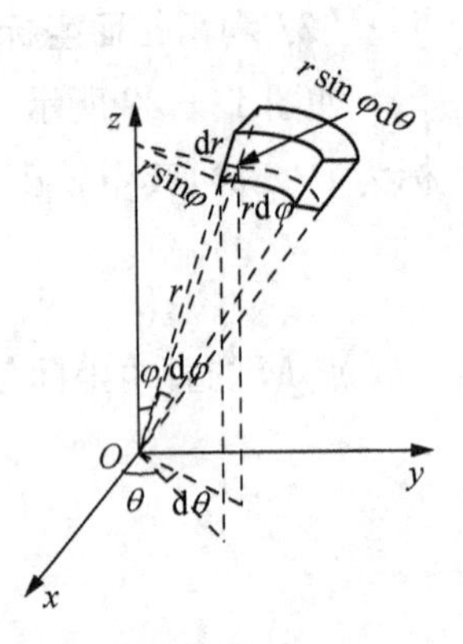

图 10-34

球面坐标系中的体积元素:$dV=r^2\sin\varphi drd\varphi d\theta$.

球面坐标系中的三重积分

$$\iiint\limits_{\Omega} f(x,y,z)dV = \iiint\limits_{\Omega} f(r\sin\varphi\cos\theta, r\sin\varphi\sin\theta, r\cos\varphi)r^2\sin\varphi drd\varphi d\theta. \tag{4.5}$$

例 5 求半径为 a 的球的体积.

解 如图 10-35 所示,该立体所占区域

$$\Omega = \{(r,\varphi,\theta) \mid 0 \leqslant r \leqslant a, 0 \leqslant \varphi \leqslant \pi, 0 \leqslant \theta \leqslant 2\pi\}.$$

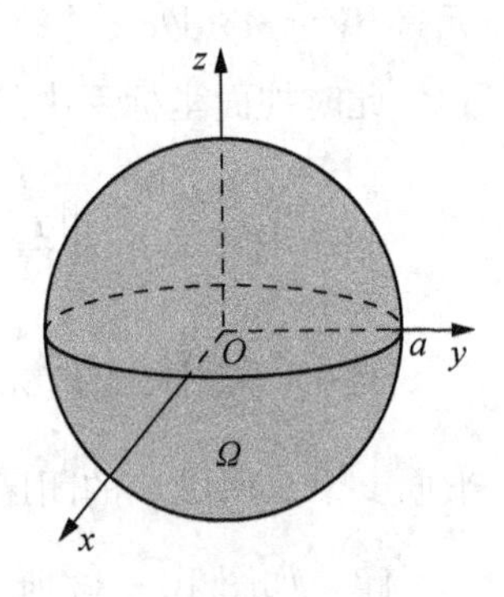

图 10-35

于是球体的体积为

$$\begin{aligned}V &= \iiint\limits_{\Omega} dxdydz = \iiint\limits_{\Omega} r^2\sin\varphi drd\varphi d\theta = \int_0^{2\pi}d\theta\int_0^{\pi}d\varphi\int_0^a r^2\sin\varphi dr\\ &= 2\pi\int_0^{\pi}\sin\varphi d\varphi\int_0^a r^2 dr\\ &= \frac{2\pi a^3}{3}\int_0^{\pi}\sin\varphi d\varphi\\ &= \frac{4\pi a^3}{3}.\end{aligned}$$

*三、三重积分的应用

1. 体积

例 6 计算由曲面 $x^2+y^2=16$ 与平面 $y+z=4$ 及 $z=0$ 所围成的区域 Ω 的体积.

解 该立体所占空间区域(如图 10-36 所示).

由柱面坐标知 $\Omega=\{(\rho,\theta,z) \mid 0\leqslant\rho\leqslant 4, 0\leqslant\theta\leqslant 2\pi, 0\leqslant z\leqslant 4-\rho\sin\theta\}$,

$$V = \iiint\limits_{\Omega} dV = \int_0^{2\pi}d\theta\int_0^4\rho d\rho\int_0^{4-\rho\sin\theta}dz = 64\pi.$$

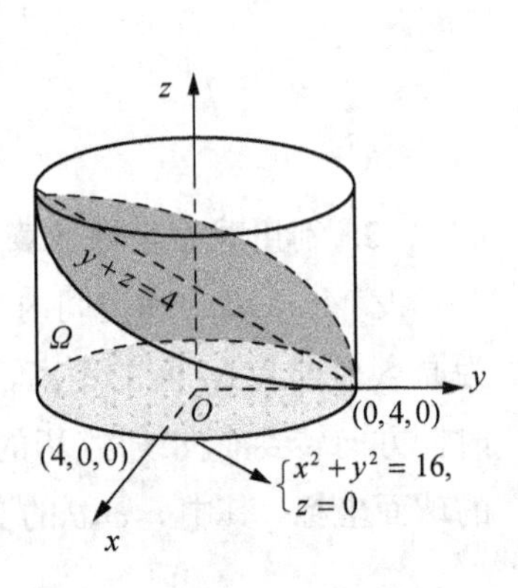

图 10-36

2. 质心

前面我们利用二重积分来计算物体的质心,类似地,我们也

可计算占有空间闭区域Ω、在点(x,y,z)处的密度为$\rho(x,y,z)$（假设$\rho(x,y,z)$在Ω上连续）的物体的质心坐标如下：

$$\bar{x}=\frac{1}{M}\iiint_{\Omega}x\rho(x,y,z)\mathrm{d}V,$$

$$\bar{y}=\frac{1}{M}\iiint_{\Omega}y\rho(x,y,z)\mathrm{d}V,$$

$$\bar{z}=\frac{1}{M}\iiint_{\Omega}z\rho(x,y,z)\mathrm{d}V,$$

其中

$$M=\iiint_{\Omega}\rho(x,y,z)\mathrm{d}V.$$

3. 转动惯量

前面我们利用二重积分来计算转动惯量，类似地，我们也可计算占有空间有界闭区域Ω、在点(x,y,z)处的密度为$\rho(x,y,z)$的物体对于x,y,z轴的转动惯量如下：

$$I_x=\iiint_{\Omega}(y^2+z^2)\rho(x,y,z)\mathrm{d}V,$$

$$I_y=\iiint_{\Omega}(z^2+x^2)\rho(x,y,z)\mathrm{d}V,$$

$$I_z=\iiint_{\Omega}(x^2+y^2)\rho(x,y,z)\mathrm{d}V.$$

例 7　求由不等式$\sqrt{x^2+y^2}\leqslant z\leqslant 1+\sqrt{1-x^2-y^2}$确定的立体（设立体密度为 1）对$z$轴的转动惯量.

解　设该立体所占空间区域为Ω，则由转动惯量的计算公式有

$$\begin{aligned}I_z&=\iiint_{\Omega}(x^2+y^2)\rho(x,y,z)\mathrm{d}V\\&=\iiint_{\Omega}(x^2+y^2)\mathrm{d}V\\&=\int_0^{2\pi}\mathrm{d}\theta\int_0^{\frac{1}{4}\pi}\mathrm{d}\varphi\int_0^{2\cos\varphi}r^4\sin^3\varphi\mathrm{d}r\\&=\frac{11}{30}\pi.\end{aligned}$$

习题 10－4

1. 化下列积分区域的三重积分$I=\iiint_{\Omega}f(x,y,z)\mathrm{d}x\mathrm{d}y\mathrm{d}z$为三次积分，其中$\Omega$是

(1) 由曲面$z=x^2+y^2$，$y=x^2$及平面$y=1$，$z=0$所围成的区域；

（2）由圆锥面 $z=\sqrt{x^2+y^2}$，柱面 $x^2+y^2=1$ 及平面 $z=2$ 所围成的区域；

（3）由旋转抛物面 $z=x^2+y^2$，柱面 $x^2+y^2=1$ 及平面 $z=0$ 所围成的区域.

2. 计算平面 $x=0,y=0,z=0,x+y+z=1$ 所围成的四面体的体积.

3. 计算三重积分 $I=\iiint\limits_{\Omega} z\,\mathrm{d}x\,\mathrm{d}y\,\mathrm{d}z$，其中 $\Omega=\left\{(x,y,z)\left|\,\dfrac{x^2}{a^2}+\dfrac{y^2}{b^2}+\dfrac{z^2}{c^2}\leqslant 1, z\geqslant 0\right.\right\}$.

4. 计算三重积分 $\iiint\limits_{\Omega} xy^2z^4\,\mathrm{d}x\,\mathrm{d}y\,\mathrm{d}z$，其中 $\Omega=\{(x,y,z)\mid 0\leqslant x\leqslant 1, 0\leqslant y\leqslant 2, 1\leqslant z\leqslant 3\}$.

5. 计算 $\iiint\limits_{\Omega}\sqrt{x^2+y^2+z^2}\,\mathrm{d}V$，其中 Ω 为球面 $x^2+y^2+z^2=2z$ 及锥面 $z=\sqrt{x^2+y^2}$ 所围成的区域.

总习题十

一、判断题

1. 若函数 $f(x,y)$ 在有界闭区域 D_1 和 D_2 上可积，且 $D_1\supseteq D_2$，则必有 $\iint\limits_{D_1} f(x,y)\,\mathrm{d}\sigma\geqslant\iint\limits_{D_2} f(x,y)\,\mathrm{d}\sigma$. （　　）

2. $\iint\limits_{D} f(x,y)\,\mathrm{d}x\,\mathrm{d}y$ 的几何意义是以曲面 $z=f(x,y)$ 为曲顶、以闭区域 D 为底的曲顶柱体的体积. （　　）

3. 如果在闭区域 D 上，函数 $f(x,y),\varphi(x,y)$ 可积且 $f(x,y)\leqslant\varphi(x,y)$，$\sigma$ 为 D 的面积，那么 $\iint\limits_{D} f(x,y)\,\mathrm{d}\sigma\leqslant\iint\limits_{D}\varphi(x,y)\,\mathrm{d}\sigma$. （　　）

4. $\iint\limits_{D} f(x,y)\,\mathrm{d}\sigma=\iint\limits_{D_1} f(x,y)\,\mathrm{d}\sigma+\iint\limits_{D_2} f(x,y)\,\mathrm{d}\sigma$，其中 $D=D_1\cup D_2$，D_1,D_2 为两个无公共内点的闭区域. （　　）

5. 若函数 $f(x,y)$ 在闭区域 D 上可积，则必有 $\iint\limits_{D}|f(x,y)|\,\mathrm{d}\sigma\geqslant\left|\iint\limits_{D} f(x,y)\,\mathrm{d}\sigma\right|$. （　　）

二、选择题

1. 设有空间区域 $\begin{cases}\Omega_1: x^2+y^2+z^2=R^2, z\geqslant 0,\\ \Omega_2: x^2+y^2+z^2=R^2, x\geqslant 0, y\geqslant 0, z\geqslant 0,\end{cases}$ 则 （　　）

A. $\iiint\limits_{\Omega_1} x\,\mathrm{d}V=4\iiint\limits_{\Omega_2} x\,\mathrm{d}V$　　B. $\iiint\limits_{\Omega_1} y\,\mathrm{d}V=4\iiint\limits_{\Omega_2} y\,\mathrm{d}V$

C. $\iiint\limits_{\Omega_1} z\,\mathrm{d}V=4\iiint\limits_{\Omega_2} z\,\mathrm{d}V$　　D. $\iiint\limits_{\Omega_1} xyz\,\mathrm{d}V=4\iiint\limits_{\Omega_2} xyz\,\mathrm{d}V$

2. 累次积分$\int_0^{\frac{\pi}{2}} d\theta \int_0^{\cos\theta} f(\rho\cos\theta, \rho\sin\theta)\rho d\rho$ 可以写成　（　　）

A. $\int_0^1 dy \int_0^{\sqrt{y-y^2}} f(x,y)dx$　　B. $\int_0^1 dy \int_0^{\sqrt{1-y^2}} f(x,y)dx$

C. $\int_0^1 dx \int_0^1 f(x,y)dy$　　D. $\int_0^1 dx \int_0^{\sqrt{x-x^2}} f(x,y)dy$

3. 设 D 是 xOy 面上以 $(1,1)$，$(-1,1)$ 和 $(-1,-1)$ 为顶点的三角形区域，D_1 是 D 在第一象限部分，则$\iint\limits_D (xy + \cos x \sin y) dx dy =$　（　　）

A. $2\iint\limits_{D_1} \cos x \sin y \, dx dy$　　B. $2\iint\limits_{D_1} xy \, dx dy$

C. $4\iint\limits_{D_1} (xy + \cos x \sin y) dx dy$　　D. 0

4. $I = \iint\limits_D \frac{1}{(x+y)^2} dx dy$，其中 $D = \left\{(x,y) \middle| 3 \leqslant x \leqslant 4, 0 \leqslant y \leqslant 2\right\}$，则 $I =$　（　　）

A. $\ln\frac{25}{16}$　　B. $\ln\frac{16}{9}$　　C. $\ln\frac{10}{9}$　　D. $\ln\frac{5}{4}$

5. 交换积分次序 $\int_0^1 dx \int_x^1 f(x,y)dy =$　（　　）

A. $\int_0^1 dy \int_0^1 f(x,y)dx$　　B. $\int_0^1 dy \int_y^1 f(x,y)dx$

C. $\int_0^1 dy \int_0^y f(x,y)dx$　　D. $\int_0^1 dy \int_0^x f(x,y)dx$

6. 交换积分次序$\int_0^1 dx \int_0^{1-x} f(x,y)dy =$　（　　）

A. $\int_0^{1-x} dy \int_0^1 f(x,y)dx$　　B. $\int_0^1 dy \int_0^{1-x} f(x,y)dx$

C. $\int_0^1 dy \int_0^1 f(x,y)dx$　　D. $\int_0^1 dy \int_0^{1-y} f(x,y)dx$

7. 设 $D = \left\{(x,y) \middle| x^2 + y^2 \leqslant a^2\right\}$，$\iint\limits_D \sqrt{a^2 - x^2 - y^2} dx dy = \pi$，则 $a =$　（　　）

A. 1　　B. $\sqrt[3]{\frac{3}{4}}$　　C. $\sqrt[3]{\frac{3}{2}}$　　D. $\sqrt[3]{\frac{1}{2}}$

8. 设 $I = \iint\limits_D f(x,y) dx dy$，其中 D 由曲线 $y^2 = 4x$ 与 $y = x$ 所围成，则 $I =$　（　　）

A. $\int_0^4 dx \int_0^x f(x,y)dy$　　B. $\int_0^4 dx \int_x^{2\sqrt{x}} f(x,y)dy$

C. $\int_0^4 dy \int_0^{\frac{y^2}{4}} f(x,y)dx$　　D. $\int_0^4 dy \int_0^4 f(x,y)dx$

9. 当$\iint\limits_D \mathrm{d}x\mathrm{d}y = 2$时,$D$由 ( )

A. x轴,y轴及$2x+y-2=0$围成　　B. $x=1, x=2$及$y=3, y=4$围成

C. $|x|=\dfrac{1}{2}, |y|=\dfrac{1}{2}$围成　　D. $|x+y|=1, |x-y|=1$围成

10. 设Ω是锥体$0 \leqslant z \leqslant \sqrt{x^2+y^2}$介于$z=1$和$z=2$之间的部分,则三重积分$\iiint\limits_\Omega f(x^2+y^2+z^2)\mathrm{d}V$化为三次积分为 ( )

A. $\int_1^2 \mathrm{d}z\int_0^{2\pi}\mathrm{d}\theta\int_a^z f(\rho^2+z^2)\rho\mathrm{d}\rho$　　B. $\int_0^{2\pi}\mathrm{d}\theta\int_1^2\rho\mathrm{d}\rho\int_0^1 f(\rho^2+z^2)\mathrm{d}z$

C. $\int_0^{2\pi}\mathrm{d}\theta\int_0^{\frac{\pi}{4}}\mathrm{d}\varphi\int_1^2 f(r^2)r^2\sin\varphi\mathrm{d}r$　　D. $\int_0^{2\pi}\mathrm{d}\theta\int_{\frac{\pi}{4}}^{\frac{\pi}{2}}\mathrm{d}\varphi\int_1^2 f(r^2)r^2\sin\varphi\mathrm{d}r$

三、计算下列二重积分

1. $\iint\limits_D (3x+2y)\mathrm{d}\sigma$,其中$D$是由直线$x=0, y=0$及$x+y=2$所围成的区域;

2. $\iint\limits_D xy\,\mathrm{d}\sigma$,其中$D=\left\{(x,y)\,\middle|\,x^2 \leqslant y \leqslant 4x\right\}$;

3. $\iint\limits_D x\cos(x+y)\mathrm{d}\sigma$,其中$D$是顶点分别为$(0,0)$,$(\pi,0)$及$(\pi,\pi)$的三角形区域;

4. $\iint\limits_D (1+x)\sin y\,\mathrm{d}\sigma$,其中$D$是顶点分别为$(0,0)$,$(1,0)$,$(1,2)$和$(0,1)$的梯形区域;

5. $\iint\limits_D (x^2-y^2)\mathrm{d}\sigma$,其中$D=\left\{(x,y)\,\middle|\,0 \leqslant x \leqslant \pi, 0 \leqslant y \leqslant \sin x\right\}$;

6. $\iint\limits_D \dfrac{\sin x}{x}\mathrm{d}\sigma$,其中$D$是由$y=x$及$y=x^2$所围成的区域;

7. $\iint\limits_D y\,\mathrm{d}x\mathrm{d}y$,其中$D$是圆$x^2+y^2=a^2$所围成的在第一象限中的区域;

8. $\int_0^1 \mathrm{d}x\int_{x^2}^x \dfrac{x\mathrm{e}^y}{y}\mathrm{d}y$;

9. $\iint\limits_D \sqrt{x^2+y^2}\mathrm{d}\sigma$,其中$D=\left\{(x,y)\,\middle|\,a^2 \leqslant x^2+y^2 \leqslant b^2\right\}$;

10. $\iint\limits_D \ln(1+x^2+y^2)\mathrm{d}\sigma$,其中$D$是圆周$x^2+y^2=1$及坐标轴所围成的图形在第一象限内的区域;

11. $\iint\limits_D (x^2+y^2)\mathrm{d}\sigma$,其中$D=\left\{(x,y)\,\middle|\,|x| \leqslant 1, |y| \leqslant 1\right\}$;

12. 设函数$f(x)=\int_1^x \mathrm{e}^{-t^2}\mathrm{d}t$,求$\int_0^1 f(x)\mathrm{d}x$;

13. $\iint\limits_{D}\frac{\sqrt{1-x^2-y^2}}{\sqrt{1+x^2+y^2}}\mathrm{d}\sigma$，其中 $D=\left\{(x,y)\middle| x^2+y^2\leqslant 1\right\}$；

14. $\iint\limits_{D}\mathrm{e}^{2(x^2+y^2)}\mathrm{d}\sigma$，其中 $D=\left\{(x,y)\middle| x^2+y^2\leqslant R^2\right\}$.

四、计算下列曲面所围成立体的体积

1. 以平面 $z=0$，$y=0$，$3x+y=6$ 及 $x+y+z=6$ 所围成的立体；

2. 由曲面 $z=x^2+y^2$ 与平面 $z=4$ 所围成的立体.

第十一章　曲线积分与曲面积分

上一章把定积分的积分范围由数轴上的闭区间推广为平面或空间内的一个闭区域，建立了重积分. 与重积分类似，积分概念还可以推广到积分范围为一段曲线弧或一块曲面的情形，这样推广后的积分称为曲线积分与曲面积分. 本章将介绍这两种积分的一些基本内容.

第一节　对弧长的曲线积分

一、对弧长的曲线积分的概念与性质

如不特别指出，本章我们讨论的曲线弧总假定是光滑的或分段光滑的曲线且具有有限长度. 直观地看：光滑曲线就是曲线上每一点处都有切线，且当切点沿曲线连续移动时，切线连续转动.

1. 引例　曲线形构件的质量

设有一非均匀曲线形构件，所占的位置在 xOy 平面内的一段曲线弧 L 上，它的端点是 A,B，已知它的线密度（单位长度的质量）$\rho(x,y)$ 在曲线弧 L 上连续变化，现在求这个构件的质量 m（图 11-1）.

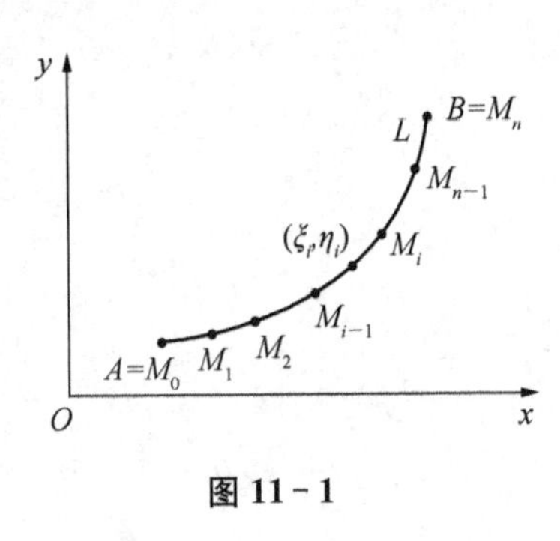

图 11-1

如果构件是均匀的，即线密度为常量，那么该构件的质量就等于它的线密度与长度的乘积. 而现在线密度是变量，构件的质量就不能直接用上述方法来计算. 但是仍可以用“分割”“近似”“求和”“取极限”的方法来解决，其具体步骤为：

(1) 分割：在 L 上任意插入若干个分点 $A=M_0,M_1,M_2,\cdots,M_{n-1},M_n=B$，把 L 分成 n 个小段，其中第 i 个小段 $\overset{\frown}{M_{i-1}M_i}$ 的长度记作 $\Delta s_i(i=1,2,\cdots,n)$.

(2) 近似：取小段构件 $\overset{\frown}{M_{i-1}M_i}$ 来分析. 由于线密度在 L 上连续变化，因此，当这小段很短时，我们可以在这小段上任取一点 (ξ_i,η_i)，用这点处的线密度 $\rho(\xi_i,\eta_i)$ 近似代替这小段上其他各点处的线密度，从而得到这小段构件质量 Δm_i 的近似值，即

$$\Delta m_i \approx \rho(\xi_i, \eta_i)\Delta s_i \quad (i = 1, 2, \cdots, n).$$

(3) 求和：对所有 $\Delta m_i(i=1,2,\cdots,n)$求和，于是得到整个曲线形构件的质量

$$m \approx \sum_{i=1}^{n} \rho(\xi_i, \eta_i)\Delta s_i.$$

(4) 取极限：对 L 分割越细，上式右端之和就越接近整个曲线形构件的质量 m. 如果把 L 无限细分下去，即每个小段的长度都趋于零，那么上式右端之和与 m 就无限接近. 于是，用 λ 表示这 n 个小段长度的最大值，取上式右端之和当 $\lambda \to 0$ 时的极限，便得整个曲线形构件的质量

$$m = \lim_{\lambda \to 0} \sum_{i=1}^{n} \rho(\xi_i, \eta_i)\Delta s_i.$$

2. 对弧长的曲线积分的定义

这种和式的极限在研究其他问题时也会经常遇到. 因此，我们抛开其具体的物理意义，抽象出其数学本质，引入下述对弧长的曲线积分的定义.

定义　**设 L 是 xOy 面内的一条光滑曲线弧，函数 $f(x,y)$ 在 L 上有定义且有界. 在 L 上任意插入分点 $M_1, M_2, \cdots, M_{n-1}$，把 L 分成 n 个小段. 设第 i 个小段的长度为 $\Delta s_i(i = 1,2,\cdots,n)$. 在第 i 个小段上任取一点 (ξ_i, η_i)，作乘积 $f(\xi_i, \eta_i)\Delta s_i(i = 1,2,\cdots,n)$，并作和 $\sum_{i=1}^{n} f(\xi_i, \eta_i)\Delta s_i$. 用 λ 表示各小段长度的最大值，如果不论对 L 如何分割，也不论在小段上 (ξ_i, η_i) 怎样选取，只要当 $\lambda \to 0$ 时，这和的极限总存在，那么称此极限为函数 $f(x,y)$ 在曲线弧 L 上对弧长的曲线积分(又称第一类曲线积分)，记作 $\int_L f(x,y)\mathrm{d}s$，即**

$$\int_L f(x,y)\mathrm{d}s = \lim_{\lambda \to 0} \sum_{i=1}^{n} f(\xi_i, \eta_i)\Delta s_i,$$

其中 $f(x,y)$ 称为被积函数，$f(x,y)\mathrm{d}s$ 称为被积表达式，L 称为积分弧段(又称积分路径).

可以证明：当函数 $f(x,y)$ 在光滑曲线弧 L 上连续时，对弧长的曲线积分 $\int_L f(x,y)\mathrm{d}s$ 一定存在. 以后我们总假定 $f(x,y)$ 在 L 上连续.

根据这个定义，引例中的曲线形构件的质量 m 当线密度 $\rho(x,y)$ 在 L 上连续时，就等于 $\rho(x,y)$ 对弧长的曲线积分，即

$$m = \int_L \rho(x,y)\mathrm{d}s.$$

类似地，可定义函数 $f(x,y,z)$ 在空间曲线弧 Γ 上对弧长的曲线积分，即

$$\int_\Gamma f(x,y,z)\mathrm{d}s = \lim_{\lambda \to 0} \sum_{i=1}^{n} f(\xi_i, \eta_i, \zeta_i)\Delta s_i.$$

我们规定:(1) 函数在分段光滑曲线弧 L 上对弧长的曲线积分等于函数在光滑的各段上的曲线积分之和. 例如,设 L 可分成两段光滑曲线弧 L_1 及 L_2(记作 $L=L_1+L_2$),则

$$\int_{L_1+L_2} f(x,y)\mathrm{d}s=\int_{L_1} f(x,y)\mathrm{d}s+\int_{L_2} f(x,y)\mathrm{d}s;$$

(2) 函数 $f(x,y)$ 在封闭曲线 L 上对弧长的曲线积分记为 $\oint_L f(x,y)\mathrm{d}s$.

3. 对弧长的曲线积分的性质

由对弧长的曲线积分的定义可知,它有如下性质:

性质 1 设 $k_i(i=1,2)$ 是常数,则

$$\int_L [k_1 f(x,y)+k_2 g(x,y)]\mathrm{d}s=k_1\int_L f(x,y)\mathrm{d}s+k_2\int_L g(x,y)\mathrm{d}s.$$

性质 2 若积分弧段 L 可分成两段光滑曲线弧 L_1 和 L_2,则

$$\int_L f(x,y)\mathrm{d}s=\int_{L_1} f(x,y)\mathrm{d}s+\int_{L_2} f(x,y)\mathrm{d}s.$$

性质 3 如果在积分弧段 L 上,$f(x,y)\equiv 1$,且 l 为 L 的弧长,那么

$$\int_L 1\mathrm{d}s=\int_L \mathrm{d}s=l.$$

性质 4 设在 L 上 $f(x,y)\geqslant g(x,y)$,则

$$\int_L f(x,y)\mathrm{d}s\geqslant\int_L g(x,y)\mathrm{d}s.$$

特别地,有

$$\left|\int_L f(x,y)\mathrm{d}s\right|\leqslant\int_L |f(x,y)|\mathrm{d}s.$$

二、对弧长的曲线积分的计算

定理 设 $f(x,y)$ 在曲线弧 L 上有定义且连续,L 的参数方程为 $\begin{cases}x=\varphi(t),\\ y=\psi(t),\end{cases}$ $t\in[\alpha,\beta]$,其中 $\varphi(t),\psi(t)$ 都在 $[\alpha,\beta]$ 上具有一阶连续导数,且 $[\varphi'(t)]^2+[\psi'(t)]^2\neq 0$,则曲线积分 $\int_L f(x,y)\mathrm{d}s$ 存在,且

$$\int_L f(x,y)\mathrm{d}s=\int_\alpha^\beta f[\varphi(t),\psi(t)]\sqrt{[\varphi'(t)]^2+[\psi'(t)]^2}\mathrm{d}t. \tag{1.1}$$

证 设当参数 t 从 α 连续变化到 β 时,动点 $M(x,y)$ 从点 A 沿曲线弧 L 移动到点 B,即 $L=\overset{\frown}{AB}$. 设从点 A 开始计算弧长,则对于 $\overset{\frown}{AB}$ 上的一点 M,令弧长 $\overset{\frown}{AM}=s$,它是 t 的函数,记为

$s=s(t)$，则 $s(\alpha)=0, s(\beta)=l$（l 是 L 的弧长）. 在 L 上依次取点 $A=M_0, M_1, M_2, \cdots, M_{n-1}, M_n=B$，从而将 L 分成 n 个小弧段$\overset{\frown}{M_{i-1}M_i}$，其中点 M_i 对应参数 s_i，$\overset{\frown}{M_{i-1}M_i}$的弧长为 $\Delta s_i=s_i-s_{i-1}$（$i=1,2,\cdots,n$），再令$\overset{\frown}{M_{i-1}M_i}$上的一点$(\xi_i,\eta_i)$对应于 $s=s_i'\in[s_{i-1},s_i]$，即$\begin{cases}\xi_i=x(s_i'),\\ \eta_i=y(s_i').\end{cases}$于是根据对弧长的曲线积分的定义（考虑二元函数 $f(x,y)$）和定积分的定义（考虑一元函数$f[x(s),y(s)]$，$s\in[0,l]$）有

$$\begin{aligned}\int_L f(x,y)\mathrm{d}s &= \lim_{\lambda\to 0}\sum_{i=1}^{n} f(\xi_i,\eta_i)\Delta s_i \\ &= \lim_{\lambda\to 0}\sum_{i=1}^{n} f[x(s'_i),y(s'_i)]\Delta s_i = \int_0^l f[x(s),y(s)]\mathrm{d}s. \end{aligned}\tag{1.2}$$

由弧长微分公式 $\mathrm{d}s=\sqrt{[\varphi'(t)]^2+[\psi'(t)]^2}\mathrm{d}t$，对(1.2)式右端定积分作变量代换 $s=s(t)=\int_\alpha^t \mathrm{d}s(t)=\int_\alpha^t\sqrt{[\varphi'(t)]^2+[\psi'(t)]^2}\mathrm{d}t$，得

$$\int_L f(x,y)\mathrm{d}s=\int_0^l f[x(s),y(s)]\mathrm{d}s=\int_\alpha^\beta f[\varphi(t),\psi(t)]\sqrt{[\varphi'(t)]^2+[\psi'(t)]^2}\mathrm{d}t,$$

即得公式(1.1).

上述定理表明，对弧长的曲线积分的计算可归结为计算一个定积分. 公式(1.1)就是将对弧长的曲线积分转化为定积分的计算公式. 由这个公式可知，要计算对弧长的曲线积分$\int_L f(x,y)\mathrm{d}s$可分为四步：(1) 将 L 的参数方程代入被积函数，即将 $f(x,y)$ 中的 x,y 依次换为 $\varphi(t),\psi(t)$；(2) 将 $\mathrm{d}s$ 换为$\sqrt{[\varphi'(t)]^2+[\psi'(t)]^2}\mathrm{d}t$；(3) 从$\alpha$ 到β 作定积分；(4) 计算定积分. 这里要注意，由于 $\mathrm{d}s>0$，所以定积分的下限 α 一定要小于上限β.

如果曲线 L 的方程为 $y=\psi(x)$，$x\in[a,b]$，那么 L 的方程可看成特殊的参数方程$\begin{cases}x=x,\\ y=\psi(x),\end{cases}$ $x\in[a,b]$，从而由公式(1.1)可得

$$\int_L f(x,y)\mathrm{d}s=\int_a^b f[x,\psi(x)]\sqrt{1+[\psi'(x)]^2}\mathrm{d}x.\tag{1.3}$$

类似地，如果曲线 L 的方程为 $x=\varphi(y)$，$y\in[c,d]$，那么有

$$\int_L f(x,y)\mathrm{d}s=\int_c^d f[\varphi(y),y]\sqrt{1+[\varphi'(y)]^2}\mathrm{d}y.\tag{1.4}$$

公式(1.1)可推广到空间曲线 Γ 的情形. 设 Γ 的参数方程为

$$x=\varphi(t), y=\psi(t), z=\omega(t), t\in[\alpha,\beta],$$

则有

$$\int_\Gamma f(x,y,z)\mathrm{d}s=\int_\alpha^\beta f[\varphi(t),\psi(t),\omega(t)]\sqrt{[\varphi'(t)]^2+[\psi'(t)]^2+[\omega'(t)]^2}\mathrm{d}t. \quad (1.5)$$

例 1 计算$\int_L x^2y\mathrm{d}s$,其中L由参数方程$\begin{cases}x=3\cos t,\\ y=3\sin t,\end{cases} t\in\left[0,\frac{\pi}{2}\right]$给出.

解 解法一 利用公式(1.1)可得

$$\begin{aligned}\int_L x^2y\mathrm{d}s&=\int_0^{\frac{\pi}{2}}(3\cos t)^2(3\sin t)\sqrt{(3\cos t)'^2+(3\sin t)'^2}\mathrm{d}t\\&=\int_0^{\frac{\pi}{2}}(3\cos t)^2(3\sin t)\sqrt{(-3\sin t)^2+(3\cos t)^2}\mathrm{d}t\\&=81\int_0^{\frac{\pi}{2}}\cos^2t\sin t\mathrm{d}t=-81\int_0^{\frac{\pi}{2}}\cos^2t\mathrm{d}\cos t\\&=-\frac{81}{3}\cos^3t\Big|_0^{\frac{\pi}{2}}=27.\end{aligned}$$

解法二 L可用$y=\sqrt{9-x^2}$,$0\leqslant x\leqslant 3$表示,利用公式(1.3)有

$$\int_L x^2y\mathrm{d}s=\int_0^3x^2\sqrt{9-x^2}\frac{3}{\sqrt{9-x^2}}\mathrm{d}x=3\int_0^3x^2\mathrm{d}x=3\frac{x^3}{3}\Big|_0^3=27.$$

例 2 计算$\int_L y\mathrm{d}s$,其中L是抛物线$y^2=4x$上点$O(0,0)$与点$(1,2)$之间的一段弧.

解 由于L可用$x=\frac{y^2}{4}$,$0\leqslant y\leqslant 2$表示,所以,由公式(1.4)可知

$$\begin{aligned}\int_L y\mathrm{d}s&=\int_0^2y\sqrt{1+\left(\frac{y^2}{4}\right)'^2}\mathrm{d}y=\int_0^2y\sqrt{1+\frac{y^2}{4}}\mathrm{d}y=\frac{1}{2}\int_0^2y\sqrt{4+y^2}\mathrm{d}y\\&=\frac{1}{4}\int_0^2(4+y^2)^{\frac{1}{2}}\mathrm{d}(4+y^2)=\frac{1}{6}(4+y^2)^{\frac{3}{2}}\Big|_0^2=\frac{4}{3}(2\sqrt{2}-1).\end{aligned}$$

例 3 已知金属线的线密度为$\rho(x,y,z)=\frac{1}{x^2+y^2+z^2}$,且它弯曲成螺旋线的第一圈$\Gamma$:
$\begin{cases}x=3\cos t,\\ y=3\sin t,\\ z=4t,\end{cases}$ $0\leqslant t\leqslant 2\pi$,求它的质量$m$.

解

$$\begin{aligned}m&=\int_\Gamma\frac{1}{x^2+y^2+z^2}\mathrm{d}s=\int_0^{2\pi}\frac{1}{9\cos^2t+9\sin^2t+16t^2}\sqrt{9\sin^2t+9\cos^2t+16}\mathrm{d}t\\&=\int_0^{2\pi}\frac{1}{9+16t^2}5\mathrm{d}t=\frac{5}{12}\int_0^{2\pi}\frac{1}{1+\left(\frac{4t}{3}\right)^2}\mathrm{d}\frac{4t}{3}\\&=\frac{5}{12}\arctan\frac{4t}{3}\Big|_0^{2\pi}=\frac{5}{12}\arctan\frac{8\pi}{3}.\end{aligned}$$

习题 11-1

1. 计算下列对弧长的曲线积分：

(1) $\int_L \frac{ds}{x-y}$，其中 L 是直线 $y=\frac{x}{2}-2$ 介于 $A(0,-2)$ 和 $B(4,0)$ 两点间的线段；

(2) $\int_L (x+y)ds$，其中 L 为连接 $(1,-1)$ 及 $(0,1)$ 两点的直线段；

(3) $\int_L \sqrt{y}ds$，其中 L 是抛物线 $y=x^2$ 上介于 $O(0,0)$ 和 $A(1,1)$ 两点之间的一段弧；

(4) $\int_L (x^2+y^2)ds$，其中 L 是以原点为圆心、a 为半径的圆周；

(5) $\int_L xy\,ds$，其中 L 是第一象限的圆弧 $x^2+y^2=a^2$；

(6) $\oint_L (x+y)ds$，其中 L 是直线 $x+y=1$ 与两个坐标轴所围成的区域的整个边界；

(7) $\oint_L e^{\sqrt{x^2+y^2}}ds$，其中 L 为圆周 $x^2+y^2=a^2$，直线 $y=x$ 及 x 轴在第一象限内所围成的扇形的整个边界；

(8) $\int_\Gamma (x^2+y^2+z^2)ds$，其中 Γ 是螺旋线 $\begin{cases} x=a\cos\theta, \\ y=a\sin\theta, \\ z=k\theta \end{cases}$ 上相应于 θ 从 0 到 2π 的一段弧；

(9) $\int_\Gamma \frac{1}{x^2+y^2+z^2}ds$，其中 Γ 是曲线 $\begin{cases} x=e^t\cos t, \\ y=e^t\sin t, \\ z=e^t \end{cases}$ 上相应于 t 从 0 到 2 的一段弧.

2. 一金属线被弯曲成半圆形 $\begin{cases} x=4\cos t, \\ y=4\sin t, \end{cases}$ $t\in[0,\pi]$，如果金属线上的点的线密度与点离 x 轴的距离成正比，求：(1) 它的质量；(2) 它的质心坐标 $(\bar{x},\bar{y})$.

3. 计算半径为 r，中心角为 $2\alpha(0<\alpha<\pi)$ 的圆弧 L（线密度 $\rho(x,y)=1$）对于它的对称轴的转动惯量.

第二节　对坐标的曲线积分

一、对坐标的曲线积分的概念与性质

1. 引例　变力沿曲线所做的功

设 xOy 坐标平面上一个质点在变力 $\boldsymbol{F}(x,y)=P(x,y)\boldsymbol{i}+Q(x,y)\boldsymbol{j}$ 的作用下，从点 A 沿

光滑曲线弧 L 移动到点 B，其中函数 $P(x,y)$，$Q(x,y)$ 在 L 上连续. 求在上述移动过程中变力 $\boldsymbol{F}$ 所做的功(图 11-2).

如果 $\boldsymbol{F}$ 是常力，且质点从点 A 沿直线移动到点 B，那么常力 $\boldsymbol{F}$ 所做的功 W 等于向量 $\boldsymbol{F}$ 与向量 $\overrightarrow{AB}$ 的数量积，即

$$W=\boldsymbol{F}\cdot\overrightarrow{AB}.$$

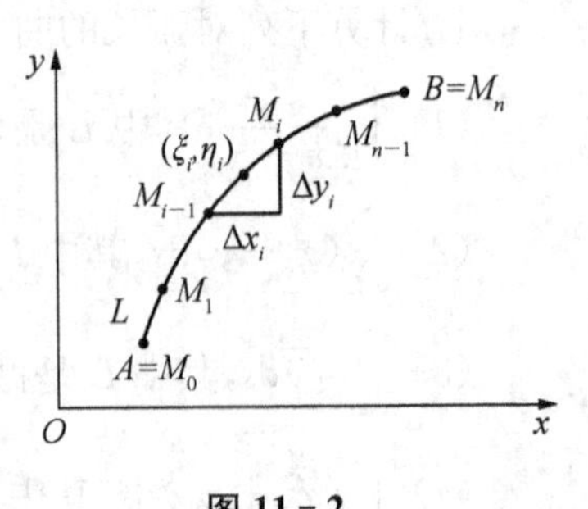

图 11-2

而现在 $\boldsymbol{F}(x,y)$ 是变力，且质点沿曲线 L 移动，功 W 不能直接按上述公式计算. 然而本章第一节中用来处理曲线形构件质量问题的方法，也可以用于解决这一问题.

(1) 分割：在 L 上从点 A 到点 B 依次任取 $(n-1)$ 个分点 $M_1,\cdots,M_{n-1}$，记 $A=M_0$，$B=M_n$，其中 M_i 的坐标记为 $(x_i,y_i)(i=0,1,2,\cdots,n)$. 这些分点把 L 分成 n 个有向小弧段 $\overset{\frown}{M_{i-1}M_i}(i=1,2,\cdots,n)$.

(2) 近似：当 $\overset{\frown}{M_{i-1}M_i}$ 光滑而且很短时，可以用有向线段

$$\overrightarrow{M_{i-1}M_i}=(\Delta x_i)\boldsymbol{i}+(\Delta y_i)\boldsymbol{j}$$

来近似代替它，其中 $\Delta x_i=x_i-x_{i-1}$，$\Delta y_i=y_i-y_{i-1}$. 又由于 $P(x,y)$，$Q(x,y)$ 在 L 上连续，故变力 $\boldsymbol{F}(x,y)$ 在微小曲线弧段 $\overset{\frown}{M_{i-1}M_i}$ 上变化不大. 因而可以在 $\overset{\frown}{M_{i-1}M_i}$ 上任取一点 (ξ_i,η_i)，用力

$$\boldsymbol{F}(\xi_i,\eta_i)=P(\xi_i,\eta_i)\boldsymbol{i}+Q(\xi_i,\eta_i)\boldsymbol{j}$$

近似代替这小弧段上各点处的力. 于是变力 $\boldsymbol{F}(x,y)$ 沿有向小弧段 $\overset{\frown}{M_{i-1}M_i}$ 所做的功 ΔW_i 近似等于常力 $\boldsymbol{F}(\xi_i,\eta_i)$ 沿 $\overrightarrow{M_{i-1}M_i}$ 所做的功：

$$\Delta W_i\approx\boldsymbol{F}(\xi_i,\eta_i)\cdot\overrightarrow{M_{i-1}M_i},$$

即

$$\Delta W_i\approx P(\xi_i,\eta_i)\Delta x_i+Q(\xi_i,\eta_i)\Delta y_i.$$

(3) 求和：对上式两边求和，得

$$W=\sum_{i=1}^{n}\Delta W_i\approx\sum_{i=1}^{n}(P(\xi_i,\eta_i)\Delta x_i+Q(\xi_i,\eta_i)\Delta y_i).$$

(4) 取极限：设 λ 是 n 个小弧段长度中的最大者，令 $\lambda\to0$ 取上述和的极限，便得变力 $\boldsymbol{F}$ 沿有向曲线弧所做的功，即

$$W=\lim_{\lambda\to0}\sum_{i=1}^{n}(P(\xi_i,\eta_i)\Delta x_i+Q(\xi_i,\eta_i)\Delta y_i).$$

2. 对坐标的曲线积分的定义

以下讨论抽去物理意义即得对坐标的曲线积分的定义.

定义　设 L 为 xOy 面内从点 A 到点 B 的一条有向光滑曲线弧，函数 $P(x,y),Q(x,y)$ 在 L 上有界. 在 L 上沿 L 的方向任意插入一点列

$$A=M_0(x_0,y_0),M_1(x_1,y_1),\cdots,M_{n-1}(x_{n-1},y_{n-1}),M_n(x_n,y_n)=B,$$

把 L 分成 n 个有向小弧段 $\overset{\frown}{M_{i-1}M_i}(i=1,2,\cdots,n)$. 设有向线段 $\overrightarrow{M_{i-1}M_i}$ 在 Ox 轴与 Oy 轴上的投影分别是 $\Delta x_i,\Delta y_i$，并且 $\Delta x_i=x_i-x_{i-1},\Delta y_i=y_i-y_{i-1}$. 在 $\overset{\frown}{M_{i-1}M_i}$ 上任取一点 (ξ_i,η_i). 如果不论对 L 如何分割及 (ξ_i,η_i) 如何选取，只要当各小弧段长度的最大值 $\lambda\to 0$ 时，$\sum\limits_{i=1}^{n}P(\xi_i,\eta_i)\Delta x_i$ 的极限总存在，那么称此极限为函数 $P(x,y)$ 在有向曲线弧 L 上对坐标 x 的曲线积分，记作 $\int_L P(x,y)\mathrm{d}x$. 类似地，如果 $\lim\limits_{\lambda\to 0}\sum\limits_{i=1}^{n}Q(\xi_i,\eta_i)\Delta y_i$ 总存在，那么称此极限为函数 $Q(x,y)$ 在有向曲线弧 L 上对坐标 y 的曲线积分，记作 $\int_L Q(x,y)\mathrm{d}y$. 即

$$\int_L P(x,y)\mathrm{d}x=\lim_{\lambda\to 0}\sum_{i=1}^{n}P(\xi_i,\eta_i)\Delta x_i,$$

$$\int_L Q(x,y)\mathrm{d}y=\lim_{\lambda\to 0}\sum_{i=1}^{n}Q(\xi_i,\eta_i)\Delta y_i,$$

其中 $P(x,y),Q(x,y)$ 叫作被积函数，L 叫作积分弧段(或积分路径).

以上两个积分也称为**第二类曲线积分**.

可以证明：当 $P(x,y),Q(x,y)$ 在有向光滑曲线弧 L 上连续时，对坐标的曲线积分 $\int_L P(x,y)\mathrm{d}x$ 及 $\int_L Q(x,y)\mathrm{d}y$ 都存在. 以后我们总假定 $P(x,y),Q(x,y)$ 在 L 上连续.

为应用方便，常把 $\int_L P(x,y)\mathrm{d}x+\int_L Q(x,y)\mathrm{d}y$ 这种合并起来的形式简记为

$$\int_L (P(x,y)\mathrm{d}x+Q(x,y)\mathrm{d}y),$$

也可写成向量形式

$$\int_L \boldsymbol{F}(x,y)\mathrm{d}\boldsymbol{r},$$

其中向量函数 $\boldsymbol{F}(x,y)=P(x,y)\boldsymbol{i}+Q(x,y)\boldsymbol{j}$，向量微分 $\mathrm{d}\boldsymbol{r}=(\mathrm{d}x)\boldsymbol{i}+(\mathrm{d}y)\boldsymbol{j}$. 于是引例中讨论过的变力 $\boldsymbol{F}(x,y)$ 所做的功可表示为

$$W=\int_L (P(x,y)\mathrm{d}x+Q(x,y)\mathrm{d}y),$$

或

$$W=\int_L \boldsymbol{F}(x,y)\mathrm{d}\boldsymbol{r}.$$

上述定义可以推广到积分弧段为空间有向曲线弧 Γ 的情形：

$$\int_\Gamma P(x,y,z)\mathrm{d}x=\lim_{\lambda\to 0}\sum_{i=1}^n P(\xi_i,\eta_i,\omega_i)\Delta x_i,$$

$$\int_\Gamma Q(x,y,z)\mathrm{d}y=\lim_{\lambda\to 0}\sum_{i=1}^n Q(\xi_i,\eta_i,\omega_i)\Delta y_i,$$

$$\int_\Gamma R(x,y,z)\mathrm{d}z=\lim_{\lambda\to 0}\sum_{i=1}^n R(\xi_i,\eta_i,\omega_i)\Delta z_i.$$

类似地，把以上三项合并起来的形式

$$\int_\Gamma P(x,y,z)\mathrm{d}x+\int_\Gamma Q(x,y,z)\mathrm{d}y+\int_\Gamma R(x,y,z)\mathrm{d}z$$

简记为

$$\int_\Gamma (P(x,y,z)\mathrm{d}x+Q(x,y,z)\mathrm{d}y+R(x,y,z)\mathrm{d}z)$$

或

$$\int_\Gamma \boldsymbol{A}(x,y,z)\mathrm{d}\boldsymbol{r},$$

其中 $\boldsymbol{A}(x,y,z)=P(x,y,z)\boldsymbol{i}+Q(x,y,z)\boldsymbol{j}+R(x,y,z)\boldsymbol{k},\mathrm{d}\boldsymbol{r}=(\mathrm{d}x)\boldsymbol{i}+(\mathrm{d}y)\boldsymbol{j}+(\mathrm{d}z)\boldsymbol{k}.$

如果 L(或 Γ)是分段光滑的，我们规定函数在有向曲线弧 L(或 Γ)上对坐标的曲线积分等于其在光滑的各段上对坐标的曲线积分之和.

3. 对坐标的曲线积分的性质

根据上述对坐标的曲线积分的定义，可得下列性质：

性质 1 设 $k_i(i=1,2)$ 是常数，则

$$\int_L (k_1P_1(x,y)+k_2P_2(x,y))\mathrm{d}x=k_1\int_L P_1(x,y)\mathrm{d}x+k_2\int_L P_2(x,y)\mathrm{d}x,$$

$$\int_L (k_1Q_1(x,y)+k_2Q_2(x,y))\mathrm{d}y=k_1\int_L Q_1(x,y)\mathrm{d}y+k_2\int_L Q_2(x,y)\mathrm{d}y.$$

性质 2 若有向曲线弧 L 可分成两段光滑的有向曲线弧 L_1 和 L_2，则

$$\begin{aligned}&\int_L (P(x,y)\mathrm{d}x+Q(x,y)\mathrm{d}y)\\ =&\int_{L_1}(P(x,y)\mathrm{d}x+Q(x,y)\mathrm{d}y)+\int_{L_2}(P(x,y)\mathrm{d}x+Q(x,y)\mathrm{d}y).\end{aligned}$$

性质 3 设 L 是有向光滑曲线弧，L^- 表示与 L 方向相反的曲线弧，则

$$\int_{L^-}(P(x,y)\mathrm{d}x+Q(x,y)\mathrm{d}y)=-\int_L(P(x,y)\mathrm{d}x+Q(x,y)\mathrm{d}y).$$

性质 3 表明，**函数对坐标的曲线积分与积分弧段的方向有关！**当积分弧段的方向改变时，对坐标的曲线积分要改变符号. 因此关于对坐标的曲线积分，我们必须注意积分弧段的方向.

这一性质是对坐标的曲线积分所特有的，对弧长的曲线积分不具有这一性质.

二、对坐标的曲线积分的计算

定理　设

(1) $P(x,y),Q(x,y)$**在有向曲线弧** L **上有定义且连续；**

(2) L **的参数方程为**$\begin{cases}x=\varphi(t),\\ y=\psi(t),\end{cases}$ t **介于** α **与** β **之间，当参数** t **单调地由** α **变到** β **时，点** $M(x,y)$**从** L **的起点** A **沿** L **变化到终点** B**；**

(3) **又设** $\varphi'(t),\psi'(t)$ **在**$[\alpha,\beta]$**或**$[\beta,\alpha]$**上连续，且**$(\varphi'(t))^2+(\psi'(t))^2\neq 0$**，则对坐标的曲线积分**$\int_L(P(x,y)\mathrm{d}x+Q(x,y)\mathrm{d}y)$ **存在，且**

$$\int_L(P(x,y)\mathrm{d}x+Q(x,y)\mathrm{d}y)=\int_\alpha^\beta[P(\varphi(t),\psi(t))\varphi'(t)+Q(\varphi(t),\psi(t))\psi'(t)]\mathrm{d}t.\quad(2.1)$$

证　在 L 上取一列点 $A=M_0,M_1,M_2,\cdots,M_{n-1},M_n=B$，它们对应于一列单调变化的参数值 $\alpha=t_0,t_1,t_2,\cdots,t_{n-1},t_n=\beta$.

根据对坐标的曲线积分的定义，有

$$\int_L P(x,y)\mathrm{d}x=\lim_{\lambda\to 0}\sum_{i=1}^n P(\xi_i,\eta_i)\Delta x_i.$$

设 $\overset{\frown}{M_{i-1}M_i}$ 上任意取定的点(ξ_i,η_i)对应于参数值 τ_i，即 $\xi_i=\varphi(\tau_i),\eta_i=\psi(\tau_i)$，且 τ_i 介于 t_{i-1} 与 t_i 之间. 点 M_i 的坐标记为(x_i,y_i). 由于

$$\Delta x_i=x_i-x_{i-1}=\varphi(t_i)-\varphi(t_{i-1}),$$

应用拉格朗日微分中值定理，有

$$\Delta x_i=\varphi'(\tau'_i)\Delta t_i,$$

其中 τ'_i 介于 t_{i-1} 与 t_i 之间且 $\Delta t_i=t_i-t_{i-1}$. 则

$$\int_L P(x,y)\mathrm{d}x=\lim_{\lambda\to 0}\sum_{i=1}^n P(\varphi(\tau_i),\psi(\tau_i))\varphi'(\tau'_i)\Delta t_i.$$

由于 $\varphi'(t)$在$[\alpha,\beta]$或$[\beta,\alpha]$上连续，因而上式中的 τ'_i 可以换为 τ_i（详细证明要用 $\varphi'(t)$在闭区间上的一致连续性，这里从略），即

$$\int_L P(x,y)\mathrm{d}x = \lim_{\lambda\to 0}\sum_{i=1}^{n} P(\varphi(\tau_i),\psi(\tau_i))\varphi'(\tau_i)\Delta t_i.$$

进而由 $P(\varphi(t),\psi(t))\varphi'(t)$ 在 $[\alpha,\beta]$ 或 $[\beta,\alpha]$ 上连续和定积分的定义有

$$\int_L P(x,y)\mathrm{d}x = \int_\alpha^\beta P(\varphi(t),\psi(t))\varphi'(t)\mathrm{d}t.$$

同理可证

$$\int_L Q(x,y)\mathrm{d}y = \int_\alpha^\beta Q(\varphi(t),\psi(t))\psi'(t)\mathrm{d}t.$$

把以上两式相加即得(2.1)式.

上述定理表明,对坐标的曲线积分的计算可归结为计算一个定积分.公式(2.1)就是将对坐标的曲线积分转化为定积分的计算公式.由这个公式可知,要计算对坐标的曲线积分 $\int_L (P(x,y)\mathrm{d}x + Q(x,y)\mathrm{d}y)$ 可分为四步:(1) 将 L 的参数方程代入被积函数,即将 $P(x,y)$, $Q(x,y)$ 中的 x,y 依次换为 $\varphi(t),\psi(t)$;(2) 将 $\mathrm{d}x,\mathrm{d}y$ 依次换为 $\varphi'(t)\mathrm{d}t,\psi'(t)\mathrm{d}t$;(3) 从 L 的起点所对应的参数值 α 到 L 的终点所对应的参数值 β 作定积分;(4) 计算定积分.这里要注意,下限 α 对应于 L 的起点,上限 β 对应于 L 的终点,α 不一定小于 β.

如果 L 的方程为 $y=f(x)$,那么 L 的方程可看成特殊的参数方程 $\begin{cases} x=x, \\ y=f(x), \end{cases}$ 从而由公式(2.1)可得

$$\int_L (P(x,y)\mathrm{d}x + Q(x,y)\mathrm{d}y) = \int_a^b [P(x,f(x)) + Q(x,f(x))f'(x)]\mathrm{d}x,$$

这里下限 a 对应 L 的起点,上限 b 对应 L 的终点.

类似地,如果 L 的方程为 $x=g(y)$,那么有

$$\int_L (P(x,y)\mathrm{d}x + Q(x,y)\mathrm{d}y) = \int_c^d [P(g(y),y)g'(y) + Q(g(y),y)]\mathrm{d}y,$$

这里下限 c 对应 L 的起点,上限 d 对应 L 的终点.

公式(2.1)可推广到空间曲线 Γ 的情形.设 Γ 的参数方程为

$$x=\varphi(t),\ y=\psi(t),\ z=\omega(t),$$

则有

$$\begin{aligned}
&\int_\Gamma (P(x,y,z)\mathrm{d}x + Q(x,y,z)\mathrm{d}y + R(x,y,z)\mathrm{d}z) \\
=&\int_\alpha^\beta [P(\varphi(t),\psi(t),\omega(t))\varphi'(t) + Q(\varphi(t),\psi(t),\omega(t))\psi'(t) + \\
&R(\varphi(t),\psi(t),\omega(t))\omega'(t)]\mathrm{d}t,
\end{aligned}$$

这里下限 α 对应 Γ 的起点，上限 β 对应 Γ 的终点.

例 1　计算$\int_L x^2 y\,\mathrm{d}x$，其中 L 为抛物线 $y^2=x$ 上从点 $A(1,-1)$ 到点 $B(1,1)$ 的一段弧(图 11-3).

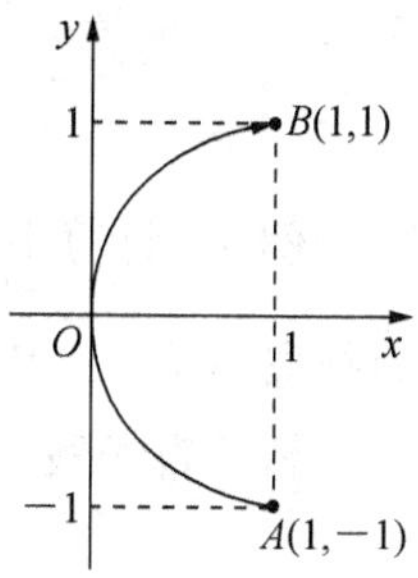

解　解法一　将所求积分化为对 y 的定积分来计算，现在 L 的方程为$x=y^2$，y 由 -1 变化到 1. 因此

$$\int_L x^2 y\,\mathrm{d}x=\int_{-1}^{1} y^4 y(y^2)'\mathrm{d}y=2\int_{-1}^{1} y^6\mathrm{d}y=\frac{4}{7}.$$

图 11-3

解法二　将所求积分化为对 x 的定积分来计算. 由于 $y=\pm\sqrt{x}$不是单值函数，所以要把 L 分为$\widehat{AO}$和$\widehat{OB}$两部分，其中$\widehat{AO}$的方程为 $y=-\sqrt{x}$，x 由 1 变化到 0；$\widehat{OB}$的方程为 $y=\sqrt{x}$，x 由 0 变化到 1. 因此

$$\begin{aligned}\int_L x^2 y\,\mathrm{d}x&=\int_{\widehat{AO}} x^2 y\,\mathrm{d}x+\int_{\widehat{OB}} x^2 y\,\mathrm{d}x=\int_1^0 x^2(-\sqrt{x})\mathrm{d}x+\int_0^1 x^2\sqrt{x}\mathrm{d}x\\&=\frac{2}{7}(-x^{\frac{7}{2}})\Big|_1^0+\frac{2}{7}x^{\frac{7}{2}}\Big|_0^1=\frac{4}{7}.\end{aligned}$$

例 2　计算$\int_L[(y^2-x^2)\mathrm{d}x+2xy\,\mathrm{d}y]$，其中 L 为曲线$\begin{cases}x=t^2,\\y=t^3\end{cases}$上从点$(0,0)$到点$(1,1)$的一段弧.

解　起点$(0,0)$和终点$(1,1)$对应的参数值分别为 $t=0$，$t=1$，则

$$\begin{aligned}\int_L[(y^2-x^2)\mathrm{d}x+2xy\,\mathrm{d}y]&=\int_0^1[(t^6-t^4)(t^2)'+2t^5(t^3)']\mathrm{d}t\\&=\int_0^1[(t^6-t^4)2t+2t^5(3t^2)]\mathrm{d}t\\&=\int_0^1(8t^7-2t^5)\mathrm{d}t=\left(t^8-\frac{t^6}{3}\right)\Big|_0^1=\frac{2}{3}.\end{aligned}$$

例 3　计算$\int_L(x\,\mathrm{d}y-y\,\mathrm{d}x)$，其中 L 为(图 11-4)：(1) 椭圆$\frac{x^2}{a^2}+\frac{y^2}{b^2}=1$上从点 $A(a,0)$按逆时针方向到点 $B(-a,0)$的一段弧；(2) 从点 $A(a,0)$沿 x 轴到点 $B(-a,0)$的直线段.

解　(1) 椭圆弧 L 的参数方程为$\begin{cases}x=a\cos\theta,\\y=b\sin\theta,\end{cases}$参数 θ 由 0 变到 π. 因此

$$\begin{aligned}\int_L(x\,\mathrm{d}y-y\,\mathrm{d}x)&=\int_0^{\pi}[a\cos\theta b\cos\theta-b\sin\theta(-a\sin\theta)]\mathrm{d}\theta\\&=\int_0^{\pi}ab(\cos^2\theta+\sin^2\theta)\mathrm{d}\theta=\pi ab.\end{aligned}$$

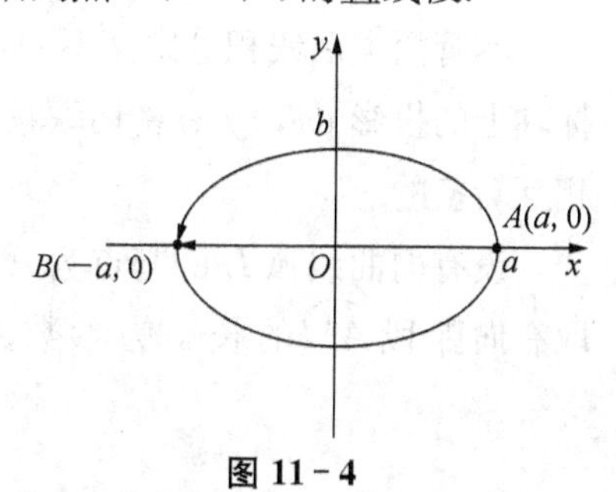

图 11-4

(2) L 的方程为 $y=0$,x 从 a 变到 $-a$. 所以

$$\int_L (x\mathrm{d}y - y\mathrm{d}x) = \int_a^{-a} (x \cdot 0 - 0)\mathrm{d}x = 0.$$

例 4 计算 $\int_\Gamma [x\mathrm{d}x + y\mathrm{d}y + (x+y-1)\mathrm{d}z]$,其中 Γ 是从点 $A(2,3,4)$ 到点 $B(1,1,1)$ 的直线段 AB.

解 直线段 AB 的方程是

$$\frac{x-1}{1} = \frac{y-1}{2} = \frac{z-1}{3},$$

化为参数方程得 $x=t+1, y=2t+1, z=3t+1$,t 从 1 变到 0. 因此

$$\begin{aligned}
&\int_\Gamma [x\mathrm{d}x + y\mathrm{d}y + (x+y-1)\mathrm{d}z] \\
&= \int_1^0 [(t+1) + (2t+1)\cdot 2 + (3t+1)\cdot 3]\mathrm{d}t \\
&= \int_1^0 (14t+6)\mathrm{d}t = -13.
\end{aligned}$$

例 5 已知一个质点受到力 $\boldsymbol{F}(x,y) = x^2\boldsymbol{i} - xy\boldsymbol{j}$ 的作用,从点 $A(1,0)$ 沿圆周 $x^2+y^2=1$ 按逆时针方向移动到点 $B(0,1)$. 求在上述移动过程中力 $\boldsymbol{F}$ 所做的功 W.

解
$$W = \int_{\widehat{AB}} \boldsymbol{F}(x,y)\mathrm{d}\boldsymbol{r} = \int_{\widehat{AB}} (x^2\mathrm{d}x - xy\,\mathrm{d}y).$$

圆弧 $\widehat{AB}$ 的参数方程为 $\begin{cases} x=\cos\theta, \\ y=\sin\theta, \end{cases}$ 起点 A、终点 B 分别对应参数 $t=0, t=\frac{\pi}{2}$. 因此

$$\begin{aligned}
W &= \int_0^{\frac{\pi}{2}} [\cos^2\theta(-\sin\theta) - \cos\theta\sin\theta\cos\theta]\mathrm{d}\theta \\
&= -2\int_0^{\frac{\pi}{2}} \cos^2\theta\sin\theta\,\mathrm{d}\theta = 2\int_0^{\frac{\pi}{2}} \cos^2\theta\,\mathrm{d}\cos\theta = 2\left.\frac{\cos^3\theta}{3}\right|_0^{\frac{\pi}{2}} = -\frac{2}{3}.
\end{aligned}$$

三、两类曲线积分之间的联系

尽管两类曲线积分定义不同,但由于弧长微分 $\mathrm{d}s$ 与它在坐标轴上的投影 $\mathrm{d}x$,$\mathrm{d}y$ 有密切联系,因此这两类曲线积分是可以相互转换的.

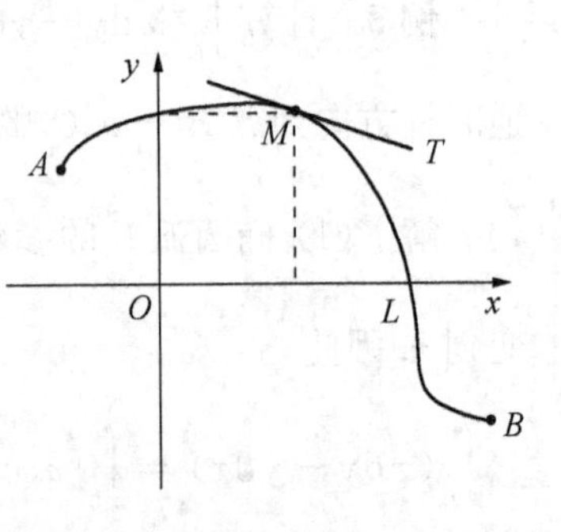

图 11-5

设有向曲线弧 L 的起点为 A,终点为 B,如图 11-5 所示. 取有向弧段 $\widehat{AM}$ 的长 s 为参数,设曲线弧 L 的参数方程为

$\begin{cases}x=x(s),\\ y=y(s),\end{cases}$ $s\in[0,l]$，其中 l 为曲线弧 L 的全长. 函数 $x=x(s)$，$y=y(s)$ 在 $[0,l]$ 上具有一阶连续导数(即 L 光滑)，又 $P(x,y)$，$Q(x,y)$ 在 L 上连续，利用对坐标的曲线积分的计算公式(2.1)，可得

$$\begin{aligned}&\int_L (P(x,y)\mathrm{d}x+Q(x,y)\mathrm{d}y)\\ &=\int_0^l\left[P(x(s),y(s))\frac{\mathrm{d}x}{\mathrm{d}s}+Q(x(s),y(s))\frac{\mathrm{d}y}{\mathrm{d}s}\right]\mathrm{d}s\\ &=\int_0^l[P(x(s),y(s))\cos\alpha+Q(x(s),y(s))\cos\beta]\mathrm{d}s,\end{aligned}\tag{2.2}$$

其中 $\cos\alpha=\frac{\mathrm{d}x}{\mathrm{d}s}$，$\cos\beta=\frac{\mathrm{d}y}{\mathrm{d}s}$ 是 L 上弧长为 s 的点 M 处的切向量 $\overrightarrow{MT}$ 的方向余弦，而 $\overrightarrow{MT}$ 的方向与 L 的方向相同. 可见(2.2)式右端的定积分等于第一类曲线积分

$$\int_L (P(x,y)\cos\alpha+Q(x,y)\cos\beta)\mathrm{d}s.$$

于是，得到两类曲线积分的关系如下：

$$\int_L (P(x,y)\mathrm{d}x+Q(x,y)\mathrm{d}y)=\int_L (P(x,y)\cos\alpha+Q(x,y)\cos\beta)\mathrm{d}s,$$

其中 $\alpha(x,y)$，$\beta(x,y)$ 为有向曲线弧 L 在点 (x,y) 处的切向量的方向角.

类似地，空间曲线 Γ 上的两类曲线积分之间有如下联系：

$$\int_\Gamma (P\mathrm{d}x+Q\mathrm{d}y+R\mathrm{d}z)=\int_\Gamma (P\cos\alpha+Q\cos\beta+R\cos\gamma)\mathrm{d}s,$$

其中 $\alpha(x,y,z)$，$\beta(x,y,z)$，$\gamma(x,y,z)$ 为有向曲线弧 Γ 在点 (x,y,z) 处的切向量的方向角.

两类曲线积分之间的联系也可用向量的形式表达. 例如，空间曲线 Γ 上的两类曲线积分之间的联系可写成如下形式：

$$\int_\Gamma \mathbf{A}\mathrm{d}\boldsymbol{r}=\int_\Gamma \mathbf{A}\cdot\boldsymbol{\tau}\mathrm{d}s,$$

其中 $\mathbf{A}=(P,Q,R)$，$\boldsymbol{\tau}=(\cos\alpha,\cos\beta,\cos\gamma)$ 为有向曲线弧 Γ 在点 (x,y,z) 处的单位切向量，$\mathrm{d}\boldsymbol{r}=\boldsymbol{\tau}\mathrm{d}s=(\mathrm{d}x,\mathrm{d}y,\mathrm{d}z)$，称为有向曲线元.

习题 11－2

1. 计算下列对坐标的曲线积分：

(1) $\int_L (y\mathrm{d}x+x^2\mathrm{d}y)$，其中 L 为曲线 $\begin{cases}x=2t,\\ y=t^2-1\end{cases}$ 上从点 $(0,-1)$ 到点 $(4,3)$ 的一段弧；

(2) $\int_L [xy\,dx+(y-x)dy]$,其中 L 是曲线 $y=x^3$ 上从点(0,0) 到点(1,1) 的一段弧;

(3) $\int_L [(x+2y)dx+(x-2y)dy]$,其中 L 是从点(1,1) 到点(3,−1) 的直线段;

(4) $\int_L (y\,dx+x\,dy)$,其中 L 是圆周 $x=R\cos t, y=R\sin t$ 上对应 t 从 0 到 $\frac{\pi}{2}$ 的一段弧;

(5) $\oint_L \frac{(x+y)dx-(x-y)dy}{x^2+y^2}$,其中 L 为圆周 $x^2+y^2=1$(按逆时针方向绕行);

(6) $\oint_L (y^2dx-x^2dy)$,其中 L 为圆周 $(x-1)^2+(y-1)^2=1$(按逆时针方向绕行);

(7) $\int_L (y^3dx+x^3dy)$,其中 L 为有向折线 ABC,这里 A,B,C 依次是点(−4,1),(−4,−2),(2,−2);

(8) $\oint_L xy\,dx$,其中 L 为圆周 $(x-2)^2+y^2=4$ 及 x 轴所围成的在第一象限内的区域的整个边界(按逆时针方向绕行);

(9) $\int_\Gamma (x\,dx+y\,dy-z\,dz)$,其中 Γ 是从点(1,0,−3) 到点(6,4,8) 的一段直线.

2. 计算 $\int_L (2xy\,dx+x^2dy)$,其中 L 为:

(1) 抛物线 $y=x^2$ 上从点 $O(0,0)$ 到点 $B(1,1)$ 的一段弧;

(2) 抛物线 $x=y^2$ 上从点 $O(0,0)$ 到点 $B(1,1)$ 的一段弧;

(3) 有向折线 OAB,这里 O,A,B 依次是点(0,0),(1,0),(1,1).

3. 计算 $\int_L (2xy\,dx-x^2dy)$,其中 L 是:

(1) 从点 $O(0,0)$ 到点 $A(2,1)$ 的直线段;

(2) 抛物线 $y=\frac{1}{4}x^2$ 上从点 $O(0,0)$ 到点 $A(2,1)$ 的一段弧;

(3) 先沿直线从点 $O(0,0)$ 到点 $B(2,0)$,然后再沿直线到点 $A(2,1)$ 的折线;

(4) 先沿直线从点 $O(0,0)$ 到点 $C(0,1)$,然后再沿直线到点 $A(2,1)$ 的折线.

4. 已知一个质点在力 $\boldsymbol{F}(x,y)=(y+3x)\boldsymbol{i}+(2y-x)\boldsymbol{j}$ 的作用下沿椭圆 $4x^2+y^2=4$ 按顺时针方向移动一周. 求在上述移动过程中力 $\boldsymbol{F}$ 所做的功 W.

5. 把对坐标的曲线积分 $\int_L (P(x,y)dx+Q(x,y)dy)$ 化成对弧长的曲线积分,其中 L 为:

(1) 从点 $A(0,0)$ 到点 $B(1,1)$ 的直线段;

(2) 抛物线 $y=x^2$ 上从点 $A(0,0)$ 到点 $B(1,1)$ 的一段弧.

第三节　格林公式及其应用

一、格林公式

重积分与对坐标的曲线积分是两类不同的积分，但下面的格林(Green)公式建立了平面区域 D 上的二重积分和沿该区域 D 的边界曲线上对坐标的曲线积分之间的联系，这类似于微积分基本公式 $\int_a^b f'(x)\mathrm{d}x = f(b) - f(a)$ 建立了闭区间 $[a,b]$ 上关于 $f'(x)$ 的定积分与函数 $f(x)$ 在端点 a,b 的函数值之间的联系一样.

1. 预备知识

设有平面区域 D，如果 D 内任意一条闭曲线可以在 D 内不经过 D 的边界而连续收缩为一点，那么称区域 D 为**单连通区域**，否则称为**复连通区域**. 图 11 - 6 中(a)和(b)都为单连通区

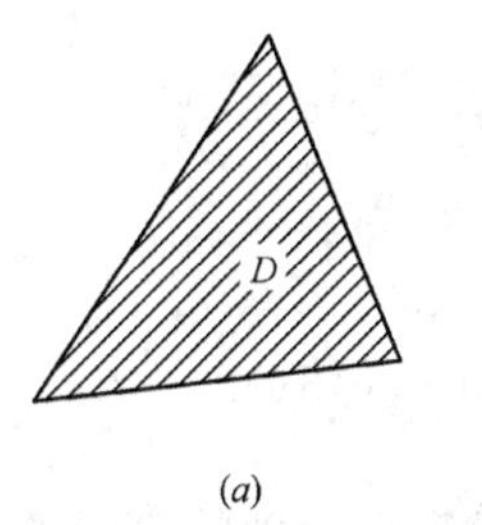

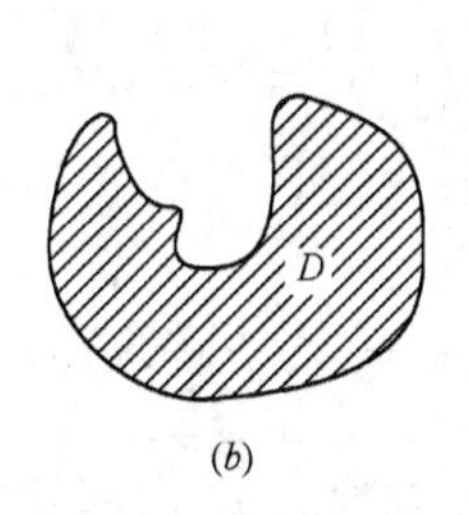

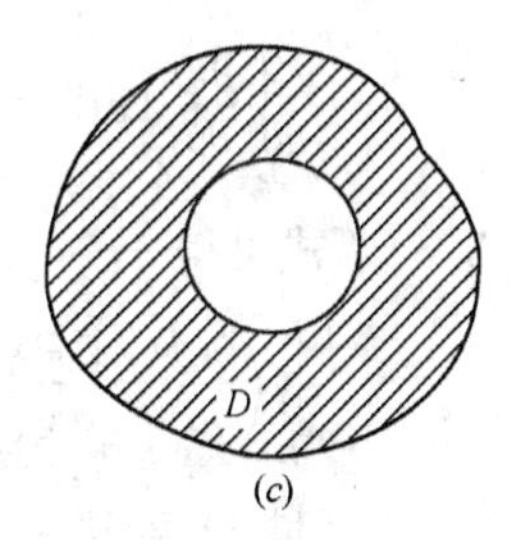

图 11 - 6

域，(c)为复连通区域. 设平面区域 D 的边界曲线为 L，我们规定 L 的正向为：当观察者沿 L 的这个方向行走时，D 总在他的左边. 例如，D 是边界曲线 L 及 l 所围成的复连通区域(图 11 - 7)，作为 D 的正向边界，L 的正向是逆时针方向，而 l 的正向是顺时针方向.

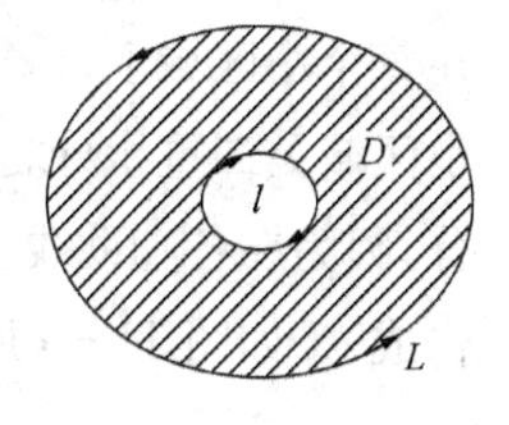

图 11 - 7

2. 格林公式

定理 1　设有界闭区域 D 由分段光滑的曲线 L 所围成，函数 $P(x,y)$，$Q(x,y)$ 在 D 上具有一阶连续偏导数，则有

$$\iint_D \left(\frac{\partial Q}{\partial x} - \frac{\partial P}{\partial y}\right)\mathrm{d}x\,\mathrm{d}y = \oint_L (P\mathrm{d}x + Q\mathrm{d}y), \tag{3.1}$$

其中 L 是 D 的取正向的边界曲线.

公式(3.1)称为**格林公式**.

证　(1) 设区域 D 是单连通的，且 D 的边界 L 与穿过 D 内部且平行于两坐标轴的直线

的交点恰好是两个，则区域 D 既是 X -型又是 Y -型的. 如图 11-8 所示，设 D 的边界 L 是由两条曲线 $\widehat{ACB}=L_1: y=\varphi_1(x)$，$\widehat{BEA}=L_2: y=\varphi_2(x), a\leqslant x\leqslant b$ 所围成，即

$$D=\{(x,y)\mid \varphi_1(x)\leqslant y\leqslant \varphi_2(x), a\leqslant x\leqslant b\}.$$

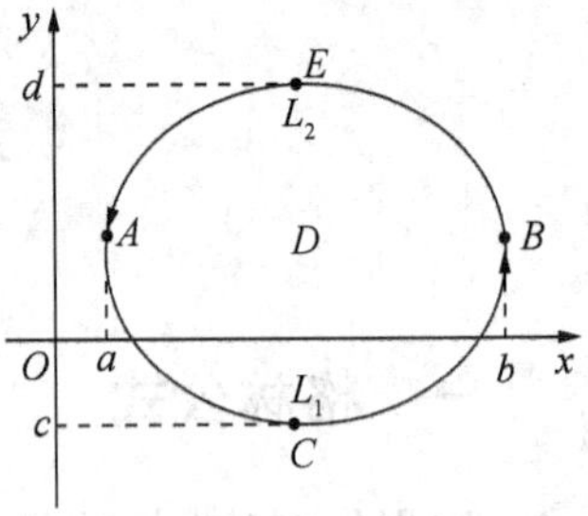

图 11-8

因为$\dfrac{\partial P}{\partial y}$连续，所以按二重积分的计算法，有

$$\begin{aligned}\iint_D \frac{\partial P}{\partial y}\mathrm{d}x\,\mathrm{d}y &= \int_a^b\left(\int_{\varphi_1(x)}^{\varphi_2(x)}\frac{\partial P}{\partial y}\mathrm{d}y\right)\mathrm{d}x\\ &=\int_a^b[P(x,\varphi_2(x))-P(x,\varphi_1(x))]\mathrm{d}x\\ &=\int_{L_2^-}P(x,y)\mathrm{d}x-\int_{L_1}P(x,y)\mathrm{d}x\\ &=-\int_{L_2}P(x,y)\mathrm{d}x-\int_{L_1}P(x,y)\mathrm{d}x=-\oint_L P(x,y)\mathrm{d}x.\end{aligned}\tag{3.2}$$

设 $D=\{(x,y)\mid\psi_1(y)\leqslant x\leqslant\psi_2(y), c\leqslant y\leqslant d\}$，同理可证

$$\iint_D\frac{\partial Q}{\partial x}\mathrm{d}x\,\mathrm{d}y=\int_c^d\left(\int_{\psi_1(y)}^{\psi_2(y)}\frac{\partial Q}{\partial x}\mathrm{d}x\right)\mathrm{d}y=\oint_L Q(x,y)\mathrm{d}y.\tag{3.3}$$

综合(3.2)，(3.3)两式可得

$$\iint_D\left(\frac{\partial Q}{\partial x}-\frac{\partial P}{\partial y}\right)\mathrm{d}x\,\mathrm{d}y=\oint_L(P(x,y)\mathrm{d}x+Q(x,y)\mathrm{d}y).$$

(2) 考虑一般区域 D. 若边界线 L 与穿过 D 内部且平行于坐标轴的直线的交点多于两个，可以引进一条或几条辅助曲线，把区域 D 分割为有限个既是 X -型又是 Y -型小区域，因而在每个小区域上，格林公式成立. 如图 11-9，11-10 所示，整个区域 D 上的二重积分就是这些小区域上二重积分之和，而沿这些小区域的正向边界上的曲线积分相加就等于 L 上的曲线积分，因为在各辅助线上，要来回各积分一次，恰好相互抵消了，因此在整个区域 D 上格林公式仍成立. 如图 11-9 所示，$D=D_1\cup D_2$，记 $L=L_1+L_2$，其中 $\widehat{ACB}=L_1$，$\widehat{BEA}=L_2$，则

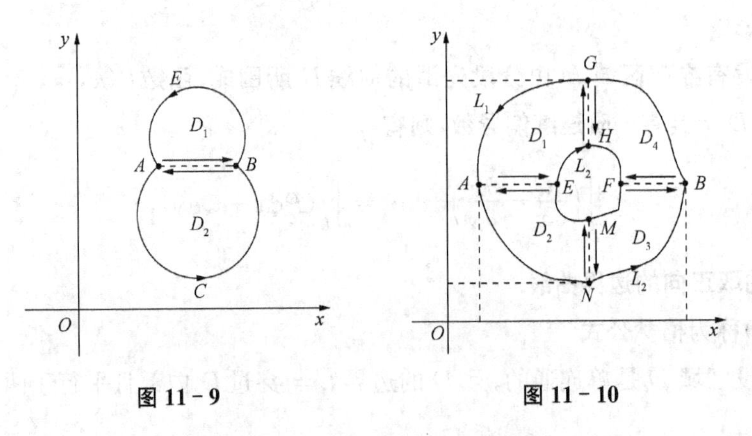

图 11-9　　　　图 11-10

$$\begin{aligned}
&\iint_D \left(\frac{\partial Q}{\partial x}-\frac{\partial P}{\partial y}\right)\mathrm{d}x\,\mathrm{d}y \\
&=\iint_{D_1}\left(\frac{\partial Q}{\partial x}-\frac{\partial P}{\partial y}\right)\mathrm{d}x\,\mathrm{d}y+\iint_{D_2}\left(\frac{\partial Q}{\partial x}-\frac{\partial P}{\partial y}\right)\mathrm{d}x\,\mathrm{d}y \\
&=\left[\int_{L_2}(P\mathrm{d}x+Q\mathrm{d}y)+\int_{AB}(P\mathrm{d}x+Q\mathrm{d}y)\right]+\left[\int_{L_1}(P\mathrm{d}x+Q\mathrm{d}y)+\int_{BA}(P\mathrm{d}x+Q\mathrm{d}y)\right] \\
&=\int_{L_2}(P\mathrm{d}x+Q\mathrm{d}y)+\int_{L_1}(P\mathrm{d}x+Q\mathrm{d}y)=\int_{L}(P\mathrm{d}x+Q\mathrm{d}y).
\end{aligned}$$

注意，$\int_{AB}(P\mathrm{d}x+Q\mathrm{d}y)=-\int_{BA}(P\mathrm{d}x+Q\mathrm{d}y)$.

特别地，若 D 是复连通区域，同样用上述方法我们可以用一条或几条辅助曲线把它分割为满足(1)中条件要求的小区域. 如图 11 - 10 中的区域 D 的边界线的正向 $L=L_1+L_2$，用线段 AE,FB,GH,MN 把 D 分割为满足(1)中条件要求的四个小区域，即 $D=D_1\cup D_2\cup D_3\cup D_4$，同样可以证明格林公式在区域 D 上成立.

注意，对于复连通区域 D，格林公式(3.1)右端应包括沿区域 D 的全部边界的曲线积分，且边界的方向对区域 D 来说都是正向.

3. 格林公式的应用

(1) 计算平面区域的面积

在格林公式(3.1)中，取 $P=-y,Q=x$，即得

$$2\iint_D \mathrm{d}x\,\mathrm{d}y=\oint_L(x\,\mathrm{d}y-y\,\mathrm{d}x).$$

上式左端是闭区域 D 的面积 A 的两倍，因此有

$$A=\frac{1}{2}\oint_L(x\,\mathrm{d}y-y\,\mathrm{d}x),\tag{3.4}$$

其中 L 是 D 的取正向的边界曲线.

例 1　求椭圆 $x=a\cos\theta,y=b\sin\theta$ 所围成图形的面积 A.

解　由公式(3.4)得

$$\begin{aligned}
A&=\frac{1}{2}\oint_L(x\,\mathrm{d}y-y\,\mathrm{d}x)=\frac{1}{2}\int_0^{2\pi}(ab\cos^2\theta+ab\sin^2\theta)\mathrm{d}\theta \\
&=\frac{1}{2}ab\int_0^{2\pi}\mathrm{d}\theta=\pi ab.
\end{aligned}$$

(2) 计算对坐标的曲线积分

例 2　计算 $\oint_L(4x^2y\,\mathrm{d}x+2y\,\mathrm{d}y)$，其中 L 为三顶点分别为 $O(0,0)$，$A(1,2)$和 $B(0,2)$的三角形区域的正向边界(图 11 - 11).

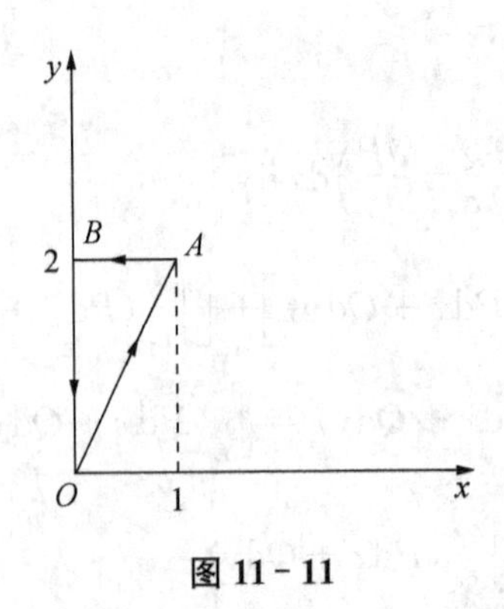

图 11-11

解 L 所围成的闭区域记为 D. 令 $P=4x^2y,Q=2y$,则$\frac{\partial Q}{\partial x}=0,\frac{\partial P}{\partial y}=4x^2$.

于是,由格林公式(3.1)可得

$$\begin{aligned}\oint_L(4x^2y\,dx+2y\,dy)&=\iint_D(0-4x^2)\,dx\,dy\\&=-4\int_0^1 dx\int_{2x}^2 x^2\,dy=-4\int_0^1(2x^2-2x^3)\,dx\\&=-4\left(\frac{2x^3}{3}-\frac{x^4}{2}\right)\Big|_0^1=-\frac{2}{3}.\end{aligned}$$

例 3 计算$\oint_L[(x^3+2y)dx+(4x-3y^2)dy]$,其中 L 为椭圆$\frac{x^2}{a^2}+\frac{y^2}{b^2}=1$,且 L 取逆时针方向.

解 L 所围成的闭区域记为 D. 令 $P=x^3+2y,Q=4x-3y^2$,则$\frac{\partial Q}{\partial x}=4,\frac{\partial P}{\partial y}=2$. 于是,由格林公式(3.1)和例 1 的结果可得

$$\oint_L[(x^3+2y)dx+(4x-3y^2)dy]=\iint_D(4-2)\,dx\,dy=2\pi ab.$$

例 4 计算 $I=\int_L[(e^x\cos y-y+1)dx+(x-e^x\sin y)dy]$,其中 L 是在圆周 $y=\sqrt{1-x^2}$ 上由点 $A(1,0)$ 到点 $B(-1,0)$ 的一段弧(图 11-12).

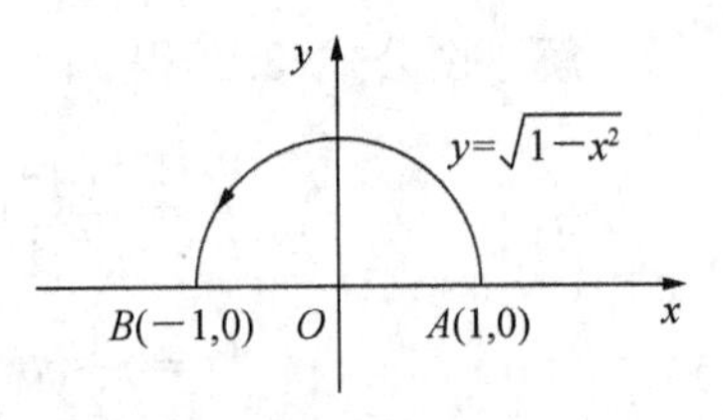

图 11-12

解 由于 L 不封闭,所以不能直接应用格林公式,而直接用本章第二节中所介绍的对坐标的曲线积分的计算公式又不易算出. 此时,可以添加辅助直线段 BA,而 L 与 BA 构成封闭曲线,再用格林公式.

令 $P=e^x\cos y-y+1,Q=x-e^x\sin y$,则$\frac{\partial Q}{\partial x}=1-e^x\sin y,\frac{\partial P}{\partial y}=-e^x\sin y-1$.

记 L 和 BA 所围成的闭区域为 D. 由格林公式(3.1)可得

$$I=\int_L(P\mathrm{d}x+Q\mathrm{d}y)=\oint_{L+BA}(P\mathrm{d}x+Q\mathrm{d}y)-\int_{BA}(P\mathrm{d}x+Q\mathrm{d}y)$$
$$=2\iint_D\mathrm{d}x\,\mathrm{d}y-\int_{BA}[(\mathrm{e}^x\cos y-y+1)\mathrm{d}x+(x-\mathrm{e}^x\sin y)\mathrm{d}y].$$

而 $2\iint_D\mathrm{d}x\,\mathrm{d}y=\pi$，又 BA 的方程为 $y=0$，x 从 -1 变到 1，于是，

$$\int_{BA}[(\mathrm{e}^x\cos y-y+1)\mathrm{d}x+(x-\mathrm{e}^x\sin y)\mathrm{d}y]=\int_{-1}^{1}(\mathrm{e}^x+1)\mathrm{d}x=\mathrm{e}-\mathrm{e}^{-1}+2.$$

所以
$$I=\pi-\mathrm{e}+\mathrm{e}^{-1}-2.$$

例 5　计算 $\oint_L\frac{x\,\mathrm{d}y-y\,\mathrm{d}x}{x^2+4y^2}$，其中 L 是不通过点(0,0)的任意圆，且 L 取逆时针方向.

解　设 $P=-\frac{y}{x^2+4y^2}$，$Q=\frac{x}{x^2+4y^2}$，则

$$\frac{\partial P}{\partial y}=\frac{\partial}{\partial y}\left(\frac{-y}{x^2+4y^2}\right)=\frac{4y^2-x^2}{(x^2+4y^2)^2},$$
$$\frac{\partial Q}{\partial x}=\frac{\partial}{\partial x}\left(\frac{x}{x^2+4y^2}\right)=\frac{4y^2-x^2}{(x^2+4y^2)^2}=\frac{\partial P}{\partial y}.$$

L 所围成的闭区域记为 D.

当 $(0,0)\notin D$ 时，利用格林公式(3.1)可得

$$\oint_L\frac{x\,\mathrm{d}y-y\,\mathrm{d}x}{x^2+4y^2}=\iint_D 0\,\mathrm{d}x\,\mathrm{d}y=0;$$

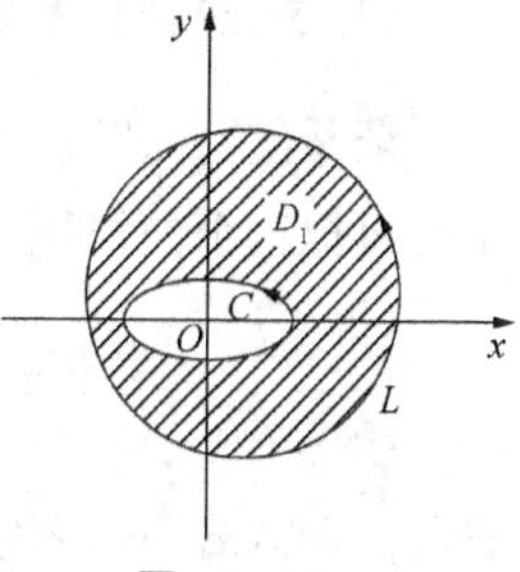

图 11-13

当 $(0,0)\in D$ 时，选取一个足够小的正数 ε，作位于 D 内的一个小椭圆 C：$x^2+4y^2=\varepsilon^2$. 记 L 和 C 所围成的闭区域为 D_1(图 11-13). 对复连通区域 D_1 应用格林公式，得

$$\oint_L\frac{x\,\mathrm{d}y-y\,\mathrm{d}x}{x^2+4y^2}-\oint_C\frac{x\,\mathrm{d}y-y\,\mathrm{d}x}{x^2+4y^2}=\int_{L+C^-}\frac{x\,\mathrm{d}y-y\,\mathrm{d}x}{x^2+4y^2}=\iint_{D_1}0\,\mathrm{d}x\,\mathrm{d}y=0,$$

其中 C 的方向取逆时针方向. 于是，利用 C 的参数方程 $\begin{cases}x=\varepsilon\cos\theta,\\ y=\frac{1}{2}\varepsilon\sin\theta,\end{cases}$ θ 由 0 变到 2π，得

$$\oint_L\frac{x\,\mathrm{d}y-y\,\mathrm{d}x}{x^2+4y^2}=\oint_C\frac{x\,\mathrm{d}y-y\,\mathrm{d}x}{x^2+4y^2}=\frac{1}{2}\int_0^{2\pi}\frac{\varepsilon^2\cos^2\theta+\varepsilon^2\sin^2\theta}{\varepsilon^2}\mathrm{d}\theta=\frac{1}{2}\int_0^{2\pi}\mathrm{d}\theta=\pi.$$

二、平面上曲线积分与路径无关的条件

在力学中,质点在保守力场(如重力场)中移动时,场力所做的功与所走的路径无关,而只与质点运动的起点和终点有关.但是,对一般的力场而言,场力对质点所做的功未必与所走的路径无关.这样我们自然要问:满足什么条件时对坐标的曲线积分与路径无关呢?

设函数 $P(x,y),Q(x,y)$ 在区域 D 内具有一阶连续偏导数.如果对于 D 内任意给定的两点 A 和 B,以及 D 内从点 A 到点 B 的任意两条曲线 L_1,L_2,都有 $\int_{L_1}(P\mathrm{d}x+Q\mathrm{d}y)=\int_{L_2}(P\mathrm{d}x+Q\mathrm{d}y)$ 恒成立,则称**曲线积分** $\int_L(P\mathrm{d}x+Q\mathrm{d}y)$ **在 D 内与路径无关**,否则便称曲线积分与路径有关.

定理 2 **若函数 $P(x,y),Q(x,y)$ 在单连通区域 D 内具有一阶连续偏导数,则以下四个条件等价:**

(1) **在 D 内曲线积分 $\int_L(P\mathrm{d}x+Q\mathrm{d}y)$ 与路径无关;**

(2) **在 D 内存在某一函数 $u(x,y)$,使得 $\mathrm{d}u(x,y)=P(x,y)\mathrm{d}x+Q(x,y)\mathrm{d}y$;**

(3) **对任意点 $(x,y)\in D$,都有 $\frac{\partial P}{\partial y}=\frac{\partial Q}{\partial x}$;**

(4) **对 D 内任意闭曲线 C,都有 $\oint_C(P\mathrm{d}x+Q\mathrm{d}y)=0$.**

证 (1)⇒(2):由于起点为 $M_0(x_0,y_0)$,终点为 $M(x,y)$ 的曲线积分在 D 内与路径无关,于是可把这个曲线积分写作

$$\int_{(x_0,y_0)}^{(x,y)}(P\mathrm{d}x+Q\mathrm{d}y).$$

当起点 $M_0(x_0,y_0)$ 固定时,这个积分的值由终点 $M(x,y)$ 唯一确定,因而它是 x,y 的函数,用 $u(x,y)$ 表示,即

$$u(x,y)=\int_{(x_0,y_0)}^{(x,y)}(P\mathrm{d}x+Q\mathrm{d}y). \tag{3.5}$$

下面证明函数 $u(x,y)$ 的全微分就是 $P(x,y)\mathrm{d}x+Q(x,y)\mathrm{d}y$.由于 $P(x,y),Q(x,y)$ 都是连续的,因此只要证明

$$\frac{\partial u}{\partial x}=P(x,y),\frac{\partial u}{\partial y}=Q(x,y).$$

按偏导数的定义,有

$$\frac{\partial u}{\partial x}=\lim_{\Delta x\to 0}\frac{u(x+\Delta x,y)-u(x,y)}{\Delta x}.$$

由(3.5)式,得

$$u(x+\Delta x,y)=\int_{(x_0,y_0)}^{(x+\Delta x,y)}(P\mathrm{d}x+Q\mathrm{d}y).$$

由于曲线积分与路径无关,可以取先从 M_0 到 M,然后沿平行于 x 轴的直线段从 M 到 N 作为上式右端曲线积分的路径,如图 11-14 所示.则有

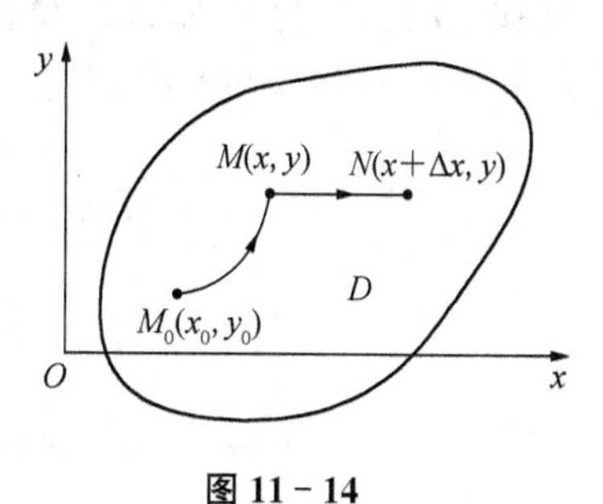

图 11-14

$$u(x+\Delta x,y)=u(x,y)+\int_{(x,y)}^{(x+\Delta x,y)}(P\mathrm{d}x+Q\mathrm{d}y).$$

从而 $u(x+\Delta x,y)-u(x,y)=\int_{(x,y)}^{(x+\Delta x,y)}(P\mathrm{d}x+Q\mathrm{d}y).$

因为直线段 MN 的方程为 $y=$常数,按本章第二节对坐标的曲线积分的计算法,上式转化为

$$u(x+\Delta x,y)-u(x,y)=\int_{x}^{x+\Delta x}P\mathrm{d}x.$$

再利用定积分中值定理,得

$$u(x+\Delta x,y)-u(x,y)=P(x+\theta\Delta x,y)\Delta x\ (0\leqslant\theta\leqslant 1).$$

上式两边除以 Δx,并令 $\Delta x\to 0$ 取极限.由于 $P(x,y)$的偏导数在 D 内连续,$P(x,y)$本身也一定连续,于是得

$$\frac{\partial u}{\partial x}=P(x,y).$$

同理可证$\frac{\partial u}{\partial y}=Q(x,y)$.所以 $\mathrm{d}u(x,y)=P(x,y)\mathrm{d}x+Q(x,y)\mathrm{d}y$.

(2)⇒(3):假设在 D 内存在某一函数 $u(x,y)$,使得

$$\mathrm{d}u(x,y)=P(x,y)\mathrm{d}x+Q(x,y)\mathrm{d}y,$$

则必有

$$\frac{\partial u}{\partial x}=P(x,y),\frac{\partial u}{\partial y}=Q(x,y).$$

从而

$$\frac{\partial^2 u}{\partial x\partial y}=\frac{\partial P}{\partial y},\frac{\partial^2 u}{\partial y\partial x}=\frac{\partial Q}{\partial x}.$$

由于 $P(x,y)$,$Q(x,y)$在 D 内具有一阶连续偏导数,所以在 D 内$\frac{\partial^2 u}{\partial x\partial y}$和$\frac{\partial^2 u}{\partial y\partial x}$连续,因此在 D 内$\frac{\partial^2 u}{\partial x\partial y}=\frac{\partial^2 u}{\partial y\partial x}$,即$\frac{\partial P}{\partial y}=\frac{\partial Q}{\partial x}$在 D 内恒成立.

(3)⇒(4):在 D 内任取一条闭曲线 C,因为 D 是单连通区域,所以 C 所包围的闭区域 $E\subset D$,从而由格林公式就有

$$0=\iint_E\left(\frac{\partial Q}{\partial x}-\frac{\partial P}{\partial y}\right)\mathrm{d}x\,\mathrm{d}y=\oint_C(P\mathrm{d}x+Q\mathrm{d}y).$$

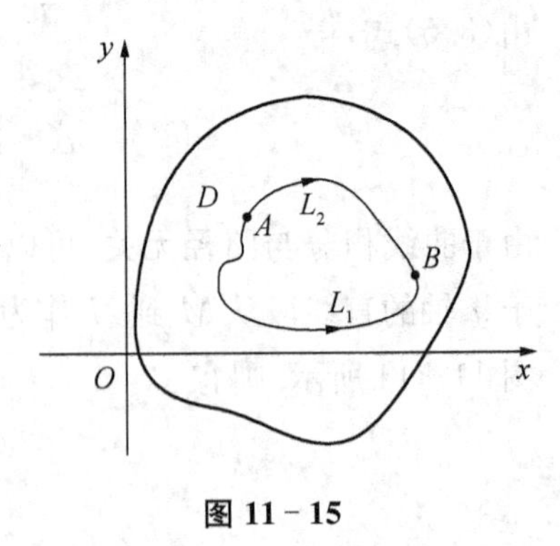

图 11 - 15

(4)⇒(1):如图 11 - 15 所示,如果在区域 D 内沿任意闭曲线上的积分为 0,那么在 D 内任取两点 A,B,对于 D 内从 A 到 B 的任意两条曲线 L_1,L_2,则容易看出

$$\begin{aligned}&\int_{L_1}(P\mathrm{d}x+Q\mathrm{d}y)-\int_{L_2}(P\mathrm{d}x+Q\mathrm{d}y)\\=&\int_{L_1}(P\mathrm{d}x+Q\mathrm{d}y)+\int_{L_2^-}(P\mathrm{d}x+Q\mathrm{d}y)\\=&\oint_{L_1+L_2^-}(P\mathrm{d}x+Q\mathrm{d}y)=0.\end{aligned}$$

因此

$$\int_{L_1}(P\mathrm{d}x+Q\mathrm{d}y)=\int_{L_2}(P\mathrm{d}x+Q\mathrm{d}y).$$

所以在 D 内曲线积分 $\int_L(P\mathrm{d}x+Q\mathrm{d}y)$ 与路径无关.

综上所述,定理 2 得证.

定理 2 表明,如果 D 是单连通区域,函数 $P(x,y),Q(x,y)$ 在 D 内具有一阶连续偏导数,且 $\frac{\partial P}{\partial y}=\frac{\partial Q}{\partial x}$ 在 D 内恒成立,那么曲线积分 $\int_L(P\mathrm{d}x+Q\mathrm{d}y)$ 在 D 内与路径无关. 这是判别曲线积分与路径无关的常用方法.

例 6 验证曲线积分 $\int_L[(6xy^2-y^3)\mathrm{d}x+(6x^2y-3xy^2)\mathrm{d}y]$ 在整个 xOy 面内与路径无关,其中 L 的起点为 $A(1,2)$,终点为 $B(3,4)$,并计算积分值.

解 令 $P=6xy^2-y^3,Q=6x^2y-3xy^2$,且

$$\frac{\partial P}{\partial y}=12xy-3y^2=\frac{\partial Q}{\partial x}$$

在整个 xOy 面内恒成立,而整个 xOy 面是单连通域,因此在整个 xOy 面内,曲线积分 $\int_L[(6xy^2-y^3)\mathrm{d}x+(6x^2y-3xy^2)\mathrm{d}y]$ 与路径无关.

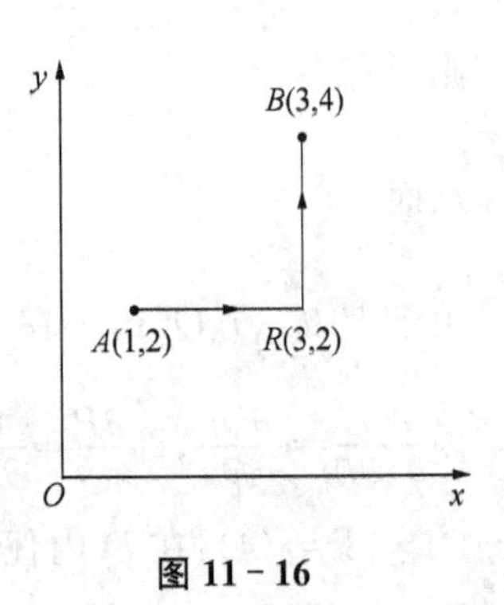

图 11 - 16

取积分路径为有向折线 ARB,这里 A,R,B 依次是点 $(1,2)$,$(3,2)$,$(3,4)$,如图 11 - 16 所示. 有向折线 ARB 可分为 AR 和 RB 两部分. 在 AR 上,$y=2$,x 从 1 变到 3;在 RB 上,$x=3$,y 从 2 变到 4. 因此,

$$\begin{aligned}
&\int_L [(6xy^2-y^3)\mathrm{d}x+(6x^2y-3xy^2)\mathrm{d}y]\\
=&\int_{AR}[(6xy^2-y^3)\mathrm{d}x+(6x^2y-3xy^2)\mathrm{d}y]+\int_{RB}[(6xy^2-y^3)\mathrm{d}x+(6x^2y-3xy^2)\mathrm{d}y]\\
=&\int_1^3(24x-8)\mathrm{d}x+\int_2^4(54y-9y^2)\mathrm{d}y\\
=&(12x^2-8x)\Big|_1^3+(27y^2-3y^3)\Big|_2^4\\
=&80+156\\
=&236.
\end{aligned}$$

容易验证，在定理 2 的结论：(1)⇔(4)中的区域 D 并不要求是单连通的. 但在应用定理 2 的其他结论时，不能忽视 D 是单连通区域这个条件.

例 7　考查曲线积分 $\int_L \frac{x\,\mathrm{d}y-y\,\mathrm{d}x}{x^2+y^2}$ 在区域 $D=\{(x,y)\mid x^2+y^2>0\}$ 内是否与路径无关.

解　令 $P(x,y)=-\frac{y}{x^2+y^2}$，$Q(x,y)=\frac{x}{x^2+y^2}$，则对任意点 $(x,y)\in D$，有

$$\frac{\partial P}{\partial y}=\frac{\partial Q}{\partial x}=\frac{y^2-x^2}{(x^2+y^2)^2}.$$

取点 $A(-1,0)$，$B(1,0)$，L_1 为上半圆弧，L_2 为下半圆弧，且方向如图 11-17 所示，则

$$\int_{L_1}\frac{x\,\mathrm{d}y-y\,\mathrm{d}x}{x^2+y^2}=\int_\pi^0(\cos^2\theta+\sin^2\theta)\mathrm{d}\theta=-\pi,$$

$$\int_{L_2}\frac{x\,\mathrm{d}y-y\,\mathrm{d}x}{x^2+y^2}=\int_\pi^{2\pi}(\cos^2\theta+\sin^2\theta)\mathrm{d}\theta=\pi.$$

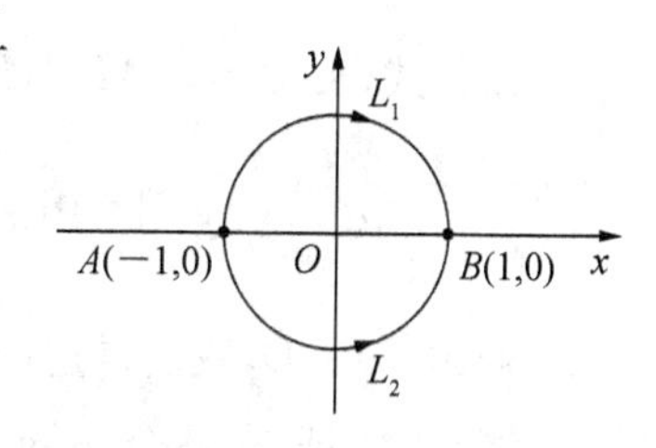

图 11-17

即该曲线积分在区域 D 内与路径有关，这里 D 不是单连通区域.

三、二元函数的全微分求积

在多元函数微分学中，我们有下述结论：若 $u(x,y)$ 具有连续偏导数，则 $u(x,y)$ 可微，并且有 $\mathrm{d}u(x,y)=\frac{\partial u}{\partial x}\mathrm{d}x+\frac{\partial u}{\partial y}\mathrm{d}y$.

现在要讨论相反的问题：给定两个二元函数 $P(x,y)$，$Q(x,y)$，问：是否存在二元函数 $u(x,y)$，使得

$$\mathrm{d}u=P(x,y)\mathrm{d}x+Q(x,y)\mathrm{d}y \tag{3.6}$$

或

$$\frac{\partial u}{\partial x}=P(x,y),\ \frac{\partial u}{\partial y}=Q(x,y).$$

一般说来，这个问题未必有解. 例如，取 $P(x,y)=Q(x,y)=x$ 时，就不存在 $u(x,y)$，使得

(3.6)式成立.

现在要问：函数 $P(x,y)$，$Q(x,y)$ 满足什么条件时，表达式 $P(x,y)\mathrm{d}x+Q(x,y)\mathrm{d}y$ 才是某个二元函数 $u(x,y)$ 的全微分；当这样的二元函数存在时如何把它求出来.

由定理 2 可知，如果函数 $P(x,y)$，$Q(x,y)$ 在单连通区域 D 内具有一阶连续偏导数，且 $\frac{\partial P}{\partial y}=\frac{\partial Q}{\partial x}$ 在 D 内恒成立，那么 $P(x,y)\mathrm{d}x+Q(x,y)\mathrm{d}y$ 是某个二元函数 $u(x,y)$ 的全微分. 把这样的二元函数 $u(x,y)$ 求出来，称为二元函数的全微分求积. 这函数 $u(x,y)$ 可用公式(3.5)求出，即

$$u(x,y)=\int_{(x_0,y_0)}^{(x,y)}(P(x,y)\mathrm{d}x+Q(x,y)\mathrm{d}y),$$

其中 (x_0,y_0) 是在区域 D 内适当选定的一个固定点的坐标. 因为公式(3.5)中的曲线积分与路径无关，为计算简便，可以选择平行于坐标轴的直线段连成的折线 M_0RM 或 M_0SM 作为积分路径(假定这些折线完全位于 D 内)，如图 11-18 所示.

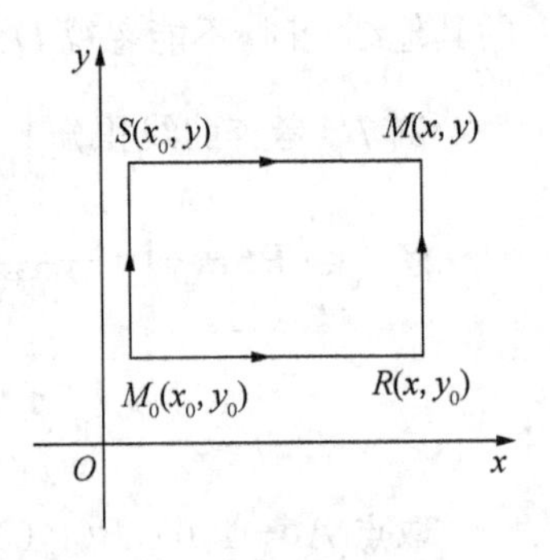

图 11-18

在公式(3.5)中取 M_0RM 为积分路径，得

$$u(x,y)=\int_{x_0}^{x}P(x,y_0)\mathrm{d}x+\int_{y_0}^{y}Q(x,y)\mathrm{d}y.$$

在公式(3.5)中取 M_0SM 为积分路径，则函数 u 也可表示为

$$u(x,y)=\int_{x_0}^{x}P(x,y)\mathrm{d}x+\int_{y_0}^{y}Q(x_0,y)\mathrm{d}y.$$

若 $(0,0)\in D$，我们常选 (x_0,y_0) 为 $(0,0)$.

例 8 验证：在整个 xOy 面内，$x^2y^3\mathrm{d}x+x^3y^2\mathrm{d}y$ 是某个函数的全微分，并求出一个这样的函数.

解 令 $P=x^2y^3$，$Q=x^3y^2$，且

$$\frac{\partial P}{\partial y}=3x^2y^2=\frac{\partial Q}{\partial x}$$

在整个 xOy 面内恒成立，因此在整个 xOy 面内，$x^2y^3\mathrm{d}x+x^3y^2\mathrm{d}y$ 是某个函数的全微分.

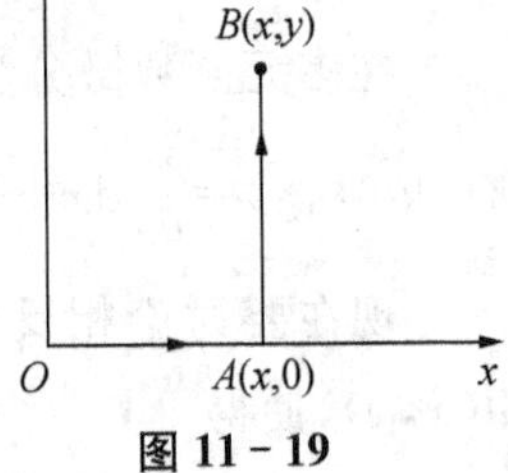

图 11-19

取积分路径如图 11-19 所示，利用公式(3.5)得所求函数为

$$\begin{aligned}u(x,y)&=\int_{(0,0)}^{(x,y)}(x^2y^3\mathrm{d}x+x^3y^2\mathrm{d}y)\\&=\int_{OA}(x^2y^3\mathrm{d}x+x^3y^2\mathrm{d}y)+\int_{AB}(x^2y^3\mathrm{d}x+x^3y^2\mathrm{d}y)\end{aligned}$$

$$=0+\int_0^y x^3y^2\mathrm{d}y=x^3\int_0^y y^2\mathrm{d}y=\frac{x^3y^3}{3}.$$

利用二元函数的全微分求积，还可以用来求解下面一类一阶微分方程.

一个微分方程写成

$$P(x,y)\mathrm{d}x+Q(x,y)\mathrm{d}y=0 \tag{3.7}$$

的形式后，如果它的左端恰好是某一个函数 $u(x,y)$ 的全微分，即

$$\mathrm{d}u(x,y)=P(x,y)\mathrm{d}x+Q(x,y)\mathrm{d}y,$$

那么方程(3.7)就称为**全微分方程**.

容易知道，如果方程(3.7)的左端是函数 $u(x,y)$ 的全微分，那么

$$u(x,y)=C$$

就是全微分方程(3.7)的隐式通解，其中 C 是任意常数.

由定理 2 及公式(3.5)可知，当函数 $P(x,y)$，$Q(x,y)$ 在单连通区域 D 内具有一阶连续偏导数时，方程(3.7)成为全微分方程的充要条件是 $\frac{\partial P}{\partial y}=\frac{\partial Q}{\partial x}$ 在 D 内恒成立，且当此条件满足时，全微分方程(3.7)的通解为

$$u(x,y)\equiv\int_{(x_0,y_0)}^{(x,y)}(P(x,y)\mathrm{d}x+Q(x,y)\mathrm{d}y)=C. \tag{3.8}$$

例 9　求解微分方程：$(2x+\sin y)\mathrm{d}x+x\cos y\,\mathrm{d}y=0$.

解　令 $P(x,y)=2x+\sin y$，$Q(x,y)=x\cos y$，则 $\frac{\partial P}{\partial y}=\cos y=\frac{\partial Q}{\partial x}$，因此，所给方程是全微分方程.

取 (x_0,y_0) 为 $(0,0)$，利用公式(3.8)得

$$\begin{aligned}u(x,y)&=\int_{(0,0)}^{(x,y)}[(2x+\sin y)\mathrm{d}x+x\cos y\,\mathrm{d}y]\\&=\int_0^x 2x\,\mathrm{d}x+\int_0^y x\cos y\,\mathrm{d}y=x^2+x\sin y.\end{aligned}$$

于是，方程的通解为

$$x^2+x\sin y=C.$$

习题 11－3

1. 利用格林公式，计算下列曲线积分：

(1) $\oint_L(xy^2\mathrm{d}y-x^2y\mathrm{d}x)$，其中 L 为圆周 $x^2+y^2=4$，方向为逆时针方向；

(2) $\oint_L [(2x-y+4)\mathrm{d}x+(5y+3x-6)\mathrm{d}y]$,其中 L 为三顶点分别为 $A(0,0)$,$B(3,0)$ 和 $C(3,2)$ 的三角形正向边界;

(3) $\oint_L [(\mathrm{e}^x \sin y - y)\mathrm{d}x+(\mathrm{e}^x \cos y - 1)\mathrm{d}y]$,其中 L 为三顶点分别为 $O(0,0)$,$A(6,0)$ 和 $B(0,6)$ 的三角形正向边界;

(4) $\oint_L [(y^3+\mathrm{e}^{\sin x})\mathrm{d}x+(3xy^2+4x+\sin^2 y)\mathrm{d}y]$,其中 L 为圆周 $x^2+y^2=9$,方向为逆时针方向;

(5) $\oint_L [(x^3+2y)\mathrm{d}x+(4x-3y^2)\mathrm{d}y]$,其中 L 为圆周 $x^2+y^2=9$,方向为逆时针方向;

(6) $\oint_L [(x^2-2y)\mathrm{d}x+(3x+y\mathrm{e}^y)\mathrm{d}y]$,其中 L 为直线 $y=0$,$x+2y=2$ 及圆弧 $x^2+y^2=1$(在第二象限的部分)所围成的区域的正向边界曲线;

(7) $\oint_L [(2xy-x^2)\mathrm{d}x+(x+y^2)\mathrm{d}y]$,其中 L 是由抛物线 $y=x^2$ 和 $y^2=x$ 所围成的区域的正向边界曲线.

2. 验证下列曲线积分在整个 xOy 面内与路径无关,并计算积分值:

(1) $\int_L (x\mathrm{d}x+y\mathrm{d}y)$,其中 L 的起点为 $A(0,1)$,终点为 $B(3,-1)$;

(2) $\int_L [(x+y)\mathrm{d}x+(x-y)\mathrm{d}y]$,其中 L 的起点为 $A(1,1)$,终点为 $B(2,3)$;

(3) $\int_L [(2xy-y^4+3)\mathrm{d}x+(x^2-4xy^3)\mathrm{d}y]$,其中 L 的起点为 $A(1,0)$,终点为 $B(2,1)$;

(4) $\int_L [(x^2+2xy)\mathrm{d}x+(y^2+x^2)\mathrm{d}y]$,其中 L 的起点为 $O(0,0)$,终点为 $A(4,0)$.

3. 利用曲线积分,求下列曲线所围成的图形的面积:

(1) 星形线 $x=a\cos^3 t, y=a\sin^3 t$;

(2) 椭圆 $9x^2+16y^2=144$;

(3) 圆 $x^2+y^2=2ax$.

4. 验证下列 $P(x,y)\mathrm{d}x+Q(x,y)\mathrm{d}y$ 在整个 xOy 面内是某一函数 $u(x,y)$ 的全微分,并求出这样的一个函数 $u(x,y)$:

(1) $xy^2\mathrm{d}x+x^2y\mathrm{d}y$;

(2) $2xy\mathrm{d}x+x^2\mathrm{d}y$;

(3) $(x+3y)\mathrm{d}x+(3x+y)\mathrm{d}y$;

(4) $(x^2+2xy-y^2)\mathrm{d}x+(x^2-2xy-y^2)\mathrm{d}y$.

5. 判断下列方程中哪些是全微分方程. 对于全微分方程,求出它的通解:

(1) $(3x^2y+8xy^2)\mathrm{d}x+(x^3+8x^2y+12y^2)\mathrm{d}y=0$;

(2) $(2xy+y^2)dx+(x+y)^2dy=0$;

(3) $e^y dx+(xe^y-2y)dy=0$;

(4) $\sin y dx+\sin x dy=0$.

第四节　对面积的曲面积分

一、对面积的曲面积分的概念与性质

如果曲面上各点处都存在切平面，且当切点在曲面上连续移动时，切平面也连续转动，那么就称曲面是**光滑的**. 由有限个光滑曲面所组成的曲面称为**分片光滑的曲面**. 以后未特别指明我们总假定所涉及的曲面都是光滑的或分片光滑的有界曲面，且其边界曲线都是光滑的或分段光滑的闭曲线.

1. 引例　　曲面形构件的质量

设在空间直角坐标系 $O-xyz$ 中有一非均匀曲面形构件 Σ，已知它在任一点 (x,y,z) 处的面密度为 $\rho(x,y,z)$，且 $\rho(x,y,z)$ 在 Σ 上连续. 现在求它的质量 m(图 11 - 20).

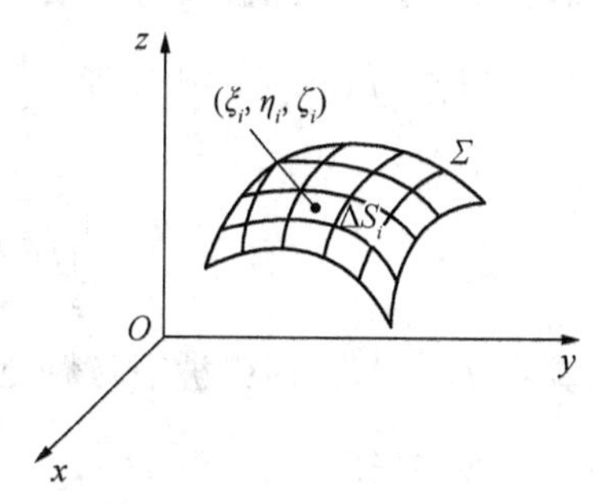

图 11 - 20

如果构件是均匀的，即面密度为常量，那么该构件的质量就等于它的面密度与面积的乘积. 而现在面密度是变量，构件的质量就不能直接用上述方法来计算. 但是在本章第一节中用来处理非均匀曲线形构件质量问题的方法完全适用于本问题. 其具体步骤为：

(1) 分割：把 Σ 任意分成 n 个小块 $\Delta S_i(i=1,2,\cdots,n)$，$\Delta S_i$ 同时也表示第 i 个小块曲面的面积.

(2) 近似：由于 $\rho(x,y,z)$ 在 Σ 上连续变化，因此，当小块曲面 ΔS_i 的直径(曲面的直径是指曲面上任意两点间距离的最大者)很小时，在这小块上任取一点 (ξ_i,η_i,ζ_i)，可用此点处的面密度 $\rho(\xi_i,\eta_i,\zeta_i)$ 近似代替这个小块上其他各点处的面密度，于是得到这小块构件质量 Δm_i 的近似值，即

$$\Delta m_i \approx \rho(\xi_i,\eta_i,\zeta_i)\Delta S_i \quad (i=1,2,\cdots,n).$$

(3) 求和：对所有 $\Delta m_i(i=1,2,\cdots,n)$ 求和，于是得到整个曲面形构件的质量

$$m \approx \sum_{i=1}^{n}\rho(\xi_i,\eta_i,\zeta_i)\Delta S_i.$$

(4) 取极限：用 λ 表示这 n 个小块曲面的直径的最大值. 当 $\lambda\to 0$ 时，就得到了整个构件的质量

$$m=\lim_{\lambda\to 0}\sum_{i=1}^{n}\rho(\xi_i,\eta_i,\zeta_i)\Delta S_i.$$

2. 对面积的曲面积分的定义

上述极限还会在其他问题中遇到. 抽去它们的物理意义,就得出对面积的曲面积分的概念.

定义 设曲面Σ是光滑的,函数$f(x,y,z)$在Σ上有界. 把Σ任意分成n个小块$\Delta S_i(i=1,2,\cdots,n)$($\Delta S_i$同时也表示第$i$个小块曲面的面积),设$(\xi_i,\eta_i,\zeta_i)$是$\Delta S_i$上任意取定的一点,作积$f(\xi_i,\eta_i,\zeta_i)\Delta S_i(i=1,2,\cdots,n)$,并作和$\sum\limits_{i=1}^{n}f(\xi_i,\eta_i,\zeta_i)\Delta S_i$. 用$\lambda$表示各小块曲面的直径的最大值,如果不论对$\Sigma$如何分割,也不论在小块上$(\xi_i,\eta_i,\zeta_i)$怎样选取,只要当$\lambda\to 0$时,和的极限总存在,那么称此极限为函数$f(x,y,z)$在曲面$\Sigma$上对面积的曲面积分(又称第一类曲面积分),记作$\iint\limits_{\Sigma}f(x,y,z)\mathrm{d}S$,即

$$\iint\limits_{\Sigma}f(x,y,z)\mathrm{d}S=\lim_{\lambda\to 0}\sum_{i=1}^{n}f(\xi_i,\eta_i,\zeta_i)\Delta S_i,$$

其中$f(x,y,z)$叫作被积函数,Σ叫作积分曲面.

我们指出,当函数$f(x,y,z)$在光滑曲面Σ上连续时,对面积的曲面积分$\iint\limits_{\Sigma}f(x,y,z)\mathrm{d}S$总存在. 以后我们总假定$f(x,y,z)$在$\Sigma$上连续.

根据这个定义,引例中的面密度为连续函数$\rho(x,y,z)$的光滑曲面Σ的质量m,可表示为$\rho(x,y,z)$在Σ上对面积的曲面积分,即

$$m=\iint\limits_{\Sigma}\rho(x,y,z)\mathrm{d}S.$$

我们规定:(1) 函数在分片光滑的曲面Σ上对面积的曲面积分等于函数在光滑的各片曲面上对面积的曲面积分之和. 例如,设Σ可分成两片光滑曲面Σ_1及Σ_2(记作$\Sigma=\Sigma_1+\Sigma_2$),则

$$\iint\limits_{\Sigma_1+\Sigma_2}f(x,y,z)\mathrm{d}S=\iint\limits_{\Sigma_1}f(x,y,z)\mathrm{d}S+\iint\limits_{\Sigma_2}f(x,y,z)\mathrm{d}S;$$

(2) 函数$f(x,y,z)$在封闭曲面Σ上对面积的曲面积分记为$\oiint\limits_{\Sigma}f(x,y,z)\mathrm{d}S$.

3. 对面积的曲面积分的性质

由对面积的曲面积分的定义可知,如果在积分曲面Σ上,$f(x,y,z)\equiv 1$,且A为Σ的面积,则

$$\iint\limits_{\Sigma}1\mathrm{d}S=\iint\limits_{\Sigma}\mathrm{d}S=A.$$

对面积的曲面积分具有与对弧长的曲线积分相类似的其他性质，这里不再细述.

二、对面积的曲面积分的计算

定理 **设曲面 Σ 的方程为 $z=z(x,y)$，Σ 在 xOy 面上的投影区域为 D_{xy}，函数 $z=z(x,y)$ 在 D_{xy} 上具有连续偏导数，且函数 $f(x,y,z)$ 在 Σ 上连续，则对面积的曲面积分 $\iint\limits_{\Sigma} f(x,y,z)\mathrm{d}S$ 存在，且**

$$\iint\limits_{\Sigma} f(x,y,z)\mathrm{d}S=\iint\limits_{D_{xy}} f(x,y,z(x,y))\sqrt{1+z_x^2(x,y)+z_y^2(x,y)}\,\mathrm{d}x\,\mathrm{d}y. \tag{4.1}$$

证明从略.

上述定理表明，对面积的曲面积分的计算可归结为计算一个二重积分. 公式(4.1)就是将对面积的曲面积分转化为二重积分的计算公式. 由这个公式可知，要计算对面积的曲面积分 $\iint\limits_{\Sigma} f(x,y,z)\mathrm{d}S$ 可分为四步：(1) 将 Σ 的方程 $z=z(x,y)$ 代入被积函数，即将 $f(x,y,z)$ 中的 z 换为 $z(x,y)$；(2) 将 $\mathrm{d}S$ 换为 $\sqrt{1+z_x^2+z_y^2}\,\mathrm{d}x\,\mathrm{d}y$；(3) 确定 Σ 在 xOy 面上的投影区域 D_{xy}；(4) 在 D_{xy} 上计算二重积分.

如果积分曲面 Σ 的方程为 $x=x(y,z)$ 或 $y=y(z,x)$，那么也可类似地把对面积的曲面积分化为相应的二重积分.

若 Σ 的方程为 $y=y(z,x)$，且 Σ 在 zOx 面上的投影区域为 D_{zx}，则

$$\iint\limits_{\Sigma} f(x,y,z)\mathrm{d}S=\iint\limits_{D_{zx}} f(x,y(z,x),z)\sqrt{1+y_x^2(z,x)+y_z^2(z,x)}\,\mathrm{d}z\,\mathrm{d}x.$$

若 Σ 的方程为 $x=x(y,z)$，且 Σ 在 yOz 面上的投影区域为 D_{yz}，则

$$\iint\limits_{\Sigma} f(x,y,z)\mathrm{d}S=\iint\limits_{D_{yz}} f(x(y,z),y,z)\sqrt{1+x_y^2(y,z)+x_z^2(y,z)}\,\mathrm{d}y\,\mathrm{d}z.$$

例 1 计算 $\iint\limits_{\Sigma} z^3\mathrm{d}S$，其中 Σ 是半球面 $z=\sqrt{4-x^2-y^2}$ 含在锥面 $z=\sqrt{x^2+y^2}$ 里面的部分(图 11-21).

解 Σ 的方程为

$$z=\sqrt{4-x^2-y^2}.$$

从方程组 $z=\sqrt{4-x^2-y^2}$，$z=\sqrt{x^2+y^2}$ 中消去 z，得 $x^2+y^2=2$，故 Σ 在 xOy 面上的投影区域 D_{xy} 为圆域 $\{(x,y)\mid x^2+y^2\leqslant 2\}$. 又

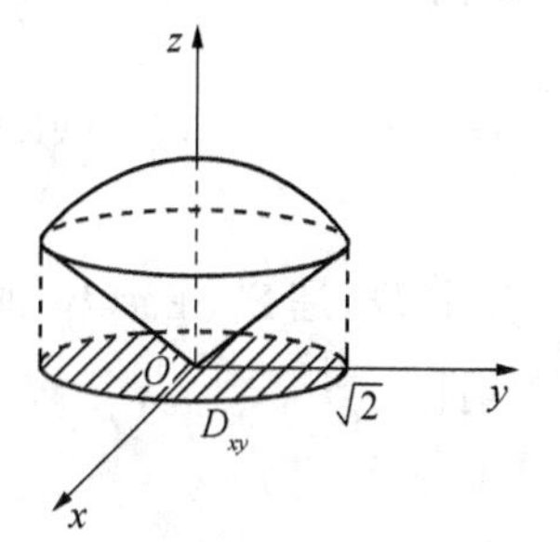

图 11-21

$$\sqrt{1+z_x^2+z_y^2}=\frac{2}{\sqrt{4-x^2-y^2}},$$

根据公式(4.1),有

$$\iint_{\Sigma} z^3\,\mathrm{d}S=\iint_{D_{xy}}(4-x^2-y^2)^{\frac{3}{2}}\frac{2}{\sqrt{4-x^2-y^2}}\mathrm{d}x\,\mathrm{d}y=2\iint_{D_{xy}}(4-x^2-y^2)\,\mathrm{d}x\,\mathrm{d}y.$$

利用极坐标,得

$$\iint_{\Sigma} z^3\,\mathrm{d}S=2\iint_{D_{xy}}(4-\rho^2)\rho\,\mathrm{d}\rho\,\mathrm{d}\theta=2\int_0^{2\pi}\mathrm{d}\theta\int_0^{\sqrt{2}}(4-\rho^2)\rho\,\mathrm{d}\rho$$

$$=2\cdot 2\pi\left(2\rho^2-\frac{\rho^4}{4}\right)\Big|_0^{\sqrt{2}}=12\pi.$$

例 2 计算 $\oiint_{\Sigma} xyz\,\mathrm{d}S$,其中 Σ 是由平面 $x=0,y=0,z=0$ 及 $x+y+z=1$ 所围成的四面体的整个边界曲面(图 11-22).

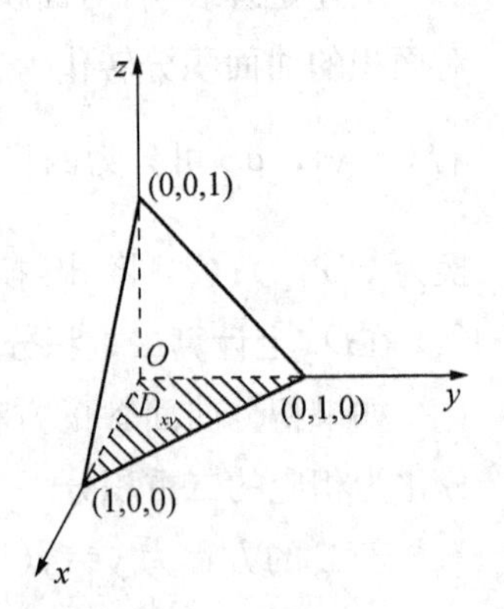

图 11-22

解 整个边界曲面 Σ 在平面 $x=0,y=0,z=0$ 及 $x+y+z=1$ 上的部分依次记为 $\Sigma_1,\Sigma_2,\Sigma_3$ 及 Σ_4,于是

$$\oiint_{\Sigma} xyz\,\mathrm{d}S=\iint_{\Sigma_1} xyz\,\mathrm{d}S+\iint_{\Sigma_2} xyz\,\mathrm{d}S+\iint_{\Sigma_3} xyz\,\mathrm{d}S+\iint_{\Sigma_4} xyz\,\mathrm{d}S.$$

由于在 $\Sigma_1,\Sigma_2,\Sigma_3$ 上,被积函数 $f(x,y,z)=xyz$ 均为零,所以

$$\iint_{\Sigma_1} xyz\,\mathrm{d}S=\iint_{\Sigma_2} xyz\,\mathrm{d}S=\iint_{\Sigma_3} xyz\,\mathrm{d}S=0.$$

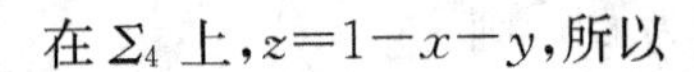

在 Σ_4 上,$z=1-x-y$,所以

$$\sqrt{1+z_x^2+z_y^2}=\sqrt{1+(-1)^2+(-1)^2}=\sqrt{3},$$

从而

$$\oiint_{\Sigma} xyz\,\mathrm{d}S=\iint_{\Sigma_4} xyz\,\mathrm{d}S=\iint_{D_{xy}}\sqrt{3}xy(1-x-y)\,\mathrm{d}x\,\mathrm{d}y,$$

其中 D_{xy} 是 Σ_4 在 xOy 面上的投影区域,即由直线 $x=0,y=0$ 及 $x+y=1$ 所围成的闭区域.因此

$$\oiint_{\Sigma} xyz\,\mathrm{d}S=\sqrt{3}\int_0^1 x\,\mathrm{d}x\int_0^{1-x} y(1-x-y)\,\mathrm{d}y$$

$$=\sqrt{3}\int_0^1 x\left[(1-x)\frac{y^2}{2}-\frac{y^3}{3}\right]_0^{1-x}\mathrm{d}x$$

$$=\sqrt{3}\int_0^1 x\frac{(1-x)^3}{6}\mathrm{d}x$$

$$=\frac{\sqrt{3}}{6}\int_0^1(x-3x^2+3x^3-x^4)\mathrm{d}x$$

$$=\frac{\sqrt{3}}{120}.$$

习题 11 - 4

1. 计算下列对面积的曲面积分：

(1) $\iint\limits_{\Sigma}\left(x+2y+\frac{4}{3}z\right)\mathrm{d}S$，其中 Σ 为平面 $\frac{x}{4}+\frac{y}{2}+\frac{z}{3}=1$ 在第一卦限中的部分；

(2) $\iint\limits_{\Sigma}\left(\frac{x}{3}+\frac{y}{3}+z\right)\mathrm{d}S$，其中 Σ 为平面 $x+y+3z=1$ 在第一卦限中的部分；

(3) $\iint\limits_{\Sigma}\frac{1}{(1+x+y)^2}\mathrm{d}S$，其中 Σ 为平面 $x+y+z=1$ 在第一卦限中的部分；

(4) $\iint\limits_{\Sigma}\frac{1}{z}\mathrm{d}S$，其中 Σ 是球面 $x^2+y^2+z^2=4$ 被平面 $z=1$ 截出的顶部；

(5) $\iint\limits_{\Sigma}(x+y+z)\mathrm{d}S$，其中 Σ 为球面 $x^2+y^2+z^2=4$ 上 $z\geqslant 1$ 的部分；

(6) $\oint\!\!\!\oint\limits_{\Sigma}(x^2+y^2)\mathrm{d}S$，其中 Σ 为锥面 $z=\sqrt{x^2+y^2}$ 及平面 $z=1$ 所围成的区域的整个边界表面；

(7) $\oint\!\!\!\oint\limits_{\Sigma}(1-x^2-y^2)\mathrm{d}S$，其中 Σ 为球面 $x^2+y^2+z^2=1$.

2. 求抛物面壳 $z=\frac{1}{2}(x^2+y^2)(0\leqslant z\leqslant 1)$ 的质量，此壳的面密度为 $\mu=z$.

3. 当 Σ 是 xOz 面内的一个闭区域时，曲面积分 $\iint\limits_{\Sigma}f(x,y,z)\mathrm{d}S$ 与二重积分有什么关系？

第五节　对坐标的曲面积分

在工程、物理和生产实践中，我们经常要计算单位时间内通过某断面的水流量，通过某曲面的电通量、磁通量等. 这些计算都会涉及另一类曲面积分，这就是对坐标的曲面积分.

一、对坐标的曲面积分的概念与性质

1. 预备知识

(1) 双侧曲面

在光滑曲面Σ上任意取定一点M_0,点M_0处的法向量的方向有两个,我们选定其中一个方向.当动点M从点M_0出发沿着不超出Σ的边界线的任意Σ上的封闭曲线L连续移动又返回M_0时,如果相应的法向量的方向与出发时的法向量的方向总是相同,那么称此曲面Σ是**双侧曲面**;否则,称此曲面Σ是**单侧曲面**.通常我们遇到的曲面都是双侧的,如球面、旋转抛物面、马鞍面等.但是单侧曲面也是存在的,打印机色带、汽车风扇的传送带等都是单侧曲面.对单侧曲面,这里不作研究.以后我们总假定所考虑的曲面是双侧的.

(2) 有向曲面

在讨论对坐标的曲面积分时,需要指定曲面的侧.我们可以通过曲面上法向量的指向来定出曲面的侧.例如由方程$z=z(x,y)$表示的曲面分为上侧与下侧,如果它的法向量$\boldsymbol{n}$的方向余弦$\cos\gamma$都是正的,我们就认为取定曲面的上侧;如果$\cos\gamma$都是负的,我们就认为取定曲面的下侧.类似地,如果曲面方程为$x=x(y,z)$,那么曲面分为前侧与后侧.如果法向量$\boldsymbol{n}$的方向余弦$\cos\alpha$都是正的,我们就认为取定曲面的前侧;如果$\cos\alpha$都是负的,我们就认为取定曲面的后侧.如果曲面方程为$y=y(z,x)$,那么曲面分为右侧与左侧.如果法向量$\boldsymbol{n}$的方向余弦$\cos\beta$都是正的,我们就认为取定曲面的右侧;如果$\cos\beta$都是负的,我们就认为取定曲面的左侧.又如,对于封闭曲面如果取它的法向量的指向朝外,我们就认为取定曲面的外侧;如果取它的法向量的指向朝内,我们就认为取定曲面的内侧.这种取定了法向量亦即选定了侧的曲面,就称为**有向曲面**.

(3) 有向曲面在坐标平面上的投影

设Σ是有向曲面.在Σ上取一小块曲面ΔS,把ΔS投影到xOy面上得一投影区域,该投影区域的面积记为$(\Delta\sigma)_{xy}$.假定ΔS上各点处的法向量与z轴的夹角γ的余弦$\cos\gamma$有相同的符号(即$\cos\gamma$都是正的或都是负的).我们规定ΔS在xOy面上的投影$(\Delta S)_{xy}$为

$$(\Delta S)_{xy}=\begin{cases}(\Delta\sigma)_{xy}, & \cos\gamma>0,\\ -(\Delta\sigma)_{xy}, & \cos\gamma<0,\\ 0, & \cos\gamma\equiv 0,\end{cases}$$

其中$\cos\gamma\equiv 0$也就是$(\Delta\sigma)_{xy}=0$的情形.类似地,可以定义ΔS在yOz面及zOx面上的投影$(\Delta S)_{yz}$及$(\Delta S)_{zx}$.

2. 引例　流向曲面一侧的流量

设稳定流动(流速不随时间t而变)的不可压缩流体(假定密度为1)的速度场由

$$\boldsymbol{v}(x,y,z)=P(x,y,z)\boldsymbol{i}+Q(x,y,z)\boldsymbol{j}+R(x,y,z)\boldsymbol{k}$$

给出,Σ是速度场中的一片有向曲面,向量函数$\boldsymbol{v}(x,y,z)$在Σ上连续,求在单位时间内流向Σ

指定侧的流体的质量，即流量 Φ.

如果流体流过平面上面积为 S 的一个闭区域，且流体在此闭区域上各点处的流速为常向量 $\boldsymbol{v}$，又设 $\boldsymbol{n}$ 为该平面指定一侧的单位法向量，$\boldsymbol{v}$ 与 $\boldsymbol{n}$ 的夹角为 θ，如图 11-23(a)所示. 在单位时间内流过此闭区域的流体组成一个底面积为 S，斜高为 $|\boldsymbol{v}|$ 的斜柱体，如图 11-23(b)所示，它的体积为

$$S\,|\,\boldsymbol{v}\,|\,\cos\theta = S(\boldsymbol{v}\cdot\boldsymbol{n}),$$

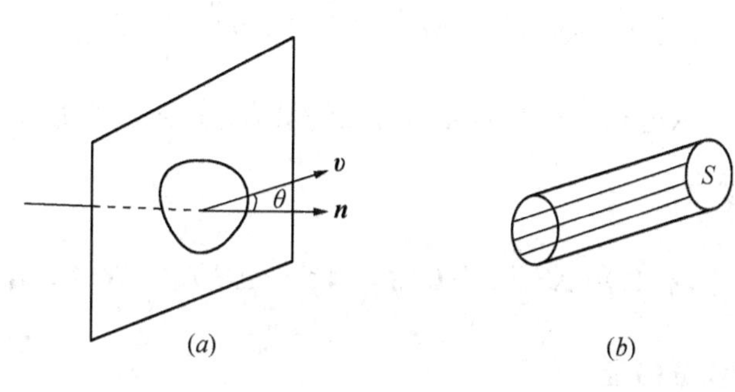

图 11-23

即在单位时间内流体通过闭区域 S 流向 $\boldsymbol{n}$ 所指一侧的流量为

$$\Phi = S(\boldsymbol{v}\cdot\boldsymbol{n}).$$

由于现在所考虑的不是平面闭区域而是曲面，且流速 $\boldsymbol{v}$ 也不是常向量，因此所求流量不能直接套用上述公式计算. 但仍可以用“分割”“近似”“求和”“取极限”的方法来解决. 其具体步骤为

(1) 分割：把曲面 Σ 任意分成 n 小块 $\Delta S_i(i=1,2,\cdots,n)$($\Delta S_i$ 同时也表示第 i 个小块曲面的面积).

(2) 近似：因为曲面 Σ 是光滑的且向量函数 $\boldsymbol{v}(x,y,z)$ 在 Σ 上连续，所以只要 ΔS_i 的直径足够小，我们就可以用 ΔS_i 上任意一点 (ξ_i,η_i,ζ_i) 处的流速

$$\begin{aligned}\boldsymbol{v}_i &= \boldsymbol{v}(\xi_i,\eta_i,\zeta_i)\\ &= P(\xi_i,\eta_i,\zeta_i)\boldsymbol{i}+Q(\xi_i,\eta_i,\zeta_i)\boldsymbol{j}+R(\xi_i,\eta_i,\zeta_i)\boldsymbol{k}\end{aligned}$$

近似代替 ΔS_i 上其他各点处的流速，用此点 (ξ_i,η_i,ζ_i) 处曲面 Σ 的单位法向量

$$\boldsymbol{n}_i = (\cos\alpha_i)\boldsymbol{i}+(\cos\beta_i)\boldsymbol{j}+(\cos\gamma_i)\boldsymbol{k}$$

近似代替 ΔS_i 上其他各点处的单位法向量(图 11-24). 从而得到通过 ΔS_i 流向指定侧的流量 $\Delta\Phi_i$ 的近似值为

$$\Delta\Phi_i \approx (\boldsymbol{v}_i\cdot\boldsymbol{n}_i)\Delta S_i \quad (i=1,2,\cdots,n).$$

(3) 求和：对所有 $\Delta\Phi_i(i=1,2,\cdots,n)$ 求和，于是得到通过 Σ 流向指定侧的流量

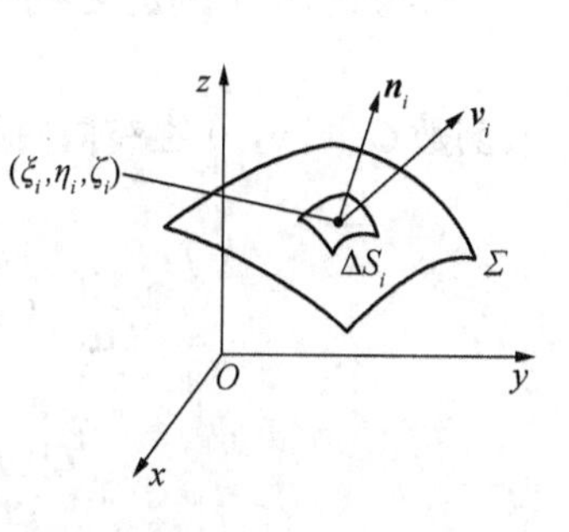

图 11-24

$$\Phi \approx \sum_{i=1}^{n} (\boldsymbol{v}_i \cdot \boldsymbol{n}_i)\Delta S_i$$

$$= \sum_{i=1}^{n} (P(\xi_i,\eta_i,\zeta_i)\cos\alpha_i + Q(\xi_i,\eta_i,\zeta_i)\cos\beta_i + R(\xi_i,\eta_i,\zeta_i)\cos\gamma_i)\Delta S_i,$$

进一步，由于 $\cos\alpha_i\Delta S_i \approx (\Delta S_i)_{yz}$，$\cos\beta_i\Delta S_i \approx (\Delta S_i)_{zx}$，$\cos\gamma_i\Delta S_i \approx (\Delta S_i)_{xy}$，其中 $(\Delta S_i)_{yz}$，$(\Delta S_i)_{zx}$，$(\Delta S_i)_{xy}$ 分别表示 ΔS_i 在 yOz 面，zOx 面，xOy 面上的投影，因此上式可以写成

$$\Phi \approx \sum_{i=1}^{n} [P(\xi_i,\eta_i,\zeta_i)(\Delta S_i)_{yz} + Q(\xi_i,\eta_i,\zeta_i)(\Delta S_i)_{zx} + R(\xi_i,\eta_i,\zeta_i)(\Delta S_i)_{xy}].$$

(4) 取极限：用 λ 表示这 n 个小块曲面的直径的最大值. 令 $\lambda \to 0$ 取上述和的极限，就得到通过 Σ 流向指定侧的流量

$$\Phi = \lim_{\lambda\to 0}\sum_{i=1}^{n} [P(\xi_i,\eta_i,\zeta_i)(\Delta S_i)_{yz} + Q(\xi_i,\eta_i,\zeta_i)(\Delta S_i)_{zx} + R(\xi_i,\eta_i,\zeta_i)(\Delta S_i)_{xy}].$$

3. 对坐标的曲面积分的定义

上述求流量问题抽去物理意义，即得如下对坐标的曲面积分的概念.

定义 **设 Σ 为光滑的有向曲面，函数 $R(x,y,z)$ 在 Σ 上有界. 把 Σ 任意分成 n 个小块曲面 $\Delta S_i(i=1,2,\cdots,n)$（$\Delta S_i$ 同时也表示第 i 个小块曲面的面积），ΔS_i 在 xOy 面上的投影为 $(\Delta S_i)_{xy}$，在 ΔS_i 上任取一点 (ξ_i,η_i,ζ_i)，作积 $R(\xi_i,\eta_i,\zeta_i)(\Delta S_i)_{xy}(i=1,2,\cdots,n)$，并作和 $\sum_{i=1}^{n} R(\xi_i,\eta_i,\zeta_i)(\Delta S_i)_{xy}$. 用 λ 表示各小块曲面的直径的最大值，如果不论对 Σ 如何分割，也不论在小块上 (ξ_i,η_i,ζ_i) 怎样选取，只要当 $\lambda\to 0$ 时，和的极限总存在，那么称此极限为函数 $R(x,y,z)$ 在有向曲面 Σ 上对坐标 x,y 的曲面积分，记作 $\iint_{\Sigma} R(x,y,z)\mathrm{d}x\mathrm{d}y$，即**

$$\iint_{\Sigma} R(x,y,z)\mathrm{d}x\mathrm{d}y = \lim_{\lambda\to 0}\sum_{i=1}^{n} R(\xi_i,\eta_i,\zeta_i)(\Delta S_i)_{xy},$$

其中 $R(x,y,z)$ 叫作被积函数，Σ 叫作积分曲面.

类似地，可分别定义函数 $P(x,y,z)$ 在有向曲面 Σ 上对坐标 y,z 的曲面积分 $\iint_{\Sigma} P(x,y,z)\mathrm{d}y\mathrm{d}z$ 及函数 $Q(x,y,z)$ 在有向曲面 Σ 上对坐标 z,x 的曲面积分 $\iint_{\Sigma} Q(x,y,z)\mathrm{d}z\mathrm{d}x$ 分别为

$$\iint_{\Sigma} P(x,y,z)\mathrm{d}y\mathrm{d}z = \lim_{\lambda\to 0}\sum_{i=1}^{n} P(\xi_i,\eta_i,\zeta_i)(\Delta S_i)_{yz},$$

$$\iint_{\Sigma} Q(x,y,z)\mathrm{d}z\mathrm{d}x = \lim_{\lambda\to 0}\sum_{i=1}^{n} Q(\xi_i,\eta_i,\zeta_i)(\Delta S_i)_{zx}.$$

以上三个曲面积分也称为**第二类曲面积分**.

我们指出，当 $P(x,y,z)$，$Q(x,y,z)$，$R(x,y,z)$ 在有向光滑曲面 Σ 上连续时，对坐标的曲面积分存在，以后总假定 $P(x,y,z)$，$Q(x,y,z)$，$R(x,y,z)$ 在 Σ 上连续.

在应用上出现较多的是

$$\iint_{\Sigma} P(x,y,z)\mathrm{d}y\mathrm{d}z+\iint_{\Sigma} Q(x,y,z)\mathrm{d}z\mathrm{d}x+\iint_{\Sigma} R(x,y,z)\mathrm{d}x\mathrm{d}y$$

这种合并起来的形式. 为简便起见，我们把它写成

$$\iint_{\Sigma}(P(x,y,z)\mathrm{d}y\mathrm{d}z+Q(x,y,z)\mathrm{d}z\mathrm{d}x+R(x,y,z)\mathrm{d}x\mathrm{d}y).$$

例如，在引例中流向 Σ 指定侧的流量 Φ 可表示为

$$\Phi=\iint_{\Sigma}(P(x,y,z)\mathrm{d}y\mathrm{d}z+Q(x,y,z)\mathrm{d}z\mathrm{d}x+R(x,y,z)\mathrm{d}x\mathrm{d}y).$$

如果 Σ 是分片光滑的有向曲面，我们规定函数在 Σ 上对坐标的曲面积分等于其在各片光滑曲面上对坐标的曲面积分之和.

4. 对坐标的曲面积分的性质

根据上述对坐标的曲面积分的定义，可得下列性质：

性质 1　如果把 Σ 分成 Σ_1 和 Σ_2，那么

$$\begin{aligned}&\iint_{\Sigma}(P\mathrm{d}y\mathrm{d}z+Q\mathrm{d}z\mathrm{d}x+R\mathrm{d}x\mathrm{d}y)\\ =&\iint_{\Sigma_1}(P\mathrm{d}y\mathrm{d}z+Q\mathrm{d}z\mathrm{d}x+R\mathrm{d}x\mathrm{d}y)+\iint_{\Sigma_2}(P\mathrm{d}y\mathrm{d}z+Q\mathrm{d}z\mathrm{d}x+R\mathrm{d}x\mathrm{d}y).\end{aligned}$$

性质 2　设 Σ 是有向曲面，Σ^- 表示与 Σ 取相反侧的有向曲面，则

$$\iint_{\Sigma^-}(P\mathrm{d}y\mathrm{d}z+Q\mathrm{d}z\mathrm{d}x+R\mathrm{d}x\mathrm{d}y)=-\iint_{\Sigma}(P\mathrm{d}y\mathrm{d}z+Q\mathrm{d}z\mathrm{d}x+R\mathrm{d}x\mathrm{d}y).$$

性质 2 表明，对坐标的曲面积分与积分曲面所取的侧有关！当积分曲面变为相反侧时，对坐标的曲面积分要改变符号. 因此关于对坐标的曲面积分，我们必须注意积分曲面所取的侧.

这一性质是对坐标的曲面积分所特有的，对面积的曲面积分不具有这一性质.

二、对坐标的曲面积分的计算

定理　设曲面 Σ 的方程为 $z=z(x,y)$，Σ 在 xOy 面上的投影区域为 D_{xy}，函数 $z=z(x,y)$ 在 D_{xy} 上具有一阶连续偏导数，且函数 $R(x,y,z)$ 在 Σ 上连续，则曲面积分 $\iint_{\Sigma} R(x,y,z)\mathrm{d}x\mathrm{d}y$ 存在，且

$$\iint\limits_{\Sigma} R(x,y,z)\mathrm{d}x\mathrm{d}y = \pm \iint\limits_{D_{xy}} R(x,y,z(x,y))\mathrm{d}x\mathrm{d}y, \tag{5.1}$$

其中当 Σ 取上侧时,(5.1)式右端取正号;当 Σ 取下侧时,(5.1)式右端取负号.

证　由对坐标的曲面积分的定义,有

$$\iint\limits_{\Sigma} R(x,y,z)\mathrm{d}x\mathrm{d}y = \lim_{\lambda\to 0}\sum_{i=1}^{n} R(\xi_i,\eta_i,\zeta_i)(\Delta S_i)_{xy}.$$

如果 Σ 取上侧,这时 $\cos\gamma > 0$,所以 $(\Delta S_i)_{xy} = (\Delta\sigma_i)_{xy}$,其中 $(\Delta\sigma_i)_{xy}$ 表示 ΔS_i 在 xOy 面上的投影面积. 又因为 (ξ_i,η_i,ζ_i) 是 Σ 上的一点,所以 $\zeta_i = z(\xi_i,\eta_i)$. 从而有

$$\sum_{i=1}^{n} R(\xi_i,\eta_i,\zeta_i)(\Delta S_i)_{xy} = \sum_{i=1}^{n} R(\xi_i,\eta_i,z(\xi_i,\eta_i))(\Delta\sigma_i)_{xy}.$$

令各小块曲面的直径的最大值 $\lambda\to 0$ 取上式两端的极限,就得到

$$\iint\limits_{\Sigma} R(x,y,z)\mathrm{d}x\mathrm{d}y = \iint\limits_{D_{xy}} R(x,y,z(x,y))\mathrm{d}x\mathrm{d}y.$$

如果 Σ 取下侧,这时 $\cos\gamma<0$,所以 $(\Delta S_i)_{xy} = -(\Delta\sigma_i)_{xy}$,从而有

$$\iint\limits_{\Sigma} R(x,y,z)\mathrm{d}x\mathrm{d}y = -\iint\limits_{D_{xy}} R(x,y,z(x,y))\mathrm{d}x\mathrm{d}y.$$

综上所述,即得公式(5.1).

上述定理表明,对坐标的曲面积分的计算可归结为计算一个二重积分. 公式(5.1)就是将对坐标的曲面积分转化为二重积分的计算公式. 由这个公式可知,要计算对坐标的曲面积分 $\iint\limits_{\Sigma} R(x,y,z)\mathrm{d}x\mathrm{d}y$ 可分为四步:(1) 将 Σ 的方程 $z=z(x,y)$ 代入被积函数,即将 $R(x,y,z)$ 中的 z 换为 $z(x,y)$;(2) 将积分曲面 Σ 投影到 xOy 面,得投影区域 D_{xy};(3) 由 Σ 所取的侧确定二重积分前面的正负号;(4) 在 D_{xy} 上计算二重积分.

类似地,若 Σ 的方程为 $x=x(y,z)$,且 Σ 在 yOz 面上的投影区域为 D_{yz},则有

$$\iint\limits_{\Sigma} P(x,y,z)\mathrm{d}y\mathrm{d}z = \pm \iint\limits_{D_{yz}} P(x(y,z),y,z)\mathrm{d}y\mathrm{d}z, \tag{5.2}$$

其中当 Σ 取前侧时,(5.2)式右端取正号;当 Σ 取后侧时,(5.2)式右端取负号.

若 Σ 的方程为 $y=y(z,x)$,且 Σ 在 zOx 面上的投影区域为 D_{zx},则有

$$\iint\limits_{\Sigma} Q(x,y,z)\mathrm{d}z\mathrm{d}x = \pm \iint\limits_{D_{zx}} Q(x,y(z,x),z)\mathrm{d}z\mathrm{d}x, \tag{5.3}$$

其中当 Σ 取右侧时,(5.3)式右端取正号;当 Σ 取左侧时,(5.3)式右端取负号.

例 1　计算曲面积分$\iint\limits_{\Sigma}(x+2y+3z)\mathrm{d}x\mathrm{d}y$,其中$\Sigma$是平面$x+y+z=1$在第一卦限的部分的上侧(图 11-25).

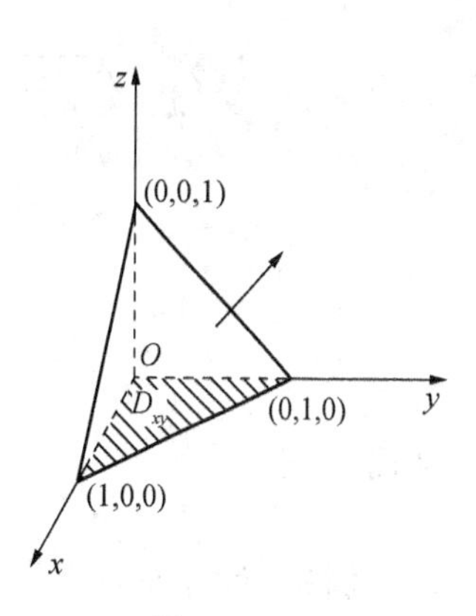

图 11-25

解　Σ的方程为$z=1-x-y$,Σ在xOy面上的投影区域D_{xy}为三角形区域$\{(x,y)\mid 0\leqslant x\leqslant 1,0\leqslant y\leqslant 1-x\}$,且$\Sigma$取上侧,因此利用公式(5.1),就有

$$\begin{aligned}\iint\limits_{\Sigma}(x+2y+3z)\mathrm{d}x\mathrm{d}y&=\iint\limits_{D_{xy}}[x+2y+3(1-x-y)]\mathrm{d}x\mathrm{d}y\\&=\iint\limits_{D_{xy}}(3-2x-y)\mathrm{d}x\mathrm{d}y\\&=\int_0^1\mathrm{d}x\int_0^{1-x}(3-2x-y)\mathrm{d}y\\&=\int_0^1\left(3y-2xy-\frac{y^2}{2}\right)\Bigg|_0^{1-x}\mathrm{d}x\\&=\int_0^1\left(\frac{5}{2}-4x+\frac{3}{2}x^2\right)\mathrm{d}x=1.\end{aligned}$$

例 2　计算曲面积分$\oint\!\!\!\oint\limits_{\Sigma}z\,\mathrm{d}x\mathrm{d}y$,其中$\Sigma$是球面$x^2+y^2+z^2=1$的外侧.

解　把Σ分为Σ_1和Σ_2两部分,Σ_1的方程为

$$z=-\sqrt{1-x^2-y^2},$$

Σ_2的方程为

$$z=\sqrt{1-x^2-y^2}.$$

从而

$$\oint\!\!\!\oint\limits_{\Sigma}z\,\mathrm{d}x\mathrm{d}y=\iint\limits_{\Sigma_2}z\,\mathrm{d}x\mathrm{d}y+\iint\limits_{\Sigma_1}z\,\mathrm{d}x\mathrm{d}y.$$

上式右端第一个积分的积分曲面Σ_2取上侧,第二个积分的积分曲面Σ_1取下侧. Σ_1和Σ_2在xOy面上的投影区域D_{xy}为圆形闭区域$\{(x,y)\mid x^2+y^2\leqslant 1\}$. 因此分别应用公式(5.1),就有

$$\begin{aligned}\oint\!\!\!\oint\limits_{\Sigma}z\,\mathrm{d}x\mathrm{d}y&=\iint\limits_{D_{xy}}\sqrt{1-x^2-y^2}\mathrm{d}x\mathrm{d}y-\iint\limits_{D_{xy}}(-\sqrt{1-x^2-y^2})\mathrm{d}x\mathrm{d}y\\&=2\iint\limits_{D_{xy}}\sqrt{1-x^2-y^2}\mathrm{d}x\mathrm{d}y.\end{aligned}$$

利用极坐标计算该二重积分如下:

$$2\iint_{D_{xy}}\sqrt{1-x^2-y^2}\,dx\,dy = 2\iint_{D_{xy}}\sqrt{1-\rho^2}\,\rho\,d\rho\,d\theta$$

$$=2\int_0^{2\pi}d\theta\int_0^1\sqrt{1-\rho^2}\,\rho\,d\rho = 2\pi\int_0^1\sqrt{1-\rho^2}\,d\rho^2$$

$$=2\pi\left[-\frac{2}{3}(1-\rho^2)^{\frac{3}{2}}\right]_0^1=\frac{4}{3}\pi,$$

从而

$$\oiint_{\Sigma} z\,dx\,dy=\frac{4}{3}\pi.$$

例 3 计算曲面积分 $\oiint_{\Sigma}(x^2\,dy\,dz+y^2\,dz\,dx+z^2\,dx\,dy)$,其中 Σ 是长方体 $\Omega=\{(x,y,z)\mid 0\leqslant x\leqslant a, 0\leqslant y\leqslant b, 0\leqslant z\leqslant c\}$ 的整个表面的外侧.

解 把 Σ 分成以下六部分:

$\Sigma_1: z=c(0\leqslant x\leqslant a, 0\leqslant y\leqslant b)$ 的上侧;

$\Sigma_2: z=0(0\leqslant x\leqslant a, 0\leqslant y\leqslant b)$ 的下侧;

$\Sigma_3: x=a(0\leqslant y\leqslant b, 0\leqslant z\leqslant c)$ 的前侧;

$\Sigma_4: x=0(0\leqslant y\leqslant b, 0\leqslant z\leqslant c)$ 的后侧;

$\Sigma_5: y=b(0\leqslant x\leqslant a, 0\leqslant z\leqslant c)$ 的右侧;

$\Sigma_6: y=0(0\leqslant x\leqslant a, 0\leqslant z\leqslant c)$ 的左侧.

除 Σ_3,Σ_4 外,其余四片曲面在 yOz 面上的投影为零,因此

$$\iint_{\Sigma}x^2\,dy\,dz=\iint_{\Sigma_3}x^2\,dy\,dz+\iint_{\Sigma_4}x^2\,dy\,dz.$$

应用公式(5.2),就有

$$\iint_{\Sigma}x^2\,dy\,dz=\iint_{D_{yz}}a^2\,dy\,dz-\iint_{D_{yz}}0^2\,dy\,dz=a^2bc.$$

类似地,可得

$$\iint_{\Sigma}y^2\,dz\,dx=b^2ac,$$

$$\iint_{\Sigma}z^2\,dx\,dy=c^2ab.$$

于是,所求曲面积分为 $(a+b+c)abc$.

三、两类曲面积分之间的联系

设有向曲面 $\Sigma: z=z(x,y)$ 在 xOy 面上的投影区域为 D_{xy},函数 $z=z(x,y)$ 在 D_{xy} 上具有一阶连续偏导数,$R(x,y,z)$ 在 Σ 上连续. 如果 Σ 取上侧,那么由对坐标的曲面积分计算公式

(5.1)可知

$$\iint_{\Sigma} R(x,y,z)\mathrm{d}x\,\mathrm{d}y=\iint_{D_{xy}} R(x,y,z(x,y))\mathrm{d}x\,\mathrm{d}y.$$

另一方面,因上述有向曲面Σ在点(x,y,z)处的单位法向量为

$$\begin{aligned}\boldsymbol{n}&=(\cos\alpha,\cos\beta,\cos\gamma)\\&=\left(-\frac{z_x}{\sqrt{1+z_x^2+z_y^2}},-\frac{z_y}{\sqrt{1+z_x^2+z_y^2}},\frac{1}{\sqrt{1+z_x^2+z_y^2}}\right),\end{aligned}$$

故由对面积的曲面积分计算公式有

$$\iint_{\Sigma} R(x,y,z)\cos\gamma\mathrm{d}S=\iint_{D_{xy}} R(x,y,z(x,y))\mathrm{d}x\,\mathrm{d}y.$$

由此可见,有

$$\iint_{\Sigma} R(x,y,z)\mathrm{d}x\,\mathrm{d}y=\iint_{\Sigma} R(x,y,z)\cos\gamma\mathrm{d}S. \tag{5.4}$$

如果Σ取下侧,那么由(5.1)有

$$\iint_{\Sigma} R(x,y,z)\mathrm{d}x\,\mathrm{d}y=-\iint_{D_{xy}} R(x,y,z(x,y))\mathrm{d}x\,\mathrm{d}y.$$

但这时 $\cos\gamma=-\dfrac{1}{\sqrt{1+z_x^2+z_y^2}}$,故

$$\iint_{\Sigma} R(x,y,z)\cos\gamma\mathrm{d}S=-\iint_{D_{xy}} R(x,y,z(x,y))\mathrm{d}x\,\mathrm{d}y,$$

因此,(5.4)式仍成立.

类似可得

$$\iint_{\Sigma} P(x,y,z)\mathrm{d}y\,\mathrm{d}z=\iint_{\Sigma} P(x,y,z)\cos\alpha\mathrm{d}S, \tag{5.5}$$

$$\iint_{\Sigma} Q(x,y,z)\mathrm{d}z\,\mathrm{d}x=\iint_{\Sigma} Q(x,y,z)\cos\beta\mathrm{d}S. \tag{5.6}$$

合并(5.4)、(5.5)、(5.6)三式,得两类曲面积分之间的如下联系:

$$\iint_{\Sigma}(P\mathrm{d}y\,\mathrm{d}z+Q\mathrm{d}z\,\mathrm{d}x+R\mathrm{d}x\,\mathrm{d}y)=\iint_{\Sigma}(P\cos\alpha+Q\cos\beta+R\cos\gamma)\mathrm{d}S, \tag{5.7}$$

其中 $\cos\alpha,\cos\beta,\cos\gamma$ 是有向曲面Σ在点(x,y,z)处的法向量的方向余弦.

记向量函数

$$\boldsymbol{A}(x,y,z)=P(x,y,z)\boldsymbol{i}+Q(x,y,z)\boldsymbol{j}+R(x,y,z)\boldsymbol{k},\boldsymbol{n}=(\cos\alpha,\cos\beta,\cos\gamma),$$

且定义有向曲面元：$\mathrm{d}\boldsymbol{S}=\boldsymbol{n}\mathrm{d}S=(\mathrm{d}y\mathrm{d}z,\mathrm{d}z\mathrm{d}x,\mathrm{d}x\mathrm{d}y)$，则公式(5.7)也可写成如下向量形式：

$$\iint_{\Sigma}\boldsymbol{A}\mathrm{d}\boldsymbol{S}=\iint_{\Sigma}\boldsymbol{A}\cdot\boldsymbol{n}\mathrm{d}S.$$

习题 11－5

1. 当Σ为xOy面内的一个闭区域时，曲面积分$\iint_{\Sigma}R(x,y,z)\mathrm{d}x\mathrm{d}y$与二重积分有什么关系？

2. 计算下列对坐标的曲面积分：

(1) $\iint_{\Sigma}z\,\mathrm{d}x\mathrm{d}y$，其中$\Sigma$是圆锥面$x^2+y^2=z^2$被平面$z=0$和$z=h(h>0)$所截的部分的外侧；

(2) $\iint_{\Sigma}xz\,\mathrm{d}x\mathrm{d}y$，其中$\Sigma$是平面$x+y+z=1$在第一卦限的部分的上侧；

(3) $\iint_{\Sigma}y^2z\,\mathrm{d}x\mathrm{d}y$，其中$\Sigma$是以坐标原点为球心，$R$为半径的下半球面的下侧；

(4) $\iint_{\Sigma}xyz\,\mathrm{d}x\mathrm{d}y$，其中$\Sigma$是球面$x^2+y^2+z^2=1$外侧在$x\geqslant 0,y\geqslant 0$的部分；

(5) $\oiint_{\Sigma}[(x+y+z)\mathrm{d}x\mathrm{d}y+(y-z)\mathrm{d}y\mathrm{d}z]$，其中$\Sigma$是正方体$\Omega=\{(x,y,z)\mid 0\leqslant x\leqslant 1,0\leqslant y\leqslant 1,0\leqslant z\leqslant 1\}$的整个表面的外侧；

(6) $\oiint_{\Sigma}(xz\,\mathrm{d}x\mathrm{d}y+xy\,\mathrm{d}y\mathrm{d}z+yz\,\mathrm{d}z\mathrm{d}x)$，其中$\Sigma$是平面$x=0,y=0,z=0$及$x+y+z=1$所围成的空间区域的整个边界曲面的外侧.

3. 设稳定流动(流速与时间t无关)的不可压缩流体(设密度为1)的速度场为$\boldsymbol{v}(x,y,z)=x\boldsymbol{i}+y\boldsymbol{j}+z\boldsymbol{k}$，曲面$\Sigma$为去掉顶盖的柱体$x^2+y^2\leqslant 1(0\leqslant z\leqslant 1)$的表面的外侧，求流向曲面指定侧(外侧)的流量$\Phi$.

第六节　高斯公式　通量和散度

一、高斯公式

格林公式建立了平面闭区域上的二重积分与其边界曲线上的曲线积分之间的联系，而下面的高斯(Gauss)公式将会建立空间闭区域上的三重积分与其边界曲面上的曲面积分之间的联系.

定理　**设空间闭区域Ω是由分片光滑的闭曲面Σ所围成，函数$P(x,y,z)$，$Q(x,y,z)$，$R(x,y,z)$在Ω上具有一阶连续偏导数，则有**

$$\iiint_{\Omega}\left(\frac{\partial P}{\partial x}+\frac{\partial Q}{\partial y}+\frac{\partial R}{\partial z}\right)\mathrm{d}x\,\mathrm{d}y\,\mathrm{d}z=\oiint_{\Sigma}(P\mathrm{d}y\,\mathrm{d}z+Q\mathrm{d}z\,\mathrm{d}x+R\mathrm{d}x\,\mathrm{d}y), \tag{6.1}$$

其中Σ取Ω的整个边界曲面的外侧.

证明从略.

公式(6.1)称为**高斯公式**. 利用这个公式我们可以把对曲面积分的计算转化为三重积分的计算.

例1　利用高斯公式计算曲面积分

$$\oiint_{\Sigma}[y(x-z)\mathrm{d}y\,\mathrm{d}z+x^2\mathrm{d}z\,\mathrm{d}x+(y^2+xz)\mathrm{d}x\,\mathrm{d}y],$$

其中Σ是平面$x=0,y=0,z=0,x=2,y=2,z=2$所围成的立方体Ω的全表面的外侧.

解　令$P=y(x-z)$，$Q=x^2$，$R=y^2+xz$，则$\dfrac{\partial P}{\partial x}=y$，$\dfrac{\partial Q}{\partial y}=0$，$\dfrac{\partial R}{\partial z}=x$.

利用高斯公式，得

$$\begin{aligned}&\oiint_{\Sigma}[y(x-z)\mathrm{d}y\,\mathrm{d}z+x^2\mathrm{d}z\,\mathrm{d}x+(y^2+xz)\mathrm{d}x\,\mathrm{d}y]\\=&\iiint_{\Omega}(y+x)\mathrm{d}x\,\mathrm{d}y\,\mathrm{d}z=\int_0^2\mathrm{d}x\int_0^2\mathrm{d}y\int_0^2(y+x)\mathrm{d}z\\=&\,2\int_0^2(2+2x)\mathrm{d}x=16.\end{aligned}$$

例2　利用高斯公式计算曲面积分

$$\iint_{\Sigma}[x(x^2z+1)\mathrm{d}y\,\mathrm{d}z-x^2yz\,\mathrm{d}z\,\mathrm{d}x-x^2z^2\mathrm{d}x\,\mathrm{d}y],$$

其中Σ是旋转抛物面$z=2-x^2-y^2$介于平面$z=1$及$z=2$之间的部分的上侧.

解　因曲面Σ不是封闭的，故不能直接利用高斯公式. 此时，可添加辅助平面$\Sigma_1:z=1(x^2+y^2\leqslant 1)$，$\Sigma_1$取下侧，则$\Sigma$与$\Sigma_1$一起构成一个取外侧的封闭曲面，如图11-26所示.

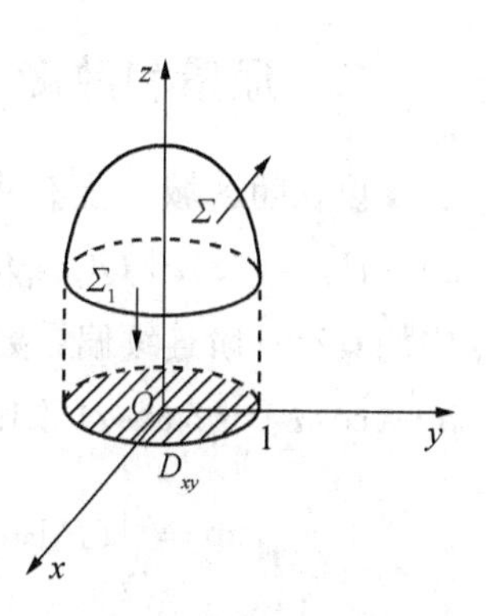

图11-26

记它们围成的空间闭区域为Ω，利用高斯公式，便得

$$\oiint_{\Sigma+\Sigma_1}[x(x^2z+1)\mathrm{d}y\,\mathrm{d}z-x^2yz\,\mathrm{d}z\,\mathrm{d}x-x^2z^2\mathrm{d}x\,\mathrm{d}y]=\iiint_{\Omega}\mathrm{d}x\,\mathrm{d}y\,\mathrm{d}z,$$

利用柱面坐标计算上式右端的三重积分，于是有

$$\oiint\limits_{\Sigma+\Sigma_1}[x(x^2z+1)\mathrm{d}y\mathrm{d}z-x^2yz\,\mathrm{d}z\mathrm{d}x-x^2z^2\mathrm{d}x\mathrm{d}y]$$

$$=\iiint\limits_{\Omega}\rho\,\mathrm{d}\rho\mathrm{d}\theta\mathrm{d}z=\int_0^{2\pi}\mathrm{d}\theta\int_0^1\rho\,\mathrm{d}\rho\int_1^{2-\rho^2}\mathrm{d}z=\frac{\pi}{2}.$$

而 Σ_1 在 yOz 面及 zOx 面上的投影均为零,因此

$$\iint\limits_{\Sigma_1}[x(x^2z+1)\mathrm{d}y\mathrm{d}z-x^2yz\,\mathrm{d}z\mathrm{d}x-x^2z^2\mathrm{d}x\mathrm{d}y]=-\iint\limits_{\Sigma_1}x^2z^2\mathrm{d}x\mathrm{d}y.$$

利用本章第五节所介绍的对坐标的曲面积分的计算公式把上式右端的曲面积分化为二重积分,再利用极坐标计算二重积分,于是得

$$\iint\limits_{\Sigma_1}[x(x^2z+1)\mathrm{d}y\mathrm{d}z-x^2yz\,\mathrm{d}z\mathrm{d}x-x^2z^2\mathrm{d}x\mathrm{d}y]$$

$$=\iint\limits_{D_{xy}}x^2\mathrm{d}x\mathrm{d}y=\iint\limits_{D_{xy}}\rho^3\cos^2\theta\,\mathrm{d}\rho\mathrm{d}\theta$$

$$=\int_0^{2\pi}\mathrm{d}\theta\int_0^1\rho^3\cos^2\theta\,\mathrm{d}\rho=\frac{\pi}{4},$$

其中 $D_{xy}=\{(x,y)\,|\,x^2+y^2\leqslant 1\}$. 因此

$$\iint\limits_{\Sigma}[x(x^2z+1)\mathrm{d}y\mathrm{d}z-x^2yz\,\mathrm{d}z\mathrm{d}x-x^2z^2\mathrm{d}x\mathrm{d}y]$$

$$=\oiint\limits_{\Sigma+\Sigma_1}[x(x^2z+1)\mathrm{d}y\mathrm{d}z-x^2yz\,\mathrm{d}z\mathrm{d}x-x^2z^2\mathrm{d}x\mathrm{d}y]-$$

$$\iint\limits_{\Sigma_1}[x(x^2z+1)\mathrm{d}y\mathrm{d}z-x^2yz\,\mathrm{d}z\mathrm{d}x-x^2z^2\mathrm{d}x\mathrm{d}y]$$

$$=\frac{\pi}{2}-\frac{\pi}{4}=\frac{\pi}{4}.$$

二、通量和散度

设在闭区域 Ω 上有稳定流动的不可压缩的流体(密度为 1)流动,流体的速度场为 $\boldsymbol{v}(x,y,z)=P(x,y,z)\boldsymbol{i}+Q(x,y,z)\boldsymbol{j}+R(x,y,z)\boldsymbol{k}$,其中 $P(x,y,z)$,$Q(x,y,z)$,$R(x,y,z)$ 在该区域内均具有一阶连续偏导数,Σ 是速度场中一片有向曲面,且 Σ 上点 (x,y,z) 处的单位法向量为 $\boldsymbol{n}=(\cos\alpha,\cos\beta,\cos\gamma)$,则由本章第五节中的引例可知,在单位时间内流向 Σ 指定一侧的流量

$$\Phi=\iint\limits_{\Sigma}(P\mathrm{d}y\mathrm{d}z+Q\mathrm{d}z\mathrm{d}x+R\mathrm{d}x\mathrm{d}y)=\iint\limits_{\Sigma}(P\cos\alpha+Q\cos\beta+R\cos\gamma)\mathrm{d}S$$

$$=\iint\limits_{\Sigma}\boldsymbol{v}\cdot\boldsymbol{n}\mathrm{d}S.$$

因为高斯公式(6.1)中的Σ是闭区域Ω的边界曲面的外侧，所以(6.1)式右端可解释为单位时间内离开闭区域Ω的流体的总质量.由于我们假定流体是稳定的、不可压缩的，所以在流体离开Ω的同时，Ω内部必须有产生流体的“源头”产生出同样多的流体来进行补充.于是高斯公式的左端可解释为分布在Ω内的源头在单位时间内所产生的流体的总质量.

根据高斯公式及上述推导过程，有

$$\iiint_{\Omega}\left(\frac{\partial P}{\partial x}+\frac{\partial Q}{\partial y}+\frac{\partial R}{\partial z}\right)\mathrm{d}V=\oiint_{\Sigma}\boldsymbol{v}\cdot\boldsymbol{n}\mathrm{d}S,$$

上式两边同时除以Ω的体积V，得

$$\frac{1}{V}\iiint_{\Omega}\left(\frac{\partial P}{\partial x}+\frac{\partial Q}{\partial y}+\frac{\partial R}{\partial z}\right)\mathrm{d}V=\frac{1}{V}\oiint_{\Sigma}\boldsymbol{v}\cdot\boldsymbol{n}\mathrm{d}S.$$

上式左端表示Ω内的源头在单位时间、单位体积内所产生的流体质量的平均值.对上式左端应用积分中值定理，得

$$\left(\frac{\partial P}{\partial x}+\frac{\partial Q}{\partial y}+\frac{\partial R}{\partial z}\right)\bigg|_{(\xi,\eta,\zeta)}=\frac{1}{V}\oiint_{\Sigma}\boldsymbol{v}\cdot\boldsymbol{n}\mathrm{d}S,$$

这里(ξ,η,ζ)是Ω内的某个点.令Ω缩向一点$M(x,y,z)$，取上式的极限，得

$$\frac{\partial P}{\partial x}+\frac{\partial Q}{\partial y}+\frac{\partial R}{\partial z}=\lim_{\Omega\to M}\frac{1}{V}\oiint_{\Sigma}\boldsymbol{v}\cdot\boldsymbol{n}\mathrm{d}S.$$

上式左端称为向量场$\boldsymbol{v}$在点M处的散度，记作$\mathrm{div}\boldsymbol{v}(M)$，即

$$\mathrm{div}\boldsymbol{v}(M)=\frac{\partial P}{\partial x}+\frac{\partial Q}{\partial y}+\frac{\partial R}{\partial z}.$$

$\mathrm{div}\boldsymbol{v}(M)$在这里可看作稳定流动的、不可压缩的流体在点$M$处的源头强度(即在单位时间、单位体积内所产生的流体质量).$\mathrm{div}\boldsymbol{v}(M)>0$表示点$M$是流出的源；$\mathrm{div}\boldsymbol{v}(M)<0$表示点$M$是吸收的洞；$\mathrm{div}\boldsymbol{v}(M)=0$表示点$M$既不是源也不是洞.

一般地，设有向量场

$$\boldsymbol{A}(x,y,z)=P(x,y,z)\boldsymbol{i}+Q(x,y,z)\boldsymbol{j}+R(x,y,z)\boldsymbol{k},$$

其中$P(x,y,z)$,$Q(x,y,z)$,$R(x,y,z)$均具有一阶连续偏导数，Σ是向量场中的一片有向曲面，$\boldsymbol{n}=(\cos\alpha,\cos\beta,\cos\gamma)$是$\Sigma$上点$(x,y,z)$处的单位法向量，则曲面积分$\iint_{\Sigma}\boldsymbol{A}\cdot\boldsymbol{n}\mathrm{d}S$称为向量场$\boldsymbol{A}$通过曲面$\Sigma$流向指定侧的**通量(或流量)**.由两类曲面积分的关系，通量又可表示为

$$\iint_{\Sigma}\boldsymbol{A}\cdot\boldsymbol{n}\mathrm{d}S=\iint_{\Sigma}\boldsymbol{A}\mathrm{d}\boldsymbol{S}=\iint_{\Sigma}(P\mathrm{d}y\mathrm{d}z+Q\mathrm{d}z\mathrm{d}x+R\mathrm{d}x\mathrm{d}y).$$

而$\frac{\partial P}{\partial x}+\frac{\partial Q}{\partial y}+\frac{\partial R}{\partial z}$称为向量场$\boldsymbol{A}$的散度,记作$\mathrm{div}\boldsymbol{A}$,即

$$\mathrm{div}\boldsymbol{A}=\frac{\partial P}{\partial x}+\frac{\partial Q}{\partial y}+\frac{\partial R}{\partial z}.$$

利用向量场的通量和散度,高斯公式(6.1)可写成下面的向量形式

$$\iiint_{\Omega}\mathrm{div}\boldsymbol{A}\mathrm{d}x\mathrm{d}y\mathrm{d}z=\oint\!\!\!\oint_{\Sigma}\boldsymbol{A}\cdot\boldsymbol{n}\mathrm{d}S=\oint\!\!\!\oint_{\Sigma}\boldsymbol{A}\mathrm{d}\boldsymbol{S},\tag{6.2}$$

(6.2)式表明,向量场$\boldsymbol{A}$通过闭曲面Σ流向外侧的通量等于向量场$\boldsymbol{A}$的散度在闭曲面Σ所围闭区域Ω上的积分.

习题 11-6

1. 利用高斯公式计算曲面积分:

(1) $\oint\!\!\!\oint_{\Sigma}(yz\mathrm{d}y\mathrm{d}z+zx\mathrm{d}z\mathrm{d}x+xy\mathrm{d}x\mathrm{d}y)$,其中$\Sigma$为球面$x^2+y^2+z^2=R^2$的外侧;

(2) $\oint\!\!\!\oint_{\Sigma}(x^2\mathrm{d}y\mathrm{d}z+y^2\mathrm{d}z\mathrm{d}x+z^2\mathrm{d}x\mathrm{d}y)$,其中$\Sigma$是立方体$\{(x,y,z)\mid 0\leqslant x\leqslant 1,0\leqslant y\leqslant 1,0\leqslant z\leqslant 1\}$的全表面的外侧;

(3) $\oint\!\!\!\oint_{\Sigma}[(x-y+z)\mathrm{d}y\mathrm{d}z+(y-z+x)\mathrm{d}z\mathrm{d}x+(z-x+y)\mathrm{d}x\mathrm{d}y]$,其中$\Sigma$为球面$x^2+y^2+z^2=1$的外侧;

(4) $\oint\!\!\!\oint_{\Sigma}[(x-y)\mathrm{d}x\mathrm{d}y+(y-z)x\mathrm{d}y\mathrm{d}z]$,其中$\Sigma$为柱面$x^2+y^2=1$及平面$z=0,z=3$所围成的空间闭区域$\Omega$的整个边界曲面的外侧;

(5) $\iint_{\Sigma}[x\mathrm{d}y\mathrm{d}z+y\mathrm{d}z\mathrm{d}x+(z^2-2z)\mathrm{d}x\mathrm{d}y]$,其中$\Sigma$为锥面$x^2+y^2=z^2$介于平面$z=0$及$z=1$之间的部分的下侧.

2. 设分片光滑的封闭曲面Σ所包围区域的体积为V,Σ外侧单位法向量为$\boldsymbol{n}=(\cos\alpha,\cos\beta,\cos\gamma)$,证明体积计算公式:

$$V=\frac{1}{3}\oint\!\!\!\oint_{\Sigma}(x\cos\alpha+y\cos\beta+z\cos\gamma)\mathrm{d}S.$$

3. 求下列向量$\boldsymbol{A}$穿过曲面Σ流向指定侧的通量:

(1) $\boldsymbol{A}=yz\boldsymbol{i}+xz\boldsymbol{j}+xy\boldsymbol{k}$,$\Sigma$为圆柱$x^2+y^2\leqslant 4(0\leqslant z\leqslant 5)$的全表面,流向外侧;

(2) $\boldsymbol{A}=(2x-z)\boldsymbol{i}+x^2y\boldsymbol{j}-xz^2\boldsymbol{k}$,$\Sigma$为立方体$0\leqslant x\leqslant 3,0\leqslant y\leqslant 3,0\leqslant z\leqslant 3$的全表面,流向外侧;

(3) $\boldsymbol{A}=(2x+3z)\boldsymbol{i}-(xz+y)\boldsymbol{j}+(y^2+2z)\boldsymbol{k}$，$\Sigma$ 为球面$(x-3)^2+(y+1)^2+(z-2)^2=9$，流向外侧.

4. 求下列向量场 $\boldsymbol{A}$ 的散度：

(1) $\boldsymbol{A}=x\boldsymbol{i}+y\boldsymbol{j}+z\boldsymbol{k}$；

(2) $\boldsymbol{A}=(x^3+2yz)\boldsymbol{i}+(y^3+2xz)\boldsymbol{j}+(z^3+2xy)\boldsymbol{k}$；

(3) $\boldsymbol{A}=\mathrm{e}^{xy}\boldsymbol{i}+\cos(xy)\boldsymbol{j}+\ln z\boldsymbol{k}$.

第七节　斯托克斯公式　环流量与旋度

一、斯托克斯公式

格林公式表达了平面闭区域上的二重积分与其边界曲线上的曲线积分之间的关系，高斯公式表达了空间闭区域上的三重积分与其边界曲面上的曲面积分之间的关系，而斯托克斯(Stokes)公式则把曲面 Σ 上的曲面积分与沿着 Σ 的边界曲线的曲线积分联系了起来.

在引入斯托克斯公式之前，我们先对有向曲面 Σ 的侧与其边界曲线 Γ 的方向作如下规定：当右手除拇指外的四指依 Γ 的绕行方向时，拇指所指的方向与 Σ 上法向量的指向相同，这时称 Γ 是有向曲面 Σ 的正向边界曲线，也称 Γ 的正向与 Σ 的侧符合右手规则.

定理　设 Γ 为分段光滑的空间有向闭曲线，Σ 是以 Γ 为边界的分片光滑的有向曲面，Γ 的正向与 Σ 的侧符合右手规则，函数 $P(x,y,z)$，$Q(x,y,z)$，$R(x,y,z)$ 在曲面 Σ(连同边界 Γ)上具有一阶连续偏导数，则有

$$\begin{aligned}&\iint_{\Sigma}\left[\left(\frac{\partial R}{\partial y}-\frac{\partial Q}{\partial z}\right)\mathrm{d}y\,\mathrm{d}z+\left(\frac{\partial P}{\partial z}-\frac{\partial R}{\partial x}\right)\mathrm{d}z\,\mathrm{d}x+\left(\frac{\partial Q}{\partial x}-\frac{\partial P}{\partial y}\right)\mathrm{d}x\,\mathrm{d}y\right]\\&=\oint_{\Gamma}(P\mathrm{d}x+Q\mathrm{d}y+R\mathrm{d}z).\end{aligned}\tag{7.1}$$

证明从略.

公式(7.1)称为**斯托克斯公式.**

为了便于记忆，利用行列式记号把斯托克斯公式(7.1)写成如下形式：

$$\iint_{\Sigma}\begin{vmatrix}\mathrm{d}y\,\mathrm{d}z & \mathrm{d}z\,\mathrm{d}x & \mathrm{d}x\,\mathrm{d}y\\ \dfrac{\partial}{\partial x} & \dfrac{\partial}{\partial y} & \dfrac{\partial}{\partial z}\\ P & Q & R\end{vmatrix}=\oint_{\Gamma}(P\mathrm{d}x+Q\mathrm{d}y+R\mathrm{d}z),$$

把其中的行列式按第一行展开，并把$\frac{\partial}{\partial y}$与 R 的“积”理解为$\frac{\partial R}{\partial y}$，$\frac{\partial}{\partial z}$与 Q 的“积”理解为$\frac{\partial Q}{\partial z}$等等，

于是这个行列式就“等于”

$$\left(\frac{\partial R}{\partial y}-\frac{\partial Q}{\partial z}\right)\mathrm{d}y\,\mathrm{d}z+\left(\frac{\partial P}{\partial z}-\frac{\partial R}{\partial x}\right)\mathrm{d}z\,\mathrm{d}x+\left(\frac{\partial Q}{\partial x}-\frac{\partial P}{\partial y}\right)\mathrm{d}x\,\mathrm{d}y.$$

这恰好是公式(7.1)左端的被积表达式.

利用两类曲面积分间的联系,可得斯托克斯公式的另一形式:

$$\iint_{\Sigma}\begin{vmatrix}\cos\alpha & \cos\beta & \cos\gamma\\ \dfrac{\partial}{\partial x} & \dfrac{\partial}{\partial y} & \dfrac{\partial}{\partial z}\\ P & Q & R\end{vmatrix}\mathrm{d}S=\oint_{\Gamma}(P\mathrm{d}x+Q\mathrm{d}y+R\mathrm{d}z),$$

其中 $\boldsymbol{n}=(\cos\alpha,\cos\beta,\cos\gamma)$ 为有向曲面 Σ 在点 (x,y,z) 处的单位法向量.

例 1 利用斯托克斯公式计算曲线积分

$$I=\oint_{\Gamma}[(2y+z)\mathrm{d}x+(x-z)\mathrm{d}y+(y-x)\mathrm{d}z],$$

其中 Γ 为平面 $x+y+z=1$ 被三个坐标面所截成的三角形的整个边界,它的正向与这个平面三角形 Σ 上侧的法向量之间符合右手规则(图 11-27).

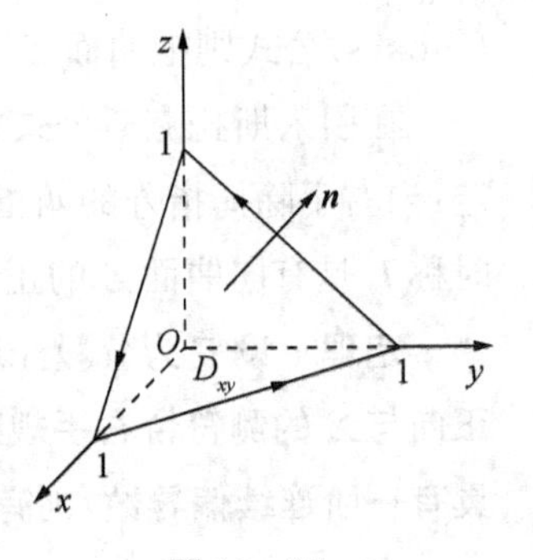

图 11-27

解 利用斯托克斯公式,可得

$$I=\iint_{\Sigma}\begin{vmatrix}\mathrm{d}y\,\mathrm{d}z & \mathrm{d}z\,\mathrm{d}x & \mathrm{d}x\,\mathrm{d}y\\ \dfrac{\partial}{\partial x} & \dfrac{\partial}{\partial y} & \dfrac{\partial}{\partial z}\\ 2y+z & x-z & y-x\end{vmatrix}=\iint_{\Sigma}(2\mathrm{d}y\,\mathrm{d}z+2\mathrm{d}z\,\mathrm{d}x-\mathrm{d}x\,\mathrm{d}y)$$

$$=2\iint_{\Sigma}\mathrm{d}y\,\mathrm{d}z+2\iint_{\Sigma}\mathrm{d}z\,\mathrm{d}x-\iint_{\Sigma}\mathrm{d}x\,\mathrm{d}y,$$

而

$$\iint_{\Sigma}\mathrm{d}y\,\mathrm{d}z=\iint_{D_{yz}}\mathrm{d}y\,\mathrm{d}z=\frac{1}{2},$$

$$\iint_{\Sigma}\mathrm{d}z\,\mathrm{d}x=\iint_{D_{zx}}\mathrm{d}z\,\mathrm{d}x=\frac{1}{2},$$

$$\iint_{\Sigma}\mathrm{d}x\,\mathrm{d}y=\iint_{D_{xy}}\mathrm{d}x\,\mathrm{d}y=\frac{1}{2},$$

其中 D_{yz},D_{zx},D_{xy} 分别为 Σ 在 yOz,zOx,xOy 面上的投影区域,因此 $I=\dfrac{3}{2}$.

例 2 利用斯托克斯公式计算曲线积分

$$I=\oint_{\Gamma}[(y^2-z^2)\mathrm{d}x+(z^2-x^2)\mathrm{d}y+(x^2-y^2)\mathrm{d}z],$$

其中Γ是用平面$x+y+z=\frac{3}{2}$截立方体$\{(x,y,z)\mid 0\leqslant x\leqslant 1,0\leqslant y\leqslant 1,0\leqslant z\leqslant 1\}$的表面所得的截痕,若从$Ox$轴的正向看去,取逆时针方向(图 11-28).

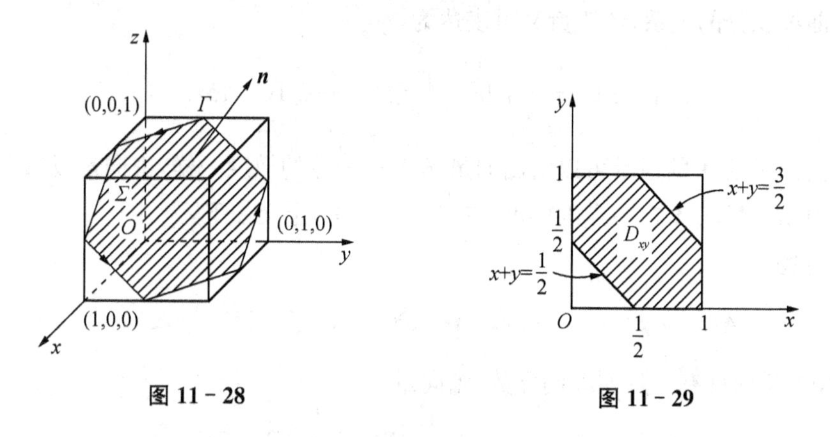

图 11-28　　图 11-29

解　取Σ为平面$x+y+z=\frac{3}{2}$的上侧被Γ所围成的部分.设函数$F(x,y,z)=x+y+z-\frac{3}{2}$,因为$F_x=F_y=F_z=1$,所以$\Sigma$的单位法向量$\boldsymbol{n}=\frac{1}{\sqrt{3}}(1,1,1)$,即$\cos\alpha=\cos\beta=\cos\gamma=\frac{1}{\sqrt{3}}$.按斯托克斯公式,有

$$I=\iint_{\Sigma}\begin{vmatrix}\frac{1}{\sqrt{3}} & \frac{1}{\sqrt{3}} & \frac{1}{\sqrt{3}}\\ \frac{\partial}{\partial x} & \frac{\partial}{\partial y} & \frac{\partial}{\partial z}\\ y^2-z^2 & z^2-x^2 & x^2-y^2\end{vmatrix}\mathrm{d}S=-\frac{4}{\sqrt{3}}\iint_{\Sigma}(x+y+z)\mathrm{d}S.$$

因为在Σ上,$x+y+z=\frac{3}{2}$,故

$$I=-\frac{4}{\sqrt{3}}\cdot\frac{3}{2}\iint_{\Sigma}\mathrm{d}S=-2\sqrt{3}\iint_{D_{xy}}\sqrt{3}\mathrm{d}x\mathrm{d}y=-6\sigma_{xy},$$

其中D_{xy}为Σ在xOy面上的投影区域(图 11-29),σ_{xy}为D_{xy}的面积.由于$\sigma_{xy}=1-2\times\frac{1}{8}=\frac{3}{4}$,因此$I=-\frac{9}{2}$.

二、环流量与旋度

设有向量场

$$\boldsymbol{A}(x,y,z)=P(x,y,z)\boldsymbol{i}+Q(x,y,z)\boldsymbol{j}+R(x,y,z)\boldsymbol{k},$$

其中函数 P,Q,R 均连续，Γ 是 $\boldsymbol{A}$ 的定义域内的一条分段光滑的有向闭曲线，$\boldsymbol{\tau}$ 是 Γ 在点 (x,y,z) 处的单位切向量，则积分 $\oint_{\Gamma}\boldsymbol{A}\cdot\boldsymbol{\tau}\mathrm{d}s$ 称为向量场 $\boldsymbol{A}$ 沿有向闭曲线 Γ 的**环流量**.

由两类曲线积分的关系，环流量又可表达为

$$\oint_{\Gamma}\boldsymbol{A}\cdot\boldsymbol{\tau}\mathrm{d}s=\oint_{\Gamma}\boldsymbol{A}\mathrm{d}\boldsymbol{r}=\oint_{\Gamma}(P\mathrm{d}x+Q\mathrm{d}y+R\mathrm{d}z).$$

类似于由向量场 $\boldsymbol{A}$ 的通量可以引出向量场 $\boldsymbol{A}$ 在一点的散度一样，由向量场 $\boldsymbol{A}$ 沿一闭曲线的环流量可引出向量场 $\boldsymbol{A}$ 在一点的旋度. 它是一个向量，定义如下：

设有向量场

$$\boldsymbol{A}(x,y,z)=P(x,y,z)\boldsymbol{i}+Q(x,y,z)\boldsymbol{j}+R(x,y,z)\boldsymbol{k},$$

其中函数 P,Q,R 均具有一阶连续偏导数，则向量

$$\left(\frac{\partial R}{\partial y}-\frac{\partial Q}{\partial z}\right)\boldsymbol{i}+\left(\frac{\partial P}{\partial z}-\frac{\partial R}{\partial x}\right)\boldsymbol{j}+\left(\frac{\partial Q}{\partial x}-\frac{\partial P}{\partial y}\right)\boldsymbol{k}$$

称为向量场 $\boldsymbol{A}$ 的旋度，记作 $\mathrm{rot}\boldsymbol{A}$，即

$$\mathrm{rot}\boldsymbol{A}=\left(\frac{\partial R}{\partial y}-\frac{\partial Q}{\partial z}\right)\boldsymbol{i}+\left(\frac{\partial P}{\partial z}-\frac{\partial R}{\partial x}\right)\boldsymbol{j}+\left(\frac{\partial Q}{\partial x}-\frac{\partial P}{\partial y}\right)\boldsymbol{k}.$$

此旋度也可以写成如下便于记忆的形式：

$$\mathrm{rot}\boldsymbol{A}=\begin{vmatrix}\boldsymbol{i} & \boldsymbol{j} & \boldsymbol{k}\\ \dfrac{\partial}{\partial x} & \dfrac{\partial}{\partial y} & \dfrac{\partial}{\partial z}\\ P & Q & R\end{vmatrix}.$$

下面我们写出斯托克斯公式的另一种形式，以便给出斯托克斯公式的一个物理解释.

设有向曲面 Σ 上点 (x,y,z) 处的单位法向量为

$$\boldsymbol{n}=(\cos\alpha,\cos\beta,\cos\gamma),$$

而 Σ 的正向边界曲线 Γ 上点 (x,y,z) 处的单位切向量为

$$\boldsymbol{\tau}=(\cos\lambda,\cos\mu,\cos\nu).$$

则斯托克斯公式可表示为

$$\begin{aligned}&\iint_{\Sigma}\left[\left(\frac{\partial R}{\partial y}-\frac{\partial Q}{\partial z}\right)\cos\alpha+\left(\frac{\partial P}{\partial z}-\frac{\partial R}{\partial x}\right)\cos\beta+\left(\frac{\partial Q}{\partial x}-\frac{\partial P}{\partial y}\right)\cos\gamma\right]\mathrm{d}S\\ =&\oint_{\Gamma}(P\cos\lambda+Q\cos\mu+R\cos\nu)\mathrm{d}s.\end{aligned}$$

于是，斯托克斯公式可表示为下列向量形式：

$$\iint_{\Sigma} \mathrm{rot}\boldsymbol{A} \cdot \boldsymbol{n} \mathrm{d}S = \oint_{\Gamma} \boldsymbol{A} \cdot \boldsymbol{\tau} \mathrm{d}s.$$

在流量问题中，环流量$\oint_{\Gamma} \boldsymbol{A} \cdot \boldsymbol{\tau} \mathrm{d}s$表示流速为$\boldsymbol{A}$的不可压缩流体在单位时间内沿曲线$\Gamma$的流体总量，反映了流体沿$\Gamma$旋转时的强弱程度. 当$\mathrm{rot}\boldsymbol{A} = 0$时，沿任意封闭曲线的环流量为零，即流体流动时不形成漩涡，这时称向量场$\boldsymbol{A}$为无旋场. 斯托克斯公式表明：向量场$\boldsymbol{A}$沿有向闭曲线Γ的环流量等于向量场$\boldsymbol{A}$的旋度通过曲面Σ的通量，这里Γ的正向与Σ的侧符合右手规则.

习题 11－7

1. 利用斯托克斯公式计算下列曲线积分：

(1) $\oint_{\Gamma}(3y\mathrm{d}x - xz\mathrm{d}y + yz^2\mathrm{d}z)$，其中$\Gamma$是圆周$x^2 + y^2 = 2z, z = 2$，若从$z$轴正向看去，圆周是取逆时针方向；

(2) $\oint_{\Gamma}(2y\mathrm{d}x + 3x\mathrm{d}y - z^2\mathrm{d}z)$，其中$\Gamma$是圆周$x^2 + y^2 + z^2 = 9, z = 0$，若从$z$轴正向看去，圆周是取逆时针方向；

(3) $\oint_{\Gamma}(y^2\mathrm{d}x + xy\mathrm{d}y + xz\mathrm{d}z)$，其中$\Gamma$是柱面$x^2 + y^2 = 2y$与平面$y = z$的交线，若从$z$轴正向看去，交线取顺时针方向.

2. 求下列向量场$\boldsymbol{A}$的旋度：

(1) $\boldsymbol{A} = (z + \sin y)\boldsymbol{i} - (z - x\cos y)\boldsymbol{j}$；

(2) $\boldsymbol{A} = (x^2 - y)\boldsymbol{i} + 4z\boldsymbol{j} + x^2\boldsymbol{k}$.

3. 求下列向量场$\boldsymbol{A}$沿闭曲线Γ(从z轴正向看Γ依逆时针方向)的环流量：

(1) $\boldsymbol{A} = (x^2 - y)\boldsymbol{i} + 4z\boldsymbol{j} + x^2\boldsymbol{k}$，$\Gamma$为锥面$z = \sqrt{x^2 + y^2}$和平面$z = 2$的交线；

(2) $\boldsymbol{A} = -y\boldsymbol{i} + x\boldsymbol{j} + c\boldsymbol{k}$($c$为常量)，$\Gamma$为圆周$x^2 + y^2 = 1, z = 0$.

总习题十一

1. 填空题：

(1) 设在$O\text{-}xyz$空间直角坐标系中有一分段光滑的空间曲线形构件Γ，在该曲线段上质量分布不均匀，已知线密度(单位长度的质量)$\rho(x, y, z)$在曲线段Γ上连续变化，则此曲线形构件的质量$m=$________；

(2) 设在$O\text{-}xyz$空间直角坐标系中，一个质点在变力

$$\boldsymbol{F}(x, y, z) = P(x, y, z)\boldsymbol{i} + Q(x, y, z)\boldsymbol{j} + R(x, y, z)\boldsymbol{k}$$

的作用下，从点A沿分段光滑空间曲线Γ移动到点B，已知$P(x, y, z)$，$Q(x, y, z)$和$R(x, y, z)$在Γ上连续，则质点在移动过程中变力$\boldsymbol{F}$所做的功$W=$________；

(3) 第二类曲线积分$\int_{\Gamma}(P\mathrm{d}x+Q\mathrm{d}y+R\mathrm{d}z)$化为第一类曲线积分是________,其中$\alpha,\beta,\gamma$为有向曲线弧$\Gamma$在点$(x,y,z)$处的________的方向角;

(4) 第二类曲面积分$\iint_{\Sigma}(P\mathrm{d}y\mathrm{d}z+Q\mathrm{d}z\mathrm{d}x+R\mathrm{d}x\mathrm{d}y)$化为第一类曲面积分是________,其中$\alpha,\beta,\gamma$为有向曲面$\Sigma$在点$(x,y,z)$处的________的方向角.

2. 单项选择题:

(1) 设L是从点$(0,-1)$到点$(0,1)$的右半圆周$x=\sqrt{1-y^2}$,则$\int_L f(x,y)\mathrm{d}x=$ (　　)

A. $\int_0^1 f(x,-\sqrt{1-x^2})\mathrm{d}x+\int_1^0 f(x,\sqrt{1-x^2})\mathrm{d}x$

B. $2\int_1^0 f(x,\sqrt{1-x^2})\mathrm{d}x$

C. $2\int_0^1 f(x,-\sqrt{1-x^2})\mathrm{d}x$

D. $\int_0^1 f(x,-\sqrt{1-x^2})\mathrm{d}x+\int_0^1 f(x,\sqrt{1-x^2})\mathrm{d}x$

(2) 设Σ为球面$x^2+y^2+z^2=4$的外侧,D_{xy}为球面在xOy面上的投影区域,则以下结论正确的是 (　　)

A. $\oiint_{\Sigma} z\mathrm{d}S=2\iint_{D_{xy}} z^2\mathrm{d}x\mathrm{d}y$　　B. $\oiint_{\Sigma} z\,\mathrm{d}x\mathrm{d}y=2\iint_{D_{xy}}\sqrt{4-x^2-y^2}\mathrm{d}x\mathrm{d}y$

C. $\oiint_{\Sigma}\mathrm{d}x\mathrm{d}y=2\iint_{D_{xy}}\mathrm{d}x\mathrm{d}y$　　D. $\oiint_{\Sigma} z^2\mathrm{d}x\mathrm{d}y=2\iint_{D_{xy}}(4-x^2-y^2)\mathrm{d}x\mathrm{d}y$

(3) 设曲面Σ是上半球面$x^2+y^2+z^2=R^2(z\geqslant 0)$,曲面$\Sigma_1$是曲面$\Sigma$在第一卦限中的部分,则以下结论正确的是 (　　)

A. $\iint_{\Sigma} x\mathrm{d}S=4\iint_{\Sigma_1} x\mathrm{d}S$　　B. $\iint_{\Sigma} y\mathrm{d}S=4\iint_{\Sigma_1} x\mathrm{d}S$

C. $\iint_{\Sigma} z\mathrm{d}S=4\iint_{\Sigma_1} x\mathrm{d}S$　　D. $\iint_{\Sigma} xyz\mathrm{d}S=4\iint_{\Sigma_1} xyz\mathrm{d}S$

3. 计算下列曲线积分:

(1) $\oint_L\sqrt{x^2+y^2}\mathrm{d}s$,其中$L$为圆周$x^2+y^2=2x$;

(2) $\int_{\Gamma} x^2yz\,\mathrm{d}s$,其中$\Gamma$为折线$ABCD$,这里$A,B,C,D$依次是点$(0,0,0)$,$(0,0,2)$,$(1,0,2)$,$(1,3,2)$;

(3) $\int_L[(2-y)\mathrm{d}x+x\mathrm{d}y]$,其中$L$是摆线$\begin{cases}x=t-\sin t,\\ y=1-\cos t\end{cases}$上对应$t$从0到$2\pi$的一段弧;

(4) $\int_{\Gamma}(x^2\mathrm{d}x+z\mathrm{d}y-y\mathrm{d}z)$,其中$\Gamma$是曲线$\begin{cases}x=k\theta,\\ y=a\cos\theta,\\ z=a\sin\theta\end{cases}$上对应$\theta$从0到$\pi$的一段弧;

(5) $\int_{L}[(y+2xy)\mathrm{d}x+(x^2+2x+y^2)\mathrm{d}y]$,其中$L$是$x^2+y^2=2x$上从点$A(2,0)$到点$O(0,0)$的上半圆周;

(6) $\int_{L}[(x\mathrm{e}^y-2y)\mathrm{d}y+(\mathrm{e}^y+x)\mathrm{d}x]$,其中$L$是$x^2+y^2=4x$上从点$A(4,0)$到点$O(0,0)$的上半圆周.

4. 已知曲线积分$\oint_L\frac{-y\mathrm{d}x+x\mathrm{d}y}{x^2+y^2}$,其中$L$是圆心在坐标原点且半径为$R$的取逆时针方向的圆.令$P=\frac{-y}{x^2+y^2}$,$Q=\frac{x}{x^2+y^2}$,则$\frac{\partial P}{\partial y}=\frac{\partial Q}{\partial x}=\frac{y^2-x^2}{(x^2+y^2)^2}$.因此,由格林公式可得

$$\oint_L\frac{-y\mathrm{d}x+x\mathrm{d}y}{x^2+y^2}=0.$$

以上解法是否正确？为什么？

5. 利用格林公式计算下列曲线积分:

(1) $\oint_L[(x+y)\mathrm{d}x-(x-y)\mathrm{d}y]$,其中$L$为椭圆$\frac{x^2}{49}+\frac{y^2}{25}=1$,方向为逆时针方向;

(2) $\oint_L[(x+y)^2\mathrm{d}x-(x^2+y^2)\mathrm{d}y]$,其中$L$为三顶点分别为$(0,0)$,$(1,0)$和$(0,1)$的三角形正向边界;

(3) $\oint_L[(yx^3+\mathrm{e}^y)\mathrm{d}x+(xy^3+x\mathrm{e}^y-2y)\mathrm{d}y]$,其中$L$为圆周$x^2+y^2=a^2$,方向为逆时针方向.

6. 验证下列曲线积分在整个xOy面内与路径无关,并计算积分值:

(1) $\int_L[(2xy-y^4+3)\mathrm{d}x+(x^2-4xy^3)\mathrm{d}y]$,其中$L$的起点为$A(1,0)$,终点为$B(2,1)$;

(2) $\int_L(\mathrm{e}^x\cos y\mathrm{d}x-\mathrm{e}^x\sin y\mathrm{d}y)$,其中$L$的起点为$O(0,0)$,终点为$B(2,\pi)$.

7. 验证:$\frac{x\mathrm{d}y-y\mathrm{d}x}{x^2+y^2}$在右半平面$(x>0)$内是某个函数的全微分,并求出一个这样的函数.

8. 计算下列曲面积分:

(1) $\iint\limits_{\Sigma}(x+y+z)\mathrm{d}S$,其中$\Sigma$为平面$x+y+z=1$在第一卦限中的部分;

(2) $\oiint\limits_{\Sigma}z\mathrm{d}S$,其中$\Sigma$为旋转抛物面$z=\frac{1}{2}(x^2+y^2)$与平面$z=2$所围成的区域的整个边界曲面;

(3) $\iint\limits_{\Sigma}\frac{1}{x^2+y^2+z^2}\mathrm{d}S$，其中 Σ 是介于平面 $z=0$ 与 $z=H(H>0)$ 之间的圆柱面$x^2+y^2=R^2$；

(4) $\iint\limits_{\Sigma}z\,\mathrm{d}x\,\mathrm{d}y$,其中 Σ 为旋转抛物面 $z=\frac{1}{2}(x^2+y^2)$ 被平面 $z=2$ 所截取的曲面的下侧；

(5) $\iint\limits_{\Sigma}(z\,\mathrm{d}x\,\mathrm{d}y+x\,\mathrm{d}y\,\mathrm{d}z+y\,\mathrm{d}z\,\mathrm{d}x)$,其中 Σ 是柱面 $x^2+y^2=1$ 被平面 $z=0$ 及 $z=3$ 所截得的在第一卦限内的部分的前侧；

(6) $\iint\limits_{\Sigma}(x\,\mathrm{d}y\,\mathrm{d}z+y\,\mathrm{d}z\,\mathrm{d}x+z\,\mathrm{d}x\,\mathrm{d}y)$,其中 Σ 为半球面 $z=\sqrt{R^2-x^2-y^2}$ 的上侧.

9. 利用高斯公式计算曲面积分：

(1) $\oiint\limits_{\Sigma}(4xz\,\mathrm{d}y\,\mathrm{d}z-y^2\,\mathrm{d}z\,\mathrm{d}x+yz\,\mathrm{d}x\,\mathrm{d}y)$,其中 Σ 是立方体 $0\leqslant x\leqslant 1,0\leqslant y\leqslant 1,0\leqslant z\leqslant 1$ 的全表面的外侧；

(2) $\oiint\limits_{\Sigma}(x^3\,\mathrm{d}y\,\mathrm{d}z+y^3\,\mathrm{d}z\,\mathrm{d}x+z^3\,\mathrm{d}x\,\mathrm{d}y)$,其中 Σ 为球面 $x^2+y^2+z^2=1$ 的外侧.

10. 设一个质点在点 $M(x,y)$ 处受到力 $\boldsymbol{F}$ 的作用,$\boldsymbol{F}$ 的大小等于从点 M 到原点 O 的距离,$\boldsymbol{F}$ 的方向恒指向原点. 此质点从点(5,0)沿椭圆$\frac{x^2}{25}+\frac{y^2}{9}=1$ 按逆时针方向移动到点(0,3),求力 $\boldsymbol{F}$ 所做的功.

11. 求半径为 R 的均匀半圆弧形构件 L 的质心.

12. 求面密度为 ρ_0 的均匀半球壳 $x^2+y^2+z^2=a^2(z\geqslant 0)$ 对于 z 轴的转动惯量.

13. 求向量 $\boldsymbol{A}=x\boldsymbol{i}+y\boldsymbol{j}+z\boldsymbol{k}$ 通过闭区域 $\Omega=\{(x,y,z)\mid 0\leqslant x\leqslant 1,0\leqslant y\leqslant 1,0\leqslant z\leqslant 1\}$ 的边界曲面流向外侧的通量.

第十二章　无穷级数

无穷级数是表示函数、研究函数的性质以及进行数值计算的一种重要工具.无穷级数包括常数项级数和函数项级数.本章先介绍常数项级数及其基本内容,然后讨论函数项级数及其两种重要的级数:幂级数和三角级数.

第一节　常数项级数

在数列的学习中,我们学习过求数列前 n 项的和,即有限多项之和,那么,数列的无限多项的和是否存在?如果存在,如何求呢?

例如：
$$0.\dot{3}=0.333\cdots=\frac{3}{10}+\frac{3}{10^2}+\frac{3}{10^3}+\cdots+\frac{3}{10^n}+\cdots \tag{1.1}$$

就是无穷多项的和,这就是常数项级数.

一、常数项级数的概念

定义 1　给定一个数列

$$\{u_n\}:u_1,u_2,\cdots,u_n,\cdots,$$

则将各项依次相加得到的表达式

$$u_1+u_2+\cdots+u_n+\cdots$$

称为常数项无穷级数,简称常数项级数(也可简称为级数),记作 $\sum\limits_{n=1}^{\infty}u_n$,

即
$$\sum_{n=1}^{\infty}u_n=u_1+u_2+\cdots+u_n+\cdots, \tag{1.2}$$

其中第 n 项 u_n 叫作级数的一般项.

例如：$\sum\limits_{n=1}^{\infty}n=1+2+\cdots+n+\cdots,$

$\sum\limits_{n=1}^{\infty}\frac{1}{2^n}=\frac{1}{2}+\frac{1}{4}+\cdots+\frac{1}{2^n}+\cdots,$

$$\sum_{n=1}^{\infty}\frac{(-1)^{n+1}}{n}=1-\frac{1}{2}+\frac{1}{3}-\frac{1}{4}+\cdots+\frac{(-1)^{n+1}}{n}+\cdots$$

都是常数项级数.

上述级数的定义只是一个形式上的定义.怎么理解级数中无限多项相加呢?我们从有限项的和出发,观察当项数无限增加时它们的变化趋势.

定义 2 **级数(1.2)的前 n 项和 $S_n=\sum_{k=1}^{n}u_k=u_1+u_2+u_3+\cdots+u_n$ 称为级数的部分和.**

当 n 依次取 1,2,3,…时,它们构成一个新的数列

$$S_1=u_1,S_2=u_1+u_2,S_3=u_1+u_2+u_3,\cdots,S_n=u_1+u_2+u_3+\cdots+u_n,\cdots,$$

称数列 $\{S_n\}$ 为级数(1.2)的部分和数列.

根据部分和数列的极限是否存在来定义级数的收敛与发散.

定义 3 **设数列 $\{S_n\}$ 是级数(1.2)的部分和数列,如果 $\lim\limits_{n\to\infty}S_n=s$,那么称级数(1.2)收敛,并称极限 s 为此级数的和,记作**

$$s=\sum_{n=1}^{\infty}u_n=u_1+u_2+u_3+\cdots+u_n+\cdots;$$

如果 $\lim\limits_{n\to\infty}S_n$ 不存在,那么称级数(1.2)发散.

例如:对于级数(1.1),部分和 $S_n=\dfrac{\frac{3}{10}\left(1-\frac{1}{10^n}\right)}{1-\frac{1}{10}}$,则 $\lim\limits_{n\to\infty}S_n=\dfrac{1}{3}$,所以此级数收敛且 $0.\dot{3}=\dfrac{3}{10}+\dfrac{3}{10^2}+\dfrac{3}{10^3}+\cdots+\dfrac{3}{10^n}+\cdots=\dfrac{1}{3}$;对于级数 $\sum\limits_{n=1}^{\infty}n$,部分和 $S_n=\dfrac{n(n+1)}{2}$,则 $\lim\limits_{n\to\infty}S_n=\infty$,所以此级数发散.

当级数收敛时,称 $r_n=s-S_n=u_{n+1}+u_{n+2}+\cdots$ 为**级数的余项**,且 $\lim\limits_{n\to\infty}r_n=0$;如果用部分和 S_n 近似代替级数的和 s,即 $s\approx S_n$,那么 $|r_n|$ 为误差.

例 1 判定级数 $\sum\limits_{k=1}^{\infty}(-1)^{k+1}=1-1+1-1+\cdots+(-1)^{k+1}+\cdots$ 的敛散性.

解 部分和 $S_n=\begin{cases}0, n\text{ 为偶数},\\1, n\text{ 为奇数},\end{cases}$ 所以 $\lim\limits_{n\to\infty}S_n$ 不存在,因此该级数发散.

例 2 讨论等比级数(又称几何级数)

$$\sum_{k=0}^{\infty}aq^k=a+aq+aq^2+\cdots+aq^k+\cdots(a\neq 0)\tag{1.3}$$

的敛散性,其中 q 叫作级数(1.3)的公比.

解 如果 $|q|\neq 1$,那么部分和

$$S_n=a+aq+aq^2+\cdots+aq^{n-1}=\frac{a(1-q^n)}{1-q},$$

当$|q|<1$时，$\lim\limits_{n\to\infty}q^n=0$，故$\lim\limits_{n\to\infty}S_n=\frac{a}{1-q}$，因此级数(1.3)收敛于和$\frac{a}{1-q}$；

当$|q|>1$时，$\lim\limits_{n\to\infty}q^n=\infty$，故$\lim\limits_{n\to\infty}S_n=\infty$，因此级数(1.3)发散；

如果$|q|=1$，那么当$q=1$时，$S_n=na\to\infty(n\to\infty)$，即$\lim\limits_{n\to\infty}S_n$不存在；

当$q=-1$时，$S_n=\begin{cases}0, n\text{ 为偶数},\\ a, n\text{ 为奇数},\end{cases}$所以$\lim\limits_{n\to\infty}S_n$不存在；

因此当$|q|=1$时，级数(1.3)发散.

综上所述：等比级数(1.3)当$|q|<1$时收敛，其和为$\frac{a}{1-q}$；当$|q|\geqslant 1$时发散.

例如：级数$\sum\limits_{n=1}^{\infty}\left(-\frac{8}{9}\right)^n$收敛，其和为$-\frac{8}{17}$；级数$\sum\limits_{n=1}^{\infty}2^n$发散.

例 3　判定级数$\sum\limits_{n=1}^{\infty}\frac{1}{(n+2)(n+3)}$的敛散性.

解　部分和$S_n=\sum\limits_{k=1}^{n}\frac{1}{(k+2)(k+3)}=\sum\limits_{k=1}^{n}\left(\frac{1}{k+2}-\frac{1}{k+3}\right)=\frac{1}{3}-\frac{1}{n+3}$，

则$\lim\limits_{n\to\infty}S_n=\lim\limits_{n\to\infty}\left(\frac{1}{3}-\frac{1}{n+3}\right)=\frac{1}{3}$，因此该级数收敛.

例 4　证明：调和级数$\sum\limits_{n=1}^{\infty}\frac{1}{n}=1+\frac{1}{2}+\frac{1}{3}+\cdots+\frac{1}{n}+\cdots$发散.

证　用反证法证明这个级数是发散的.

假设级数$\sum\limits_{n=1}^{\infty}\frac{1}{n}$是收敛的，部分和为$S_n$，且$\lim\limits_{n\to\infty}S_n=s$，

则$\lim\limits_{n\to\infty}S_{2n}=s$，从而$\lim\limits_{n\to\infty}(S_{2n}-S_n)=s-s=0$；

实际上，$S_{2n}-S_n=\frac{1}{n+1}+\frac{1}{n+2}+\cdots+\frac{1}{n+n}>\underbrace{\frac{1}{2n}+\frac{1}{2n}+\cdots+\frac{1}{2n}}_{n\text{项}}=\frac{1}{2}$，

即$\lim\limits_{n\to\infty}(S_{2n}-S_n)\neq 0$，与假设矛盾，故调和级数$\sum\limits_{n=1}^{\infty}\frac{1}{n}$发散.

二、常数项级数的基本性质

级数的敛散性是由其部分和数列的极限来定义的，因此可以利用数列极限的相关结论推出级数的几个基本性质.

性质 1　级数$\sum\limits_{n=1}^{\infty}u_n$与级数$\sum\limits_{n=1}^{\infty}ku_n$($k$为非零常数)具有相同的敛散性，即级数的每一项同时乘以一个不为零的常数后，它的敛散性不变.

说明 如果级数 $\sum_{n=1}^{\infty} u_n$ 收敛于 s,那么级数 $\sum_{n=1}^{\infty} ku_n$ 收敛于 ks.

例如:级数 $\sum_{n=2}^{\infty} \frac{1}{2^n}$ 收敛于$\frac{\frac{1}{4}}{1-\frac{1}{2}}=\frac{1}{2}$,则级数$\sum_{n=2}^{\infty} \frac{3}{2^{n+1}}=\sum_{n=2}^{\infty}\left(\frac{3}{2}\cdot\frac{1}{2^n}\right)$收敛于$\frac{3}{2}\times\frac{1}{2}=\frac{3}{4}$.

性质 2 如果级数 $\sum_{n=1}^{\infty} u_n$ 收敛于 s、级数 $\sum_{n=1}^{\infty} v_n$ 收敛于 σ,那么级数 $\sum_{n=1}^{\infty}(u_n \pm v_n)$ 也收敛,且其和为 $s \pm \sigma$.

说明 两个收敛级数可以逐项相加与逐项相减.

例 5 判定级数 $\sum_{n=1}^{\infty} \frac{2^n+(-1)^n}{3^n}$ 的敛散性.

解 因为等比级数 $\sum_{n=1}^{\infty} \frac{2^n}{3^n}$ 中,$|q|=\frac{2}{3}<1$,故级数$\sum_{n=1}^{\infty} \frac{2^n}{3^n}$ 收敛;

等比级数 $\sum_{n=1}^{\infty} \frac{(-1)^n}{3^n}$ 中,$|q|=\frac{1}{3}<1$,故级数 $\sum_{n=1}^{\infty} \frac{(-1)^n}{3^n}$ 收敛;

所以级数 $\sum_{n=1}^{\infty} \frac{2^n+(-1)^n}{3^n}$ 收敛.

注:(1) 如果级数 $\sum_{n=1}^{\infty} u_n$ 收敛,级数$\sum_{n=1}^{\infty} v_n$ 发散,那么级数$\sum_{n=1}^{\infty}(u_n \pm v_n)$ 必发散.

(2) 如果级数$\sum_{n=1}^{\infty} u_n$,$\sum_{n=1}^{\infty} v_n$ 均发散,那么级数$\sum_{n=1}^{\infty}(u_n \pm v_n)$ 可能收敛,也可能发散.

例如:级数$\sum_{n=1}^{\infty} u_n=\sum_{n=1}^{\infty}(-1)^{n+1}$,$\sum_{n=1}^{\infty} v_n=\sum_{n=1}^{\infty}(-1)^n$ 都是发散的,但级数

$$\sum_{n=1}^{\infty}(u_n+v_n)=0+0+\cdots+0+\cdots$$

是收敛的,而级数

$$\sum_{n=1}^{\infty}(u_n-v_n)=2-2+\cdots+2(-1)^{n+1}+\cdots$$

是发散的.

性质 3 在级数中去掉、加上或改变有限项,不会改变级数的敛散性.

注:当级数收敛时,级数的和可能会发生改变.

例如:由级数 $\sum_{n=1}^{\infty}\left(\frac{1}{3}\right)^n$ 收敛知级数$\sum_{n=3}^{\infty}\left(\frac{1}{3}\right)^n$ 也收敛,但$\sum_{n=1}^{\infty}\left(\frac{1}{3}\right)^n$ 的和为$\frac{1}{2}$,而$\sum_{n=3}^{\infty}\left(\frac{1}{3}\right)^n$ 的和为$\frac{1}{18}$.

性质 4　收敛级数的项任意加括号后所成的新级数仍收敛，且其和不变.

注：加括号后所成的新级数收敛，而原来的级数不一定收敛.

例如：加括号后的级数 $(1-1)+(1-1)+\cdots+(1-1)+\cdots$ 收敛于零，而原来的级数 $\sum\limits_{n=0}^{\infty}(-1)^n=1-1+1-1+\cdots+(-1)^n+\cdots$ 却是发散的.

推论　如果加括号后所成的新级数发散，那么原来的级数也发散.

例 6　判定级数 $\frac{1}{\sqrt{2}-1}-\frac{1}{\sqrt{2}+1}+\frac{1}{\sqrt{3}-1}-\frac{1}{\sqrt{3}+1}+\cdots+\frac{1}{\sqrt{n+1}-1}-\frac{1}{\sqrt{n+1}+1}+\cdots$ 的敛散性.

解　对于级数

$$\left(\frac{1}{\sqrt{2}-1}-\frac{1}{\sqrt{2}+1}\right)+\left(\frac{1}{\sqrt{3}-1}-\frac{1}{\sqrt{3}+1}\right)+\cdots+\left(\frac{1}{\sqrt{n+1}-1}-\frac{1}{\sqrt{n+1}+1}\right)+\cdots,$$

$$u_n=\frac{1}{\sqrt{n+1}-1}-\frac{1}{\sqrt{n+1}+1}=\frac{2}{n},$$

而级数 $\sum\limits_{n=1}^{\infty}\frac{1}{n}$ 发散，所以级数 $\sum\limits_{n=1}^{\infty}\frac{2}{n}$ 发散，即级数

$$\left(\frac{1}{\sqrt{2}-1}-\frac{1}{\sqrt{2}+1}\right)+\left(\frac{1}{\sqrt{3}-1}-\frac{1}{\sqrt{3}+1}\right)+\cdots+\left(\frac{1}{\sqrt{n+1}-1}-\frac{1}{\sqrt{n+1}+1}\right)+\cdots$$

发散，根据性质 4 的推论得：级数

$$\frac{1}{\sqrt{2}-1}-\frac{1}{\sqrt{2}+1}+\frac{1}{\sqrt{3}-1}-\frac{1}{\sqrt{3}+1}+\cdots+\frac{1}{\sqrt{n+1}-1}-\frac{1}{\sqrt{n+1}+1}+\cdots$$

发散.

性质 5　（级数收敛的必要条件）如果级数 $\sum\limits_{n=1}^{\infty}u_n$ 收敛，那么它的一般项 u_n 趋于零，即级数 $\sum\limits_{n=1}^{\infty}u_n$ 收敛 $\Rightarrow\lim\limits_{n\to\infty}u_n=0$.

证　设级数 $\sum\limits_{n=1}^{\infty}u_n$ 的部分和为 S_n，且 $S_n\to s(n\to\infty)$，则

$$\lim_{n\to\infty}u_n=\lim_{n\to\infty}(S_n-S_{n-1})=\lim_{n\to\infty}S_n-\lim_{n\to\infty}S_{n-1}=s-s=0.$$

注：(1) 级数的一般项趋于零只是级数收敛的必要条件，并不是充分条件，

即
$$\lim_{n\to\infty}u_n=0\not\Rightarrow \text{级数}\sum_{n=1}^{\infty}u_n\text{ 收敛}.$$

例如：调和级数 $\sum\limits_{n=1}^{\infty}\frac{1}{n}=1+\frac{1}{2}+\frac{1}{3}+\cdots+\frac{1}{n}+\cdots$ 虽然 $\lim\limits_{n\to\infty}u_n=\lim\limits_{n\to\infty}\frac{1}{n}=0$，但由例 4 知

此级数是发散的.

(2) 如果 $\lim\limits_{n\to\infty}u_n\neq 0$,那么级数 $\sum\limits_{n=1}^{\infty}u_n$ 发散,

即
$$\lim_{n\to\infty}u_n\neq 0\Rightarrow \text{级数}\sum_{n=1}^{\infty}u_n\ \text{发散}.$$

例 7 判定下列级数的敛散性:

(1) $\sum\limits_{n=1}^{\infty}\left(n\sin\frac{\pi}{n}\right)$;　　(2) $\sum\limits_{n=1}^{\infty}\left(1-\frac{1}{n}\right)^{2n}$.

解 (1) $\lim\limits_{n\to\infty}u_n=\lim\limits_{n\to\infty}\left(n\sin\frac{\pi}{n}\right)=\lim\limits_{n\to\infty}\left[\frac{\sin\frac{\pi}{n}}{\frac{\pi}{n}}\pi\right]=\pi\neq 0$,故级数 $\sum\limits_{n=1}^{\infty}\left(n\sin\frac{\pi}{n}\right)$ 发散.

(2) $\lim\limits_{n\to\infty}u_n=\lim\limits_{n\to\infty}\left(1-\frac{1}{n}\right)^{2n}=e^{-2}\neq 0$,故级数 $\sum\limits_{n=1}^{\infty}\left(1-\frac{1}{n}\right)^{2n}$ 发散.

习题 12 - 1

1. 写出下列级数的一般项(n 从 1 开始):

(1) $1-\frac{1}{3}+\frac{1}{5}-\frac{1}{7}+\cdots$;　　(2) $\frac{1}{4}+\frac{3}{7}+\frac{5}{10}+\frac{7}{13}+\cdots$;

(3) $\frac{1}{3}+\frac{1}{\sqrt{3}}+\frac{1}{\sqrt[3]{3}}+\frac{1}{\sqrt[4]{3}}+\cdots$.

2. 根据定义判定下列级数的敛散性:

(1) $\sum\limits_{n=0}^{\infty}\frac{1}{\sqrt{n+1}+\sqrt{n}}$;　　(2) $\sum\limits_{n=1}^{\infty}\ln\left(1+\frac{1}{n}\right)$;

(3) $\sum\limits_{n=1}^{\infty}\frac{n}{2^n}$;　　(4) $\sum\limits_{n=1}^{\infty}\frac{1}{n(n+1)(n+2)}$.

3. 判定下列级数的敛散性:

(1) $\frac{6}{5}-\frac{6^2}{5^2}+\frac{6^3}{5^3}-\frac{6^4}{5^4}+\cdots$;

(2) $\frac{1}{2}+\frac{1}{4}+\frac{1}{6}+\cdots+\frac{1}{2n}+\cdots$;

(3) $3-\frac{5}{3}+\frac{7}{5}-\cdots+(-1)^{n+1}\frac{2n+1}{2n-1}+\cdots$;

(4) $\left(\frac{1}{3}-\frac{1}{4}\right)+\left(\frac{1}{3^2}-\frac{1}{4^2}\right)+\left(\frac{1}{3^3}-\frac{1}{4^3}\right)+\cdots+\left(\frac{1}{3^n}-\frac{1}{4^n}\right)+\cdots$.

第二节　常数项级数的审敛法

根据定义判定级数的敛散性，需要求出部分和 S_n 的表达式，而有时 S_n 很难求，甚至求不出来，因此，这一节将介绍一些新的判定级数敛散性的方法.

一、正项级数及其审敛法

定义 1　级数 $\sum\limits_{n=1}^{\infty} u_n(u_n \geqslant 0, n=1,2,\cdots)$ 称为正项级数.

说明　级数 $\sum\limits_{n=1}^{\infty} v_n(v_n \leqslant 0)$ 称为负项级数，由于级数 $\sum\limits_{n=1}^{\infty}(-v_n)$ 与 $\sum\limits_{n=1}^{\infty} v_n$ 具有相同的敛散性，所以对于负项级数的敛散性的讨论可归结为正项级数的敛散性问题，因此后面只讨论正项级数敛散性的判定方法.

设级数 $u_1+u_2+\cdots+u_n+\cdots$ 是正项级数（$u_n \geqslant 0, n=1,2,\cdots$），它的部分和为 S_n. 显然，部分和数列 $\{S_n\}$ 是一个单调增加数列：

$$S_1 \leqslant S_2 \leqslant \cdots \leqslant S_n \leqslant \cdots$$

因此，我们得到如下重要的定理.

定理 1　正项级数 $\sum\limits_{n=1}^{\infty} u_n$ 收敛的充要条件是级数的部分和数列 $\{S_n\}$ 有界.

证　必要性：

因为级数 $\sum\limits_{n=1}^{\infty} u_n$ 收敛，所以 $\lim\limits_{n\to\infty} S_n$ 存在；根据有极限的数列必有界知数列 $\{S_n\}$ 有界.

充分性：

因为 $\sum\limits_{n=1}^{\infty} u_n$ 是正项级数，所以部分和数列 $\{S_n\}$ 是单调增加的，又因为数列 $\{S_n\}$ 有界，根据单调有界数列必有极限知 $\lim\limits_{n\to\infty} S_n$ 存在，故级数 $\sum\limits_{n=1}^{\infty} u_n$ 收敛.

根据定理 1，得到关于正项级数的一个基本的审敛法.

定理 2（比较审敛法）　设 $\sum\limits_{n=1}^{\infty} u_n$ 与 $\sum\limits_{n=1}^{\infty} v_n$ 都是正项级数，且

$$u_n \leqslant v_n (n=1,2,\cdots).$$

（1）若级数 $\sum\limits_{n=1}^{\infty} v_n$ 收敛，则级数 $\sum\limits_{n=1}^{\infty} u_n$ 也收敛；

（2）若级数 $\sum\limits_{n=1}^{\infty} u_n$ 发散，则级数 $\sum\limits_{n=1}^{\infty} v_n$ 也发散.

证 (1) 设级数 $\sum_{n=1}^{\infty} v_n$ 收敛于 σ，由于 $u_n \leqslant v_n(n=1,2,\cdots)$，则级数 $\sum_{n=1}^{\infty} u_n$ 的部分和 S_n 满足 $0 \leqslant S_n = u_1 + u_2 + \cdots + u_n \leqslant v_1 + v_2 + \cdots + v_n \leqslant \sigma$.

即部分和数列 $\{s_n\}$ 有界.根据定理 1 知，级数 $\sum_{n=1}^{\infty} u_n$ 收敛.

(2) 用反证法证明：

假设级数 $\sum_{n=1}^{\infty} v_n$ 收敛，则由条件 $u_n \leqslant v_n(n=1,2,\cdots)$ 知级数 $\sum_{n=1}^{\infty} u_n$ 收敛，与级数 $\sum_{n=1}^{\infty} u_n$ 发散矛盾，故级数 $\sum_{n=1}^{\infty} v_n$ 发散.

注：定理 2 结合第一节的性质 1 和性质 3 可以得到如下推论：

推论 **设** $\sum_{n=1}^{\infty} u_n$ **和** $\sum_{n=1}^{\infty} v_n$ **都是正项级数，且存在** $N \in \mathbf{Z}^+$，**对一切** $n > N$ **有** $u_n \leqslant k v_n$（k **为常数，且** $k>0$），**则**：

(1) **若级数** $\sum_{n=1}^{\infty} v_n$ **收敛，则级数** $\sum_{n=1}^{\infty} u_n$ **也收敛**；

(2) **若级数** $\sum_{n=1}^{\infty} u_n$ **发散，则级数** $\sum_{n=1}^{\infty} v_n$ **也发散.**

例 1 讨论 p-级数

$$\sum_{n=1}^{\infty} \frac{1}{n^p} = 1 + \frac{1}{2^p} + \frac{1}{3^p} + \cdots + \frac{1}{n^p} + \cdots$$

的敛散性，其中常数 $p>0$.

解 显然 $\sum_{n=1}^{\infty} \frac{1}{n^p}$ 是正项级数.

当 $p>1$ 时，部分和

$$\begin{aligned}
S_n < S_{2n+1} &= 1 + \frac{1}{2^p} + \frac{1}{3^p} + \cdots + \frac{1}{(2n)^p} + \frac{1}{(2n+1)^p} \\
&= 1 + \left[\frac{1}{2^p} + \frac{1}{4^p} + \cdots + \frac{1}{(2n)^p}\right] + \left[\frac{1}{3^p} + \frac{1}{5^p} + \cdots + \frac{1}{(2n+1)^p}\right] \\
&< 1 + \left[\frac{1}{2^p} + \frac{1}{4^p} + \cdots + \frac{1}{(2n)^p}\right] + \left[\frac{1}{2^p} + \frac{1}{4^p} + \cdots + \frac{1}{(2n)^p}\right] \\
&= 1 + 2\left[\frac{1}{2^p} + \frac{1}{4^p} + \cdots + \frac{1}{(2n)^p}\right] \\
&= 1 + \frac{1}{2^{p-1}}\left(1 + \frac{1}{2^p} + \cdots + \frac{1}{n^p}\right) \\
&= 1 + \frac{1}{2^{p-1}} S_n,
\end{aligned}$$

即 $S_n < 1+\frac{1}{2^{p-1}}S_n$，可得 $0 < S_n < \frac{2^{p-1}}{2^{p-1}-1}$，即数列 $\{S_n\}$ 有界，根据定理 1 知，级数 $\sum\limits_{n=1}^{\infty}\frac{1}{n^p}$ 当 $p > 1$ 时收敛.

当 $0 < p \leqslant 1$ 时，$n^p \leqslant n$，即 $\frac{1}{n^p} \geqslant \frac{1}{n}$，由第一节例 4 可知：调和级数 $\sum\limits_{n=1}^{\infty}\frac{1}{n}$ 是发散的，因此根据比较审敛法知，级数 $\sum\limits_{n=1}^{\infty}\frac{1}{n^p}$ 当 $p \leqslant 1$ 时发散.

综上所述：p-级数 $\sum\limits_{n=1}^{\infty}\frac{1}{n^p}$ 当 $p>1$ 时收敛；当 $0<p\leqslant1$ 时发散.

例如：级数 $\sum\limits_{n=1}^{\infty}\frac{1}{n^2}$ 收敛，级数 $\sum\limits_{n=1}^{\infty}\frac{1}{\sqrt{n}}$ 发散.

例 2　判定下列级数的敛散性：

(1) $\sum\limits_{n=1}^{\infty}\frac{n}{n^2+1}$；　　(2) $\sum\limits_{n=1}^{\infty}\frac{\sin^2 n}{2^n}$.

解　(1) 因为 $\frac{n}{n^2+1} \geqslant \frac{n}{n^2+n^2} = \frac{1}{2n}$，而级数 $\sum\limits_{n=1}^{\infty}\frac{1}{2n}$ 发散，所以级数 $\sum\limits_{n=1}^{\infty}\frac{n}{n^2+1}$ 发散.

(2) 因为 $\frac{\sin^2 n}{2^n} \leqslant \frac{1}{2^n}$，而级数 $\sum\limits_{n=1}^{\infty}\frac{1}{2^n}$ 收敛，所以级数 $\sum\limits_{n=1}^{\infty}\frac{\sin^2 n}{2^n}$ 收敛.

在实际应用中，为了更方便地使用比较审敛法，需要它的极限形式.

定理 3（比较审敛法的极限形式）　**设** $\sum\limits_{n=1}^{\infty}u_n$ **与** $\sum\limits_{n=1}^{\infty}v_n$ **都是正项级数，且**

$$\lim_{n\to\infty}\frac{u_n}{v_n} = l,$$

(1) 当 $0<l<+\infty$ **时，级数** $\sum\limits_{n=1}^{\infty}u_n$ **与** $\sum\limits_{n=1}^{\infty}v_n$ **同时收敛或同时发散；**

(2) 当 $l=0$ **时，如果级数** $\sum\limits_{n=1}^{\infty}v_n$ **收敛，那么级数** $\sum\limits_{n=1}^{\infty}u_n$ **也收敛；**

(3) 当 $l=+\infty$ **时，如果级数** $\sum\limits_{n=1}^{\infty}v_n$ **发散，那么级数** $\sum\limits_{n=1}^{\infty}u_n$ **也发散.**

证　(1) 当 $0<l<+\infty$ 时，由极限定义可知，对 $\varepsilon=\frac{l}{2}$，存在正整数 N，当 $n>N$ 时，有 $l-\frac{l}{2}<\frac{u_n}{v_n}<l+\frac{l}{2}$，即 $\frac{l}{2}v_n < u_n < \frac{3l}{2}v_n$；根据比较审敛法知，级数 $\sum\limits_{n=1}^{\infty}u_n$ 与 $\sum\limits_{n=1}^{\infty}v_n$ 同时收敛或同时发散.

(2) 当 $l=0$ 时，由极限定义可知，对 $\varepsilon=1$，存在正整数 N，当 $n>N$ 时，有 $\frac{u_n}{v_n}<1$，即 $u_n < v_n$；根据比较审敛法知，如果级数 $\sum\limits_{n=1}^{\infty}v_n$ 收敛，那么级数 $\sum\limits_{n=1}^{\infty}u_n$ 也收敛.

(3) 当 $l=+\infty$ 时,取 $M=1$,存在正整数 N,当 $n>N$ 时,有 $\frac{u_n}{v_n}>1$,即 $u_n>v_n$,根据比较审敛法知,如果级数 $\sum_{n=1}^{\infty}v_n$ 发散,那么级数 $\sum_{n=1}^{\infty}u_n$ 也发散.

例 3 判定下列级数的敛散性:

(1) $\sum_{n=1}^{\infty}\frac{1}{\sqrt{n(n+10)}}$; (2) $\sum_{n=1}^{\infty}\ln\left(1+\frac{1}{n^2}\right)$.

解 (1) 因为 $\lim\limits_{n\to\infty}\frac{\frac{1}{\sqrt{n(n+10)}}}{\frac{1}{n}}=1$,而级数 $\sum_{n=1}^{\infty}\frac{1}{n}$ 发散,所以级数 $\sum_{n=1}^{\infty}\frac{1}{\sqrt{n(n+10)}}$ 发散.

(2) 因为 $\lim\limits_{n\to\infty}\frac{\ln\left(1+\frac{1}{n^2}\right)}{\frac{1}{n^2}}=1$,而级数 $\sum_{n=1}^{\infty}\frac{1}{n^2}$ 收敛,所以级数 $\sum_{n=1}^{\infty}\ln\left(1+\frac{1}{n^2}\right)$ 收敛.

运用比较审敛法及其极限形式时,常常选取等比级数或 p-级数作为比较级数.下面我们介绍另外两种审敛法,它们不需要选取比较级数.

定理 4(比值审敛法,达朗贝尔判别法) **设** $\sum_{n=1}^{\infty}u_n$ **为正项级数,且** $\lim\limits_{n\to\infty}\frac{u_{n+1}}{u_n}=\rho$,**则**

(1) 当 $\rho<1$ **时,级数** $\sum_{n=1}^{\infty}u_n$ **收敛;**

(2) 当 $\rho>1\left(\text{或}\lim\limits_{n\to\infty}\frac{u_{n+1}}{u_n}=\infty\right)$ **时,级数** $\sum_{n=1}^{\infty}u_n$ **发散.**

例 4 讨论下列级数的敛散性:

(1) $\sum_{n=1}^{\infty}\frac{2^n}{(n+2)n!}$; (2) $\sum_{n=1}^{\infty}nx^{n-1}\ (x>0)$.

解 (1) 因为 $\rho=\lim\limits_{n\to\infty}\frac{u_{n+1}}{u_n}=\lim\limits_{n\to\infty}\frac{\frac{2^{n+1}}{(n+3)(n+1)!}}{\frac{2^n}{(n+2)n!}}=\lim\limits_{n\to\infty}\frac{2(n+2)}{(n+3)(n+1)}=0<1$,所以级数 $\sum_{n=1}^{\infty}\frac{2^n}{(n+2)n!}$ 收敛.

(2) 因为 $\rho=\lim\limits_{n\to\infty}\frac{u_{n+1}}{u_n}=\lim\limits_{n\to\infty}\frac{(n+1)x^n}{nx^{n-1}}=x$,所以当 $0<x<1$ 时,级数 $\sum_{n=1}^{\infty}nx^{n-1}$ 收敛,当 $x>1$ 时,级数 $\sum_{n=1}^{\infty}nx^{n-1}$ 发散,当 $x=1$ 时,级数成为 $\sum_{n=1}^{\infty}n$,此级数发散.

注:比值审敛法不需要比较级数,较为简单,但它的缺陷是:当 $\rho=1$ 时,级数可能收敛,可能发散,无法用比值审敛法判定其敛散性,这时需要改用其他的方法判定级数的敛散性.

例如：判定级数 $\sum_{n=1}^{\infty}\frac{1}{n(n+1)}$ 的敛散性，若用比值审敛法，则 $\rho=\lim_{n\to\infty}\frac{\frac{1}{(n+1)(n+2)}}{\frac{1}{n(n+1)}}=1$，无法判别其敛散性，这时需要改用极限形式的比较审敛法，因为 $\lim_{n\to\infty}\frac{\frac{1}{n(n+1)}}{\frac{1}{n^2}}=1$，而级数 $\sum_{n=1}^{\infty}\frac{1}{n^2}$ 收敛，所以级数 $\sum_{n=1}^{\infty}\frac{1}{n(n+1)}$ 收敛.

定理 5（根值审敛法，柯西判别法）　设 $\sum_{n=1}^{\infty}u_n$ 为正项级数，且 $\lim_{n\to\infty}\sqrt[n]{u_n}=\rho$，则

(1) 当 $\rho<1$ 时，级数收敛；

(2) 当 $\rho>1$（或 $\lim_{n\to\infty}\sqrt[n]{u_n}=\infty$）时，级数发散.

注：当 $\rho=1$ 时，级数可能收敛，可能发散，无法用根值审敛法判定其敛散性，这时需要改用其他方法判定级数的敛散性.

例 5　判定下列级数的敛散性：

(1) $\sum_{n=1}^{\infty}\frac{1}{n^n}$；　　(2) $\sum_{n=1}^{\infty}\left(1+\frac{1}{n}\right)^{n^2}$.

解　(1) $\rho=\lim_{n\to\infty}\sqrt[n]{u_n}=\lim_{n\to\infty}\sqrt[n]{\frac{1}{n^n}}=\lim_{n\to\infty}\frac{1}{n}=0<1$，所以级数 $\sum_{n=1}^{\infty}\frac{1}{n^n}$ 收敛；

(2) $\rho=\lim_{n\to\infty}\sqrt[n]{\left(1+\frac{1}{n}\right)^{n^2}}=\lim_{n\to\infty}\left(1+\frac{1}{n}\right)^n=\mathrm{e}>1$，所以级数 $\sum_{n=1}^{\infty}\left(1+\frac{1}{n}\right)^{n^2}$ 发散.

二、交错级数及其审敛法

定义 2　各项是正、负交错的级数称为交错级数，其形式如下：

$$\sum_{n=1}^{\infty}(-1)^{n-1}u_n=u_1-u_2+u_3-u_4+\cdots+(-1)^{n-1}u_n+\cdots \tag{2.1}$$

或

$$\sum_{n=1}^{\infty}(-1)^n u_n=-u_1+u_2-u_3+u_4-\cdots+(-1)^n u_n+\cdots, \tag{2.2}$$

其中 $u_1,u_2,\cdots,u_n,\cdots$ 都是正数.

注：级数(2.2)的各项乘 -1 后变成级数(2.1)，所以它们的敛散性相同，因此只需讨论级数(2.1)的敛散性.

定理 6（莱布尼茨定理）　如果交错级数 $\sum_{n=1}^{\infty}(-1)^{n-1}u_n$（$u_1,u_2,\cdots,u_n,\cdots$ 都是正数）满足条件：

(1) $u_n\geqslant u_{n+1}(n=1,2,\cdots)$；

(2) $\lim\limits_{n\to\infty}u_n=0$.

那么级数 $\sum\limits_{n=1}^{\infty}(-1)^{n-1}u_n$ **收敛,且其和** $s\leqslant u_1$**,其余项** r_n **的绝对值** $|r_n|\leqslant u_{n+1}$.

证 要证明级数 $\sum\limits_{n=1}^{\infty}(-1)^{n-1}u_n$ 收敛,只要证明极限 $\lim\limits_{n\to\infty}S_n$ 存在.

先考虑前 $2n$ 项和 S_{2n}.

$$S_{2n}=(u_1-u_2)+(u_3-u_4)+\cdots+(u_{2n-1}-u_{2n})$$
$$\geqslant(u_1-u_2)+(u_3-u_4)+\cdots+(u_{2n-3}-u_{2n-2})=S_{2n-2},$$

且 $$0\leqslant S_{2n}=u_1-(u_2-u_3)-(u_4-u_5)-\cdots-(u_{2n-2}-u_{2n-1})-u_{2n}<u_1,$$

即数列 $\{S_{2n}\}$ 单调有界,所以 $\lim\limits_{n\to\infty}S_{2n}=s$,且 $s\leqslant u_1$;

再考虑前 $(2n+1)$ 项和 S_{2n+1},由条件(2)知 $\lim\limits_{n\to\infty}u_{2n+1}=0$,则 $\lim\limits_{n\to\infty}S_{2n+1}=\lim\limits_{n\to\infty}(S_{2n}+u_{2n+1})=s\leqslant u_1$,所以 $\lim\limits_{n\to\infty}S_n=s\leqslant u_1$.

因为 $r_n=\pm(u_{n+1}-u_{n+2}+\cdots)$,所以 $|r_n|=u_{n+1}-u_{n+2}+\cdots$ 仍为一个交错级数,它仍满足收敛的两个条件,所以其和小于第一项,即 $|r_n|\leqslant u_{n+1}$.

例 6 判定下列交错级数的敛散性:

(1) $\sum\limits_{n=1}^{\infty}\left[(-1)^{n-1}\dfrac{1}{n}\right]$; (2) $\sum\limits_{n=1}^{\infty}\left[(-1)^{n-1}\dfrac{1}{n!}\right]$.

解 (1) 因为 $u_n=\dfrac{1}{n}>\dfrac{1}{n+1}=u_{n+1}(n=1,2,\cdots)$,且 $\lim\limits_{n\to\infty}u_n=\lim\limits_{n\to\infty}\dfrac{1}{n}=0$,所以交错级数 $\sum\limits_{n=1}^{\infty}\left[(-1)^{n-1}\dfrac{1}{n}\right]$ 收敛.

(2) 因为 $u_n=\dfrac{1}{n!}>\dfrac{1}{(n+1)!}=u_{n+1}(n=1,2,\cdots)$,且 $\lim\limits_{n\to\infty}u_n=\lim\limits_{n\to\infty}\dfrac{1}{n!}=0$,所以交错级数 $\sum\limits_{n=1}^{\infty}\left[(-1)^{n-1}\dfrac{1}{n!}\right]$ 收敛.

问题:上述级数各项取绝对值后所成的级数是否收敛?

(1) $\sum\limits_{n=1}^{\infty}\left|(-1)^{n-1}\dfrac{1}{n}\right|=\sum\limits_{n=1}^{\infty}\dfrac{1}{n}$ 发散;

(2) $\sum\limits_{n=1}^{\infty}\left|(-1)^{n-1}\dfrac{1}{n!}\right|=\sum\limits_{n=1}^{\infty}\dfrac{1}{n!}$,因为 $\rho=\lim\limits_{n\to\infty}\dfrac{u_{n+1}}{u_n}=\lim\limits_{n\to\infty}\dfrac{\frac{1}{(n+1)!}}{\frac{1}{n!}}=0<1$,所以级数 $\sum\limits_{n=1}^{\infty}\dfrac{1}{n!}$ 收敛.

上面的两种情况说明级数收敛可以进行分类.

三、绝对收敛与条件收敛

定义 3　如果级数 $\sum_{n=1}^{\infty} u_n$ 中的各项 $u_n(n=1,2,\cdots)$ 为任意实数，那么称该级数为任意项级数.

定义 4　设 $\sum_{n=1}^{\infty} u_n$ 为任意项级数.

(1) 如果级数 $\sum_{n=1}^{\infty} u_n$ 收敛，且正项级数 $\sum_{n=1}^{\infty} |u_n|$ 收敛，那么称级数 $\sum_{n=1}^{\infty} u_n$ 为绝对收敛；

(2) 如果级数 $\sum_{n=1}^{\infty} u_n$ 收敛，且正项级数 $\sum_{n=1}^{\infty} |u_n|$ 发散，那么称级数 $\sum_{n=1}^{\infty} u_n$ 为条件收敛.

例如：级数 $\sum_{n=1}^{\infty}\left[(-1)^{n-1}\frac{1}{n}\right]$ 是条件收敛，而级数 $\sum_{n=1}^{\infty}\left[(-1)^{n-1}\frac{1}{n!}\right]$ 是绝对收敛.

定理 7　如果级数 $\sum_{n=1}^{\infty} |u_n|$ 收敛，那么级数 $\sum_{n=1}^{\infty} u_n$ 一定收敛.

证　构造正项级数 $\sum_{n=1}^{\infty} v_n$，其中 $v_n=\frac{1}{2}(|u_n|+u_n)=\begin{cases} u_n, u_n>0, \\ 0, u_n\leqslant 0,\end{cases}$ 显然 $0\leqslant v_n\leqslant |u_n|$. 而级数 $\sum_{n=1}^{\infty} |u_n|$ 收敛，所以根据比较收敛法知级数 $\sum_{n=1}^{\infty} v_n$ 收敛，则级数 $\sum_{n=1}^{\infty} 2v_n$ 收敛. 从而级数 $\sum_{n=1}^{\infty} u_n=\sum_{n=1}^{\infty}(2v_n-|u_n|)$ 收敛.

注：(1) 如果级数 $\sum_{n=1}^{\infty} |u_n|$ 发散，那么级数 $\sum_{n=1}^{\infty} u_n$ 不一定发散.

例如：级数 $\sum_{n=1}^{\infty}\left|(-1)^{n-1}\frac{1}{n}\right|$ 发散，而级数 $\sum_{n=1}^{\infty}\left[(-1)^{n-1}\frac{1}{n}\right]$ 收敛.

(2) 根据此定理知，判定任意项级数 $\sum_{n=1}^{\infty} u_n$ 的敛散性问题有时可以转化为正项级数 $\sum_{n=1}^{\infty} |u_n|$ 的敛散性的判定.

(3) 根据此定理，定义 4 可以简化为如下形式：

定义 4′　设 $\sum_{n=1}^{\infty} u_n$ 为任意项级数.

(1) 如果正项级数 $\sum_{n=1}^{\infty} |u_n|$ 收敛，那么称级数 $\sum_{n=1}^{\infty} u_n$ 为绝对收敛；

(2) 如果级数 $\sum_{n=1}^{\infty} u_n$ 收敛，且正项级数 $\sum_{n=1}^{\infty} |u_n|$ 发散，那么称级数 $\sum_{n=1}^{\infty} u_n$ 为条件收敛.

例 7　判定下列级数是否收敛. 如果收敛，是绝对收敛还是条件收敛？

(1) $\sum_{n=1}^{\infty}\left[(-1)^{n}\frac{1}{\sqrt{n}}\right]$；　　(2) $\sum_{n=1}^{\infty}\frac{\sin n\alpha}{2^n}$.

解 (1) 因为 $u_n=\frac{1}{\sqrt{n}}>\frac{1}{\sqrt{n+1}}=u_{n+1}\ (n=1,2,\cdots)$，且 $\lim\limits_{n\to\infty}u_n=\lim\limits_{n\to\infty}\frac{1}{\sqrt{n}}=0$，所以级数 $\sum\limits_{n=1}^{\infty}\left[(-1)^n\frac{1}{\sqrt{n}}\right]$ 收敛；而级数 $\sum\limits_{n=1}^{\infty}\frac{1}{\sqrt{n}}$ 发散，从而级数 $\sum\limits_{n=1}^{\infty}\left[(-1)^n\frac{1}{\sqrt{n}}\right]$ 条件收敛.

(2) 对于级数 $\sum\limits_{n=1}^{\infty}\left|\frac{\sin n\alpha}{2^n}\right|$，因为 $\left|\frac{\sin n\alpha}{2^n}\right|\leqslant\frac{1}{2^n}$，而级数 $\sum\limits_{n=1}^{\infty}\frac{1}{2^n}$ 收敛，所以级数 $\sum\limits_{n=1}^{\infty}\left|\frac{\sin n\alpha}{2^n}\right|$ 收敛，从而级数 $\sum\limits_{n=1}^{\infty}\frac{\sin n\alpha}{2^n}$ 绝对收敛.

***定理 8** **如果级数** $\sum\limits_{n=1}^{\infty}u_n=u_1+u_2+\cdots+u_n+\cdots$ **绝对收敛，其和为** s，**那么任意调换级数各项的顺序所得到的新级数** $\sum\limits_{n=1}^{\infty}u_n^*=u_1^*+u_2^*+\cdots+u_n^*+\cdots$ **仍绝对收敛，且其和仍为** s.

说明：绝对收敛的级数具有可交换性.

***定理 9** **设级数** $\sum\limits_{n=1}^{\infty}u_n$ **和** $\sum\limits_{n=1}^{\infty}v_n$ **都绝对收敛，其和分别为** s **和** σ，**则它们的柯西乘积**

$$u_1v_1+(u_1v_2+u_2v_1)+\cdots+(u_1v_n+u_2v_{n-1}+\cdots+u_nv_1)+\cdots$$

也绝对收敛，且其和为 $s\sigma$.

习题 12-2

1. 用比较审敛法或极限形式的比较审敛法判定下列级数的敛散性：

(1) $\sum\limits_{n=1}^{\infty}\frac{1}{2n+1}$；　　(2) $\sum\limits_{n=1}^{\infty}\frac{n+5}{n^2+n}$；

(3) $\sum\limits_{n=1}^{\infty}\frac{1}{n\sqrt{n+2}}$；　　(4) $\sum\limits_{n=1}^{\infty}\frac{1}{1+a^n}$(其中 $a>0$).

2. 用比值审敛法判定下列级数的敛散性：

(1) $\sum\limits_{n=1}^{\infty}\frac{5^n}{n^{10}}$；　　(2) $\sum\limits_{n=1}^{\infty}\frac{n!}{10^n}$；

(3) $\sum\limits_{n=1}^{\infty}\frac{3^n n!}{n^n}$；　　(4) $\sum\limits_{n=1}^{\infty}np^n(0<p<1)$.

3. 用根值审敛法判定下列级数的敛散性：

(1) $\sum\limits_{n=1}^{\infty}\sin^n\frac{\pi}{n}$；　　(2) $\sum\limits_{n=1}^{\infty}\left(\frac{5n+2}{4n+3}\right)^n$；

(3) $\sum\limits_{n=1}^{\infty}\frac{n^{2n}}{3^n}$；　　(4) $\sum\limits_{n=1}^{\infty}\frac{1}{[\ln(n+1)]^n}$.

4. 判定下列级数是否收敛.如果收敛,是绝对收敛还是条件收敛?

(1) $\sum_{n=1}^{\infty}\frac{(-1)^n}{n^{\frac{2}{3}}}$;　(2) $\sum_{n=1}^{\infty}\frac{(-1)^n}{\sqrt{2n+1}}$;

(3) $\sum_{n=1}^{\infty}\frac{(-1)^{n+1}}{4\cdot 3^n}$;　(4) $\sum_{n=1}^{\infty}\left[(-1)^n\ln\left(1+\frac{1}{\sqrt[3]{n}}\right)\right]$;

(5) $\sum_{n=1}^{\infty}\left[(-1)^n\frac{n}{n+1}\right]$;　(6) $\sum_{n=1}^{\infty}\frac{\cos n\pi}{\sqrt{n^4+1}}$.

第三节　幂级数

前面讨论了常数项级数,级数的每一项都是常数,如果级数的每一项都是函数,就是下面要讨论的函数项级数.

一、函数项级数的概念

定义 1　设有定义在区间 I 上的函数列:

$$u_1(x),u_2(x),\cdots,u_n(x),\cdots$$

由此函数列构成的表达式

$$\sum_{n=1}^{\infty}u_n(x)=u_1(x)+u_2(x)+\cdots+u_n(x)+\cdots \tag{3.1}$$

称为区间 I 上的(函数项)无穷级数,简称(函数项)级数.

当取确定的值 $x_0\in I$ 时,函数项级数(3.1)成为常数项级数:

$$\sum_{n=1}^{\infty}u_n(x_0)=u_1(x_0)+u_2(x_0)+\cdots+u_n(x_0)+\cdots. \tag{3.2}$$

定义 2　如果常数项级数(3.2)收敛,那么称点 x_0 是函数项级数(3.1)的收敛点,所有收敛点的全体称为它的收敛域.

如果常数项级数(3.2)发散,那么称点 x_0 是函数项级数(3.1)的发散点,所有发散点的全体称为它的发散域.

在收敛域内任意取一个数 x,级数(3.1)成为一收敛的常数项级数,因而有一个确定的和 s,故在收敛域上函数项级数的和为 x 的函数,记为 $S(x)$,称 $S(x)$ 为函数项级数的和函数,它的定义域就是级数的收敛域,记作

$$S(x)=\sum_{n=1}^{\infty}u_n(x)=u_1(x)+u_2(x)+\cdots+u_n(x)+\cdots.$$

如果将函数项级数(3.1)的部分和记作 $S_n(x)$,那么在收敛域上有

$$\lim_{n\to\infty} S_n(x) = S(x).$$

此时称 $r_n(x)=S(x)-S_n(x)=u_{n+1}(x)+u_{n+2}(x)+\cdots$ 为级数(3.1)的余项,且

$$\lim_{n\to\infty} r_n(x) = 0.$$

在函数项级数中,最重要最常见的两种级数是幂级数和三角级数,下面开始讨论幂级数.

二、幂级数及其收敛性

各项都是常数乘幂函数的函数项级数称为幂级数.

定义 3　形如

$$\sum_{n=0}^{\infty}[a_n(x-x_0)^n]=a_0+a_1(x-x_0)+a_2(x-x_0)^2+\cdots+a_n(x-x_0)^n+\cdots \quad (3.3)$$

的函数项级数,称为 $x-x_0$ 的幂级数,其中常数 $a_0,a_1,a_2,\cdots,a_n,\cdots$ 称为幂级数的系数.

当 $x_0=0$ 时,(3.3)式变为

$$\sum_{n=0}^{\infty}(a_nx^n)=a_0+a_1x+a_2x^2+\cdots+a_nx^n+\cdots, \quad (3.4)$$

形如(3.4)的函数项级数**称为 x 的幂级数.**

说明:x 的幂级数在 $x=0$ 处都收敛.

例如:函数项级数

$$\sum_{n=0}^{\infty}x^n=1+x+x^2+x^3+\cdots+x^n+\cdots \quad (3.5)$$

是一个 x 的幂级数.

因为级数(3.3)通过变换 $t=x-x_0$ 可化为级数(3.4),所以下面主要以级数(3.4)进行讨论.

对于一个给定的幂级数,首先讨论它的收敛域与发散域是怎样的,即 x 取数轴上哪些点时幂级数收敛,取哪些点时幂级数发散。

先看一下幂级数(3.5),由第一节例 2 知,当 $|x|<1$ 时,该级数收敛;当 $|x|\geqslant 1$ 时,该级数发散. 因而其收敛域为 $(-1,1)$,发散域为 $(-\infty,-1]$ 及 $[1,+\infty)$. 当 $|x|<1$ 时,幂级数的和函数为 $S(x)=\dfrac{1}{1-x}$,即

$$\frac{1}{1-x}=1+x+x^2+x^3+\cdots+x^n+\cdots,x\in(-1,1).$$

此幂级数的收敛域是一个以原点为中心的对称区间. 那么,一般的幂级数的收敛域是怎样的?

下面来讨论.

定理 1（阿贝尔（Abel）定理）　设幂级数为 $\sum_{n=0}^{\infty}(a_n x^n)$.

（1）如果 $x=x_0(x_0\neq 0)$ 时，级数 $\sum_{n=0}^{\infty}(a_n x_0^n)$ 收敛，那么对于满足不等式 $|x|<|x_0|$ 的一切 x，该幂级数都收敛，且为绝对收敛；

（2）如果 $x=x_0(x_0\neq 0)$ 时，级数 $\sum_{n=0}^{\infty}(a_n x_0^n)$ 发散，那么对于满足不等式 $|x|>|x_0|$ 的一切 x，该幂级数都发散.

证　（1）设级数 $\sum_{n=0}^{\infty}(a_n x_0^n)$ 收敛，则 $\lim\limits_{n\to\infty}(a_n x_0^n)=0$，于是存在正数 M，使得 $|a_n x_0^n|\leqslant M(n=0,1,2,\cdots)$；考虑一般项的绝对值

$$|a_n x^n|=\left|a_n x_0^n\frac{x^n}{x_0^n}\right|=|a_n x_0^n|\left|\frac{x}{x_0}\right|^n\leqslant M\left|\frac{x}{x_0}\right|^n;$$

当 $|x|<|x_0|$ 时，$\left|\frac{x}{x_0}\right|<1$，故等比级数 $\sum_{n=0}^{\infty}\left(M\left|\frac{x}{x_0}\right|^n\right)$ 收敛，根据比较审敛法知级数 $\sum_{n=0}^{\infty}|a_n x^n|$ 收敛，即幂级数 $\sum_{n=0}^{\infty}(a_n x^n)$ 绝对收敛.

（2）用反证法证明.假设有一点 x_1 满足 $|x_1|>|x_0|$ 且使级数收敛，则由前面的证明知在 $x=x_0$ 时级数也收敛，这与定理的条件矛盾，故假设不成立，从而定理得证.

阿贝尔定理表明：如果幂级数 $\sum_{n=0}^{\infty}(a_n x^n)$ 在 $x=x_0(x_0\neq 0)$ 处收敛，那么它在对称于原点的区间 $(-|x_0|,|x_0|)$ 内都收敛，如果该级数在 $x=x_0$ 处发散，那么它在 $(-\infty,-|x_0|)$ 及 $(|x_0|,+\infty)$ 上都发散，如图 12-1 所示.

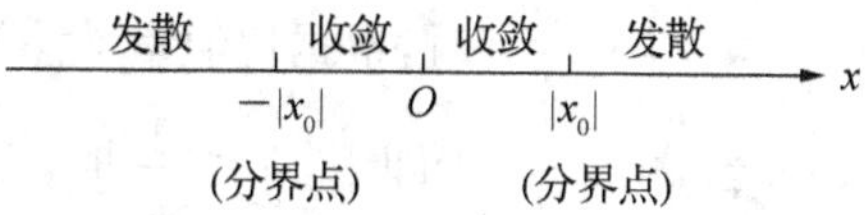

因此，当幂级数既有收敛点又有发散点时，我们发现：

发散　收敛　收敛　发散　x
$-|x_0|$　O　$|x_0|$
（分界点）　（分界点）

图 12-1

当从原点沿数轴分别向左、右两边走时，开始只遇到收敛点，然后经过分界点，后来就只遇到发散点.至于这两个分界点，可能是收敛点，也可能是发散点，它们位于原点两侧，到原点的距离是一样的.

从而我们得到如下重要推论：

推论　如果幂级数 $\sum_{n=0}^{\infty}(a_n x^n)$ 不是仅在 $x=0$ 一点处收敛，也不是在整个数轴上都收敛，那么必有一个确定的正数 R 存在，使得：

（1）当 $|x|<R$ 时，幂级数绝对收敛；

（2）当 $|x|>R$ 时，幂级数发散；

(3) **当 $x=\pm R$ 时,幂级数可能收敛,也可能发散.**

正数 R 称作幂级数 $\sum_{n=0}^{\infty}(a_n x^n)$ 的**收敛半径**. 开区间 $(-R,R)$ 称作幂级数 $\sum_{n=0}^{\infty}(a_n x^n)$ 的**收敛区间**. 由幂级数在 $x=\pm R$ 处的敛散性就可决定它的收敛域是区间 $(-R,R)$, $[-R,R)$, $(-R,R]$ 或 $[-R,R]$ 之一.

说明: 当 $R=0$ 时,幂级数 $\sum_{n=0}^{\infty}(a_n x^n)$ 仅在 $x=0$ 处收敛;

当 $R=+\infty$ 时,幂级数 $\sum_{n=0}^{\infty}(a_n x^n)$ 在 $(-\infty,+\infty)$ 上收敛;

当 $0<R<+\infty$ 时,幂级数 $\sum_{n=0}^{\infty}(a_n x^n)$ 在 $(-R,R)$ 上收敛,在 $(-\infty,-R)$ 及 $(R,+\infty)$ 上发散, $x=\pm R$ 时,该幂级数可能收敛也可能发散.

下面给出幂级数的收敛半径的求法如下:

定理 2　设幂级数为 $\sum_{n=0}^{\infty}(a_n x^n)$,且 $\lim\limits_{n\to\infty}\left|\frac{a_{n+1}}{a_n}\right|=\rho$,则

(1) **当 $\rho\neq 0$ 时,收敛半径 $R=\frac{1}{\rho}$;**

(2) **当 $\rho=0$ 时,收敛半径 $R=+\infty$;**

(3) **当 $\rho=+\infty$ 时,收敛半径 $R=0$.**

证　幂级数 $\sum_{n=0}^{\infty}(a_n x^n)$ 的各项取绝对值所成的正项级数为

$$\sum_{n=0}^{\infty}|a_n x^n|=|a_0|+|a_1 x|+|a_2 x^2|+\cdots+|a_n x^n|+\cdots,$$

则 $\lim\limits_{n\to\infty}\frac{|a_{n+1}x^{n+1}|}{|a_n x^n|}=\lim\limits_{n\to\infty}\left|\frac{a_{n+1}}{a_n}\right||x|=\rho|x|$.

(1) 当 $\rho\neq 0$ 时,根据比值审敛法知

当 $\rho|x|<1$ 即 $|x|<\frac{1}{\rho}$ 时,级数 $\sum_{n=0}^{\infty}|a_n x^n|$ 收敛,从而级数 $\sum_{n=0}^{\infty}(a_n x^n)$ 绝对收敛;

当 $\rho|x|>1$ 即 $|x|>\frac{1}{\rho}$ 时,级数 $\sum_{n=0}^{\infty}|a_n x^n|$ 发散并且从某一个 n 开始,

$$|a_{n+1}x^{n+1}|>|a_n x^n|,$$

因此一般项 $|a_n x^n|\not\to 0$,所以 $a_n x^n\not\to 0$,从而级数 $\sum_{n=0}^{\infty}(a_n x^n)$ 发散;于是收敛半径 $R=\frac{1}{\rho}$.

(2) 当 $\rho=0$ 时,对任何 $x\neq 0$,有 $\lim\limits_{n\to\infty}\frac{|a_{n+1}x^{n+1}|}{|a_n x^n|}=0$,即 $\rho|x|=0<1$,所以级数 $\sum_{n=0}^{\infty}|a_n x^n|$ 收敛,从而级数 $\sum_{n=0}^{\infty}(a_n x^n)$ 绝对收敛. 于是收敛半径 $R=+\infty$.

(3) 当 $\rho=+\infty$ 时，对于除 $x=0$ 外的其他一切 x 值，级数 $\sum\limits_{n=0}^{\infty}(a_nx^n)$ 必定发散，否则由定理 1 知存在点 $x\neq 0$ 使级数 $\sum\limits_{n=0}^{\infty}|a_nx^n|$ 收敛. 于是收敛半径 $R=0$.

例 1　求幂级数 $\sum\limits_{n=1}^{\infty}\left[\dfrac{(-1)^{n-1}}{n}x^n\right]=x-\dfrac{x^2}{2}+\dfrac{x^3}{3}-\cdots+\dfrac{(-1)^{n-1}}{n}x^n+\cdots$ 的收敛半径、收敛区间和收敛域.

解　因为 $\rho=\lim\limits_{n\to\infty}\dfrac{|a_{n+1}|}{|a_n|}=\lim\limits_{n\to\infty}\dfrac{\frac{1}{n+1}}{\frac{1}{n}}=1$，所以收敛半径 $R=1$，收敛区间为 $(-1,1)$.

当 $x=1$ 时，级数成为交错级数 $\sum\limits_{n=1}^{\infty}\dfrac{(-1)^{n-1}}{n}$，此级数收敛；当 $x=-1$ 时，级数成为 $\sum\limits_{n=1}^{\infty}\dfrac{-1}{n}$，此级数发散. 因此收敛域为 $(-1,1]$.

例 2　求幂级数 $\sum\limits_{n=1}^{\infty}\left[\dfrac{2^{2n-1}}{n\sqrt{n}}(x+1)^n\right]$ 的收敛域.

解　令 $t=x+1$，上述级数变为 $\sum\limits_{n=1}^{\infty}\left[\dfrac{2^{2n-1}}{n\sqrt{n}}t^n\right]$.

因为 $\rho=\lim\limits_{n\to\infty}\dfrac{|a_{n+1}|}{|a_n|}=\lim\limits_{n\to\infty}\left[\dfrac{2^{2n+1}}{(n+1)\sqrt{n+1}}\dfrac{n\sqrt{n}}{2^{2n-1}}\right]=4$，所以收敛半径 $R=\dfrac{1}{4}$，收敛区间为 $|t|<\dfrac{1}{4}$，即 $-\dfrac{5}{4}<x<-\dfrac{3}{4}$.

当 $x=-\dfrac{3}{4}$ 时，级数成为 $\sum\limits_{n=1}^{\infty}\dfrac{1}{2n\sqrt{n}}$，此级数收敛；当 $x=-\dfrac{5}{4}$ 时，级数成为交错级数 $\sum\limits_{n=1}^{\infty}\dfrac{(-1)^n}{2n\sqrt{n}}$，此级数收敛. 因此原级数的收敛域为 $\left[-\dfrac{5}{4},-\dfrac{3}{4}\right]$.

例 3　求幂级数 $\sum\limits_{n=0}^{\infty}\dfrac{x^{2n+1}}{3^n}$ 的收敛半径.

解　$\lim\limits_{n\to\infty}\left|\dfrac{x^{2n+3}}{3^{n+1}}\cdot\dfrac{3^n}{x^{2n+1}}\right|=\dfrac{1}{3}|x|^2$.

当 $\dfrac{1}{3}|x|^2<1$ 即 $|x|<\sqrt{3}$ 时，级数绝对收敛，当 $\dfrac{1}{3}|x|^2>1$ 即 $|x|>\sqrt{3}$ 时，级数发散，所以收敛半径 $R=\sqrt{3}$.

注：当幂级数只有奇次幂项或偶次幂项时，不能直接使用定理 2 求收敛半径 R，而是使用比值审敛法来求 R.

三、幂级数的运算

设幂级数 $\sum\limits_{n=0}^{\infty}(a_nx^n)$ 及 $\sum\limits_{n=0}^{\infty}(b_nx^n)$ 的收敛半径分别为 R_1,R_2，记 $R=\min\{R_1,R_2\}$，则在 $(-R,R)$ 内可以进行以下的四则运算：

(1) $\sum\limits_{n=0}^{\infty}(a_nx^n)\pm\sum\limits_{n=0}^{\infty}(b_nx^n)=\sum\limits_{n=0}^{\infty}[(a_n\pm b_n)x^n]$；

(2) $\left[\sum\limits_{n=0}^{\infty}(a_nx^n)\right]\cdot\left[\sum\limits_{n=0}^{\infty}(b_nx^n)\right]=\sum\limits_{n=0}^{\infty}[(a_0b_n+a_1b_{n-1}+\cdots+a_nb_0)x^n]$.

幂级数的商可以利用幂级数的乘法来计算，但是商所得级数的收敛区间可能比原级数的收敛区间小得多.

例如：设

$$\sum_{n=0}^{\infty}(a_nx^n)=1(a_0=1,a_n=0,n=1,2,\cdots),$$

$$\sum_{n=0}^{\infty}(b_nx^n)=1-x(b_0=1,b_1=-1,b_n=0,n=2,3,\cdots),$$

它们的收敛半径都是 $R=+\infty$，但是

$$\sum_{n=0}^{\infty}(a_nx^n)\Big/\sum_{n=0}^{\infty}(b_nx^n)=\frac{1}{1-x}=1+x+x^2+\cdots+x^n+\cdots,$$

其收敛半径 $R=1$.

性质　设幂级数 $\sum\limits_{n=0}^{\infty}(a_nx^n)$ 的收敛半径为 $R>0$，和函数为 $S(x)$，则

(1) $S(x)$ 在收敛区间 $(-R,R)$ 内连续；

(2) $S(x)$ 在收敛区间 $(-R,R)$ 内可积，且逐项积分有

$$\int_0^x S(t)\mathrm{d}t=\int_0^x\left[\sum_{n=0}^{\infty}(a_nt^n)\right]\mathrm{d}t=\sum_{n=0}^{\infty}\int_0^x a_nt^n\mathrm{d}t=\sum_{n=0}^{\infty}\left(\frac{a_n}{n+1}x^{n+1}\right);$$

(3) $S(x)$ 在收敛区间 $(-R,R)$ 内可导，且逐项求导有

$$S'(x)=\left[\sum_{n=0}^{\infty}(a_nx^n)\right]'=\sum_{n=0}^{\infty}(a_nx^n)'=\sum_{n=1}^{\infty}(na_nx^{n-1}).$$

注：经过逐项积分或逐项求导后，收敛半径不变，但收敛区间端点的收敛性可能变化，即收敛区间不变，收敛域可能发生变化.

例如：幂级数 $\sum\limits_{n=0}^{\infty}\frac{x^{n+1}}{n+1}$ 的收敛域为 $[-1,1)$，逐项求导后的幂级数 $\sum\limits_{n=0}^{\infty}x^n$ 的收敛域为 $(-1,1)$.

例 4　求幂级数 $\sum_{n=1}^{\infty}(nx^{n-1})$ 的和函数,并求级数 $\sum_{n=1}^{\infty}\frac{n}{3^n}$ 的和.

解　因为 $\rho=\lim_{n\to\infty}\left|\frac{a_{n+1}}{a_n}\right|=\lim_{n\to\infty}\frac{n+1}{n}=1$,所以收敛半径 $R=1$.

当 $x=-1$ 时,幂级数成为 $\sum_{n=1}^{\infty}[(-1)^{n-1}n]$,此级数发散;当 $x=1$ 时,幂级数成为 $\sum_{n=1}^{\infty}n$,此级数发散,因此收敛域为 $(-1,1)$.

设幂级数 $\sum_{n=1}^{\infty}(nx^{n-1})$ 的和函数为 $S(x)$,即

$$S(x)=\sum_{n=1}^{\infty}(nx^{n-1})\quad(-1<x<1).$$

对上式从 0 到 x 积分,得

$$\int_0^x S(t)\mathrm{d}t=\sum_{n=1}^{\infty}\int_0^x nt^{n-1}\mathrm{d}t=\sum_{n=1}^{\infty}x^n=\frac{x}{1-x}\quad(-1<x<1).$$

对上式两边求导,得

$$S(x)=\left(\frac{x}{1-x}\right)'=\frac{1}{(1-x)^2}\quad(-1<x<1).$$

令 $x=\frac{1}{3}$,则 $S\left(\frac{1}{3}\right)=\sum_{n=1}^{\infty}\left[n\left(\frac{1}{3}\right)^{n-1}\right]=\frac{9}{4}$,所以 $\sum_{n=1}^{\infty}\frac{n}{3^n}=\frac{1}{3}\sum_{n=1}^{\infty}\left[n\left(\frac{1}{3}\right)^{n-1}\right]=\frac{3}{4}$.

例 5　求幂级数 $\sum_{n=0}^{\infty}\frac{x^{n+1}}{n+2}$ 在区间 $(-1,1)$ 上的和函数.

解　设幂级数 $\sum_{n=0}^{\infty}\frac{x^{n+1}}{n+2}$ 的和函数为 $S(x)$,即

$$S(x)=\sum_{n=0}^{\infty}\frac{x^{n+1}}{n+2}\quad(-1<x<1).$$

于是

$$xS(x)=\sum_{n=0}^{\infty}\frac{x^{n+2}}{n+2}.$$

逐项求导,得

$$[xS(x)]'=\sum_{n=0}^{\infty}\left(\frac{x^{n+2}}{n+2}\right)'=\sum_{n=0}^{\infty}x^{n+1}=\frac{x}{1-x}\ (-1<x<1).$$

对上式从 0 到 x 积分,得

$$xS(x)=\int_0^x\frac{t}{1-t}\mathrm{d}t=-\ln(1-x)-x\ (-1<x<1).$$

所以,当 $x\neq0$ 时,$S(x)=\frac{-\ln(1-x)-x}{x}$,当 $x=0$ 时,$S(0)=0$,

即 $S(x)=\begin{cases}\dfrac{-\ln(1-x)-x}{x}, & x\in(-1,0)\cup(0,1),\\ 0, & x=0.\end{cases}$

例 6 求幂级数 $\sum\limits_{n=2}^{\infty}\left[\dfrac{1}{n(n-1)}(x-2)^n\right]$在区间$[1,3)$上的和函数，并求级数$\sum\limits_{n=2}^{\infty}\dfrac{(-1)^n}{n(n-1)}$的和.

解 设幂级数$\sum\limits_{n=2}^{\infty}\left[\dfrac{1}{n(n-1)}(x-2)^n\right]$的和函数为$S(x)$,即

$$S(x)=\sum_{n=2}^{\infty}\left[\frac{1}{n(n-1)}(x-2)^n\right],x\in[1,3).$$

逐项求导,得

$$S'(x)=\sum_{n=2}^{\infty}\left[\frac{1}{n-1}(x-2)^{n-1}\right].$$

逐项求导,得

$$S''(x)=\sum_{n=2}^{\infty}(x-2)^{n-2}=\frac{1}{1-(x-2)}=\frac{1}{3-x},\ |x-2|<1.$$

对上式两边积分,得

$$S'(x)=S'(x)-S'(2)=\int_2^x S''(t)\mathrm{d}t=\int_2^x\frac{1}{3-t}\mathrm{d}t=-\ln(3-x).$$

对上式两边积分,得

$$S(x)=S(x)-S(2)=\int_2^x S'(t)\mathrm{d}t=\int_2^x\ln(3-t)\mathrm{d}(3-t)=(3-x)\ln(3-x)+x-2,$$

即 $$\sum_{n=2}^{\infty}\left[\frac{1}{n(n-1)}(x-2)^n\right]=(3-x)\ln(3-x)+x-2,x\in[1,3).$$

令$x=1\in[1,3)$,得$\sum\limits_{n=2}^{\infty}\dfrac{(-1)^n}{n(n-1)}=2\ln2-1$.

习题 12 - 3

1. 求下列幂级数的收敛区间:

(1) $\sum\limits_{n=1}^{\infty}\left(\dfrac{10^n}{n!}x^n\right)$;

(2) $\sum\limits_{n=3}^{\infty}\dfrac{(x-2)^n}{n3^n}$;

(3) $\sum\limits_{n=1}^{\infty}\dfrac{x^{2n-1}}{5^n}$;

(4) $\sum\limits_{n=1}^{\infty}\left(\dfrac{4^n}{n+1}x^{2n}\right)$.

2. 求下列幂级数的收敛域：

(1) $\sum_{n=1}^{\infty}\frac{x^n}{(2n)!}$；　　(2) $\sum_{n=1}^{\infty}\left[\frac{5^n+(-3)^n}{n}x^n\right]$；

(3) $\sum_{n=3}^{\infty}\frac{(x-3)^n}{\sqrt{n}}$.

3. 求下列幂级数的和函数：

(1) $\sum_{n=1}^{\infty}\frac{x^{2n+1}}{2n+1}$；　　(2) $\sum_{n=1}^{\infty}[(n+1)x^n]$；

(3) $\sum_{n=1}^{\infty}\frac{x^{n+2}}{n}$；　　(4) $\sum_{n=0}^{\infty}(2^n x^{2n+1})$.

第四节　函数展开成幂级数

上一节学习了求一个幂级数的和函数，即幂级数是已知的，求它在收敛域或某范围内对应的和函数，那么，反过来，函数是已知的，它在什么条件下可以展开成幂级数？幂级数的系数是什么？

一、泰勒级数

我们先回忆一下 n 阶的泰勒公式：

若函数 $f(x)$在 x_0 的某邻域内有直到$(n+1)$阶导数，则在该邻域内有

$$f(x)=f(x_0)+f'(x_0)(x-x_0)+\frac{f''(x_0)}{2!}(x-x_0)^2+\cdots+\frac{f^{(n)}(x_0)}{n!}(x-x_0)^n+R_n(x),\tag{4.1}$$

称为 $f(x)$的 n 阶泰勒公式，其中 $R_n(x)=\frac{f^{(n+1)}(\xi)}{(n+1)!}(x-x_0)^{n+1}$（$\xi$ 介于 x_0 与 x 之间）称为拉格朗日余项.

若函数 $f(x)$在 x_0 的某邻域内有任意阶导数，称

$$f(x_0)+f'(x_0)(x-x_0)+\frac{f''(x_0)}{2!}(x-x_0)^2+\cdots+\frac{f^{(n)}(x_0)}{n!}(x-x_0)^n+\cdots$$
$$=\sum_{n=0}^{\infty}\left[\frac{f^{(n)}(x_0)}{n!}(x-x_0)^n\right]\tag{4.2}$$

为函数 $f(x)$在 x_0 处的**泰勒级数**.

当 $x_0=0$ 时，幂级数(4.2)成为

$$f(0)+f'(0)x+\frac{f''(0)}{2!}x^2+\cdots+\frac{f^{(n)}(0)}{n!}x^n+\cdots=\sum_{n=0}^{\infty}\left(\frac{f^{(n)}(0)}{n!}x^n\right), \tag{4.3}$$

称幂级数(4.3)为函数 $f(x)$ 的**麦克劳林级数**.

现在的问题是:当 $x\neq x_0$ 时,泰勒级数(4.2)是否收敛? 若收敛,其和函数是否为 $f(x)$? 即 $f(x)=\sum\limits_{n=0}^{\infty}\left[\frac{f^{(n)}(x_0)}{n!}(x-x_0)^n\right]$ 是否成立?

定理 1　设函数 $f(x)$ 在 x_0 的某邻域 $U(x_0)$ 内具有各阶导数,则 $f(x)$ 在该邻域内能展开成泰勒级数的充要条件是在该邻域内 $f(x)$ 的泰勒公式中的余项 $R_n(x)$ 满足 $\lim\limits_{n\to\infty}R_n(x)=0$.

证　根据 $R_n(x)=f(x)-S_{n+1}(x)$,有

$$\begin{aligned}\sum_{n=0}^{\infty}\left[\frac{f^{(n)}(x_0)}{n!}(x-x_0)^n\right]=f(x)&\Leftrightarrow\lim_{n\to\infty}S_{n+1}(x)=f(x),x\in U(x_0)\\&\Leftrightarrow\lim_{n\to\infty}(f(x)-S_{n+1}(x))=0,x\in U(x_0)\\&\Leftrightarrow\lim_{n\to\infty}R_n(x)=0,x\in U(x_0).\end{aligned}$$

注:当满足定理 1 的条件时,$f(x)$ 能展开成泰勒级数,即

$$\begin{aligned}f(x)=f(x_0)+f'(x_0)(x-x_0)+\frac{f''(x_0)}{2!}(x-x_0)^2+\cdots+\\\frac{f^{(n)}(x_0)}{n!}(x-x_0)^n+\cdots(x\in U(x_0)),\end{aligned} \tag{4.4}$$

称(4.4)式为函数 $f(x)$ 在 x_0 处的**泰勒展开式**.

特别地,当 $x_0=0$ 时,如果 $f(x)$ 在 $(-r,r)$ 内能展开成麦克劳林级数,即

$$f(x)=f(0)+f'(0)x+\frac{f''(0)}{2!}x^2+\cdots+\frac{f^{(n)}(0)}{n!}x^n+\cdots(|x|<r), \tag{4.5}$$

称(4.5)式为函数 $f(x)$ 的**麦克劳林展开式**.

定理 2　若函数 $f(x)$ 能展开成 x 的幂级数,则这种展开式是唯一的,且与它的麦克劳林级数相同.

证　设 $f(x)$ 在 $(-R,R)$ 内可展开成 x 的幂级数,即

$$f(x)=a_0+a_1x+a_2x^2+\cdots+a_nx^n+\cdots$$

逐项求导,得

$$\begin{aligned}f'(x)&=1\cdot a_1+2a_2x+\cdots+na_nx^{n-1}+\cdots\\f''(x)&=2\cdot1\cdot a_2+\cdots+n(n-1)a_nx^{n-2}+\cdots\\&\cdots\\f^{(n)}(x)&=n(n-1)\cdots1\cdot a_n+(n+1)n\cdots2a_{n+1}x+\cdots\\&\cdots\end{aligned}$$

把 $x=0$ 代入上式，有

$$f(0)=a_0, f'(0)=1\cdot a_1, f''(0)=2\cdot 1\cdot a_2, \cdots, f^{(n)}(0)=n(n-1)\cdots 1\cdot a_n, \cdots$$

从而
$$a_0=f(0), a_1=\frac{f'(0)}{1!}, a_2=\frac{f''(0)}{2!}, \cdots, a_n=\frac{f^{(n)}(0)}{n!}, \cdots$$

于是，函数 $f(x)$ 在 $x=0$ 处的幂级数展开式为

$$f(x)=f(0)+f'(0)x+\frac{f''(0)}{2!}x^2+\cdots+\frac{f^{(n)}(0)}{n!}x^n+\cdots$$

这就是函数的麦克劳林展开式.

这表明，函数 $f(x)$ 在 $x=0$ 处的幂级数展开式只有麦克劳林展开式这一种形式，因此称麦克劳林级数为 $f(x)$ 关于 x 的幂级数.

同理 $f(x)$ 在 x_0 处的幂级数就是泰勒级数，因此称泰勒级数为 $f(x)$ 关于 $x-x_0$ 的幂级数.

二、函数展开成幂级数

1. 直接展开法

将函数展开成 x 的幂级数的步骤如下：

(1) 求出函数及其各阶导数在 $x=0$ 处的值，如果函数的某阶导数不存在，那么函数不能展开；

(2) 写出幂级数 $f(0)+f'(0)x+\frac{f''(0)}{2!}x^2+\cdots+\frac{f^{(n)}(0)}{n!}x^n+\cdots$ 并求其收敛半径 R；

(3) 判别在收敛区间 $(-R,R)$ 内，$\lim\limits_{n\to\infty}R_n(x)$ 是否为零：

如果 $\lim\limits_{n\to\infty}R_n(x)=0$，那么 $f(x)$ 在区间 $(-R,R)$ 内的幂级数展开式为

$$f(x)=f(0)+f'(0)x+\frac{f''(0)}{2!}x^2+\cdots+\frac{f^{(n)}(0)}{n!}x^n+\cdots;$$

如果 $\lim\limits_{n\to\infty}R_n(x)\neq 0$，那么函数无法展开成 x 的幂级数.

例 1　将函数 $f(x)=e^x$ 展开成 x 的幂级数.

解　(1) $f^{(n)}(x)=e^x, f^{(n)}(0)=1(n=0,1,2,\cdots)$,

(2) 幂级数为 $1+x+\frac{x^2}{2!}+\cdots+\frac{x^n}{n!}+\cdots$,

$$\rho=\lim_{n\to\infty}\left|\frac{a_{n+1}}{a_n}\right|=\lim_{n\to\infty}\left|\frac{1}{(n+1)!}n!\right|=\lim_{n\to\infty}\frac{1}{n+1}=0,$$

故 $R=+\infty$,

(3) 对任何有限的数 x 与 ξ，余项 $R_n(x)=\frac{e^{\xi}}{(n+1)!}x^{n+1}$，$\xi$ 介于 0 与 x 之间.

$$0\leqslant|R_n(x)|=\left|\frac{e^{\xi}}{(n+1)!}x^{n+1}\right|<\frac{e^{|x|}}{(n+1)!}|x|^{n+1}.$$

因为级数 $\sum_{n=0}^{\infty}\frac{|x|^{n+1}}{(n+1)!}$ 的收敛半径为$R=+\infty$，所以级数$\sum_{n=0}^{\infty}\frac{|x|^{n+1}}{(n+1)!}$收敛；根据级数收敛的必要条件得$\lim\limits_{n\to\infty}\frac{|x|^{n+1}}{(n+1)!}=0$，而$e^{|x|}$有限，则$\lim\limits_{n\to\infty}\frac{e^{|x|}}{(n+1)!}|x|^{n+1}=0$，根据夹逼准则，$\lim\limits_{n\to\infty}|R_n(x)|=0$，故$\lim\limits_{n\to\infty}R_n(x)=0$，

所以 $$e^x=1+x+\frac{1}{2!}x^2+\frac{1}{3!}x^3+\cdots+\frac{1}{n!}x^n+\cdots,x\in(-\infty,+\infty).$$

例 2 将函数 $f(x)=\sin x$ 展开成 x 的幂级数.

解 (1) $f^{(n)}(x)=\sin\left(x+\frac{n\pi}{2}\right)(n=0,1,2,\cdots)$，

$$f^{(n)}(0)=\sin\left(\frac{n\pi}{2}\right)=\begin{cases}0, & n=0,2,4,\cdots,\\ (-1)^{\frac{n-1}{2}}, & n=1,3,5,\cdots;\end{cases}$$

(2) 幂级数为 $x-\frac{x^3}{3!}+\frac{x^5}{5!}-\cdots+(-1)^n\frac{x^{2n+1}}{(2n+1)!}+\cdots$，收敛半径为 $R=+\infty$；

(3) 对任何有限的数 x 与 ξ，有

$$0\leqslant|R_n(x)|=\left|\frac{\sin\left[\xi+\frac{(n+1)\pi}{2}\right]}{(n+1)!}x^{n+1}\right|\leqslant\frac{|x|^{n+1}}{(n+1)!}(\xi\text{ 介于 }0\text{ 与 }x\text{ 之间}).$$

由例 1 知， $$\lim_{n\to\infty}\frac{|x|^{n+1}}{(n+1)!}=0,\text{故 }\lim_{n\to\infty}R_n(x)=0;$$

所以 $$\sin x=x-\frac{x^3}{3!}+\frac{x^5}{5!}-\cdots+(-1)^n\frac{x^{2n+1}}{(2n+1)!}+\cdots,x\in(-\infty,+\infty).$$

利用与例 1、例 2 相同的方法，可以得到下面两个常用函数的麦克劳林级数：

$$\cos x=1-\frac{1}{2!}x^2+\frac{1}{4!}x^4-\cdots+(-1)^n\frac{1}{(2n)!}x^{2n}+\cdots,x\in(-\infty,+\infty);$$

$$(1+x)^\alpha=1+\alpha x+\frac{\alpha(\alpha-1)}{2!}x^2+\cdots+\frac{\alpha(\alpha-1)\cdots(\alpha-n+1)}{n!}x^n+\cdots,x\in(-1,1),$$

($x=\pm1$ 的敛散性视 α 而定)

特别地，当 $\alpha=-1$ 时，$\frac{1}{1+x}=1-x+x^2-\cdots+(-1)^nx^n+\cdots,x\in(-1,1)$.

2. 间接展开法

利用上述直接展开法得到的一些已知的函数展开式，通过变量代换、四则运算、逐项求导和逐项积分等方法将所给函数展开成幂级数.

例 3 将下列函数展开成 x 的幂级数：

(1) $\frac{1}{1-x}$； (2) xe^{-x^2}.

解　(1) 因为
$$\frac{1}{1+x}=\sum_{n=0}^{\infty}[(-1)^n x^n],x\in(-1,1),$$
所以
$$\frac{1}{1-x}=\sum_{n=0}^{\infty}[(-1)^n(-x)^n]=\sum_{n=0}^{\infty}x^n,x\in(-1,1).$$
(2) 因为
$$\mathrm{e}^x=\sum_{n=0}^{\infty}\frac{x^n}{n!},x\in(-\infty,+\infty),$$
所以
$$x\mathrm{e}^{-x^2}=x\sum_{n=0}^{\infty}\frac{(-x^2)^n}{n!}=\sum_{n=0}^{\infty}\left[\frac{(-1)^n}{n!}x^{2n+1}\right],x\in(-\infty,+\infty).$$
例 4　将函数 $f(x)=\ln(1+x)$ 展开成 x 的幂级数.

解　$\frac{1}{1+x}=\sum_{n=0}^{\infty}[(-1)^n x^n]=1-x+x^2-\cdots+(-1)^n x^n+\cdots,x\in(-1,1)$,

将上式从 0 到 x 逐项积分,得
$$\ln(1+x)=x-\frac{x^2}{2}+\frac{x^3}{3}-\cdots+(-1)^n\frac{x^{n+1}}{n+1}+\cdots,x\in(-1,1].$$
现将常用的几个函数的幂级数展开式归纳如下:

(1) $\mathrm{e}^x=\sum_{n=0}^{\infty}\frac{x^n}{n!}=1+x+\frac{1}{2!}x^2+\frac{1}{3!}x^3+\cdots+\frac{1}{n!}x^n+\cdots,x\in(-\infty,+\infty)$;

(2) $\sin x=\sum_{n=0}^{\infty}\left[(-1)^n\frac{x^{2n+1}}{(2n+1)!}\right]=x-\frac{x^3}{3!}+\frac{x^5}{5!}-\cdots+(-1)^n\frac{x^{2n+1}}{(2n+1)!}+\cdots$,
$x\in(-\infty,+\infty)$;

(3) $\cos x=\sum_{n=0}^{\infty}\left[(-1)^n\frac{x^{2n}}{(2n)!}\right]=1-\frac{1}{2!}x^2+\frac{1}{4!}x^4-\cdots+(-1)^n\frac{1}{(2n)!}x^{2n}+\cdots$,
$x\in(-\infty,+\infty)$;

(4) $\frac{1}{1-x}=\sum_{n=0}^{\infty}x^n=1+x+x^2+\cdots+x^n+\cdots,x\in(-1,1)$;

(5) $\frac{1}{1+x}=\sum_{n=0}^{\infty}[(-1)^n x^n]=1-x+x^2-\cdots+(-1)^n x^n+\cdots,x\in(-1,1)$;

(6) $\ln(1+x)=\sum_{n=0}^{\infty}\left[(-1)^n\frac{x^{n+1}}{n+1}\right]=x-\frac{x^2}{2}+\frac{x^3}{3}-\cdots+(-1)^n\frac{x^{n+1}}{n+1}+\cdots,x\in(-1,1]$.

最后,我们举一些将函数展开成泰勒级数的例子.

例 5　将函数 $f(x)=\sin x$ 展开成 $x-\frac{\pi}{4}$ 的幂级数.

解　令 $t=x-\frac{\pi}{4}$,则 $x=t+\frac{\pi}{4}$,
$$\sin x=\sin\left(t+\frac{\pi}{4}\right)=\frac{\sqrt{2}}{2}(\sin t+\cos t)$$

$$=\frac{\sqrt{2}}{2}\left\{\sum_{n=0}^{\infty}\left[\frac{(-1)^n}{(2n+1)!}t^{2n+1}\right]+\sum_{n=0}^{\infty}\left[\frac{(-1)^n}{(2n)!}t^{2n}\right]\right\}\ (t\in(-\infty,+\infty))$$

$$=\frac{\sqrt{2}}{2}\left\{\sum_{n=0}^{\infty}\left[\frac{(-1)^n}{(2n+1)!}\left(x-\frac{\pi}{4}\right)^{2n+1}\right]+\sum_{n=0}^{\infty}\left[\frac{(-1)^n}{(2n)!}\left(x-\frac{\pi}{4}\right)^{2n}\right]\right\}$$

$$=\frac{\sqrt{2}}{2}\left[1+\left(x-\frac{\pi}{4}\right)-\frac{1}{2!}\left(x-\frac{\pi}{4}\right)^2-\frac{1}{3!}\left(x-\frac{\pi}{4}\right)^3+\cdots+\right.$$

$$\left.\frac{(-1)^n}{(2n)!}\left(x-\frac{\pi}{4}\right)^{2n}+\frac{(-1)^n}{(2n+1)!}\left(x-\frac{\pi}{4}\right)^{2n+1}+\cdots\right],x\in(-\infty,+\infty).$$

例 6 将函数 $f(x)=\mathrm{e}^x$ 展开成 $x-2$ 的幂级数.

解 令 $x-2=t$,则 $x=t+2$,

$$\mathrm{e}^x=\mathrm{e}^{t+2}=\mathrm{e}^2\mathrm{e}^t=\mathrm{e}^2\sum_{n=0}^{\infty}\left(\frac{1}{n!}t^n\right)=\sum_{n=0}^{\infty}\left[\frac{\mathrm{e}^2}{n!}(x-2)^n\right],x\in(-\infty,+\infty).$$

例 7 将函数 $f(x)=\dfrac{1}{x^2-2x-3}$ 展开成 $x-1$ 的幂级数.

解 因为 $f(x)=\dfrac{1}{x^2-2x-3}=\dfrac{1}{(x-3)(x+1)}=\dfrac{1}{4(x-3)}-\dfrac{1}{4(x+1)}$

$$=\frac{1}{-8\left(1-\frac{x-1}{2}\right)}-\frac{1}{8\left(1+\frac{x-1}{2}\right)}$$

$$=-\frac{1}{8}\sum_{n=0}^{\infty}\left(\frac{x-1}{2}\right)^n-\frac{1}{8}\sum_{n=0}^{\infty}\left[(-1)^n\left(\frac{x-1}{2}\right)^n\right]$$

$$=\sum_{n=0}^{\infty}\left\{\frac{-1}{2^{n+3}}[1+(-1)^n](x-1)^n\right\},x\in(-1,3).$$

习题 12-4

1. 将下列函数展开成 x 的幂级数,并求展开式成立的区间:

(1) $\dfrac{1}{3-x}$;　　(2) $\ln(2+x)$;

(3) e^{x^2+2};　　(4) $\arctan x$;

(5) $(1+x)\ln(1+x)$;　　(6) $\dfrac{1}{x^2+3x+2}$.

2. 将下列函数展开成 $x-x_0$ 的幂级数,并求展开式成立的区间:

(1) $\ln(1+x),x_0=2$;　　(2) $\dfrac{1}{2+x},x_0=2$;

(3) $\mathrm{e}^{2x+1},x_0=1$;　　(4) $\dfrac{1}{x^2-5x+6},x_0=5$;

(5) $\cos x,x_0=-\dfrac{\pi}{3}$.

第五节　函数的幂级数展开式的应用

将函数展开成幂级数不仅能够帮助研究函数，而且能够按照给定的精确度要求，计算函数值的近似值和定积分的近似值.

一、近似计算

1. 函数值的近似计算

例 1　计算 e 的近似值，要求误差不超过 0.000 1.

解　$e^x=\sum_{n=0}^{\infty}\frac{x^n}{n!}=1+x+\frac{1}{2!}x^2+\frac{1}{3!}x^3+\cdots+\frac{1}{n!}x^n+\cdots, x\in(-\infty,+\infty).$

令 $x=1$，得

$$e=\sum_{n=0}^{\infty}\frac{1}{n!}=1+1+\frac{1}{2!}+\frac{1}{3!}+\cdots+\frac{1}{n!}+\cdots$$

若取前$(n+1)$项的和作为 e 的近似值，即

$$e\approx 1+1+\frac{1}{2!}+\frac{1}{3!}+\cdots+\frac{1}{n!},$$

则误差

$$\begin{aligned}|R_n|&=\frac{1}{(n+1)!}+\frac{1}{(n+2)!}+\cdots\\&=\frac{1}{(n+1)!}\left[1+\frac{1}{n+2}+\frac{1}{(n+2)(n+3)}+\cdots\right]\\&<\frac{1}{(n+1)!}\left[1+\frac{1}{n+1}+\frac{1}{(n+1)^2}+\cdots\right]\\&=\frac{1}{(n+1)!}\frac{n+1}{n}\\&=\frac{1}{n\cdot n!},\end{aligned}$$

要使 $|R_n|<\frac{1}{n\cdot n!}<10^{-4}$，只要 $n\cdot n!>10^4$，取 $n=7$ 即可. 于是取前八项，每项最多取五位小数计算，得

$$\begin{aligned}e&\approx 1+1+\frac{1}{2!}+\frac{1}{3!}+\cdots+\frac{1}{7!}\\&\approx 2+0.5+0.166\,67+0.041\,67+0.008\,33+0.001\,39+0.000\,20\end{aligned}$$

$$\approx 2.718\ 26,$$

即
$$e \approx 2.718\ 3.$$

例 2 计算 ln2 的近似值,要求误差不超过 0.0001.

解
$$\ln(1+x)=x-\frac{x^2}{2}+\frac{x^3}{3}-\frac{x^4}{4}+\cdots+(-1)^n\frac{x^{n+1}}{n+1}+\cdots, x\in(-1,1]. \tag{5.1}$$

令 $x=1$,得

$$\ln 2 = 1-\frac{1}{2}+\frac{1}{3}-\frac{1}{4}+\cdots+(-1)^n\frac{1}{n+1}+\cdots$$

如果取此级数前 n 项的和作为 ln2 的近似值,理论上来说是可行的,其误差为

$$|R_n| = \left|(-1)^n\frac{1}{n+1}+(-1)^{n+1}\frac{1}{n+2}+\cdots\right| \leqslant \frac{1}{n+1},$$

为了保证误差不超过 0.000 1,就需要取级数的前 10 000 项进行计算,如此计算量太大了. 因此,我们需要寻找计算 ln2 更有效的方法. 实际上,我们可以用收敛较快的级数来代替它.

把上述展开式中 x 换成 $-x$,得

$$\ln(1-x) = -x-\frac{x^2}{2}-\frac{x^3}{3}-\frac{x^4}{4}-\cdots-\frac{x^{n+1}}{n+1}-\cdots, x\in[-1,1); \tag{5.2}$$

(5.1)、(5.2)两式相减,得到不含有偶次幂的展开式:

$$\ln\frac{1+x}{1-x} = \ln(1+x)-\ln(1-x)$$
$$= 2\left(x+\frac{x^3}{3}+\frac{x^5}{5}+\frac{x^7}{7}+\cdots+\frac{1}{2n+1}x^{2n+1}+\cdots\right), x\in(-1,1).$$

令 $\frac{1+x}{1-x}=2$,解出 $x=\frac{1}{3}$. 把 $x=\frac{1}{3}$ 代入上式,得

$$\ln 2 = 2\left(\frac{1}{3}+\frac{1}{3}\cdot\frac{1}{3^3}+\frac{1}{5}\cdot\frac{1}{3^5}+\frac{1}{7}\cdot\frac{1}{3^7}+\cdots+\frac{1}{2n+1}\cdot\frac{1}{3^{2n+1}}+\cdots\right),$$

如果取前四项作为 ln2 的近似值,那么误差为

$$|R_4| = 2\left(\frac{1}{9}\cdot\frac{1}{3^9}+\frac{1}{11}\cdot\frac{1}{3^{11}}+\frac{1}{13}\cdot\frac{1}{3^{13}}+\cdots+\frac{1}{2n+1}\cdot\frac{1}{3^{2n+1}}+\cdots\right)$$
$$< \frac{2}{3^{11}}\left[1+\frac{1}{9}+\left(\frac{1}{9}\right)^2+\cdots+\left(\frac{1}{9}\right)^n+\cdots\right]$$
$$= \frac{2}{3^{11}}\cdot\frac{1}{1-\frac{1}{9}} = \frac{1}{4\cdot 3^9} < \frac{1}{70\ 000},$$

于是取近似值为

$$\ln 2 \approx 2\left(\frac{1}{3}+\frac{1}{3}\cdot\frac{1}{3^3}+\frac{1}{5}\cdot\frac{1}{3^5}+\frac{1}{7}\cdot\frac{1}{3^7}\right)\approx 0.693\ 1.$$

2. 定积分的近似计算

例 3　计算定积分

$$I=\int_0^1 \frac{\sin x}{x}\mathrm{d}x$$

的近似值，要求误差不超过 0.000 1.

解　因为$\lim\limits_{x\to 0}\frac{\sin x}{x}=1$，所以这个积分不是广义积分，只需定义被积函数在 $x=0$ 处的值为 1，那么它在积分区间[0,1]上就是连续的.

因为　$\sin x=x-\frac{x^3}{3!}+\frac{x^5}{5!}-\frac{x^7}{7!}+\cdots+(-1)^n\frac{x^{2n+1}}{(2n+1)!}+\cdots, x\in(-\infty,+\infty)$,

所以　$\frac{\sin x}{x}=1-\frac{x^2}{3!}+\frac{x^4}{5!}-\frac{x^6}{7!}+\cdots+(-1)^n\frac{x^{2n}}{(2n+1)!}+\cdots, x\in(-\infty,+\infty)$.

在区间[0,1]上逐项积分，得

$$\int_0^1\frac{\sin x}{x}\mathrm{d}x=1-\frac{1}{3\cdot 3!}+\frac{1}{5\cdot 5!}-\frac{1}{7\cdot 7!}+\cdots+(-1)^n\frac{1}{(2n+1)\cdot(2n+1)!}+\cdots.$$

因为第四项的绝对值

$$\frac{1}{7\cdot 7!}=\frac{1}{35\ 280}<\frac{1}{30\ 000},$$

所以取前三项的和作为积分的近似值：

$$\int_0^1\frac{\sin x}{x}\mathrm{d}x\approx 1-\frac{1}{3\cdot 3!}+\frac{1}{5\cdot 5!}\approx 0.946\ 1.$$

例 4　计算定积分

$$\frac{2}{\sqrt{\pi}}\int_0^{\frac{1}{2}}\mathrm{e}^{-x^2}\mathrm{d}x$$

的近似值，要求误差不超过 0.000 1$\left(\text{取}\frac{1}{\sqrt{\pi}}\approx 0.564\ 19\right)$.

解　因为 $\mathrm{e}^x=1+x+\frac{1}{2!}x^2+\frac{1}{3!}x^3+\cdots+\frac{1}{n!}x^n+\cdots, x\in(-\infty,+\infty)$,

所以　$\mathrm{e}^{-x^2}=1+(-x^2)+\frac{(-x^2)^2}{2!}+\frac{(-x^2)^3}{3!}+\cdots+\frac{(-x^2)^n}{n!}+\cdots$

$$=\sum_{n=0}^{\infty}\left[(-1)^n\frac{x^{2n}}{n!}\right],\ x\in(-\infty,+\infty).$$

在区间$\left[0,\frac{1}{2}\right]$上逐项积分,得

$$\begin{aligned}\frac{2}{\sqrt{\pi}}\int_0^{\frac{1}{2}}e^{-x^2}dx&=\frac{2}{\sqrt{\pi}}\int_0^{\frac{1}{2}}\left\{\sum_{n=0}^{\infty}\left[\frac{(-1)^n}{n!}x^{2n}\right]\right\}dx\\&=\frac{2}{\sqrt{\pi}}\sum_{n=0}^{\infty}\left[\frac{(-1)^n}{n!}\int_0^{\frac{1}{2}}x^{2n}dx\right]=\frac{2}{\sqrt{\pi}}\sum_{n=0}^{\infty}\left[\frac{(-1)^n}{n!}\frac{\left(\frac{1}{2}\right)^{2n+1}}{2n+1}\right]\\&=\frac{1}{\sqrt{\pi}}\sum_{n=0}^{\infty}\frac{(-1)^n}{2^{2n}(2n+1)\cdot n!}\\&=\frac{1}{\sqrt{\pi}}\left[1-\frac{1}{2^2\cdot 3}+\frac{1}{2^4\cdot 5\cdot 2!}-\frac{1}{2^6\cdot 7\cdot 3!}+\cdots+\frac{(-1)^n}{2^{2n}(2n+1)n!}+\cdots\right].\end{aligned}$$

取前四项的和作为近似值,其误差为

$$|R_4|\leqslant\frac{1}{\sqrt{\pi}}\frac{1}{2^8\cdot 9\cdot 4!}<\frac{1}{90\ 000},$$

因此

$$\frac{2}{\sqrt{\pi}}\int_0^{\frac{1}{2}}e^{-x^2}dx\approx\frac{1}{\sqrt{\pi}}\left(1-\frac{1}{2^2\cdot 3}+\frac{1}{2^4\cdot 5\cdot 2!}-\frac{1}{2^6\cdot 7\cdot 3!}\right)\approx 0.520\ 5.$$

二、欧拉公式

定义 1 $\sum_{n=1}^{\infty}(u_n+iv_n)$(其中 u_n, v_n 为实常数或实函数($n=1,2,3,\cdots$)) (5.3)

称为复数项级数.

定义 2 若实部所成的级数 $\sum_{n=1}^{\infty}u_n$(5.4) 收敛于 u,虚部所成的级数 $\sum_{n=1}^{\infty}v_n$(5.5) 收敛于 v,称级数(5.3) 收敛,且其和为 $u+iv$.

定义 3 若级数 (5.3) 各项的模构成的级数 $\sum_{n=1}^{\infty}|u_n+iv_n|=\sum_{n=1}^{\infty}\sqrt{u_n^2+v_n^2}$ 收敛,称级数(5.3) 绝对收敛.

说明:若级数$\sum_{n=1}^{\infty}(u_n+iv_n)$ 绝对收敛,即$\sum_{n=1}^{\infty}|u_n+iv_n|=\sum_{n=1}^{\infty}\sqrt{u_n^2+v_n^2}$ 收敛,而 $|u_n|\leqslant\sqrt{u_n^2+v_n^2}$, $|v_n|\leqslant\sqrt{u_n^2+v_n^2}$,则级数(5.4) 和(5.5) 都绝对收敛,从而级数(5.4) 和(5.5) 都收敛,即级数(5.3) 收敛. 由此可见,若级数$\sum_{n=1}^{\infty}(u_n+iv_n)$ 绝对收敛,则此级数一定收敛.

定义 4　**复变量 $z=x+\mathrm{i}y$ 的指数函数为**

$$e^z=1+z+\frac{1}{2!}z^2+\frac{1}{3!}z^3+\cdots+\frac{1}{n!}z^n+\cdots(|z|<+\infty).$$

可以证明它在整个复平面上绝对收敛.

当 $y=0$ 时，$e^z=e^x$，它与实指数函数 e^x 的幂级数展开式一致；

当 $x=0$ 时，
$$\begin{aligned}e^z&=e^{\mathrm{i}y}=1+\mathrm{i}y+\frac{1}{2!}(\mathrm{i}y)^2+\frac{1}{3!}(\mathrm{i}y)^3+\cdots+\frac{1}{n!}(\mathrm{i}y)^n+\cdots\\&=\left[1-\frac{1}{2!}y^2+\frac{1}{4!}y^4-\cdots+\frac{(-1)^n}{(2n)!}y^{2n}+\cdots\right]+\\&\quad\mathrm{i}\left[y-\frac{1}{3!}y^3+\frac{1}{5!}y^5-\cdots+\frac{(-1)^n}{(2n+1)!}y^{2n+1}+\cdots\right]\\&=\cos y+\mathrm{i}\sin y.\end{aligned}$$

把 y 换成 x，得

$$e^{\mathrm{i}x}=\cos x+\mathrm{i}\sin x,\tag{5.6}$$

把 x 换成 $-x$，得

$$e^{-\mathrm{i}x}=\cos x-\mathrm{i}\sin x,\tag{5.7}$$

(5.6)和(5.7)式是欧拉公式.

利用(5.6)和(5.7)式相加、相减，得

$$\cos x=\frac{e^{\mathrm{i}x}+e^{-\mathrm{i}x}}{2},\sin x=\frac{e^{\mathrm{i}x}-e^{-\mathrm{i}x}}{2\mathrm{i}},$$

也是欧拉公式.

利用欧拉公式(5.6)可以得到复数的指数形式：

$z=x+\mathrm{i}y=\rho\cos\theta+\mathrm{i}\rho\sin\theta=\rho(\cos\theta+\mathrm{i}\sin\theta)=\rho e^{\mathrm{i}\theta}$(图 12-2)；

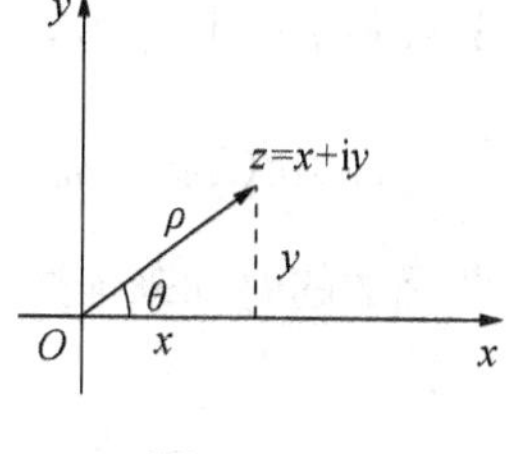

图 12-2

利用欧拉公式(5.6)得

$$(\cos\theta+\mathrm{i}\sin\theta)^n=(e^{\mathrm{i}\theta})^n=e^{\mathrm{i}n\theta}=\cos n\theta+\mathrm{i}\sin n\theta;$$

利用幂级数的乘法，不难验证

$$e^{z_1+z_2}=e^{z_1}e^{z_2},$$

特别地，
$$e^{x+\mathrm{i}y}=e^xe^{\mathrm{i}y}=e^x(\cos y+\mathrm{i}\sin y),$$

从而
$$|e^{x+\mathrm{i}y}|=|e^xe^{\mathrm{i}y}|=|e^x(\cos y+\mathrm{i}\sin y)|=e^x.$$

习题 12 - 5

1. 利用函数的幂级数展开式求下列各数的近似值(误差不超过 0.000 1):

(1) $\sqrt{2}$; (2) $\cos 1°$; (3) $\ln\frac{3}{2}$.

2. 利用被积函数的幂级数展开式求下列定积分的近似值:

(1) $\int_0^1 \cos x^2 \mathrm{d}x$(误差不超过 0.001);

(2) $\int_0^{\frac{1}{2}} \frac{\arctan x}{x}\mathrm{d}x$(误差不超过 0.001);

(3) $\int_0^{\frac{1}{2}} \frac{1}{x^2}(\mathrm{e}^{x^2}-1)\mathrm{d}x$(误差不超过 0.000 1).

第六节 傅里叶级数

前几节我们讨论了幂级数,从本节开始将研究另一类重要的函数项级数——三角级数.

一、三角级数及三角函数系的正交性

在现实生活中,我们常会遇到周期运动,常见的一类简单的周期运动可以用函数 $y=A\sin(\omega t+\varphi)\left(T=\frac{2\pi}{\omega}\right)$来表示. 对于一些较为复杂的周期运动,有的可以表示为 n 个周期函数 $A_1\sin(\omega t+\varphi_1)$, $A_2\sin(2\omega t+\varphi_2)$, …, $A_n\sin(n\omega t+\varphi_n)$ 的叠加,即 $y=\sum_{k=1}^{n}[A_k\sin(k\omega t+\varphi_k)](k=1,2,\cdots,n)$,而对于一些更加复杂的周期运动,可以用无穷多个周期函数的叠加来描述:

$$A_0+\sum_{n=1}^{\infty}[A_n\sin(n\omega t+\varphi_n)],\text{其中 } A_0, A_n, \varphi_n(n=1,2,3,\cdots)\text{ 都是常数.} \tag{6.1}$$

为了今后研究的方便,我们将做如下处理:

$$A_n\sin(n\omega t+\varphi_n)=A_n\sin\varphi_n\cos n\omega t+A_n\cos\varphi_n\sin n\omega t,$$

并记 $$\omega t=x, A_0=\frac{a_0}{2}, A_n\sin\varphi_n=a_n, A_n\cos\varphi_n=b_n(n=1,2,3,\cdots),$$

则级数(6.1)可以改写为:

$$\frac{a_0}{2}+\sum_{n=1}^{\infty}(a_n\cos nx+b_n\sin nx). \tag{6.2}$$

定义　**级数**(6.2)**称为三角级数,其中** $a_0,a_n,b_n(n=1,2,3,\cdots)$**是常数.**

在三角级数(6.2)中,各项的函数分别为:

$$1,\ \cos x,\sin x,\ \cos 2x,\sin 2x,\cdots,\ \cos nx,\sin nx,\cdots \tag{6.3}$$

称它们为组成三角级数(6.2)的三角函数系.

在三角函数系(6.3)中,当 m,n 为正整数时,不难验证其中任何两个不同函数乘积在区间$[-\pi,\pi]$上的积分等于零,即

$$\begin{aligned}&\int_{-\pi}^{\pi}\cos nx\,dx=0(n=1,2,3,\cdots),\\&\int_{-\pi}^{\pi}\sin nx\,dx=0(n=1,2,3,\cdots),\\&\int_{-\pi}^{\pi}\sin kx\cos nx\,dx=0(k,n=1,2,3,\cdots),\\&\int_{-\pi}^{\pi}\cos kx\cos nx\,dx=0(k,n=1,2,3,\cdots,k\neq n),\\&\int_{-\pi}^{\pi}\sin kx\sin nx\,dx=0(k,n=1,2,3,\cdots,k\neq n),\end{aligned} \tag{6.4}$$

称这个三角函数系在区间$[-\pi,\pi]$上是**正交**的.

此外,三角函数系(6.3)中的任意两个相同函数的乘积在区间$[-\pi,\pi]$上的积分不等于零,

$$\int_{-\pi}^{\pi}1^2\,dx=2\pi,\int_{-\pi}^{\pi}\sin^2 nx\,dx=\pi,\int_{-\pi}^{\pi}\cos^2 nx\,dx=\pi(n=1,2,3,\cdots). \tag{6.5}$$

二、函数展开成傅里叶级数

在第四节中,函数 $f(x)$展开成幂级数 $\sum\limits_{n=0}^{\infty}[a_n(x-x_0)^n]$时,其系数 a_n 与 $f(x)$的各阶导数有关,即

$$a_n=\frac{f^{(n)}(x_0)}{n!}\quad(n=0,1,2,\cdots).$$

那么当 $f(x)$是以 2π 为周期的周期函数,且能展开成三角级数即

$$f(x)=\frac{a_0}{2}+\sum_{k=1}^{\infty}(a_k\cos kx+b_k\sin kx) \tag{6.6}$$

的时候,其系数 $a_0,a_1,b_1,\cdots$与函数 $f(x)$之间存在怎样的关系呢?是否可以像幂级数那样,用$f(x)$把 $a_0,a_1,b_1,\cdots$表达出来?

假设级数(6.6)式右端的级数可以逐项积分,我们分别用 $1,\cos nx,\sin nx$ 乘以(6.6)式两端,再对它从$-\pi$到 π 逐项积分,有

$$\int_{-\pi}^{\pi} f(x)\mathrm{d}x = \int_{-\pi}^{\pi} \frac{a_0}{2}\mathrm{d}x + \sum_{k=1}^{\infty}\left[a_k\int_{-\pi}^{\pi}\cos kx\,\mathrm{d}x + b_k\int_{-\pi}^{\pi}\sin kx\,\mathrm{d}x\right],$$

$$\int_{-\pi}^{\pi}(f(x)\cos nx)\,\mathrm{d}x = \frac{a_0}{2}\int_{-\pi}^{\pi}\cos nx\,\mathrm{d}x + \sum_{k=1}^{\infty}\left[a_k\int_{-\pi}^{\pi}(\cos kx\cos nx)\,\mathrm{d}x + b_k\int_{-\pi}^{\pi}(\sin kx\cos nx)\,\mathrm{d}x\right],$$

$$\int_{-\pi}^{\pi}(f(x)\sin nx)\,\mathrm{d}x = \frac{a_0}{2}\int_{-\pi}^{\pi}\sin nx\,\mathrm{d}x + \sum_{k=1}^{\infty}\left[a_k\int_{-\pi}^{\pi}(\cos kx\sin nx)\,\mathrm{d}x + b_k\int_{-\pi}^{\pi}(\sin kx\sin nx)\,\mathrm{d}x\right].$$

根据三角函数系(6.3)的正交性,得

$$\int_{-\pi}^{\pi} f(x)\mathrm{d}x = \frac{a_0}{2}\cdot 2\pi = a_0\pi,$$

$$\int_{-\pi}^{\pi}(f(x)\cos nx)\,\mathrm{d}x = a_n\int_{-\pi}^{\pi}\cos^2 nx\,\mathrm{d}x = a_n\pi \quad (n=1,2,3,\cdots),$$

$$\int_{-\pi}^{\pi}(f(x)\sin nx)\,\mathrm{d}x = b_n\int_{-\pi}^{\pi}\sin^2 nx\,\mathrm{d}x = b_n\pi \quad (n=1,2,3,\cdots),$$

因此
$$\begin{cases} a_n = \dfrac{1}{\pi}\displaystyle\int_{-\pi}^{\pi}(f(x)\cos nx)\,\mathrm{d}x, & n=0,1,2,\cdots, \\ b_n = \dfrac{1}{\pi}\displaystyle\int_{-\pi}^{\pi}(f(x)\sin nx)\,\mathrm{d}x, & n=1,2,3,\cdots. \end{cases}$$

由此得到如下结论:

设 $f(x)$是周期为 2π 的周期函数,且

$$f(x) = \frac{a_0}{2} + \sum_{k=1}^{\infty}(a_k\cos kx + b_k\sin kx).$$

假设右端级数可逐项积分,则有

$$\begin{cases} a_n = \dfrac{1}{\pi}\displaystyle\int_{-\pi}^{\pi}(f(x)\cos nx)\,\mathrm{d}x, & n=0,1,2,\cdots, \\ b_n = \dfrac{1}{\pi}\displaystyle\int_{-\pi}^{\pi}(f(x)\sin nx)\,\mathrm{d}x, & n=1,2,3,\cdots. \end{cases} \tag{6.7}$$

由公式(6.7)确定的系数 $a_0, a_1, b_1, \cdots$称为函数 $f(x)$的**傅里叶系数**,以 $f(x)$的傅里叶系数为系数的三角级数(6.2)称为函数 $f(x)$的**傅里叶级数**.

一个定义在$(-\infty,+\infty)$上周期为 2π 的函数 $f(x)$,如果它在一个周期上可积,那么一定可以作出 $f(x)$的傅里叶级数,但傅里叶级数不一定收敛,即使它收敛,其和函数也不一定是 $f(x)$,这就产生了一个问题:

函数 $f(x)$需要满足怎样的条件,它的傅里叶级数收敛,且收敛于 $f(x)$? 换句话说,$f(x)$满足什么条件才能展开成傅里叶级数?

为解决这个问题,我们给出下面的定理:

定理（收敛定理）　设 $f(x)$ 是周期为 2π 的周期函数，且满足

（1）在一个周期内连续或只有有限个第一类间断点；

（2）在一个周期内至多只有有限个极值点，

则 $f(x)$ 的傅里叶级数收敛，并且在连续点 x 处，级数收敛于 $f(x)$；

在间断点 x 处，级数收敛于 $\dfrac{f(x^+)+f(x^-)}{2}$.

例 1　设 $f(x)$ 是以 2π 为周期的周期函数，它在 $[-\pi,\pi)$ 上的表达式为

$$f(x)=\begin{cases}-1, & -\pi\leqslant x<0,\\ 1, & 0\leqslant x<\pi,\end{cases}$$

将 $f(x)$ 展开成傅里叶级数，并作出级数的和函数的图形.

解　所给函数满足收敛定理的条件，它在 $x=k\pi(k=0,\pm1,\pm2,\cdots)$ 处不连续，在其他点处连续，从而由收敛定理知函数 $f(x)$ 的傅里叶级数收敛，且当 $x\neq k\pi$ 时，级数收敛于 $f(x)$，当 $x=k\pi$ 时，级数收敛于 $\dfrac{-1+1}{2}=0$.

$f(x)$ 的傅里叶系数为：

$$a_n=\frac{1}{\pi}\int_{-\pi}^{\pi}f(x)\cos nx\,\mathrm{d}x=\frac{1}{\pi}\left[\int_{-\pi}^{0}(-\cos nx)\,\mathrm{d}x+\int_{0}^{\pi}\cos nx\,\mathrm{d}x\right]=0\quad(n=0,1,2,\cdots);$$

$$\begin{aligned}b_n&=\frac{1}{\pi}\int_{-\pi}^{\pi}f(x)\sin nx\,\mathrm{d}x=\frac{1}{\pi}\left[\int_{-\pi}^{0}(-\sin nx)\,\mathrm{d}x+\int_{0}^{\pi}\sin nx\,\mathrm{d}x\right]\\&=\frac{1}{n\pi}\cos nx\Big|_{-\pi}^{0}-\frac{1}{n\pi}\cos nx\Big|_{0}^{\pi}=\frac{2}{n\pi}(1-\cos n\pi)=\frac{2}{n\pi}[1-(-1)^n]\\&=\begin{cases}\dfrac{4}{n\pi}, & n=1,3,5,\cdots,\\ 0, & n=2,4,6,\cdots.\end{cases}\end{aligned}$$

故 $f(x)=\sum\limits_{n=1}^{\infty}b_n\sin nx=\dfrac{4}{\pi}\left[\sin x+\dfrac{1}{3}\sin 3x+\dfrac{1}{5}\sin 5x+\cdots+\dfrac{1}{2k-1}\sin(2k-1)x+\cdots\right](-\infty<x<+\infty,x\neq k\pi,k=0,\pm1,\pm2,\cdots)$.

级数和函数的图形如图 12－3 所示.

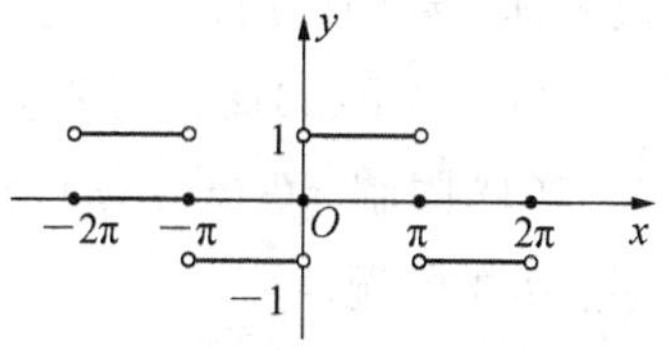

图 12－3

例 2　设 $f(x)$ 是以 2π 为周期的周期函数，它在 $[-\pi,\pi)$ 上的表达式为

$$f(x)=\begin{cases}0, & -\pi\leqslant x<0,\\ x, & 0\leqslant x<\pi,\end{cases}$$

将 $f(x)$ 展开成傅里叶级数，并作出级数和函数的图形.

解　所给函数满足收敛定理的条件，它在 $x=(2k+1)\pi(k=0,\pm1,\pm2,\cdots)$ 处不连续，在其他点处连续，从而由收敛定理知函数 $f(x)$ 的傅里叶级数收敛，且当 $x\neq(2k+1)\pi$ 时，级数收

敛于 $f(x)$,当 $x=(2k+1)\pi$ 时,级数收敛于$\frac{0+\pi}{2}=\frac{\pi}{2}$.

$f(x)$的傅里叶系数为:

$$a_0=\frac{1}{\pi}\int_{-\pi}^{\pi}f(x)\mathrm{d}x=\frac{1}{\pi}\int_0^{\pi}x\,\mathrm{d}x=\frac{\pi}{2};$$

$$\begin{aligned}a_n&=\frac{1}{\pi}\int_{-\pi}^{\pi}f(x)\cos nx\,\mathrm{d}x=\frac{1}{\pi}\int_0^{\pi}x\cos nx\,\mathrm{d}x=\frac{1}{n\pi}\int_0^{\pi}x\mathrm{d}\sin nx\\&=\frac{1}{n\pi}\left[x\sin nx\Big|_0^{\pi}-\int_0^{\pi}\sin nx\,\mathrm{d}x\right]=\frac{1}{n^2\pi}(\cos n\pi-1)\\&=\frac{1}{n^2\pi}[(-1)^n-1]=\begin{cases}-\frac{2}{n^2\pi}, & n=1,3,5,\cdots,\\0, & n=2,4,6,\cdots;\end{cases}\end{aligned}$$

$$\begin{aligned}b_n&=\frac{1}{\pi}\int_{-\pi}^{\pi}f(x)\sin nx\,\mathrm{d}x=\frac{1}{\pi}\int_0^{\pi}x\sin nx\,\mathrm{d}x=-\frac{1}{n\pi}\int_0^{\pi}x\mathrm{d}\cos nx\\&=-\frac{1}{n\pi}\left[x\cos nx\Big|_0^{\pi}-\int_0^{\pi}\cos nx\,\mathrm{d}x\right]=\frac{(-1)^{n+1}}{n}(n=1,2,3,\cdots).\end{aligned}$$

故
$$\begin{aligned}f(x)&=\frac{a_0}{2}+\sum_{n=1}^{\infty}(a_n\cos nx+b_n\sin nx)\\&=\frac{\pi}{4}+\left(-\frac{2}{\pi}\cos x+\sin x\right)-\frac{1}{2}\sin 2x+\left(-\frac{2}{3^2\pi}\cos 3x+\frac{1}{3}\sin 3x\right)+\cdots\\&\quad(-\infty<x<+\infty,x\neq(2k+1)\pi,k=0,\pm1,\pm2,\cdots).\end{aligned}$$

级数和函数的图形如图 12－4 所示:

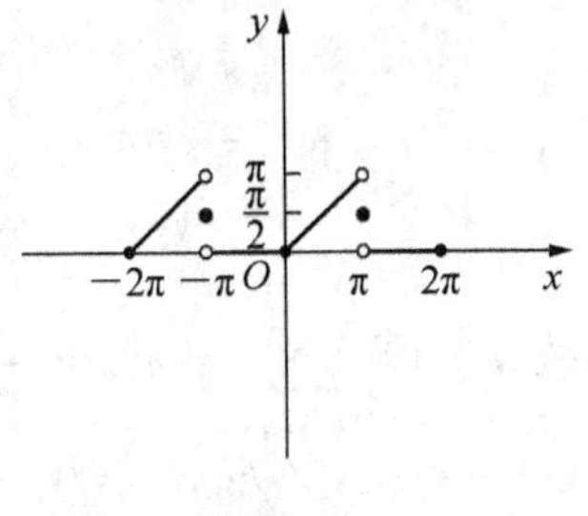

图 12－4

如果函数 $f(x)$只在$[-\pi,\pi]$上有定义,并且满足收敛定理的的条件,$f(x)$仍可以展开成傅里叶级数,方法如下:

(1) 在$[-\pi,\pi)$或$(-\pi,\pi]$外补充函数 $f(x)$的定义,使它被拓广成周期为 2π 的周期函数 $F(x)$,按这种方式拓广函数定义域的过程称为**周期延拓**;

(2) 将 $F(x)$展开成傅里叶级数;

(3) 限制 $x\in(-\pi,\pi)$,此时 $F(x)\equiv f(x)$,这样便得到 $f(x)$的傅里叶级数展开式,再考虑端点处的情况.

例 3 将函数 $f(x)=\begin{cases}-x, & -\pi\leqslant x<0,\\x, & 0\leqslant x\leqslant\pi\end{cases}$ 展开成傅里叶级数.

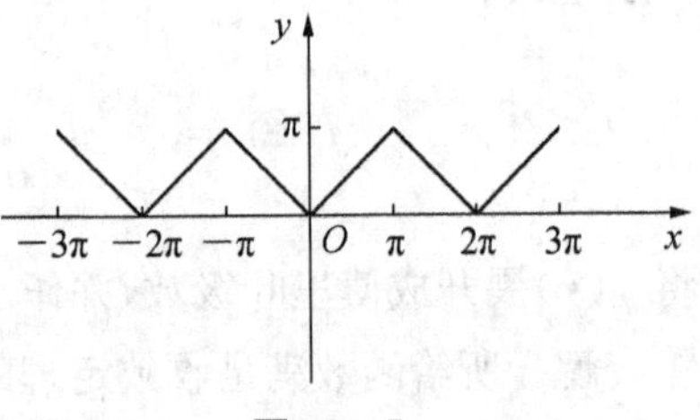

图 12－5

解 将函数 $f(x)$在$(-\infty,+\infty)$上以 2π 为周期作周期延拓,其图形如图 12－5 所示,因此拓广后的周期函数

$F(x)$在$(-\infty,+\infty)$上连续,故它的傅里叶级数在$[-\pi,\pi]$上收敛于$f(x)$.

傅里叶系数如下:

$$a_0=\frac{1}{\pi}\int_{-\pi}^{\pi}f(x)\mathrm{d}x=\frac{2}{\pi}\int_0^{\pi}x\mathrm{d}x=\frac{2}{\pi}\left[\frac{x^2}{2}\right]_0^{\pi}=\pi;$$

$$a_n=\frac{1}{\pi}\int_{-\pi}^{\pi}f(x)\cos nx\,\mathrm{d}x=\frac{2}{\pi}\int_0^{\pi}x\cos nx\,\mathrm{d}x=\frac{2}{\pi}\left[\frac{x\sin nx}{n}+\frac{\cos nx}{n^2}\right]_0^{\pi}$$

$$=\frac{2}{n^2\pi}(\cos n\pi-1)=\begin{cases}-\dfrac{4}{n^2\pi}, & n=1,3,5,\cdots,\\ 0, & n=2,4,6,\cdots;\end{cases}$$

$$b_n=\frac{1}{\pi}\int_{-\pi}^{\pi}f(x)\sin nx\,\mathrm{d}x=0\quad(n=1,2,3,\cdots).$$

故$f(x)$的傅里叶级数展开式为

$$f(x)=\frac{\pi}{2}-\frac{4}{\pi}\left(\cos x+\frac{1}{3^2}\cos 3x+\frac{1}{5^2}\cos 5x+\cdots\right)\quad(-\pi\leqslant x\leqslant\pi).$$

说明:利用此函数的傅里叶级数展开式,我们可以得到几个特殊级数的和.

令$x=0$,得

$$\frac{\pi}{2}-\frac{4}{\pi}\left(1+\frac{1}{3^2}+\frac{1}{5^2}+\cdots\right)=0,$$

即

$$1+\frac{1}{3^2}+\frac{1}{5^2}+\cdots=\frac{\pi^2}{8}.$$

设

$$\sigma=1+\frac{1}{2^2}+\frac{1}{3^2}+\frac{1}{4^2}+\cdots,\sigma_1=1+\frac{1}{3^2}+\frac{1}{5^2}+\frac{1}{7^2}+\cdots\left(=\frac{\pi^2}{8}\right),$$

$$\sigma_2=\frac{1}{2^2}+\frac{1}{4^2}+\frac{1}{6^2}+\frac{1}{8^2}+\cdots,\sigma_3=1-\frac{1}{2^2}+\frac{1}{3^2}-\frac{1}{4^2}+\cdots.$$

因为　$\sigma_2=\dfrac{\sigma}{4}=\dfrac{\sigma_1+\sigma_2}{4}$,所以　$\sigma_2=\dfrac{\sigma_1}{3}=\dfrac{\pi^2}{24}$;

从而

$$\sigma=\sigma_1+\sigma_2=\frac{\pi^2}{6},\sigma_3=\sigma_1-\sigma_2=\frac{\pi^2}{12}.$$

三、正弦级数、余弦级数

例1中$a_n=0$,例3中$b_n=0$,这与$f(x)$的奇偶性有密切联系.

当$f(x)$是奇函数时,$f(x)\cos nx$为奇函数,$f(x)\sin nx$为偶函数,于是傅里叶系数:

$$a_n=0,\ n=0,1,2,\cdots,$$

$$b_n = \frac{2}{\pi}\int_0^{\pi} f(x)\sin nx\,\mathrm{d}x, n = 1,2,3,\cdots,$$

从而 $f(x)$ 的傅里叶级数为 $\sum\limits_{n=1}^{\infty}(b_n \sin nx)$，它是只含正弦项的级数，称为**正弦级数**.

当 $f(x)$ 是偶函数时，$f(x)\cos nx$ 为偶函数，$f(x)\sin nx$ 为奇函数，于是傅里叶系数：

$$a_n = \frac{2}{\pi}\int_0^{\pi} f(x)\cos nx\,\mathrm{d}x,\ n = 0,1,2,\cdots,$$

$$b_n = 0,\ n = 1,2,3,\cdots,$$

从而 $f(x)$ 的傅里叶级数为 $\frac{a_0}{2} + \sum\limits_{n=1}^{\infty} a_n \cos nx$，它是只含常数项及余弦项的级数，称为**余弦级数**.

如果函数 $f(x)$ 仅在 $[0,\pi]$ 上有定义，并且满足收敛定理的条件，$f(x)$ 可以展开成正弦级数(余弦级数)，方法如下：

(1) 在开区间 $(-\pi,0)$ 内补充函数 $f(x)$ 的定义，使它被拓广为定义在 $(-\pi,\pi]$ 上的函数，且使它成为 $(-\pi,\pi)$ 上的奇函数(偶函数)，按这种方式拓广函数定义域的过程称为**奇延拓**(**偶延拓**)；

(2) 再将奇延拓(偶延拓)后的函数拓广为以 2π 为周期的周期函数 $F(x)$，并展开成傅里叶级数，即正弦级数(余弦级数)；

(3) 限制 $x\in(0,\pi)$，此时 $F(x)\equiv f(x)$，这样便得到 $f(x)$ 的正弦级数(余弦级数)，再考虑端点处的情况.

例 4 将函数 $f(x) = x+1(0 < x \leqslant \pi)$ 分别展开成正弦级数与余弦级数.

解 先展开成正弦级数.

将函数 $f(x)$ 奇延拓后再周期延拓成函数 $F(x)$，其图形如图 12-6 所示.

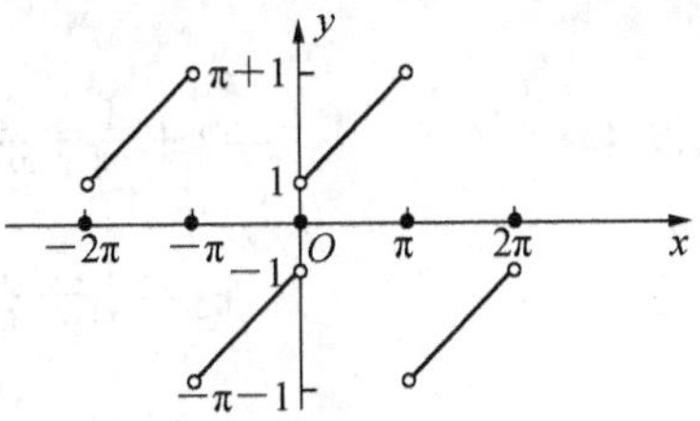

图 12 - 6

傅里叶系数为

$$a_n = 0, n = 0,1,2,\cdots,$$

$$\begin{aligned} b_n &= \frac{2}{\pi}\int_0^{\pi} f(x)\sin nx\,\mathrm{d}x = \frac{2}{\pi}\int_0^{\pi}(x+1)\sin nx\,\mathrm{d}x \\ &= \frac{2}{\pi}\left[-\frac{x\cos nx}{n} + \frac{\sin nx}{n^2} - \frac{\cos nx}{n}\right]_0^{\pi} = \frac{2}{n\pi}(1 - \pi\cos n\pi - \cos n\pi) \\ &= \begin{cases} \dfrac{2(\pi+2)}{n\pi}, & n = 1,3,5,\cdots, \\ -\dfrac{2}{n}, & n = 2,4,6,\cdots. \end{cases} \end{aligned}$$

因此

$$x+1=\frac{2}{\pi}\left[(\pi+2)\sin x-\frac{\pi}{2}\sin 2x+\frac{\pi+2}{3}\sin 3x-\frac{\pi}{4}\sin 4x+\cdots\right](0<x<\pi),$$

在端点 $x=\pi$ 处级数收敛到零,它不等于 $f(\pi)$.

再展开成余弦级数.

将函数 $f(x)$ 偶延拓后再周期延拓成函数 $F(x)$,其图形如图 12-7 所示.

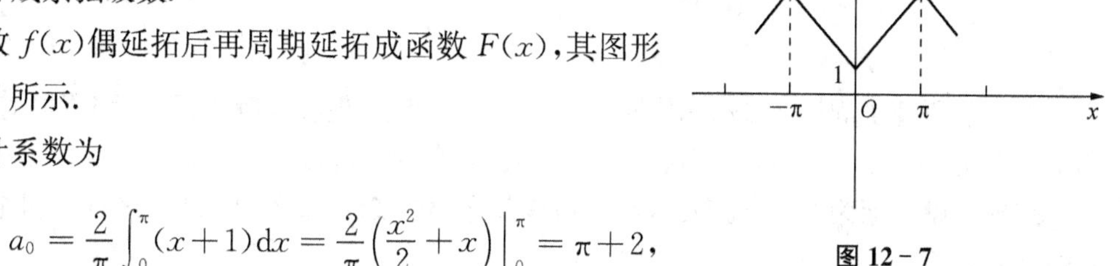

图 12-7

傅里叶系数为

$$a_0=\frac{2}{\pi}\int_0^{\pi}(x+1)\mathrm{d}x=\frac{2}{\pi}\left(\frac{x^2}{2}+x\right)\Big|_0^{\pi}=\pi+2,$$

$$\begin{aligned}a_n&=\frac{2}{\pi}\int_0^{\pi}(x+1)\cos nx\,\mathrm{d}x\\&=\frac{2}{\pi}\left[\frac{x\sin nx}{n}+\frac{\cos nx}{n^2}+\frac{\sin nx}{n}\right]_0^{\pi}\\&=\frac{2}{n^2\pi}(\cos n\pi-1)=\begin{cases}-\dfrac{4}{n^2\pi}, & n=1,3,5,\cdots,\\0, & n=2,4,6,\cdots.\end{cases}\end{aligned}$$

$b_n=0$.

因此 $$\begin{aligned}x+1&=\frac{\pi}{2}+1-\frac{4}{\pi}\sum_{k=1}^{\infty}\frac{1}{(2k-1)^2}\cos(2k-1)x\\&=\frac{\pi}{2}+1-\frac{4}{\pi}\left(\cos x+\frac{1}{3^2}\cos 3x+\frac{1}{5^2}\cos 5x+\cdots\right)(0<x\leqslant\pi).\end{aligned}$$

习题 12-6

1. 下列周期函数 $f(x)$ 的周期为 2π,将 $f(x)$ 展开成傅里叶级数,如果 $f(x)$ 在 $[-\pi,\pi)$ 上的表达式为:

(1) $f(x)=3-x(-\pi\leqslant x<\pi)$; (2) $f(x)=\mathrm{e}^{2x}(-\pi\leqslant x<\pi)$;

(3) $f(x)=\begin{cases}1+\dfrac{2x}{\pi}, & -\pi\leqslant x<0,\\1-\dfrac{2x}{\pi}, & 0\leqslant x<\pi.\end{cases}$

2. 将下列函数 $f(x)$ 展开成傅里叶级数:

(1) $f(x)=x^2(-\pi\leqslant x<\pi)$; (2) $f(x)=\begin{cases}2, & -\dfrac{\pi}{2}\leqslant x\leqslant\dfrac{\pi}{2},\\0, & -\pi\leqslant x<-\dfrac{\pi}{2},\dfrac{\pi}{2}<x\leqslant\pi.\end{cases}$

3. 将函数 $f(x)=\frac{\pi-x}{2}(0\leqslant x\leqslant\pi)$展开成正弦级数.

4. 将函数 $f(x)=2x+3(0\leqslant x\leqslant\pi)$展开成余弦级数.

第七节 一般周期函数的傅里叶级数

上一节研究了周期为 2π 的周期函数的傅里叶级数,但在实际应用中遇到的周期函数的周期不一定是 2π,可能是 $2l$,下面讨论这类函数的傅里叶级数.

定理 设周期为 $2l$ 的周期函数 $f(x)$满足收敛定理的条件,则在连续点 x 处它的傅里叶级数展开式为

$$f(x)=\frac{a_0}{2}+\sum_{n=1}^{\infty}\left(a_n\cos\frac{n\pi x}{l}+b_n\sin\frac{n\pi x}{l}\right),$$

其中

$$a_n=\frac{1}{l}\int_{-l}^{l}f(x)\cos\frac{n\pi x}{l}\mathrm{d}x\quad(n=0,1,2,\cdots),$$

$$b_n=\frac{1}{l}\int_{-l}^{l}f(x)\sin\frac{n\pi x}{l}\mathrm{d}x\quad(n=1,2,3,\cdots).$$

如果 $f(x)$为奇函数,那么 $f(x)=\sum_{n=1}^{\infty}b_n\sin\frac{n\pi x}{l}$,

其中 $$b_n=\frac{2}{l}\int_{0}^{l}f(x)\sin\frac{n\pi x}{l}\mathrm{d}x\quad(n=1,2,3,\cdots);$$

如果 $f(x)$ 为偶函数,那么 $f(x)=\frac{a_0}{2}+\sum_{n=1}^{\infty}a_n\cos\frac{n\pi x}{l}$,

其中 $$a_n=\frac{2}{l}\int_{0}^{l}f(x)\cos\frac{n\pi x}{l}\mathrm{d}x\quad(n=0,1,2,\cdots).$$

证 作变量替换 $z=\frac{\pi x}{l}$,当 $x\in[-l,l]$时,$z\in[-\pi,\pi]$,函数 $f(x)$可表示成 $f(x)=f\left(\frac{lz}{\pi}\right)=F(z)$,从而 $F(z)$是周期为 2π 的周期函数,且满足收敛定理的条件,因此,$F(z)$可以展开成为傅里叶级数

$$F(z)=\frac{a_0}{2}+\sum_{n=1}^{\infty}(a_n\cos nz+b_n\sin nz),$$

其中

$$a_n=\frac{1}{\pi}\int_{-\pi}^{\pi}F(z)\cos nz\,\mathrm{d}z\quad(n=0,1,2,\cdots),$$

$$b_n=\frac{1}{\pi}\int_{-\pi}^{\pi}F(z)\sin nz\,\mathrm{d}z\quad(n=1,2,3,\cdots).$$

由于 $z=\frac{\pi x}{l}$，$F(z)=f(x)$，

则
$$f(x)=\frac{a_0}{2}+\sum_{n=1}^{\infty}\left(a_n\cos\frac{n\pi x}{l}+b_n\sin\frac{n\pi x}{l}\right),$$

$$\begin{aligned}a_n&=\frac{1}{\pi}\int_{-\pi}^{\pi}F(z)\cos nz\,\mathrm{d}z=\frac{1}{\pi}\int_{-l}^{l}f(x)\cos\frac{n\pi x}{l}d\left(\frac{\pi x}{l}\right)\\&=\frac{1}{l}\int_{-l}^{l}f(x)\cos\frac{n\pi x}{l}\mathrm{d}x;\end{aligned}$$

$$\begin{aligned}b_n&=\frac{1}{\pi}\int_{-\pi}^{\pi}F(z)\sin nz\,\mathrm{d}z=\frac{1}{\pi}\int_{-l}^{l}f(x)\sin\frac{n\pi x}{l}d\left(\frac{\pi x}{l}\right)\\&=\frac{1}{l}\int_{-l}^{l}f(x)\sin\frac{n\pi x}{l}\mathrm{d}x;\end{aligned}$$

类似地，可以证明定理的其余部分.

定理给出了 $f(x)$在连续点处的傅里叶级数展开式，而在间断点 x 处，只要满足本章第六节定理的条件(1)、(2)，其傅里叶级数收敛于$\frac{f(x^+)+f(x^-)}{2}$.

例 1　设 $f(x)$是周期为 10 的周期函数，它在$[-5,5)$上的表达式为

$$f(x)=\begin{cases}0, & -5\leqslant x<0,\\3, & 0\leqslant x<5,\end{cases}$$

将它展开成傅里叶级数.

解　所给函数满足收敛定理的条件.

$f(x)$的傅里叶系数为：

$$a_0=\frac{1}{5}\int_{-5}^{5}f(x)\mathrm{d}x=\frac{1}{5}\int_{0}^{5}3\mathrm{d}x=3;$$

$$\begin{aligned}a_n&=\frac{1}{5}\int_{-5}^{5}f(x)\cos\frac{n\pi x}{5}\mathrm{d}x=\frac{1}{5}\int_{0}^{5}3\cos\frac{n\pi x}{5}\mathrm{d}x\\&=\frac{3}{5}\left[\frac{5}{n\pi}\sin\frac{n\pi x}{5}\right]_0^5=0(n=1,2,\cdots);\end{aligned}$$

$$\begin{aligned}b_n&=\frac{1}{5}\int_{-5}^{5}f(x)\sin\frac{n\pi x}{5}\mathrm{d}x=\frac{1}{5}\int_{0}^{5}3\sin\frac{n\pi x}{5}\mathrm{d}x\\&=\frac{3}{5}\left[-\frac{5}{n\pi}\cos\frac{n\pi x}{5}\right]_0^5=\frac{3(1-\cos n\pi)}{n\pi}\\&=\frac{3[1-(-1)^n]}{n\pi}=\begin{cases}0, & n=2,4,6,\cdots,\\\frac{6}{n\pi}, & n=1,3,5,\cdots;\end{cases}\end{aligned}$$

所以 $f(x)$的傅里叶级数为

$$f(x)=\frac{3}{2}+\frac{6}{\pi}\left(\sin\frac{\pi x}{5}+\frac{1}{3}\sin\frac{3\pi x}{5}+\frac{1}{5}\sin\frac{5\pi x}{5}+\cdots\right)$$
$$(-\infty<x<+\infty,x\neq 5k,k=0,\pm 1,\pm 2,\cdots).$$

例 2 将函数 $f(x)=x^2(0\leqslant x\leqslant 2)$展开成正弦级数和余弦级数.

解 先展开成正弦级数.

将 $f(x)$奇延拓后再以 4 为周期进行周期延拓,得到一个以 4 为周期的周期函数,其图形如图 12-8 所示.

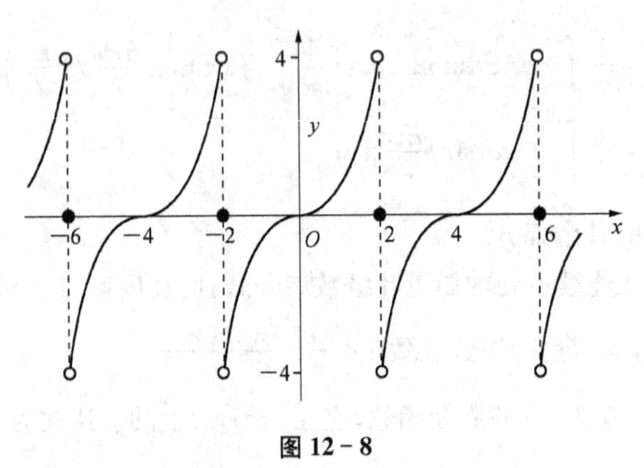

图 12-8

傅里叶系数为

$$a_n=0(n=0,1,2,\cdots),$$

$$b_n=\frac{2}{2}\int_0^2 x^2\sin\frac{n\pi x}{2}dx=-\frac{2}{n\pi}\int_0^2 x^2 d\cos\frac{n\pi x}{2}=-\frac{8}{n\pi}\cos n\pi+\frac{4}{n\pi}\int_0^2 x\cos\frac{n\pi x}{2}dx$$
$$=-\frac{8}{n\pi}\cos n\pi+\frac{8}{n^2\pi^2}\int_0^2 x d\sin\frac{n\pi x}{2}=-\frac{8}{n\pi}\cos n\pi+\frac{16}{n^3\pi^2}(\cos n\pi-1)$$
$$=(-1)^{n+1}\frac{8}{n\pi}+\frac{16}{n^3\pi^3}[(-1)^n-1](n=1,2,3,\cdots),$$

因此

$$x^2=\sum_{n=1}^{\infty}\left[(-1)^{n+1}\frac{8}{n\pi}+\frac{16}{n^3\pi^3}[(-1)^n-1]\right]\cdot\sin\frac{n\pi x}{2}\ (0\leqslant x<2).$$

在端点 $x=2$ 处级数收敛到 0,它不等于 $f(x)$.

再展开成余弦级数.

将 $f(x)$偶延拓后再以 4 为周期进行周期延拓,便可得到一个以 4 为周期的周期函数,其图形如图 12-9 所示.

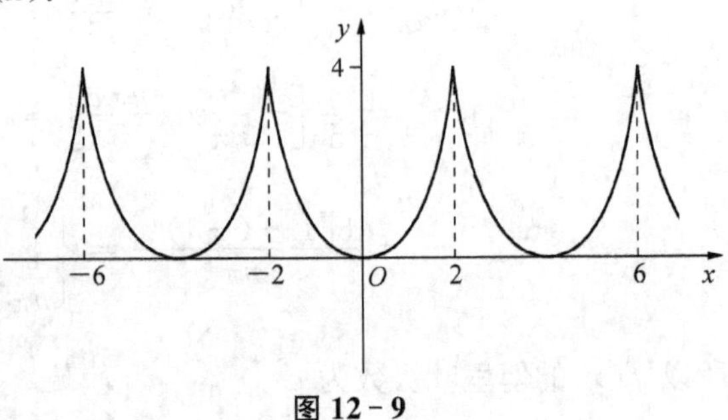

图 12-9

傅里叶系数为

$$a_0=\frac{2}{2}\int_0^2 x^2\mathrm{d}x=\frac{8}{3},$$

$$\begin{aligned}a_n&=\frac{2}{2}\int_0^2 x^2\cos\frac{n\pi x}{2}\mathrm{d}x=\frac{2}{n\pi}\int_0^2 x^2\mathrm{d}\sin\frac{n\pi x}{2}\\&=-\frac{4}{n\pi}\int_0^2 x\sin\frac{n\pi x}{2}\mathrm{d}x=\frac{8}{n^2\pi^2}\int_0^2 x\mathrm{d}\cos\frac{n\pi x}{2}\\&=\frac{16}{n^2\pi^2}\cos n\pi=(-1)^n\frac{16}{n^2\pi^2}(n=1,2,3,\cdots),\end{aligned}$$

$$b_n=0(n=1,2,3,\cdots).$$

因此

$$x^2=\frac{4}{3}+\sum_{n=1}^{\infty}(-1)^n\frac{16}{n^2\pi^2}\cos\frac{n\pi x}{2}\ (0\leqslant x\leqslant 2).$$

习题 12－7

1. 将下列周期函数展开成傅里叶级数，函数 $f(x)$ 在一个周期内的表达式为

(1) $f(x)=10-x(-5\leqslant x\leqslant 5)$；

(2) $f(x)=\begin{cases}x, & -1\leqslant x<0,\\ 1, & 0\leqslant x<\frac{1}{2},\\ -1, & \frac{1}{2}\leqslant x<1.\end{cases}$

2. 将函数 $f(x)=\begin{cases}\pi, & 0\leqslant x<1,\\ 0, & 1\leqslant x\leqslant 2\end{cases}$ 展开成正弦级数.

3. 将函数 $f(x)=\begin{cases}\frac{x}{2}, & 0\leqslant x<\frac{l}{2},\\ \frac{l-x}{2}, & \frac{l}{2}\leqslant x\leqslant l\end{cases}$ 展开成余弦级数.

总习题十二

1. 填空题：

(1) 若级数 $\sum_{n=1}^{\infty}(u_n-1)$ 收敛，则 $\lim_{n\to\infty}u_n=$ ________.

(2) 若级数 $\sum_{n=1}^{\infty}u_n$ 收敛，则级数 $\sum_{n=1}^{\infty}(u_n+10)$ ________(填“收敛”或“发散”).

(3) 设幂级数 $\sum_{n=1}^{\infty}a_nx^n$ 的收敛半径为 3，则幂级数 $\sum_{n=1}^{\infty}[na_n(x-1)^{n+1}]$ 的收敛区间为________.

(4) $\lim_{n\to\infty}\left(\frac{1}{2}+\frac{3}{2^2}+\cdots+\frac{2n-1}{2^n}\right)=$ ________.

2. 选择题:

(1) 若正项级数 $\sum_{n=1}^{\infty} a_n$ 收敛,C 为常数,则级数一定收敛的是 (　　)

A. $\sum_{n=1}^{\infty} Ca_n$　　B. $\sum_{n=1}^{\infty} \sqrt{a_n}$

C. $\sum_{n=1}^{\infty} (a_n + C)^2$　　D. $\sum_{n=1}^{\infty} (a_n + C)$

(2) 下列级数中收敛的是 (　　)

A. $\sum_{n=1}^{\infty} \left(\frac{5}{4}\right)^{n-1}$　　B. $\sum_{n=1}^{\infty} \left(\frac{4}{5}\right)^{n-1}$

C. $\sum_{n=1}^{\infty} (-1)^{n-1} \left(\frac{5}{4}\right)^{n-1}$　　D. $\sum_{n=1}^{\infty} \left(\frac{5}{4} + \frac{4}{5}\right)^{n-1}$

(3) 下列级数中条件收敛的是 (　　)

A. $\sum_{n=1}^{\infty} \frac{(-1)^n}{n^2}$　　B. $\sum_{n=1}^{\infty} \frac{(-1)^n}{2^n}$

C. $\sum_{n=1}^{\infty} \frac{(-1)^n}{\sqrt[3]{n+1}}$　　D. $\sum_{n=1}^{\infty} (-1)^n \frac{2n+1}{2n-1}$

(4) 部分和数列 $\{s_n\}$ 有界是正项级数 $\sum_{n=1}^{\infty} u_n$ 收敛的 (　　)

A. 充分条件　　B. 必要条件

C. 充分必要条件　　D. 既非充分又非必要条件

(5) 级数 $\sum_{n=1}^{\infty} \frac{\cos(n\pi)}{n^2 + a}$ ($a > 0$ 为常数) 的敛散性为 (　　)

A. 条件收敛　　B. 绝对收敛

C. 发散　　D. 敛散性与 a 有关

(6) 幂级数 $\sum_{n=1}^{\infty} \frac{3^n}{n^3} x^n$ 的收敛半径是 (　　)

A. 0　　B. $+\infty$　　C. 3　　D. $\frac{1}{3}$

(7) 设级数 $\sum_{n=1}^{\infty} \frac{1}{n^{p+1}}$ 收敛,则必有 (　　)

A. $-1 < p < 0$　　B. $p < -1$

C. $p > 0$　　D. $p \geqslant 0$

(8) 若级数 $\sum_{n=1}^{\infty} a_n x^n$ 在 $x = -3$ 处收敛,则此级数在 $x = 2$ 处 (　　)

A. 发散　　B. 绝对收敛

C. 条件收敛　　D. 敛散性无法确定

3. 判定下列级数的敛散性：

(1) $\sum_{n=1}^{\infty}\frac{n+3}{3n^2-2}$；　　(2) $\sum_{n=1}^{\infty}\frac{n\cdot 2^n}{5^n}$；

(3) $\sum_{n=1}^{\infty}\left[(-1)^n\frac{3n+2}{3n-1}\right]$；　　(4) $\sum_{n=1}^{\infty}\left(\frac{n}{3n-1}\right)^n$；

(5) $\sum_{n=1}^{\infty}\frac{\sin(n+1)}{n^3}$；　　(6) $\sum_{n=1}^{\infty}\left(\frac{n}{2^n}\cos^2\frac{n\pi}{3}\right)$.

4. 判定下列级数是否收敛. 如果收敛，是绝对收敛，还是条件收敛？

(1) $\sum_{n=1}^{\infty}\frac{(-1)^n}{(n+1)^4}$；　　(2) $\sum_{n=2}^{\infty}\frac{(-1)^n}{\ln n}$.

5. 求下列幂级数的收敛区间：

(1) $\sum_{n=1}^{\infty}\left(\frac{3^n}{n^3+3}x^n\right)$；　　(2) $\sum_{n=1}^{\infty}\frac{(x-2)^n}{n+n^2}$；

(3) $\sum_{n=1}^{\infty}\left(\frac{n^2}{3^n}x^{2n-1}\right)$.

6. 求幂级数 $\sum_{n=1}^{\infty}\frac{x^{n+1}}{n(n+1)}$ 的和函数，并写出收敛域 .

7. 将下列函数展开成 x 的幂级数：

(1) $f(x)=\cos^2 x$；　　(2) $f(x)=\ln\sqrt{1+x^2}$.

8. 将下列函数展开成 $x-x_0$ 的幂级数：

(1) $f(x)=\frac{1}{x}, x_0=1$；　　(2) $f(x)=\ln x, x_0=2$；

(3) $f(x)=\frac{1}{x^2-x-6}, x_0=1$.

9. 将函数 $f(x)=\begin{cases} e^x, & -\pi\leqslant x<0, \\ 1, & 0\leqslant x\leqslant\pi \end{cases}$ 展开成傅里叶级数.

附录 1

高等数学实验

MATLAB 是 MATrix LABoratory (矩阵实验室)的缩写,最初是专门用于矩阵计算的软件. 目前它是集计算、可视化和编程等功能为一身,最流行的科学与工程计算软件之一. 现在 MATLAB已经发展成为适合多学科的大型软件. 在全世界很多高校, MATLAB 已成为高等数学、数值分析、数理统计、优化方法、自动控制、数字信号处理、动态系统仿真等高级课程的基本教学工具. 本章介绍使用 MATLAB 可以完成的高等数学计算的实验,旨在提高读者的高等数学的应用、软件编程和动手能力.

MATLAB 软件具有以下四个方面的特点:

(1) 使用简单　MATLAB 语言灵活、方便,它将编译、连接和执行融为一体,是一种演算式语言;在 MATLAB 中对所使用的变量无需先行定义或规定变量的数据类型;一般也不需要说明向量和矩阵的维数; MATLAB 提供的向量和矩阵运算符可以方便地实现复杂的矩阵计算;此外, MATLAB 软件还具有完善的帮助系统,用户不仅可以查询到需要的帮助信息,还可以通过演示和示例学习如何使用 MATLAB 编程解决问题.

(2) 功能强大　MATLAB 软件具有强大的数值计算功能和优秀的符号计算功能. 它可以处理诸如矩阵计算、微积分运算,各种方程(包括微分方程)求解、插值和拟合计算,完成各种统计和优化问题等;它还具有方便的绘图和完善的图形可视化功能; MATLAB 软件提供的各种库函数和数十个各种工具箱为用户应用提供极大的方便.

(3) 编程容易、效率高　MATLAB 既具有结构化的控制语句,又具有面向对象的编程特性;它允许用户以更加数学化的形式语言编写程序,又比 C 语言等更接近书写计算公式的思维方式; MATLAB 程序文件是文本文件,它的编写和修改可以用任何字处理软件进行,程序调试也非常简单方便.

(4) 易于扩充　MATLAB 软件是一个开放的系统,除内部函数外,所有 MATLAB 函数(包括工具箱函数)的源程序都可以修改;用户自行编写的程序或开发的工具箱,可以像库函数一样随意调用; MATLAB 可以方便地与 FORTRAN、C 等语言进行接口,实现不同语言编写的程序之间的相互调用,为充分利用软件资源、提高计算效率提供了有效手段.

1. MATLAB 的命令窗口和编程窗口

MATLAB 既是一种语言,又是一个编程环境. MATLAB 有两个主要的环境窗口,一个是命令窗口(MATLAB Command Window);另一个是程序编辑窗口(MATLAB Editor/Debug).

1.1 命令窗口

计算机安装好 MATLAB 之后,双击 MATLAB 图标,就可以进入命令窗口,如图-1:

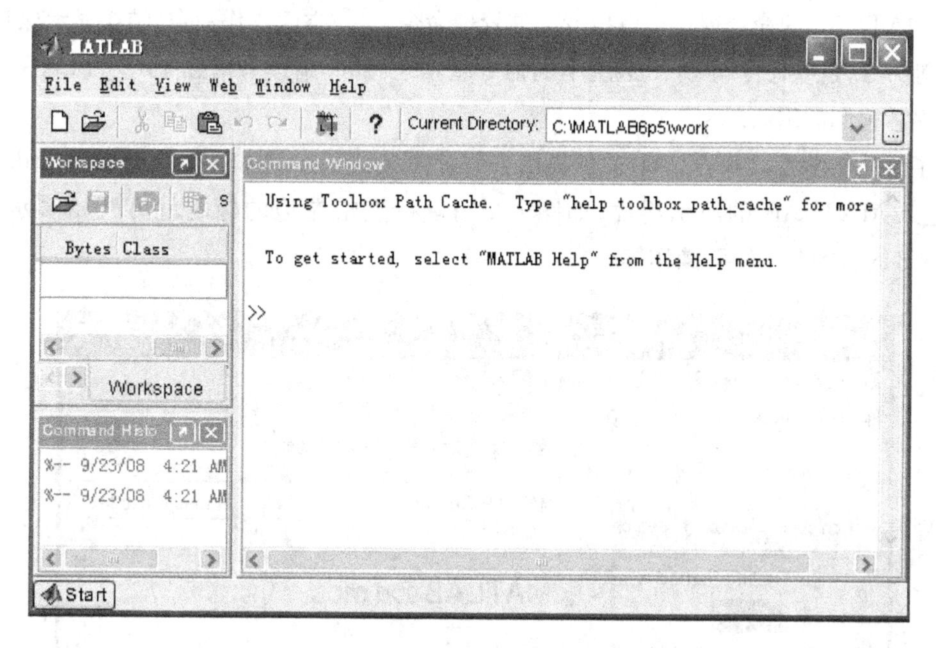

图-1

命令窗口是用户与 MATLAB 进行交互的主要场所. 该窗口的上端有菜单栏和工具栏,菜单栏包含“File”(文件)、“Edit”(编辑)、“Debug”(调试)、“Desktop”(桌面)、“Window”(窗口)和“Help”(帮助);命令窗口的空白区域称为命令编辑区,在这里可以进行程序编辑、调用、输入和显示计算结果,也可以在该区域键入 MATLAB 命令进行各种操作,或键入数学表达式进行计算.

例 1 在命令窗口(Command Window)中输入 5 * 4,然后按 Enter 键,则将在命令行下面显示如下结果

```
ans =
  20
```

输入变量赋值语句 a=2;b=4;c=(a+b)/2 后按回车键,将显示

```
c =
  3
```

程序说明:

1) 在命令行中,"%"后面的为注释行.

2) ans 是系统自动给出的运行变量的结果,是英文 answer 的简写.

3) 当不需显示结果时,可以在语句后面直接加";".

4) 若直接指定变量时,系统不再提供 ans 作为计算结果的变量.

5) 在命令窗口中可以用方向键和控制键来编辑、修改已输入的命令. 例如"↑"可以调出上一行的命令;"↓"可以调出下一行的命令等.

在 MATLAB 的命令窗口可以执行文件管理命令、工作空间操作命令、结果显示保存和寻找帮助等命令,这些命令与 DOS 系统下的命令基本上相同. 请读者借助于 MATLAB 的帮助系统去熟悉它们的用法.

为了帮助初学者,MATLAB 软件提供了大量的入门演示. 例如在命令窗口单击 demo 提示,将进入 MATLAB 的演示界面,如图- 2. 用鼠标点击左边的标题就可开始演示,介绍 MATLAB 的各类基本矩阵操作等.

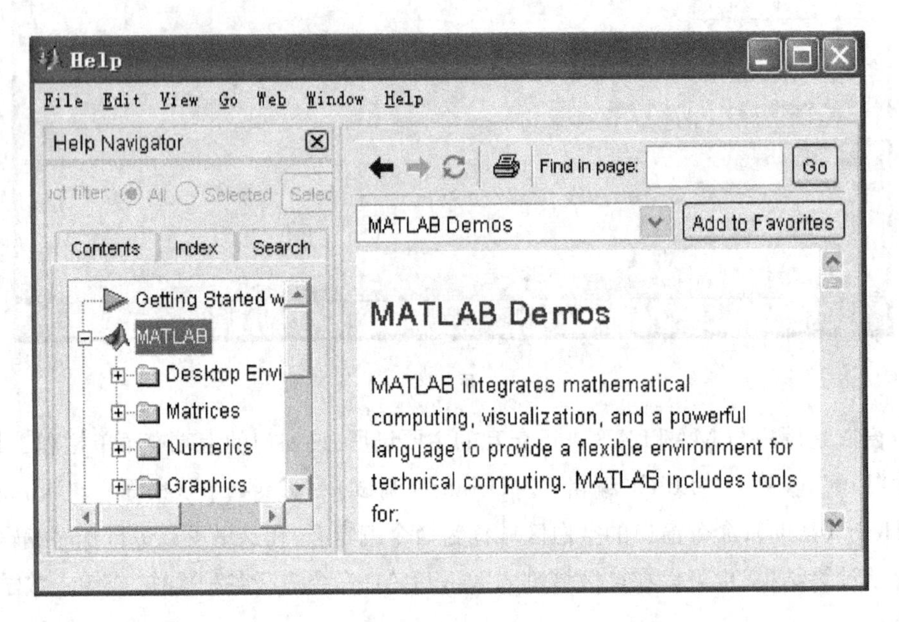

图- 2

此外,MATLAB 也提供了在命令窗口中获得帮助的多种办法.

例如在命令窗口中键入 >>help inv,回车便得到:

```
INV     Matrix inverse.
    INV(X) is the inverse of the square matrix X.
    A warning message is printed if X is badly scaled or
    nearly singular.
```

See also SLASH, PINV, COND, CONDEST, LSQNONNEG, LSCOV.

或在命令窗口键入并选中“inv”后单击右键,在弹出的对话框中选中“Help on Selection”会得到范例等更多有用信息.

类似地可通过上面的方式得到所有的感兴趣的函数或运算等的帮助. 建议读者自己试验一下.

1.2 程序编辑窗口

MATLAB 的程序编辑窗口是编写 MATLAB 程序的地方. 进入程序编辑窗口的方法是:单击命令窗口的“New M-file”按钮,或从“File”菜单中选择“New”及“ M-file”项,然后在图-3 显示的程序编辑窗口编写 MATLAB 程序,即 M 文件.

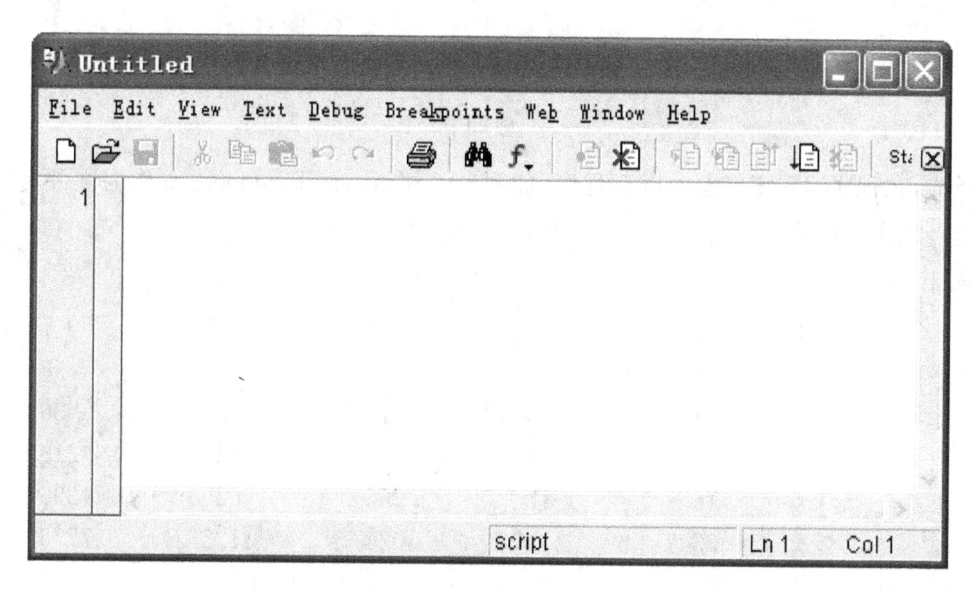

图-3

M 文件是由 ASCII 码构成的,可以由任何文件编辑程序来编写, MATLAB 的程序编辑窗口提供了方便的程序编辑功能. M 文件分为两类:命令文件和函数文件,它们的扩展名均为. m.

M 文件可以相互调用,也可以自己调用自己.

(1) 命令文件

MATLAB 的命令文件是由一系列 MATLAB 命令和必要的程序注释构成. 调用命令文件时, MATLAB 自动按顺序执行文件中的命令. 命令文件需要在工作区创建并获得变量值,它没有输入参数,也不返回输出参数,只能对工作区的全局变量进行运算. 文件调用是通过文件名进行的.

例 2 程序 vandermonde. m 建立由向量 a 确定的范德蒙行列式矩阵 vand.

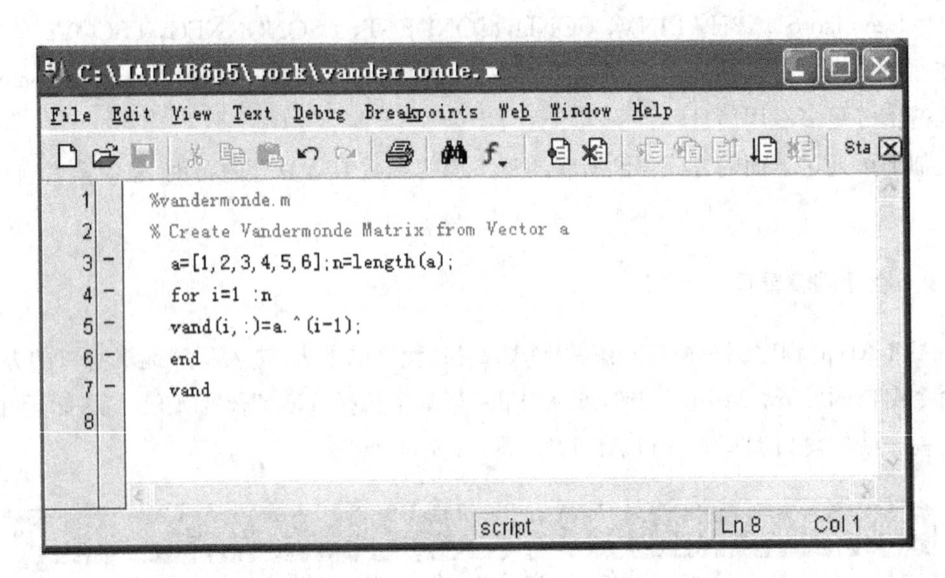

图-4

首先,在程序编辑窗口输入以上程序(如图-4),并用 vandermonde.m 作为文件名存盘;然后运行程序,得矩阵.

```
vand =

     1     1     1     1     1     1
     1     2     3     4     5     6
     1     4     9    16    25    36
     1     8    27    64   125   216
     1    16    81   256   625  1296
     1    32   243  1024  3125  7776
```

(2) 函数文件

MATLAB 绝大多数的功能函数是由函数文件实现的,用户编写函数文件可像库函数一样被调用. MATLAB 的函数文件可实现计算中的参数传递.函数文件一般有返回值,也可只执行操作而无返回值.

函数文件的第一行以“function”开头的语句,具体形式为:

Function[输出变量列表]=函数名(输入变量列表)

其中输入变量用圆括号括起来,输出变量超过一个就用方括号括起来;如果没有输入或输出变量,那么可用空括号表示.

函数文件从第二行开始才是函数体语句.注意函数文件的文件名必须与函数名相同,这样才能确保文件被有效调用.

函数文件不能访问工作区中的变量,它所有的变量都是局部变量,只有它的输入和输出变量才被保留在工作区中;将函数文件与 feval 命令来联合使用,得到的函数值还可以作为另一个函数文件的参数,这样可以使函数文件具有更广泛的通用性.

例 3 求 Fibonnaci 数的程序.

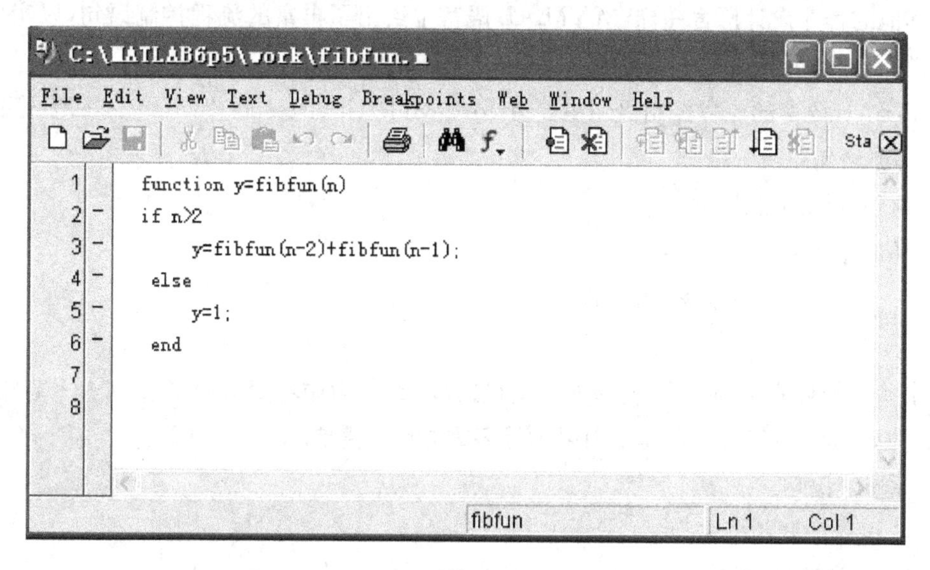

图-5

在命令窗口执行命令 fibfun(18),得到 2584(如图-5).

2. MATLAB 的程序设计

MATLAB 提供了一个完善的程序设计语言环境,能够方便地编写复杂的程序,完成各种计算.

2.1 关系和逻辑运算

逻辑运算是 MATLAB 中数组运算所特有的一种运算形式,也是几乎所有的高级语言普遍适用的一种运算.它们具体符号、功能见下表:

符号运算符	功能	函数名
==	等于	eq
~=	不等于	ne
<	小于	lt
>	大于	gt
<=	小于等于	le
>=	大于等于	ge
&	逻辑“与”	and
|	逻辑“或”	or
~	逻辑“非”	not

2.2 程序结构

如其他的程序设计语言一样,MATLAB语言也给出了丰富的流程控制语句,以实现具体的程序设计.一般可分为顺序结构、循环结构和分支结构.

MATLAB语言的流程控制语句主要有 for、while 、if-else-end、switch-case 等5种语句.

(1) for 语句

for 语句的调用格式为

```
for 循环变量= a : s : b
            循环语句体
end
```

其中 a 为循环变量的初值, s 为循环变量的步长, b 为循环变量的终值.如果 s 省略,那么默认步长为 1,for 语句可以嵌套使用以满足多重循环的需要.

(2) while 语句

while 语句的调用格式为

```
while   逻辑判断语句
    循环语句体
end
```

while 循环一般用于不能事先确定循环次数的情况.只要逻辑变量的值为真,就执行循环语句体,直到逻辑变量的值为假时终止该循环过程.

(3) if-else-end 语句

if-else-end 语句的调用格式为

```
if 逻辑判断语句
    逻辑值为“真”时执行语句体
else
    逻辑值为“假”时执行语句体
end
```

当逻辑判断表达式为“真”时,将执行 if 与 else 语句间的命令,否则将执行 else 与 end 间的命令.

(4) switch-case 语句

if-else-end 语句所对应的是多重判断选择,而有时会遇到多分支判断选择的语句.此时可考虑用 switch-case 语句.

switch-case 语句的调用格式为

```
switch 选择判断量
    case    选择判断值 1
```

```
        选择判断语句 1
    case 选择判断值 2
        选择判断语句 2
    ……
otherwise
        判断执行语句
end
```

(5) break 语句

break 语句可以导致 for 循环、while 循环和 if 条件语句的终止，如果 break 语句出现在一个嵌套的循环里，那么跳出 break 所在的那个循环，而不跳出整个循环嵌套结构.

3. MATLAB 实验

3.1 矩阵的基本运算

MATLAB 语言的基本对象是向量和矩阵，且将数看成一维向量.

(1) 矩阵的直接输入法

从键盘上直接输入矩阵是最方便、最常用的创建数值矩阵的方法，特别是较小的简单矩阵. 用此法时，需要注意以下几点：

1) 输入矩阵时要以“[ ]”为其标识符号，矩阵的所有元素必须在方括号里.

2) 矩阵同行元素之间由空格或逗号分隔，行与行之间用分号或回车键分隔.

3) 矩阵维数无需事先定义.

4) 矩阵元素可以是运算表达式.

5) 若“[ ]”中无元素表示空矩阵.

例 1 生成一个 3 阶矩阵

在提示符>>后面键入：

```
A=[1  2  3
   4  5  6
   7  8  9]
```

按回车便得：

```
A=
    1    2    3
    4    5    6
    7    8    9
```

也可键入： >> A=[1,2,3;4,5,6;7,8,9]

A(i,j)表示矩阵中的元素 a_{ij}，如

```
>>A(2,2)
ans =
     5
```

例 2 生成一个 6 维向量

```
>>a=[1 1 0 1 1 0]
a=
    1    1    0    1    1    0
```

(2) 通过冒号表达式生成向量

向量也可以通过冒号表达式生成,格式为: x=x0: step:xn

其中,x0 为向量的第一分量,step 为步长(可正可负, 且默认步长为 1.),xn 为向量的最后一个分量

例 3 通过冒号生成一个向量

```
>>a= 1:0.5:3
a=
    1.0000    1.5000    2.0000    2.5000    3.0000
```

例 4 通过冒号表达式生成一个矩阵

```
A=[1:0.5:2;2:4]
A=
    1.0000    1.5000    2.0000
    2.0000    3.0000    4.0000
```

在 MATLAB 语言中冒号的作用是最为丰富的,通过冒号的使用,可截取矩阵中的指定部分.

例 5 通过冒号表达式截取矩阵

```
   A=[1:0.5:2;2:4]
>>B=A(:,1:2)
   B=
       1.0000    1.5000
       2.0000    3.0000
```

可以看出矩阵 B 是由矩阵 A 的 1 到 2 列和相应的所有行元素构成的一个新矩阵. 在这里,冒号代替了矩阵 A 的所有行. 同理在 A(1:2,:)中冒号代表矩阵 A 的所有列.

(3) 特殊矩阵的生成

对于一些特殊的矩阵(单位阵、零矩阵等),由于具有特殊的结构,MATLAB 提供了一些函数用于生成这些矩阵. 常用的有以下几个:

eye(n)　生成 n 阶单位矩阵　ones(n) 生成 n 阶元素全为 1 的矩阵
zeros(n)　生成 n 阶零矩阵　rand(n) 生成 n 阶均匀分布的随机矩阵
randn(n)　生成 n 阶正态分布的随机矩阵　diag(c) 生成以向量 c 为对角的矩阵
eye(n,m)　生成 n×m 阶主对角线元素全为 1,其余元素都为 0 的矩阵
ones(n,m) 生成 n×m 阶元素全为 1 的矩阵　zeros(n,m) 生成 n×m 阶零矩阵
rand(n,m) 生成 n×m 阶均匀分布的随机矩阵

例 6　生成 4 阶单位阵

```
>>eye(4)
  ans =
      1   0   0   0
      0   1   0   0
      0   0   1   0
      0   0   0   1
```

矩阵的基本数学运算可见下表:

序号	功　能	MATLAB 命令
1	矩阵的行列式的值	det(A)
2	**B** 为矩阵的 **A** 的转置矩阵	$B=A'$
3	矩阵的加、减	$C=A\pm B$
4	矩阵的乘法	$C=A*B$
5	矩阵的 n 次方幂	$C=A\hat{}n$
6	矩阵的点乘,即维数相同的矩阵各对应元素相乘	$C=A.*B$

例 7　求矩阵 $\boldsymbol{A}=\begin{pmatrix}1&2&3\\4&0&5\\-1&0&6\end{pmatrix}$ 的行列式.

```
>>A=[1 2 3;4 0 5;-1 0 6];
>>det(A)
  ans =
      -58
```

MATLAB 可以进行符号运算,但首先将要用到的符号用语句 syms 定义.

例 8　求行列式 $\begin{vmatrix}x&y&x+y\\y&x+y&x\\x+y&x&y\end{vmatrix}$ 的值.

```
>> syms x y
>> A=[x y x+y;y x+y x;x+y x y ];
>> det(A)
   ans =
       -2*x^3-2*y^3
```

例 9 $\boldsymbol{A}=\begin{pmatrix}3 & -2\\5 & -4\end{pmatrix}$,$\boldsymbol{B}=\begin{pmatrix}3 & 4\\2 & 5\end{pmatrix}$,计算 $\boldsymbol{A}^T$,$\boldsymbol{AB}$,$\boldsymbol{A}+\boldsymbol{B}$,$\boldsymbol{A}^3$,$\boldsymbol{A}.*\boldsymbol{B}$ 的值.

```
>> A=[3 -2;5,-4];
>> B=[3 4;2 5];
>> A'
   ans =
       3    5
       -2   -4
>> A*B
   ans =
       5    2
       7    0
>> A+B
   ans =
       6    2
       7    1
>> A^3
   ans =
       7    -6
       15   -14
>> A.*B
   ans =
       9    -8
       10   -20
```

3.2 极限和微分运算

在 MATLAB 中,常用的初等函数表示方法如下表所示:

函数名	功　能	MATLAB命令
幂函数	求 x 的 a 次幂	x^a
	求 x 的平方根	Sqrt(x)
指数函数	求 a 的 x 次幂	a^x
	求 e 的 x 次幂	exp(x)
对数函数	求 x 的自然对数	log(x)
	求 x 的以 2 为底的对数	log2(x)
	求 x 的以 10 为底的对数	log10(x)
三角函数	正弦函数	sin(x)
	余弦函数	cos(x)
	正切函数	tan(x)
	余切函数	cot(x)
	正割函数	sec(x)
	余割函数	csc(x)
反三角函数	反正弦函数	asin(x)
	反余弦函数	acos(x)
	反正切函数	atan(x)
	反余切函数	acot(x)
	反正割函数	asec(x)
	反余割函数	acsc(x)
绝对值函数	求 x 的绝对值	abs(x)

MATLAB 提供的命令函数 limit()可以完成极限运算，其调用格式如下：

```
limit(F,x,a,'left')
```

该命令对表达式 F 求极限，独立变量 x 从左边趋于 a，函数中除 F 外的参数均可省略，'left' 可换成 'right'.

例 10　求极限 $S=\lim\limits_{x\to+\infty}\left(1-\dfrac{a}{x}\right)^{x}$.

解　可用以下程序完成：

```
clear
F=sym('(1-a/x)^x')
limit(F,'x',inf,'left')
```

结果为

```
exp(-a)
```

其中,语句 F=sym('(1-a/x)^x')表示定义符号表达式$(1-a/x)^x$.

也可用以下语句来完成:

```
clear
syms x                    %这里是把 x 先说明成符号.
F=(1-a/x)^x               %这里的定义形式和前面不同.
limit(F,x,inf,'left')     %这里的 x 本身就是符号,因此不需要引号.
```

MATLAB 提供的命令函数 diff()可以完成求导运算,其调用格式如下:

```
diff(fun,x,n)
```

其意义是求函数 fun 关于变量 x 的 n 阶导数,$n=1$ 时可省略,这里的 fun 用上例的后一种方式来定义较为妥当. 看下面的例子.

例 11 求函数 $y=x\sin x\ln x$ 的一阶和二阶导数.

解 可用以下程序完成:

```
clear
syms x
y=x*sin(x)*log(x);
dy=diff(y,x)
dy3=diff(y,x,3)
pretty(dy3)
```

这里用到的另一个函数 pretty(),其功能是使它作用的表达式更符合数学上的书写习惯.

MATLAB 提供的命令函数 int()可以完成积分运算,其调用格式有如下几种:

int(fun)　　　　计算函数 fun 关于默认变量的不定积分

int(fun,x)　　　计算函数 fun 关于变量 x 的不定积分

int(fun,x,a,b)　计算函数 fun 关于变量 x 从 a 到 b 的定积分

下面通过几个例子来学习具体的用法.

例 12 计算不定积分 $\int x\cos x\,\mathrm{d}x$.

解 可以用下面的程序完成:

```
clear
syms x
y=x*cos(x);
int(y)
```

例 13 计算定积分 $\int_0^1 \frac{x\,\mathrm{d}x}{\sqrt{1-x^2}}$.

解 可以用下面的程序实现计算:

```
clear
syms x
y=x/sqrt(1-x^2);
int(y,x,0,1)
```

例 14 计算二重积分 $\iint\limits_D (x^2+y)\mathrm{d}x\mathrm{d}y$，其中 D 为曲线 $y=x^2$ 和 $x^2=y$ 所围成的区域.

解 区域 D 可用不等式表示为

$$x^2 \leqslant y \leqslant \sqrt{x}, 0 \leqslant x \leqslant 1.$$

所以，计算该二重积分的 MATLAB 程序为

```
clear
syms x y
f=x*x+y;
int(int(f,y,x*x,sqrt(x)),x,0,1)
```

例 15 计算曲面积分 $\iint\limits_S xyz\,\mathrm{d}x\mathrm{d}y$，其中曲面 S 为球面 $x^2+y^2+z^2=1$ 在第一卦限部分的外侧.

解 先把问题转化为二重积分，积分区域为 xOy 平面内的第一象限部分. 具体的计算公式为

$$I=\iint\limits_S xyz\,\mathrm{d}x\mathrm{d}y=\int_0^1\int_0^{\sqrt{1-x^2}} xy\sqrt{1-x^2-y^2}\,\mathrm{d}y\mathrm{d}x.$$

二次积分符号不对

所以，计算该曲面积分的 MATLAB 程序为

```
clear
syms x y z
z=sqrt(1-x^2-y^2);
f=x*y*z;
I=int(int(f,y,0,sqrt(1-x^2)),x,0,1)
```

计算结果为 1/15.

在 MATLAB 中，由函数 solve()，fsolve()等来解决线性方程(组)和非线性方程(组)的求解问题，具体格式如下：

```
X=solve('eqn1', 'eqn2',…, 'eqnN', 'val1', 'val2',…, 'valN')
X=fsolve(fun,x0,options)
```

函数 solve 用来解符号方程和方程组，参数 'eqnN' 为方程组中的第 N 个方程，'varN' 则

是第 N 个变量. 函数 fsolve 用于求解多变量非线性方程和方程组.

例 16 求解方程 $x^2-2x-15=0$.

解 可以用下面的程序实现计算:

```
X=solve('x^2-2*x-15=0','x')
```

结果为

```
X=5,-3
```

例 17 求解方程组$\begin{cases}x^2+y-6=0,\\y^2+x-6=0.\end{cases}$

解 可以用下面的程序实现计算:

```
[X,Y]=solve('x^2+y-6=0', 'y^2+x-6=0','x', 'y')
```

结果为

```
X =
    2
   -3
1/2-1/2*21^(1/2)
1/2+1/2*21^(1/2)
Y =
    2
   -3
1/2+1/2*21^(1/2)
1/2-1/2*21^(1/2)
```

例 18 求解非线性方程组$\begin{cases}x-0.5\sin x-0.3\cos y=0,\\y-0.5\cos x+0.3\sin y=0.\end{cases}$

解 首先新建一个.m 文件,命名为 myfun.m,键入下列内容:

```
Function   y=myfun(x)
y(1)=x(1)-0.5*sin(x(1))-0.3*cos(x(2));
y(2)=x(2)-0.5*cos(x(1))+0.3*sin(x(2));
```

在 MATLAB 命令窗口中输入下列命令:

```
x0=[1,1];
fsolve(@myfun,x0,optimset('fsolve'))
```

%这里的 optimset('fsolve')是优化设置;可不用.

结果为

```
1.5414          0.3310
```

在 MATLAB 中,由函数 dsolve()解决微分方程(组)的求解问题,具体格式如下:

x=dsolve('eqn1', 'eqn2',…)

函数 dsolve 用来解符号微分方程和方程组，如果有初始条件，则求出特解，否则求出通解.

例 19　求微分方程$\frac{dy}{dx}=e^{-x}-y$

解　可以用下面的程序实现计算：

dsolve('Dy=exp(-x)-y','x')

注意，系统缺省的自变量为 t，因此这里要把自变量写明.

结果为：

(x+C1) * exp(-x)

例 20　求微分方程 $y''=y'+x$

解　可以用下面的程序实现计算：

dsolve('D2y=Dy+x','x')

结果为：

-1/2 * x^2+exp(x) * C1-x+C2

例 21　求微分方程组$\begin{cases}\frac{dx}{dt}+2\frac{dy}{dt}+y=0,\\ 3\frac{dx}{dt}+2x+4\frac{dy}{dt}+3y=t\end{cases}$通解的 MATLAB 程序为

[x,y]=dsolve('Dx+2 * Dy+y=0', '3 * Dx+2 * x+4 * Dy+3 * y=t','t')

结果为：

x =

exp(-t) * C2+exp(-t) * t * C1+1/2 * t

y =

-1/2-exp(-t) * (C2+t * C1+C1)

例 22　求微分方程组$\begin{cases}\frac{dx}{dt}+2x-\frac{dy}{dt}=10\cos t, x\Big|_{t=0}=2,\\ \frac{dx}{dt}+\frac{dy}{dt}+2y=4e^{-2t}, y\Big|_{t=0}=0\end{cases}$特解的 MATLAB 程序为

[x,y]=dsolve('Dx+2 * x-Dy=10 * cos(t)', ' Dx +Dy+2 * y=4 * exp(-2 * t)', 'x(0)=2','y(0)=0','t')

结果为：

x =

-2 * exp(-t) * sin(t)+4 * cos(t)+3 * sin(t)-2 * exp(-2 * t)

y=

2 * exp(-t) * cos(t)+sin(t)-2 * cos(t)

对于一个简单的函数，利用导数求极值是方便可行的. 但有些函数很难求出其微分函数，

有时即使求出微分函数,也很难寻找导数为 0 的点,在这种情况下,就只能通过区域搜索的方法寻找函数极值了,MATLAB 提供的函数 fminbnd 和 fminsearch 可分别用来求一维和多维函数的最小值,由于当 f(x)取最大值时,−f(x)取最小值,因此这两个函数同样可以用来求解一个函数的最大值. 其调用格式有如下几种:

[X,FVAL]=fminbnd(fun,a,b) 求一维函数 fun 在区间$[a,b]$上的最小值点和最小值

[X,FVAL]=fminsearch(fun,x0) 求多维函数 fun 在初始点 x_0 附近的最小值点和最小值

例 23 求函数 $y=\dfrac{x^5+x^3+x^2-1}{e^{x^2}-\sin(x)}$在区间[−2,2]上的最小值的 MATLAB 程序为

```
[Xmin,value]=fminbnd('(x^5+x^3+x^2-1)/(exp(x^2)-sin(x))',-2,2)
```

结果为:

```
Xmin =0.2176
value =-1.1312
```

例 24 求函数 $f(x,y)=\sin^2 x+\cos y$ 的最小值,初始值为(0,0)的 MATLAB 程序为

```
[Xmin,value]=fminsearch('sin(x(1)) * sin(x(1))+cos(x(2))',[0;0])
```

结果为:

```
Xmin =-0.0000
       3.1416
value =-1.0000
```

MATLAB 提供的命令函数 fmincon 可以求解约束最优化问题,其调用格式有如下几种:

```
[X,fval]=fmincon(fun,x0,a,b)
[X,fval]=fmincon(fun,x0,A,b,Aeq,beq)
[X,fval]=fmincon(fun,x0,A,b,Aeq,beq,Lb,Ub)
[X,fval]=fmincon(fun,x0,A,b,Aeq,beq,Lb,Ub,nonlcon,options)
```

fun 为目标函数

x0 为解的初始估计值.

A,x 为线性不等式约束 Ax≤b;如果不需要此约束时,此变量用方括号”[]”代替.

Aeq,beq 为线性等式约束 Aeq=beq;如果不需要此约束时,此变量用方括号”[]”代替.

l,u 为下限/上限量,使得 l≤x≤u;无限制时为方括号[]. 如果 x(i)无上限或无下限,可设置 l(i)=inf 或 u(i)=inf.

‘nlcon’为用. m 文件定义的非线性约束函数. 该函数返回两个输出值,一个为不等式约束 c(x)≤0,另一个为等式约束 ceq(x)=0;如果不适用此类约束,那么输入方括号”[]”.

Options 为控制优化过程的优化参数向量,对于其详细说明,可以在 MATLAB 命令窗口中输入”help optimset”进行帮助查询.

例 25 求解约束最优化问题

$$\min f(x,y) = e^x(4x^2+2y^2+4xy+2y+1)$$

约束条件

$$1.5+xy-x-y \leqslant 0, x+y=0, -xy \leqslant 10$$

解 此最优化问题的约束分别为线性等式约束和非线性不等式约束，故先编写函数 confun.m，用来输出非线性约束.

```
function [c ceq]=confun(x)
c=[1.5+x(1)*x(2)-x(1)-x(2);-x(1)*x(2)-10];
ceq=x(1)+x(2);
```

编写函数 objfun.m，用来定义目标函数.

```
function f=objfun(x)
f=exp(x(1))*(4*x(1)^2+2*x(2)^2+4*x(1)*x(2)+2*x(2)+1)
```

求解的程序为：

```
clear
x0=[-1;1];
[X,Fval]=fmincon(@objfun,x0,[],[],[],[],[],[],@confun)
```

输出结果为：

```
X =
    -1.2247
    1.2247
Fval =
    1.8951
```

例 26 求解约束最优化问题

$$\min f(x,y,z) = -xyz,$$

约束条件为

$$-x-2y-2z \leqslant 0, x+2y+2z \leqslant 72.$$

解 MATLAB 实现如下：

```
clear
f=inline('-x(1)*x(2)*x(3)','x');
A=[-1 -2 -2;1 2 2];
b=[0;72];
x0=[10;10;10];
[X,Fval]=fmincon(f,x0,A,b)
```

运行结果为：

```
X =
```

```
        24.0000
        12.0000
        12.0000
    Fval =
        -3.4560e+003
```

MATLAB 提供的命令函数 symsum 可以完成收敛的常数项级数和函数项级数求和，其调用格式为：

Symsum(comiterm,v,a,b)

其中，comiterm 为级数的通项表达式，v 是通项中的求和变量，a 和 b 分别为求和变量的起点和终点. 如果 a,b 缺省，那么 v 从 0 变到 v−1，如果 v 也缺省，那么系统对 comiterm 中默认变量求和.

例 27 求级数的和 $I_1=\sum_{n=1}^{+\infty}\frac{2n-1}{2^n}, I_2=\sum_{n=1}^{+\infty}\frac{1}{n}$

解 可以用下面的程序实现计算：

```
clear
syms n
f1=(2*n-1)/2^n;
f2=1/n;
I1=symsum(f1,n,1,inf)
I2=symsum(f2,n,1,inf)
```

运行结果为：

```
I1 =3
I2 =Inf
```

结果表明，第一个级数是收敛的，而第二个级数是发散的.

例 28 求级数的和 $I_3=\sum_{n=1}^{+\infty}\frac{\sin x}{n^2}, I_4=\sum_{n=1}^{+\infty}(-1)^{n-1}\frac{x^n}{n}$

解 可以用下面的程序实现计算：

```
clear
syms n x
f3=sin(x)/n^2;
f4=(-1)^(n-1)*x^n/n;
I1=symsum(f3,n,1,inf)
I2=symsum(f4,n,1,inf)
```

运行结果为：

```
I1 =1/6*sin(x)*pi^2
I2 = log(1+x)
```

在 MATLAB 中，用于幂级数展开的函数为 taylor，其调用格式为：

taylor(function,n,x,a)

其中，function 为待展开的函数表达式，n 为展开项数，缺省时展开至 5 次幂，即 6 项，x 是 function 中的变量，a 为函数的展开点，缺省为 0，即麦克劳林展开.

例 29 将函数 $\cos x$ 展开为 x 的幂级数，分别展开至 5 次和 8 次.

解 可以用下面的程序实现计算：

```
clear
syms x
f=cos(x);
taylor(f)
taylor(f,8)
```

运行结果为：

```
ans =
1-1/2*x^2+1/24*x^4
ans =
1-1/2*x^2+1/24*x^4-1/720*x^6
```

例 30 将函数 $(1+x)^m$ 展开为 x 的幂级数，m 为任意常数，展开至 3 次幂.

解 可以用下面的程序实现计算：

```
clear
syms x m
f=(1+x)^m;
taylor(f,4)
```

运行结果为：

```
ans =
1+m*x+1/2*m*(m-1)*x^2+1/6*m*(m-1)*(m-2)*x^3
```

例 31 将函数 $\frac{1}{x^2+5x-3}$ 展开为 $x-3$ 的幂级数.

解 可以用下面的程序实现计算：

```
clear
syms x
f=1/(x^2+5*x-3);
taylor(f,5,x,3)
```

运行结果为：

```
ans =
6/49-11/441*x+100/9261*(x-3)^2-869/194481*(x-3)^3+7459/4084101*(x-3)^4
```

在高等数学中，将一个函数 $f(x)$ 展开成傅里叶级数

$$f(x)=\frac{a_0}{2}+\sum_{k=1}^{+\infty}(a_k\cos kx+b_k\sin kx)$$

其实就是要求其中的系数 a_i 和 b_i，根据三角函数系的正交性，可以得到它们的计算公式如下：

$$a_n=\frac{1}{\pi}\int_{-\pi}^{\pi}f(x)\cos nx\,\mathrm{d}x, b_n=\frac{1}{\pi}\int_{-\pi}^{\pi}f(x)\sin nx\,\mathrm{d}x, n=1,2,\cdots.$$

这样,结合 MATLAB 的积分命令 int()就可以计算这些系数,从而就可以进行函数的傅里叶展开了.

例 32 将函数 x^2 在$[-\pi,\pi]$上的傅里叶级数.

解 可以用下面的程序实现计算:

```
clear
syms x n
f=x^2;
a0=int(f,x,-pi,pi)/pi
an=int(f*cos(n*x),x,-pi,pi)/pi
bn=int(f*sin(n*x),x,-pi,pi)/pi
```

运行结果为:

```
a0 =2/3*pi^2
an =2*(n^2*pi^2*sin(pi*n)-2*sin(pi*n)+2*pi*n*cos(pi*n))/n^3/pi
bn =0
```

在 MATLAB 中,常用的绘图函数有

序号	功能	MATLAB 命令
1	绘制有向量 x 和向量 y 给定的离散数据连接起来的图像,s 用来定义函数曲线的颜色和线型	plot(x,y,s)
2	绘制符号函数 fun 在 lims=[xmin,xmax]间的图像	fplot(fun,lims)
3	用来绘制符号函数图像的简易方法,变量的变化范围 lim 可以省略,表示 -2*pi<x<2*pi,如 fun 为二元函数 f(x,y),则绘制隐函数 f(x,y)=0 的图像	ezplot(fun,lims)
4	绘制极坐标图形	polar(THETA,RHO)
5	绘制三维空间的线点	plot3(X,Y,Z)
6	绘制着色的三维网纹曲面,颜色由 C 决定	mesh(Z) mesh(X,Y,Z,C)
7	由向量 x 和 y 生成网格点(x,y),与 mesh()配合使用	meshgrid(x,y)

为了绘制函数的图形,除了一些系统已有的函数外,我们需要先定义函数,定义函数的常用方法有三种:

1) 通过建立 m 文件来定义函数;

2) 定义内连函数;

3) 对于一些比较简单的函数,我们可以将函数表达式用单引号引起来,直接写在指定的位置。

下面我们通过实例介绍函数的具体使用方法:

设函数为 $f(x)=x^3+2x^2+e^x$,用定义 m 文件的方法,建立文件 f. m 如下:

```
function y=f(x)
y=x.^3+2*x.^2+exp(x)
```

建好这个文件后，在命令窗口中输入 ezplot(@f)即可绘制出图形.

例 33 在区间[$-\pi,\pi$]上绘制函数 $f(x)=\sin x*\cos 2x$ 的图形.

解 可用如下程序来完成：

(1) 用 plot 完成：

```
x=-pi:0.1:pi;
y=sin(x).*cos(2*x);
plot(x,y)
```

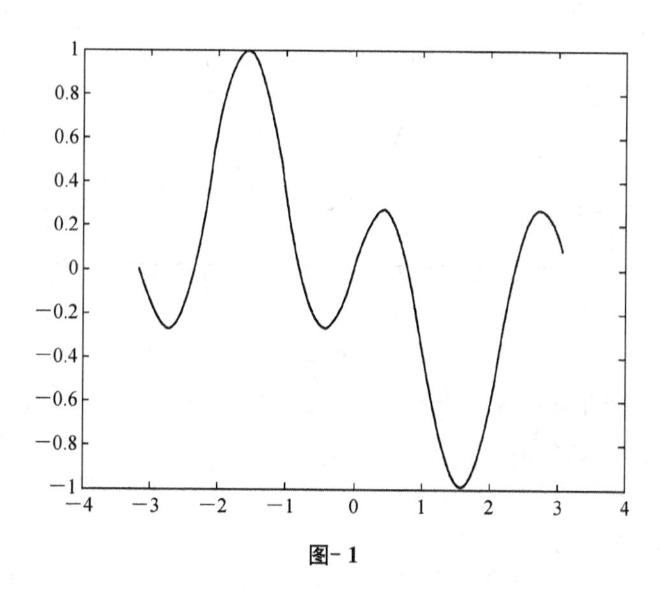

图-1

(2) 用 fplot 完成：

先定义函数：function y=f1(x)

y=sin(x)*cos(2*x);

注意：这两行要保存在一个单独的文件中，并取名为：f1.m

然后再在命令窗口输入：fplot(@f1,[-pi,pi])

这里要注意的是：文件的内容以 function 开头，文件名与函数名必须相同，函数值可以是向量，此时，在函数中需逐个计算 y(1),y(2),…

如果我们定义内连函数，那么写成：f=inline('sin(x)*cos(2*x)')

此时，在命令窗口中输入 fplot(f, [-pi,pi])即可绘制出图形.

还有一种就是将表达式的内容用单引号引起来，用 fplot('sin(x)*cos(2*x)', [-pi,pi])来绘图(如图-1).

例 34 绘制隐函数$\frac{(x-2)^2}{4}+\frac{(y+1)^2}{9}=1$ 的图形

解 可用如下程序来完成：

```
f='(x-2)^2/4+(y+1)^2/9-1';
ezplot(f)
```

如图-2.

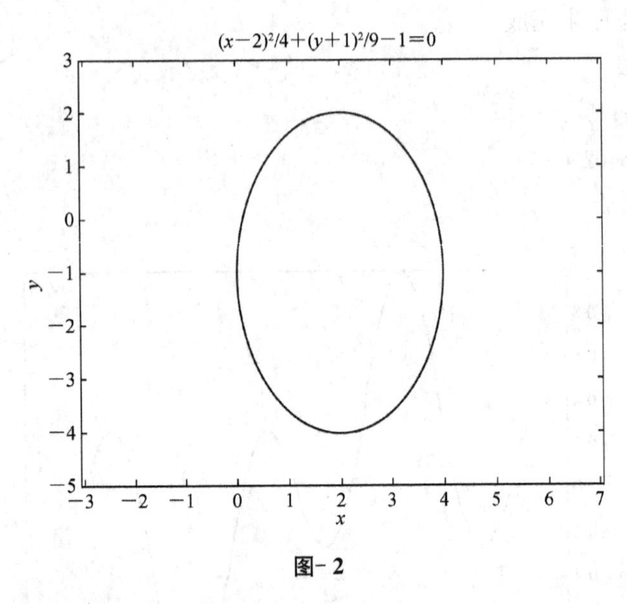

图-2

例 35 绘制极坐标下函数 $\rho=1-\sin\theta$ 的图形

解 可用如下程序来完成：

```
t = 0:0.01:2*pi;
polar(t,1-sin(t),'--r')
```

如图-3.

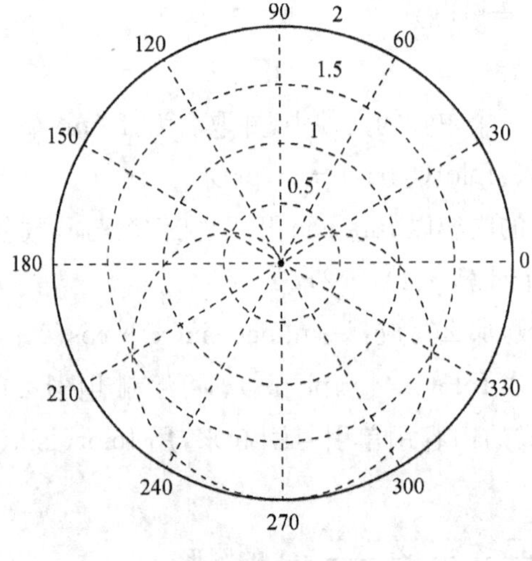

图-3

例 36 绘制极坐标下函数$\begin{cases}x=t^3,\\y=\cos t,\\z=\sin 2t\end{cases}$的图形

解 可用如下程序来完成：

```
clear
t=0:0.1:6;
x=t.^3;
y=cos(t);
z=sin(2*t);
plot3(x,y,z)
```

如图- 4.

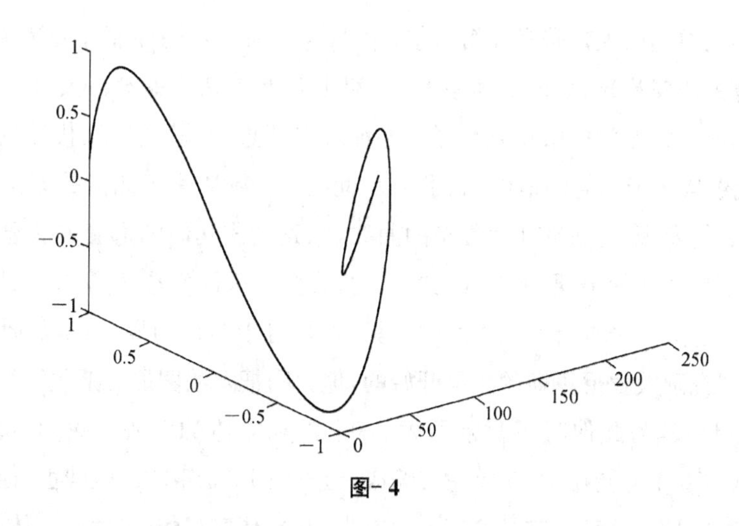

图- 4

例 37 绘制函数 $z=\sqrt{x^2+y^2}$的图形

解 可用如下程序来完成：

```
clear
s=-10:0.1:10;
t=-10:0.1:10
[x,y]=meshgrid(s,t);
z=sqrt(x.^2+y.^2);
mesh(x,y,z);
```

如图- 5.

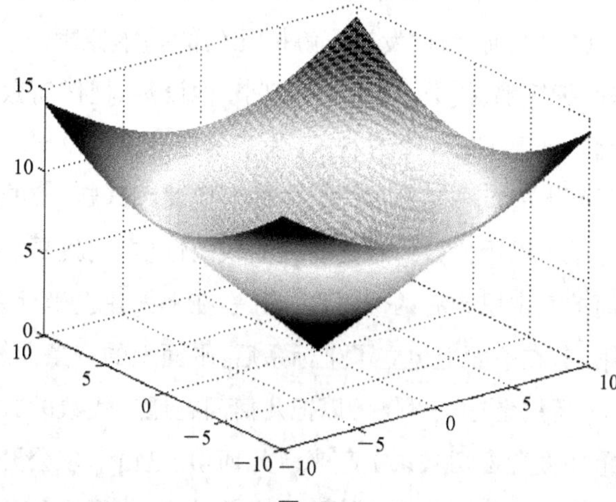

图- 5

附录 2

第八章　空间解析几何与向量代数

解析几何的主要创始人是费马和笛卡尔，代数与几何有着同样深远的渊源，由于欧氏几何是建立在严谨的逻辑推理、公理的体系上的，使几何看起来比算术、代数要严谨得多. 因此当时人们把结构严密的数学仅限于几何学，这种观点严重影响了算术、代数的发展，从那时起，就决定了代数从属于几何的地位. 到了十六世纪，代数从属于几何的地位也未得到根本改善. 但是数学家们发现，要研究比较复杂的曲线，原先欧式几何的那套方法显然已经不适应了，这就导致了解析几何的出现. 解析几何的产生，改变了这种关系，解析几何把代数和几何结合起来，把数学构造成一个具有两种作用的工具. 费马对于曲线的探讨，是从研究古希腊的几何学家，特别是研究阿波罗尼奥斯的成果开始的，他力图把阿波罗尼奥斯关于轨迹的某些久已失传的证明补充起来，为此他写了篇幅不大的《平面和立体的轨迹引论》(Adlocos planoset solidos)一书. 这本著作可能在 1629 年左右编成，但直到 1679 年才出版问世，他说他试图开展关于轨迹的一般性研究，这种研究是希腊人没有做到的. 从费马的《平面和立体的轨迹引论》和他在 1636 年与 G. P. 罗贝瓦尔(Roberval)等人的通信中，可以看出他在笛卡儿发表《几何学》(1637)之前，就已发现了解析几何的基本原理. 笛卡尔的中心思想是建立起一种"普遍"的数学，把算术、代数、几何统一起来. 他设想，把任何数学问题化为一个代数问题，再把任何代数问题归结到去解一个方程式. 为了实现上述的设想，笛卡尔从天文和地理的经纬制度出发，指出平面上的点和实数对(x, y)的对应关系. (x, y)的不同数值可以确定平面上许多不同的点，这样就可以用代数的方法研究曲线的性质. 这就是解析几何的基本思想. 具体地说，平面解析几何的基本思想有两个要点：第一，在平面建立坐标系，一点的坐标与一组有序的实数对相对应；第二，在平面上建立了坐标系后，平面上的一条曲线就可由带两个变数的一个代数方程来表示了. 运用坐标法不仅可以把几何问题通过代数的方法解决，而且还把变量、函数以及数和形等重要概念密切联系了起来.《几何学》是笛卡尔公开发表的唯一数学著作，虽只有 117 页，但它标志着代数与几何的第一次完美结合，使形形色色的代数方程表现为不同的几何图形，许多相当难解的几何题转化为代数题后能轻而易举地找到答案.笛卡尔分析了几何学与代数学的优缺点后指出:希腊人的几何过于抽象,而且过多地依赖于图形,总是要寻求一些奇妙的想法.代数却完全受法则和公式的控制,而且还阻碍了自由的思想和创造力的发展.他自己同时看到了几何的直观与推理的优势和代数机械化运算的力量.于是笛卡尔着手解决这个问题,将代数和几何巧妙地联系在一起,从而创造了解析几何这门数学学科.所以说笛卡尔是解析几何的创始人.1619 年在多瑙河的军营里,笛卡尔用大部分时间思考着他在数学中的新想法:能不能用代数中的计算过程来代替几何中的证明呢?要这样做就必须找到一座能连接(或说融合)几何与代数的桥梁,使几何图形数值化.笛卡尔用两条互相垂直且交于原点的数轴作为基准,将平面上的点的位置确定下来,这就是后人所说的笛卡尔坐标系.笛卡尔坐标系的建立,为用代数方法研究几何架设了桥梁.笛卡尔坐标系的建立,把过去并列的两个数学研究对象"形"和"数"统一起来,把几何方法和代数方法统一起来,从而使传统的数学有了一个新的突破.引进了系统的数学符号体系.可以说韦达是和笛卡尔的解析几何走得最近的数学家,但是为什么韦达没有能够创立解析几何呢?就是因为他当时考虑的代数方程仅限于齐次的情况,而笛卡尔则没有局限在仅仅只考虑齐次方程的情形.当然笛卡尔也是在前人的工作基础之上而得到了解析几何中一些非常重要的成果.这就是代数和几何相结合的思想,这些都是解析几何产生时的数学背景.当时笛卡尔的数学背景或许也是他解析几何思想的成因之一.笛卡尔有极富成效的学习方法,这也是他解析几何思想的成因之一.他有自己独特的学习方法.他在学习中习惯于弄清作者的意图,因此,他读书时常常是只读开头的部分,一旦弄清作者的意图后,那些应由作者得出的结论,他总是力求自己得出.他认为代数与其说是一门数学,不如说是一种推理方法,这种有效的推理方法使思考和运算步骤变得简单,并且无需费很大的脑力.在一系列的实践过程中,他看到了数量方法的必要性,科学的需要和对方法的兴趣推动了笛卡尔对解析几何的研究.

第九章　多元函数微分法及其应用

一个函数可能不止一个自变量,例如函数 $u=f(x,y,z)$,多元函数中梯度的概念在流体力学和场论中的应用非常广泛,梯度一开始也源自于流体力学,例如气象学中的等势面,不同海拔高度的气压是不同的,但是总有一些点的气压是相同的,相同气压点的连线就形成气象学中的气压等势面(如图 9-1).等势面的某个剖面图就是等势线.等势线密集,水平梯度力就大.反之亦然.

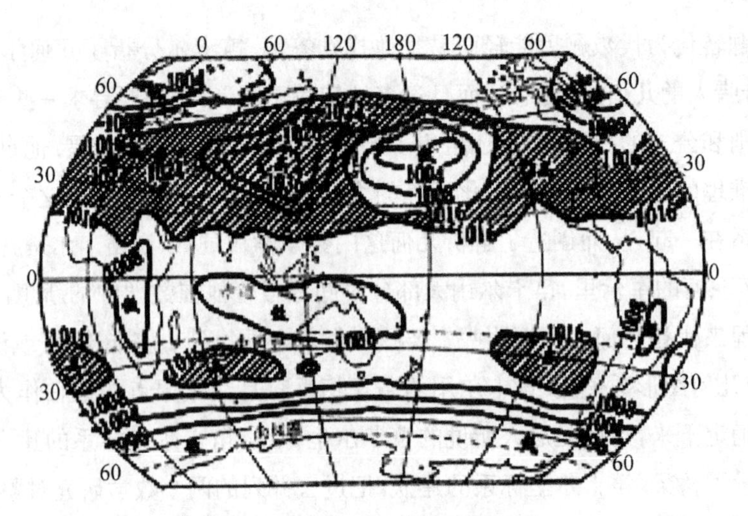

图 9-1　某年 1 月海平面等压线

形状不规则的带电导体附近的电场线及等势面如图.

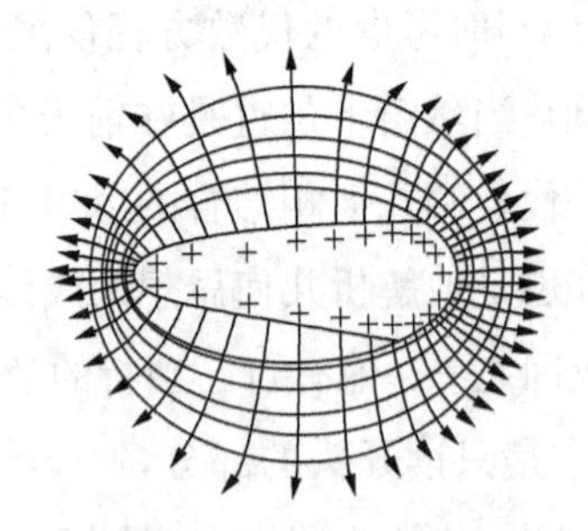

图 9-2　电荷的电场等势面

在图 9-2 所示的电场等势面中:

(1) 等势面一定跟该点电场线垂直.

(2) 在同一等势面上移动电荷电场力不做功,或做功之和为 0.

分析:因为等势面上各点电势相等,电荷在同一等势面上各点具有相同的电势能,所以在同一等势面上移动电荷电势能不变,即电场力不做功.

(3) 电场线总是从电势高的等势面指向电势低的等势面.

(4) 任意两个等势面都不会相交.

(5) 等差等势面越密的地方电场强度越大.

(6) 电场线与等势面处处垂直.

(7) 沿电场线方向电势降低最快,“电势逐渐降低不一定是沿电场线方向,而电势降低最快一定是沿电场方向”说的是一个无穷小过程,不能理解成一个有限的距离.

由于地球是个椭圆球的球体,各纬度地区吸收的热量分布不均,于是高低纬度间产生了热量差异,引起上升或下沉的垂直运动,从而导致同一水平面的气压差异,气流由高压流向低压.水平气压梯度力由此产生,这是引起大气运动的根本原因.气压梯度力的特点是与等压线相垂直,其方向由高压指向低压.气压梯度即单位距离间的气压差,一旦气压有高、低的差别,就会有种力量使气压高处的空气,往气压低的方向流.就像水由高处往低处流一样,该力的作用形成了风,风速的大小取决于水平气压梯度力的大小.

直角坐标系中的梯度公式:$\nabla u=\frac{\partial u}{\partial x}i+\frac{\partial u}{\partial y}j+\frac{\partial u}{\partial z}k$,

在柱坐标系中的梯度公式:$\nabla u=\frac{\partial u}{\partial \rho}\rho+\frac{\partial u}{\partial \varphi}\varphi+\frac{\partial u}{\partial z}z$,

在球坐标系中的梯度公式:$\nabla u=\frac{\partial u}{\partial r}r+\frac{\partial u}{\partial \theta}\theta+\frac{\partial u}{\partial z}\varphi$.

任意正交曲线形成的坐标系中也有梯度公式,这里不再赘述.

第十章　重积分

多重积分是定积分的一类,它将定积分扩展到多元函数(多变量的函数),经常用来求几何体的体积等.我们现在主要学习二重和三重积分.正如单变量的正函数的定积分代表函数图像和 x 轴之间区域的面积一样,正的双变量函数的双重积分代表函数所定义的曲面和包含函数定义域的平面之间所夹的区域的体积.

在 1800 多年前,希腊数学家阿基米德(Archimedes)已经发现球体体积的公式,而且采用的方法更是使用了积分的概念.在中国到南北朝时代也正确地求出球体的体积.祖冲之(公元430~501)和刘徽(约公元 225 年~295 年)很早就会计算几何体的体积,在《九章算术.阳马术》中,刘徽在用无限分割的方法解决锥体体积时,提出了关于多面体体积计算的刘徽原理.刘徽的"牟合方盖"如图 10-1,在《九章算术 开立圆术》注中,他指出了《九章算术》中球体积公式 $V=\frac{9d^3}{16}$ (d 为球直径)的不精确性,并引入了"牟合方盖"这一著名的几何模型."牟合方盖"是指正方体的两个轴互相垂直的内切圆柱体的贯交部分,如图 10-2.

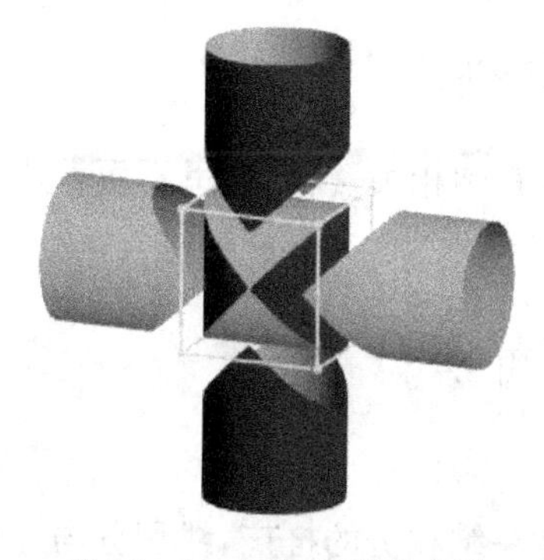

图 10-1　牟合方盖形成图

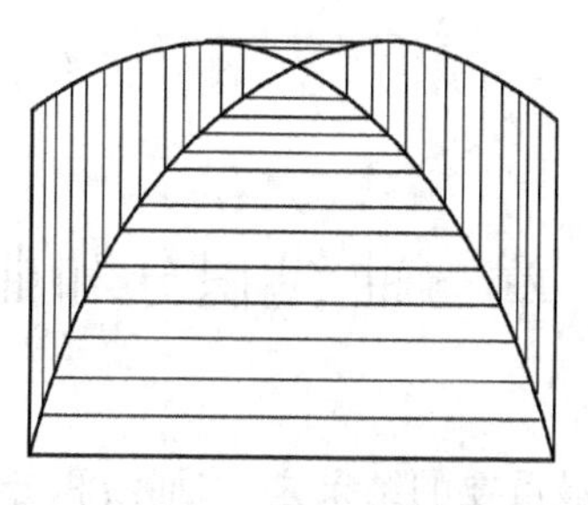

图 10-2　牟合方盖

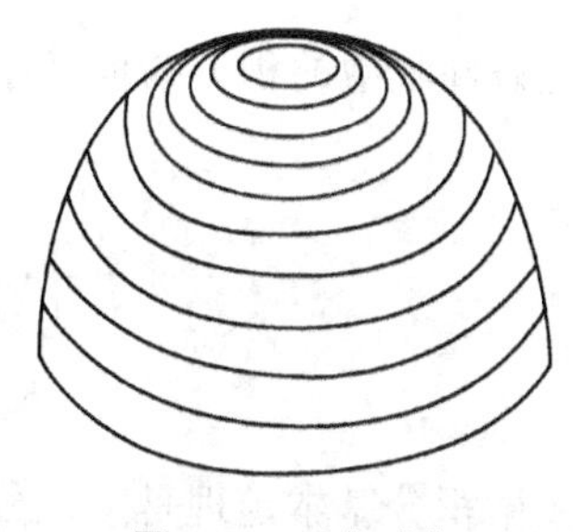

图 10-3　半球体

刘徽是希望构作一个立体图形,它的每一个横切面皆是正方形,而且会外接于球体在同一高度的横切面的圆形,而这个图形就是"牟合方盖",因为刘徽只知道一个圆及它的外接正方形的面积之比为 $\pi:4$,他本来希望可以用"牟合方盖"来证实《九章算术》的体积计算公式有错误.当然他也希望由自己通过这样的方法找出球体体积的正确公式,因为他知道"牟合方盖"的体积跟内接球体体积的比为 $4:3$,只要有方法找出"牟合方盖"的体积便可,可惜的是,刘徽虽然努力了很久却始终不能解决,最后他指出解决方法是计算出"外棋"的体积,但由于"外棋"的形状复杂,所以没有成功,无奈地只好留待后来的有能之士来解决:"观立方之内,合盖之外,虽衰杀有渐,而多少不掩.判合总结,方圆相缠,浓纤诡互,不可等正.欲陋形措意,惧失正理.敢不阙疑,以俟能言者."在刘徽二百多年后祖冲之父子出现了,他们继承了刘徽的想法,利用"牟合方盖"彻底地解决了球体体积公式的问题,如图 10-3.限于篇幅,祖冲之父子的具体方法大家可以查阅相关网络资料或其他文献.祖冲之父子的结论称为祖暅原理:"缘幂势既同,则积不容异."意思是:界于两个平行平面之间的两个立体,被任一平行于这两个平面的平面所截,如果两个截面的面积相等,那么这两个立体的体积相等.大家是否可以看出祖暅原理求球体的体积中包含的积分思想?

通过对多重积分的学习,我们可以看到,多重积分问题在解决曲面面积、几何体体积以及其他物理问题的过程中,无论是直角坐标方程、参数方程还是极坐标方程,在多数情况下都是将多重积分转化为一系列单变量积分,而其中每个单变量积分都是直接可解的.根据不同的具体需要,可以选择直角坐标系、柱坐标系或球面坐标系. 例如:

$$\iint_D f(x,y)\,dx\,dy=\int_a^b dx\int_{\alpha(x)}^{\beta(x)} f(x,y)\,dy,$$

$$\iint_D f(x,y)\,dx\,dy=\int_a^b dy\int_{\alpha(y)}^{\beta(y)} f(x,y)\,dx.$$

如果积分不是绝对收敛,必须小心,不要混淆多重积分和累次积分的概念,特别是当它们采用形式上相同的记法的时候.在某些情况下累次积分而非真正的双重积分.有时这两个累次积分存在,而双重积分不存在.这种情况下,有时两个累次积分不相等,也即

$$\int_0^1\int_0^1 f(x,y)\,dy\,dx\neq\int_0^1\int_0^1 f(x,y)\,dx\,dy.$$

这是条件收敛的积分的重排序的一个例子,有兴趣的同学可以查阅相关资料,这里不再赘述.

第十一章　曲线积分和曲面积分

微积分基本定理是微积分最重要的结果之一,而线积分是一维积分的推广,线积分与二重积分(double integral)之间可否建立联系?二者关系如何?乔治.格林(George Green,1793~

1841)公式回答了这个问题：沿着封闭曲线的线积分可以化为这条曲线所围区域的二重积分(面积分).这个定理最早是由英国数学家、物理学家乔治.格林于 1828 年研究研究电学和电磁学时发现的，后来高斯 (Gauss) 等人也发现了这个公式.格林公式(或称为格林定理)是数学分析中最重要的定理之一，它将一维空间和二维空间联系了起来.

我们可以模仿物理学家们认识格林公式的方式，通过物理学的角度来认识格林公式：令 $\mathfrak{R}$ 为曲线 C 所围成的单连通区域，设曲线 C 的参数方程为 $x=x(t)$，$y=y(t)$，而向量

$$F(x,y)=(P(x,y),Q(x,y))$$

表示流体的速度，现在来计算流体流过边界 C 的流量(或通量，flux)，仿照线积分将曲线 C 分为若干小段，先看其中一段：x 分量通过 Δs_i 的流量(也就是图 11－1 中阴影部分的面积)为 $P_i(x,y)\Delta s_i\cos\alpha_i$，其中 α_i 为朝外法向量 v 和 x 轴的夹角，再把各部分全部加起来的和(这里要利用黎曼和)，得 x 轴方向的分量为：

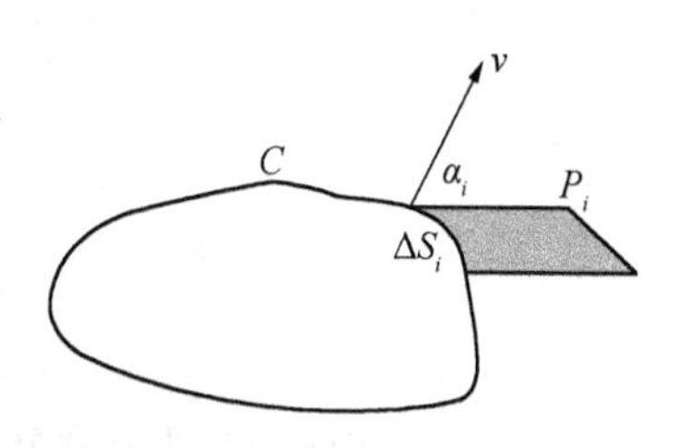

图 11－1　物理中的流量图

$$\oint_C P(x,y)\cos(v,x)\mathrm{d}s;$$

y 轴方向的分量为：

$$\oint_C Q(x,y)\cos(v,y)\mathrm{d}s;$$

所以全部流量(通量)为：

$$\begin{aligned}&\oint_C[P(x,y)\cos(v,x)+Q(v,y)\cos(v,y)]\mathrm{d}s\\&=\oint_C\left[P(x,y)\frac{\mathrm{d}y}{\mathrm{d}s}-Q(x,y)\frac{\mathrm{d}x}{\mathrm{d}s}\right]\mathrm{d}s\\&=\oint_C(P(x,y)\mathrm{d}y-Q(x,y)\mathrm{d}x)\\&=\oint_C F\left(\frac{\mathrm{d}y}{\mathrm{d}s},-\frac{\mathrm{d}x}{\mathrm{d}s}\right)\mathrm{d}s.\end{aligned}$$

这个式子表示流体的流速为 $P(x,y)$，因此单位时间内有 $P(x,y)\Delta y$ 的水流入，而同一时间内有 $P(x+\Delta x,y)\Delta y$ 的水流出，所以沿 x 轴方向的单位净流量为：

$$\frac{[P(x+\Delta x,y)-P(x,y)]\Delta y}{\Delta x\Delta y}.$$

令 $\Delta x\to 0$，极限为$\dfrac{\partial P}{\partial x}$，同理沿 y 轴的单位净流量为$\dfrac{\partial Q}{\partial y}$，所以流体的单位净流量为$\dfrac{\partial P}{\partial x}+\dfrac{\partial Q}{\partial y}$，而通过整个区域 $\mathfrak{R}$ 的全部流量为：

$$\iint_{\Re}\left(\frac{\partial P}{\partial x}+\frac{\partial Q}{\partial y}\right)\mathrm{d}x\,\mathrm{d}y,$$

理想状态下水是不可压缩的,所以同一时间内的水量必须从边界 C 流出去,所以

$$\oint_{C}(P\mathrm{d}y-Q\mathrm{d}x)=\iint_{\Re}\left(\frac{\partial P}{\partial x}+\frac{\partial Q}{\partial y}\right)\mathrm{d}x\,\mathrm{d}y.$$

这说明了物理学中的"守恒定律".格林公式在数学领域的复变函数中也有广泛的应用.在三维和更高维空间中,斯托克斯(Stokes)公式(或称为定理)和散度定理(Divergence Theorem)则构成了这些空间中应用数学的基础.

第十二章　无穷级数

幂级数在微积分中是很重要的内容,很多重要的函数可表成幂级数.牛顿研究三角函数的微积分就是从幂级数展开入手的.1665 年,22 岁的牛顿对二项式定理的扩展使用是微积分的一个突破点,虽然正整数指数的二项式定理:

$$(1+x)^{n}=1+\mathrm{C}_{n}^{1}x+\mathrm{C}_{n}^{2}x^{2}+\cdots+\mathrm{C}_{n}^{n}x^{n}$$

早在牛顿之前就已被发现,即使用它来求 $f(x)=x^{n}$ 的微分也是前人早已知道的.

$$\begin{aligned}f'(x)&=\lim_{h\to0}\frac{(x+h)^{n}-x^{n}}{h}=\lim_{h\to0}[nx^{n-1}+(\text{含有 }h\text{ 的项})]\\&=nx^{n-1}.\end{aligned}\tag{1}$$

但是牛顿将二项展开式中的指数扩展到分数,牛顿的微积分被称为幂级数的微积分,是因为他善于使用广义二项展开式(指数可以是分数),把函数首先写成幂级数,再求其微分和积分.1665 年,牛顿发现了一般指数的二项幂级数展开式:

$$(1+x)^{\alpha}=1+\mathrm{C}_{\alpha}^{1}x+\mathrm{C}_{\alpha}^{2}x^{2}+\cdots+\mathrm{C}_{\alpha}^{k}x^{k}+\cdots.\tag{2}$$

$f(x)=x^{\alpha}$ 也可以依照(1)式中的结果得到,只是把 n 换成 α 后,(1)式中的"含有 h 的项"是无穷多项,但牛顿认为可以忽略.1664 年～1665 年间,牛顿在阅读 Wallis 的《无穷算数(Arithmetica Infinitorum)》后,受到启发,经过冗长的内插法推演工作,得到积分结果.

根据 Wallis 的积分式子:$\frac{\pi}{4}=\int_{0}^{1}(1-x^{2})^{\frac{1}{2}}\mathrm{d}x$,牛顿将被积指数函数一般化为:对于两个正整数 p,q,有积分:$a_{p,q}=\int_{0}^{1}(1-x^{\frac{1}{q}})^{p}\mathrm{d}x$,用内插法,把被积函数指数中的 p,q 推广到不是整数时的值.再经过复杂的过程,他最终推得:

$$\frac{\pi}{4}=a_{\frac{1}{2},\frac{1}{2}}=\frac{2\cdot 4}{3\cdot 3}\cdot\frac{4\cdot 6}{5\cdot 5}\cdots\frac{2n(2n+2)}{(2n+1)^2}\cdots. \tag{3}$$

牛顿想得到 $f_n(x)=\int_0^x(1-x^2)^{\frac{n}{2}}\mathrm{d}x$ 的结果.我们知道,当 n 为偶数时,可求得 $f_n(x)$ 为多项式.他继续使用内插法,推演出 $f_1(x)$ 的结果:

$$f_1(x)=x-\frac{\frac{1}{2}x^3}{3}-\frac{\frac{1}{8}x^5}{5}-\frac{\frac{1}{16}x^7}{7}-\frac{\frac{1}{128}x^9}{9}\cdots, \tag{4}$$

$$f_1(x)=\int_0^x(1-x^2)^{\frac{n}{2}}\mathrm{d}x.$$

牛顿和 Wallis 最大的区别是:他把积分的上限由固定的数字变成不定值,因此得到幂级数的表示.在牛顿的影响下,一段时间内,大家把函数等同于幂级数,后来才发现有些函数无法用幂级数表示,而要用到三角级数或者函数级数才能表示,有些甚至连广义的级数也无法表示.另一方面,函数用幂级数表示,有时也要限制变量 x 的范围.